# 自动控制原理

（第二版）

主　编　黄　琦　于春梅
副主编　徐　苏　张春峰

科学出版社
北　京

## 内 容 简 介

本书全面系统地阐述了自动控制理论的基本分析和校正方法。全书共7章，主要内容包括自动控制概述、线性控制系统的数学模型、时域分析与校正、根轨迹法、频域分析与校正、非线性控制系统、离散控制系统等。

本书资源丰富，是一本立体化、高融合、新形态教材。为便于学习，各章均附有学习目标、例题精解、本章小结和习题。

本书可作为普通高等学校自动化、电气工程及其自动化等相关专业本科生的教材，也可作为职业技术教育和继续教育的教材，还可作为研究生和相关工程技术人员的参考书。

---

**图书在版编目（CIP）数据**

自动控制原理 / 黄琦, 于春梅主编. -- 2 版. -- 北京：科学出版社, 2024.6. -- ISBN 978-7-03-078957-0

Ⅰ. TP13

中国国家版本馆 CIP 数据核字第 2024CR2193 号

责任编辑：余 江 陈 琪 / 责任校对：王萌萌
责任印制：赵 博 / 封面设计：马晓敏

---

科 学 出 版 社 出版
北京东黄城根北街 16 号
邮政编码：100717
http://www.sciencep.com

**北京中科印刷有限公司印刷**
科学出版社发行 各地新华书店经销

\*

| 2014 年 6 月第 一 版 | 开本：787×1092 1/16 |
| 2024 年 6 月第 二 版 | 印张：17 1/2 |
| 2025 年 8 月第九次印刷 | 字数：415 000 |

**定价：69.00 元**
（如有印装质量问题，我社负责调换）

# 前　言

　　自动控制理论是自动控制学科的重要理论基础，是专门研究有关自动控制系统基本概念、基本原理、基本方法的一门课程，是高等学校自动化、电气工程及其自动化、机械设计及其自动化、人工智能等专业的核心基础理论课程。学好自动控制理论对掌握自动化技术有着重要的作用。实践证明，本课程不仅对工程技术有指导作用，而且对培养学生的思维能力、建立理论联系实际的科学观点、提高综合分析问题的能力等，都具有重要作用。

　　西南科技大学自动控制理论课程是省级精品课程、省级精品资源共享课程、省级一流本科课程（线上）、校级思政示范课程。本书是作者在经过长期教学实践和研究、编写出版多部同类教材、积累和整合多种资源的基础上，精心加工编撰而成。书中全面阐述了自动控制的基本概念和基本原理，系统地介绍了自动控制系统分析和综合的基本方法。本书是在毕效辉、于春梅主编的《自动控制原理》(2014 年 6 月出版)基础上修订而成，主要具有以下特点：

　　(1) 贯彻"以学生为中心、以成果为导向"理念。每章开头给出了具体、可衡量的学习目标，帮助学生明确目标，并据此判断自己的学习情况；每章最后总结了本章主要内容，并提供了思维导图，方便学生梳理主线、把握重点。读者可以扫描二维码查看本课程概况。

　　(2) 将系统分析和校正的内容综合在一起，主线更清晰，系统性更强；在内容上进行了一定的增删，增加了状态变量、PID 调节器的离散化等，减少了控制系统分析中应用较少的信号流图、相平面法等，删除了根轨迹设计内容。

　　(3) 理论紧密联系实际，给出了贯穿全书的工程案例。案例涉及书中每一章主要内容：方框图的绘制和结构图的建立；系统时域性能指标的计算和校正；根轨迹绘制和性能分析，系统参数和校正参数对性能的影响；频域分析和校正；离散系统性能分析；非线性系统分析。

　　(4) 配有较多的精选例题和适量的习题，提高学生解题能力，为考研提供帮助。

　　(5) 读者可以通过扫描书中二维码，观看课程视频；还可以登录课程网站 https://www.xueyinonline.com/detail/240411090，选择最新期次进行学习，参加章节测试、话题讨论，查看 PPT、工程案例等资源。

　　(6) 融合课程思政内容。结合控制理论的应用，将文化自信、爱国主义、系统观念、辩证思维融入教材中，培养学生的民族自豪感，使他们成为担当中华民族复兴大任的时代新人。

　　本书编写分工如下：第 1 章由黄琦、于春梅编写，第 2 章由王顺利、于春梅编写，第 3、4 章由于春梅、白克强、何宏森编写，第 5 章由徐苏编写，第 6、7 章由张春峰编写。课程视频分工如下：毕效辉、于春梅负责第 1、2 章，于春梅负责第 3、4 章，徐苏负责第 5 章，张春峰负责第 6、7 章。1～4 章 MATIAB 仿真程序和视频剪辑由皮明、熊亮完成。课程思政部分由张春峰完成。全书由于春梅统稿，黄琦、毕效辉审阅。

本书的编写得到西南科技大学与四川长虹电子控股集团有限公司联合申报并立项建设的四川省产教融合示范项目的支持，四川长虹电子控股集团有限公司李越峰、王剑对本书工程案例的设计给出了宝贵意见，在此向关心并为本书出版做出贡献的所有人员表示诚挚的谢意！

对书中存在的不妥之处，恳请各位读者批评指正。

编 者

2023 年 11 月

# 目 录

## 第1章 绪论 … 1
### 1.1 控制理论的发展历程和行业领域 … 1
    1.1.1 控制理论的发展历程 … 1
    1.1.2 控制理论与行业领域 … 3
### 1.2 自动控制系统的基本概念 … 4
    1.2.1 自动控制系统的工作过程 … 4
    1.2.2 自动控制系统的组成及术语 … 4
    1.2.3 自动控制系统举例 … 6
### 1.3 自动控制的基本方式 … 9
    1.3.1 开环控制 … 9
    1.3.2 闭环控制 … 10
    1.3.3 复合控制 … 10
### 1.4 控制系统的分类 … 11
    1.4.1 按系统输入信号的变化规律分类 … 11
    1.4.2 按系统传输信号的性质分类 … 12
    1.4.3 按描述系统的数学模型分类 … 12
    1.4.4 其他分类方法 … 13
### 1.5 对控制系统的基本要求 … 13
### 1.6 例题精解 … 14
### 本章小结 … 17
### 习题 … 18

## 第2章 控制系统的数学模型 … 20
### 2.1 数学模型基础 … 20
    2.1.1 数学模型的特点 … 20
    2.1.2 数学模型的类型 … 21
    2.1.3 建模途径与原则 … 22
### 2.2 控制系统的微分方程 … 22
    2.2.1 建立微分方程模型的一般步骤 … 22
    2.2.2 建模举例 … 23
    2.2.3 非线性系统(数学模型)的线性化 … 27
### 2.3 控制系统的传递函数 … 30
    2.3.1 传递函数的概念 … 31

2.3.2 典型环节及其传递函数 ································································· 33
　　　2.3.3 传递函数的标准形式 ······································································ 37
　　　2.3.4 传递函数的零点和极点对输出的影响 ················································ 38
　2.4 控制系统的结构图 ···················································································· 39
　　　2.4.1 结构图的概念 ················································································ 39
　　　2.4.2 系统结构图的建立 ·········································································· 39
　　　2.4.3 结构图的等效变换 ·········································································· 42
　2.5 信号流图与梅森公式 ················································································· 46
　　　2.5.1 信号流图的概念 ············································································· 47
　　　2.5.2 梅森公式 ······················································································ 48
　　　2.5.3 控制系统的传递函数 ······································································ 49
　2.6 应用 MATLAB 进行模型处理 ····································································· 51
　　　2.6.1 拉氏变换与拉氏反变换 ··································································· 51
　　　2.6.2 传递函数 ······················································································ 52
　2.7 例题精解 ································································································· 53
　本章小结 ········································································································ 58
　习题 ·············································································································· 58
第 3 章 线性系统的时域分析与校正 ······································································· 62
　3.1 典型输入信号和时域性能指标 ···································································· 62
　　　3.1.1 典型信号 ······················································································ 63
　　　3.1.2 性能指标 ······················································································ 65
　3.2 一阶系统的分析和计算 ············································································· 65
　　　3.2.1 一阶系统的数学模型 ······································································ 65
　　　3.2.2 一阶系统的单位阶跃响应和性能指标 ················································ 66
　　　3.2.3 单位斜坡响应 ················································································ 67
　　　3.2.4 单位脉冲响应 ················································································ 68
　3.3 二阶系统的分析和计算 ············································································· 68
　　　3.3.1 二阶系统的数学模型 ······································································ 68
　　　3.3.2 单位阶跃响应 ················································································ 69
　　　3.3.3 二阶系统性能指标分析 ··································································· 72
　　　3.3.4 单位脉冲响应 ················································································ 75
　3.4 高阶系统的时间响应 ················································································· 75
　　　3.4.1 高阶系统的阶跃响应 ······································································ 76
　　　3.4.2 高阶系统性能估计 ·········································································· 77
　3.5 稳定性分析 ······························································································· 78
　　　3.5.1 稳定性的概念和定义 ······································································ 78
　　　3.5.2 线性系统稳定的条件 ······································································ 79
　　　3.5.3 劳斯-赫尔维茨判据 ········································································ 81

3.6 线性系统的稳态误差计算 ············································· 83
 3.6.1 稳态误差的定义 ··············································· 84
 3.6.2 给定输入信号作用下的稳态误差 ································ 86
 3.6.3 扰动作用下的稳态误差 ········································· 89
3.7 线性系统的时域校正 ················································· 90
 3.7.1 二阶系统的性能改善 ··········································· 90
 3.7.2 控制系统的基本控制律——比例-积分-微分控制 ·················· 93
 3.7.3 校正方式 ····················································· 95
3.8 用 MATLAB 进行动态响应分析 ········································· 97
 3.8.1 绘制响应曲线 ················································· 97
 3.8.2 阶跃响应性能分析 ············································· 98
 3.8.3 应用 Simulink 进行仿真 ······································· 99
3.9 例题精解 ·························································· 100
本章小结 ······························································ 106
习题 ································································· 107

# 第 4 章 线性系统的根轨迹法 ············································· 111
4.1 根轨迹的基本概念 ··················································· 111
 4.1.1 根轨迹的基本概念 ············································· 111
 4.1.2 闭环零极点与开环零极点之间的关系 ····························· 113
4.2 根轨迹方程 ························································· 114
4.3 根轨迹绘制的基本规则 ··············································· 115
 4.3.1 180°根轨迹绘制的基本规则 ···································· 115
 4.3.2 典型根轨迹图 ················································· 123
 4.3.3 零度根轨迹的绘制规则 ········································· 123
4.4 典型反馈系统的根轨迹分析 ··········································· 125
 4.4.1 反馈系统的根轨迹分析举例 ····································· 125
 4.4.2 增加开环零极点的根轨迹分析 ··································· 127
 4.4.3 非最小相位系统的根轨迹 ······································· 129
 4.4.4 参数根轨迹及系统性能分析 ····································· 130
4.5 用 MATLAB 绘制系统的根轨迹 ········································· 132
 4.5.1 命令介绍 ····················································· 132
 4.5.2 绘图示例 ····················································· 133
4.6 例题精解 ·························································· 133
本章小结 ······························································ 139
习题 ································································· 139

# 第 5 章 线性系统的频域分析与校正 ······································· 142
5.1 频率特性的基本概念 ················································· 142
 5.1.1 频率特性的定义 ··············································· 142

  5.1.2 频率特性的几何表示法 ································ 143
5.2 典型环节的频率特性 ······································· 145
  5.2.1 比例环节 ······································· 145
  5.2.2 积分环节 ······································· 146
  5.2.3 微分环节 ······································· 147
  5.2.4 惯性环节 ······································· 148
  5.2.5 一阶微分环节 ··································· 149
  5.2.6 振荡环节 ······································· 150
  5.2.7 二阶微分环节 ··································· 152
  5.2.8 延迟环节 ······································· 152
5.3 控制系统的开环频率特性 ··································· 153
  5.3.1 开环幅相曲线 ··································· 153
  5.3.2 开环 Bode 图 ··································· 155
  5.3.3 最小相位系统与非最小相位系统 ······················· 157
5.4 奈奎斯特稳定判据 ········································· 158
  5.4.1 辅助函数 $F(s)$ ···································· 158
  5.4.2 幅角原理 ······································· 159
  5.4.3 奈奎斯特稳定判据 ································· 161
  5.4.4 对数频率特性稳定判据 ······························ 163
5.5 控制系统的稳定裕度 ······································· 165
5.6 控制系统的频域分析 ······································· 167
  5.6.1 用开环频率特性分析系统的性能 ······················· 168
  5.6.2 开环频域性能指标与时域指标的关系 ··················· 169
  5.6.3 开环频域指标与闭环频域指标的关系 ··················· 171
5.7 控制系统的频域设计 ······································· 172
  5.7.1 典型校正装置 ··································· 173
  5.7.2 频域法串联校正 ································· 176
5.8 MATLAB 在频域分析中的应用 ································ 181
  5.8.1 Bode 图的绘制 ·································· 181
  5.8.2 幅相曲线的绘制 ································· 182
5.9 例题精解 ················································ 183
本章小结 ····················································· 187
习题 ························································· 187

## 第 6 章 非线性控制系统 ······································· 191
6.1 非线性系统概述 ··········································· 191
  6.1.1 非线性系统的特征 ································· 191
  6.1.2 典型非线性特性 ································· 192
  6.1.3 非线性系统的分析和设计方法 ························ 194

## 目 录

- 6.2 描述函数法 ················ 194
  - 6.2.1 描述函数的基本概念 ·········· 195
  - 6.2.2 典型非线性特性的描述函数 ······ 196
  - 6.2.3 非线性系统的简化 ··········· 201
- 6.3 非线性系统的描述函数法分析 ······ 203
  - 6.3.1 非线性系统的稳定性分析 ······· 204
  - 6.3.2 自振荡分析 ··············· 205
- 6.4 相平面法 ····················· 207
  - 6.4.1 相平面法的基本概念 ········· 207
  - 6.4.2 相平面图的绘制 ············ 208
  - 6.4.3 奇点和奇线 ··············· 208
  - 6.4.4 非线性系统的相平面法分析 ····· 209
- 6.5 MATLAB非线性系统设计与分析 ···· 210
  - 6.5.1 MATLAB函数指令 ·········· 210
  - 6.5.2 应用Simulink进行仿真 ······ 211
- 6.6 例题精解 ···················· 212
- 本章小结 ························ 214
- 习题 ··························· 214

## 第7章 离散控制系统 ················ 218

- 7.1 离散系统概述 ················ 218
- 7.2 信号的采样与保持 ············· 220
  - 7.2.1 采样过程 ················ 220
  - 7.2.2 采样定理 ················ 222
  - 7.2.3 零阶保持器 ·············· 224
- 7.3 $z$变换 ···················· 226
  - 7.3.1 $z$变换的定义 ············ 226
  - 7.3.2 $z$变换的求法 ············ 227
  - 7.3.3 $z$变换的基本定理 ········· 229
  - 7.3.4 $z$反变换 ················ 230
- 7.4 离散系统的数学模型 ··········· 232
  - 7.4.1 线性常系数差分方程 ······· 232
  - 7.4.2 脉冲传递函数 ············· 234
- 7.5 离散系统的时域分析 ··········· 240
  - 7.5.1 $s$平面与$z$平面的映射关系 ··· 241
  - 7.5.2 离散系统的动态性能分析 ····· 241
  - 7.5.3 离散系统的稳定性分析 ······· 245
  - 7.5.4 离散系统的稳态误差 ········ 247

7.6 离散系统的数字校正 ································································· 251
    7.6.1 最少拍系统及其设计 ··················································· 251
    7.6.2 数字 PID 控制器的实现 ················································ 253
7.7 MATLAB 离散系统分析与设计 ··················································· 254
7.8 例题精解 ················································································· 257
本章小结 ························································································ 261
习题 ······························································································ 262

**附录　拉普拉斯变换** ·········································································· 265
**参考文献** ·························································································· 270

# 第 1 章 绪 论

**主要内容**

自动控制理论的基本概念；控制理论的发展历程和应用领域；自动控制系统的组成、方框图、相关术语；自动控制系统的控制方式；对自动控制系统的要求。

**学习目标**

(1) 了解控制理论的发展历程和应用领域，通过对中国古代反馈控制的应用和对工程控制论创始人钱学森事迹的学习，弘扬爱国主义精神，培养民族自豪感。

(2) 能够意识到反馈的普遍存在及其作用；能建立系统的概念，确定系统的输入量、被控量、被控对象，分辨控制系统的组成元件，清楚各组成部分的作用，会分析控制系统的工作原理，并据此绘制系统方框图。

(3) 清楚不同控制方式的特点，会判断系统的控制方式。

(4) 理解控制系统的"稳、快、准"要求。

自动控制作为一种技术手段已经广泛地应用于工业、农业、国防乃至日常生活和社会科学的许多领域。自动控制技术的广泛应用，不仅可以改善工作条件，减小劳动强度和提高生产效率，而且在人类探知未来、建设高度文明的社会等方面有着重要的意义。随着经济、科技及国防事业的发展和人们生活水平的提高，自动控制技术所起的作用越来越重要。作为一个工程技术人员，了解和掌握自动控制方面的知识十分必要。

## 1.1 控制理论的发展历程和行业领域

近一个世纪以来，科学技术取得了突飞猛进的发展，在这一发展过程中，自动控制始终担负着重要角色。按不同发展阶段，一般将自动控制理论分为经典控制理论阶段和现代控制理论阶段。随着信息论、仿生学与控制论的结合，智能控制得到了蓬勃发展。

### 1.1.1 控制理论的发展历程

1. 经典控制理论阶段

一般认为自动控制领域的第一项重大成果是 18 世纪詹姆斯·瓦特(James Watt)为控制蒸汽机速度而设计的离心调节器。但控制思想与技术的出现已有数千年的历史，中国古代就有许多应用反馈原理的自动装置，如指南车、铜壶滴漏、漏水转浑天仪等，只是没有形成控制理论。

在控制理论发展初期，众多学者做出过重大贡献。1922 年，迈那斯基研制出船舶操纵自动控制器，并且证明了可以从描述系统的微分方程中确定系统的稳定性。1932年，奈奎斯特提出了一种相当简便的方法，就是根据对稳态正弦输入的开环响应确定闭环系统的响应性能。1934年，黑曾提出了用于位置控制系统的伺服机构的概念，讨论了可以精确跟踪变化的输入信号的继电式伺服机构。1877年劳斯(Routh)和1895年赫尔维茨(Hurwitz)分别独立提出了判断系统稳定性的代数判据。

20世纪40年代，频率响应法为工程技术人员设计满足性能要求的线性闭环控制系统提供了一种可行的方法。从20世纪40年代末到50年代初，伊万思(Evans)提出了形象、直观、使用方便的根轨迹法。

频率响应法和根轨迹法是经典控制理论的核心。由这两种方法设计出来的系统是稳定的，并且不同程度地满足适当的性能要求。一般来说，这些系统可以达到令人满意的控制效果，但它不是某种意义上的最佳系统。从20世纪50年代末期开始，控制系统设计问题的重点从设计许多可行系统中的一种系统，转变到设计在某种意义上的最佳系统。

维纳(N. Wiener)于1948年出版了《控制论》，它是经典控制理论的辉煌总结。而且该书的内容覆盖了更广阔的领域，正如该书的副标题"动物和机器中的控制与通讯"所揭示的，是一部继往开来的、具有深远影响的名作。1954年我国航天事业奠基人、著名科学家钱学森出版了专著《工程控制论》，系统揭示了控制论对自动化、航空、航天、电子通信等工程技术领域的意义和深远影响。这标志着控制论学科分化而产生的第一个分支学科"工程控制论"的诞生。

2. 现代控制理论阶段

大约从20世纪50年代起，由于工业、军事特别是空间技术的需求，控制对象从单输入-单输出发展到多输入-多输出，从确定性系统发展到随机系统，加上数字计算机的出现，以时域方法为主的诸多分析设计方法得以迅猛发展，在原有"经典控制理论"的基础上，又形成了以状态空间模型为基础的"现代控制理论"，这是人类在自动控制技术认识上的一次飞跃。

状态空间方法属于时域方法，它以状态空间描述(实质上是一阶微分或差分方程组)作为数学模型，利用计算机作为系统建模分析、设计乃至控制的手段，适应于多变量、非线性、时变系统。它不仅在航天、航空、制导与军事武器控制中有成功的应用，在工业生产过程控制中也得到逐步应用。

现代控制理论的开拓性贡献有：1954年，贝尔曼(P. Bellman)的动态规划理论；1956年，庞特里雅金(L. S. Pontryagin)的极大值原理；1960年，卡尔曼(R. E. Kalman)的多变量最优控制和最优滤波理论。

3. 智能控制阶段

近年来，把传统控制理论与模糊逻辑、神经网络、遗传算法等人工智能技术相结合，充分利用人类的控制知识对复杂系统进行控制，逐渐形成了智能控制理论。这种新发展起来的控制技术，属于人工智能在控制上的应用。

智能控制的概念和原理主要是针对被控对象、环境、控制目标或任务的复杂性提出来的，它的指导思想是依据人的思维方式和处理问题的技巧，解决那些需要人的智能才能解决的复杂的控制问题。被控对象的复杂性体现为：模型的不确定性；高度非线性；分布式的传感器和执行器；动态突变；多时间标度；复杂的信息模式；庞大的数据量以及严格的特性指标等。而环境的复杂性则表现为变化的不确定性和难以辨识。

随着数学基础和工具、计算方法和模式的发展与演变，控制思路又有了进一步拓展，控制理论还在走向更深、更广的领域，必将促进社会生产力的发展，提高人民的生活水平，推动人类社会不断前行。

### 1.1.2 控制理论与行业领域

众所周知，自动控制理论的发展使得科学技术水平发生了极大飞跃。在发展初期，以经典控制理论(反馈控制理论)为基础的自动调节原理主要用于工业控制领域。后来在工业、农业、交通运输、医疗、国防等各个领域都得到了广泛应用，改善了工作环境和工作条件，提升了人民的生活水平。第二次世界大战期间，飞机自动驾驶仪、火炮定位系统、雷达跟踪系统等军用装备的高性能需求促进了自动控制理论的发展。1948年维纳出版的《控制论》，形成了完整的自动控制理论体系，并做出了控制技术与产业界关联的思考。第三次工业革命是信息化时代，21世纪提出的第四次工业革命则是利用信息化技术促进产业变革的时代，也就是智能化时代，这些均与控制理论密切相关。

工业互联网是新一代信息通信技术与工业经济深度融合的新型基础设施、应用模式和工业生态，是第四次工业革命的重要基石。我们很容易理解智能制造与自动控制理论的关系，但可能会误认为工业互联网与控制没有关系。实际上，工业互联网不是互联网在工业领域的简单应用，而是互联网、大数据、人工智能与实体经济深度融合的应用模式。工业互联网产业联盟遴选了163个优秀示范案例，在钢铁、石化、汽车、家电、电子信息、高端装备等十余个行业和典型制造场景开展了网络、平台、安全等方面的应用试点。北控水务集团与和利时科技集团合作打造了智慧水务运营管理云平台BECloudTM，实现水厂智能预测和决策支持、工艺优化、精确控制、无人值守等功能；广州东莞数字化水厂项目通过污水厂全流程的智能管控，区域中心的集中监控，移动巡检的智能管理，运维平台的信息化管理，实现以自控系统代替人的工作，曝气、提升、加药等重点工艺智能控制，运营、设备、设施、巡检、维修等流程互联互通，打破了信息孤岛；鞍钢集团自动化有限公司通过设立"精钢云"服务器、架设4.9GHz频段5G工业互联网、打通一二三四级网络建立云边端智慧工厂架构，建立声呐、吊车、摄像头、化验室、MES的通信接口，开发与应用氧枪、副枪、投料、终点四大冶炼工艺模型，使用PAD经由4.9GHz频段5G工业互联网实现氧枪自动、副枪自动、投料自动、冶炼终点自动控制的一键智慧炼钢；江西蓝星星火有机硅有限公司实现了5G+无人机与机器人实现天地一体化巡检；蒙牛数字化工厂实现生产过程透明化、质量管控数字化、成本控制精细化管理等。这些工业互联网的典型应用，都离不开工业制造技术，离不开自动控制理论的应用。

可以说，自动控制已经成为现代社会活动中不可缺少的组成部分，其应用范围几乎覆盖所有行业领域。

## 1.2 自动控制系统的基本概念

在工业生产过程和工业设备运行中,为保证正常工作,往往需要对某些物理量(例如温度、压力、流量、液位、速度、位移等)进行控制,使其维持在某个恒定值或按规律变化。若此过程由人工完成,则称为人工控制或手动控制;若没有人直接参与,利用控制装置完成,则称为自动控制。例如,洗衣机、微波炉等家用电器自动运行,工业加热炉的炉温、水箱的水位、电机的速度维持在某一恒定值,飞机的飞行速度和仰角按要求维持恒定或按规律变化,车床按照预先编制好的程序加工部件,雷达自动跟踪空中飞行体,等等。

### 1.2.1 自动控制系统的工作过程

本节以液位控制系统为例,说明自动控制系统的工作过程。

图 1-1 所示是一个水箱液位自动控制系统。因生产和生活的需要,希望液位 $h$ 维持恒定(或在允许的偏差范围以内)。当水的流入量与流出量平衡时,水箱的液位维持在预定(期望)的高度上。

当水的流出量或流入量发生变化,则平衡就会被破坏,液位不能自然地维持恒定。而且这种出水量与进水量的不平衡现象是必然要经常发生的(例如,进水压力的下降或用水量的增加)。这便使得这种"水位恒定的要求"变得难以实现了。

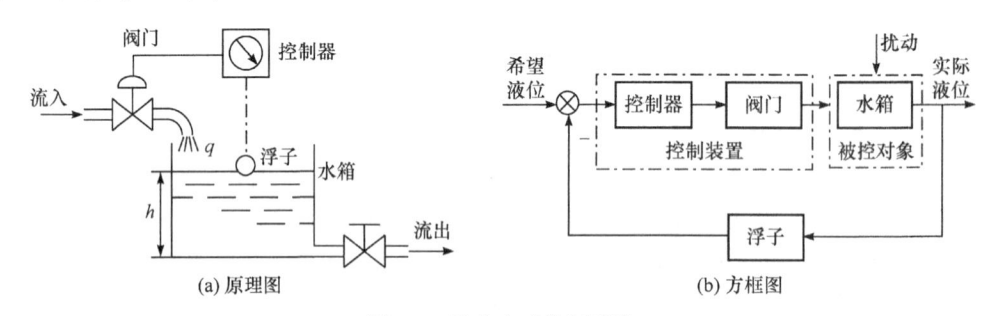

图 1-1 液位自动控制系统

对液位进行自动控制时,液位的期望值由自动控制器刻度盘上的指针标定。当出水与进水的平衡被破坏时,水箱液位下降(或上升),出现偏差。这偏差由浮子标测出来,自动控制器在偏差的作用下,控制阀门使其开大(或关小),对偏差进行修正,从而保持液位不变。这个过程里面最关键的是反馈,也就是实际液位由浮子测出,反馈到输入端,与期望的液位进行比较,按照比较后的偏差来调节,这就是反馈控制,是最基本的控制方式之一。由于自动控制理论主要解决反馈的问题,因此,自动控制理论也称为反馈控制理论。后面我们会再举例分析不同控制系统的工作原理,下面先了解自动控制系统的组成和相关术语。

### 1.2.2 自动控制系统的组成及术语

一个典型的控制系统总是由被控对象和各种不同功能的元器件组成的。除被控对象外，其他各部分通称为控制装置。每一部分各司其职，共同完成控制任务。

典型反馈控制系统基本组成可由图 1-2 表示。其中用"⊗"或"○"代表多路信号会合点(也称相加点、综合点)，"+"表示信息相加(图中往往省略)，"-"表示信息相减。从这种方框图中可明显地看出各环节之间的关系和控制作用的传递过程。

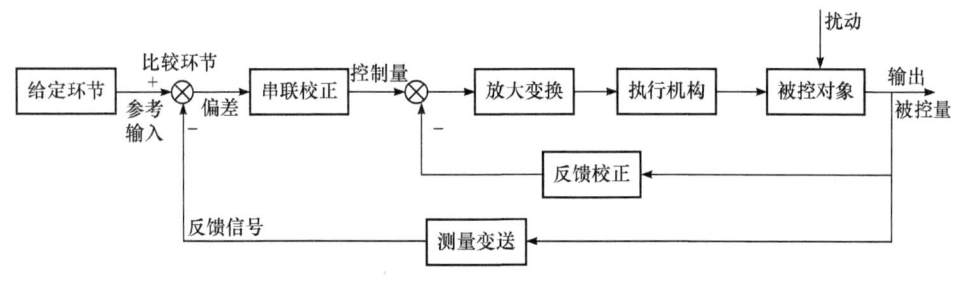

图 1-2 反馈控制系统基本组成

(1) 被控对象(controlled plant)。通常是一个设备、物体或过程(一般称任何被控制的运行状态为过程)，其作用是完成一种特定的操作。它是控制系统所控制和操纵的对象，接受控制量并输出被控量。

(2) 给定环节。给出与期望的输出相对应的系统输入量，是一类产生系统控制指令的装置(或软件界面)。

(3) 测量变送环节。它用来检测被控量的实际值。如果输出的物理量属于非电量，大多数情况下要把它转换成电量，以便利用电的手段加以处理。测量变送环节一般也称为反馈环节。

(4) 比较环节。其作用是把测量元件检测到的实际输出值与给定环节给出的输入值进行比较，求出它们之间的偏差。常用的电量比较元件有差动放大器、电桥电路等。在计算机控制系统中通过编程可实现。

(5) 放大变换环节。将比较微弱的偏差信号加以放大，以足够的功率来推动执行机构或被控对象。当然，放大倍数越大，系统的反应越敏感。一般情况下，只要系统稳定，放大倍数应适当大些。

(6) 执行环节。其职能是直接推动被控对象，使其被控量发生变化。常见的执行元件有阀门，伺服电动机等。

(7) 校正环节。为改善系统的动态和静态性能特性而附加的装置，其参数可灵活调整。工程上称为调节器或控制器。常用串联或反馈的方式连接在系统中。校正元件可以是一个 RC 网络或其他模拟装置，也可以是一段计算机程序。

在具体讨论控制系统之前，还应了解一些常用的名词术语。

(1) 被控量。被控量即系统的输出，是一种被测量和被控制的量值或状态。

(2) 控制量。控制量也称操纵量，是一种由控制器改变的量值或状态，它将影响被控量的值。通常，被控量是系统的输出量。控制意味着对系统的被控量的值进行测量，并且使控制量作用于系统，以修正或限制测量值对期望值的偏离。

(3) 给定量。给定量是人为给定的，使系统具有预定性能或预定输出的激发信号，它代表输出的期望值，故又称为给定输入、参考输入、期望输出等。

(4) 反馈。将系统(或环节)的输出量经变换、处理送到系统(或环节)的输入端，称为反馈。若此变量是从系统输出端取出送入系统输入端，这种反馈称为主反馈；而其他称为局部反馈。

(5) 偏差。给定输入量与主反馈量之差称为偏差。

(6) 误差。误差一般指系统输出量的实际值与期望值之差。系统期望值是理想化系统的输出，实际上很难达到，因而用与控制输入量有一定比例关系的信号来表示。在单位反馈情况下，期望值就是系统的输入量，误差量就等于偏差量。

(7) 扰动。扰动是一种对系统的输出量产生不利影响的信号。如果扰动产生在系统的内部，称为内部扰动；反之，当扰动产生在系统的外部时，称为外部扰动。外部扰动也是系统的输入量。

(8) 系统。系统是一些部件的组合，这些部件组合在一起，完成一定的任务。系统不限于物理系统。系统的概念可以应用于抽象的动态现象，如在经济学中遇到的一些现象。因此"系统"这个词，应当理解为包含了物理学、生物学和经济学等方面的系统。

### 1.2.3 自动控制系统举例

1. 温度控制

以电炉恒温箱的温度控制为例。恒温控制的任务是，在扰动因素(如打开箱门取放物品，电源电压的波动以及环境温度的变化等)作用下保持箱内温度恒定，以满足生产工艺对温度的要求。

图 1-3(a)所示为电炉恒温箱手动控制系统原理图。在一定条件下，控制手柄位于某个位置时，恒温箱温度保持恒定。但当受到扰动，温度偏离时无法回到期望的温度。只能用手动控制的方法人工调节活动触头的位置，改变加在加热电阻丝两端的电压，从而调节电阻丝电流的大小以达到恒温控制的目的。控制系统的方框图可用图 1-3(b)来表示。

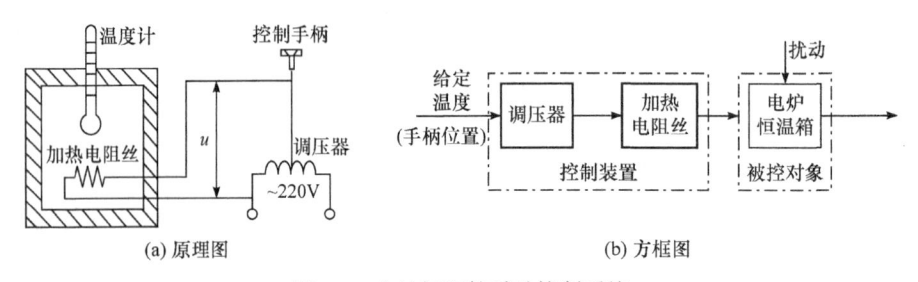

图 1-3 电炉恒温箱手动控制系统

图 1-4(a)所示的是电炉恒温箱的自动控制系统。自动控制的过程：用热电偶对炉温(被控量)进行检测并转换成对应的电压，反馈至输入端与给定温度进行比较(相减)得到偏差电压；经放大器放大后驱动电动机运转，再经减速器调节调压器活动触头的位置，从而改变加在加热电阻丝两端的电压，以达到恒温控制的目的。自动控制系统的方框图可用图 1-4(b)来表示。

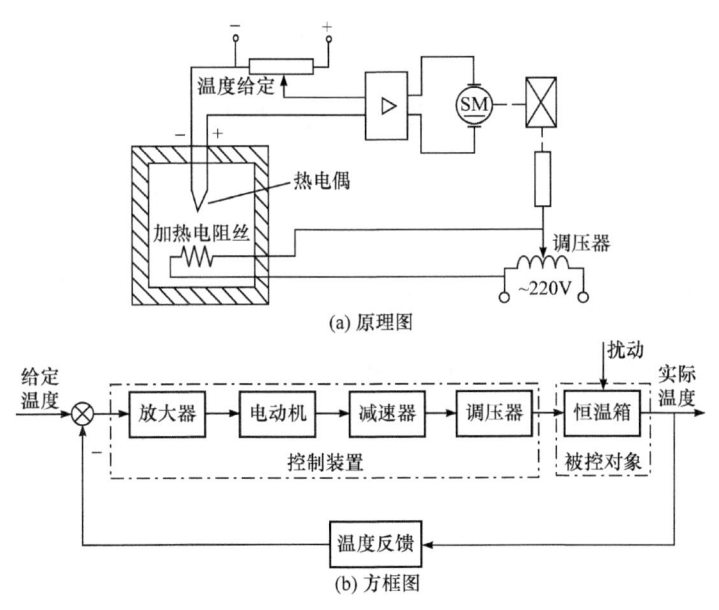

图 1-4 电炉恒温箱自动控制系统

## 2. 速度控制

直流电动机速度自动控制系统的原理结构如图 1-5(a)所示。图中，电位器电压 $u_g$ 为输入信号。电位器动点的位置一定，电动机速度为一定值，故电位器电压的变化称为参考输入或给定值。测速发电机是电动机转速的测量元件，又称为变送元件(变送器)。图 1-5(a)

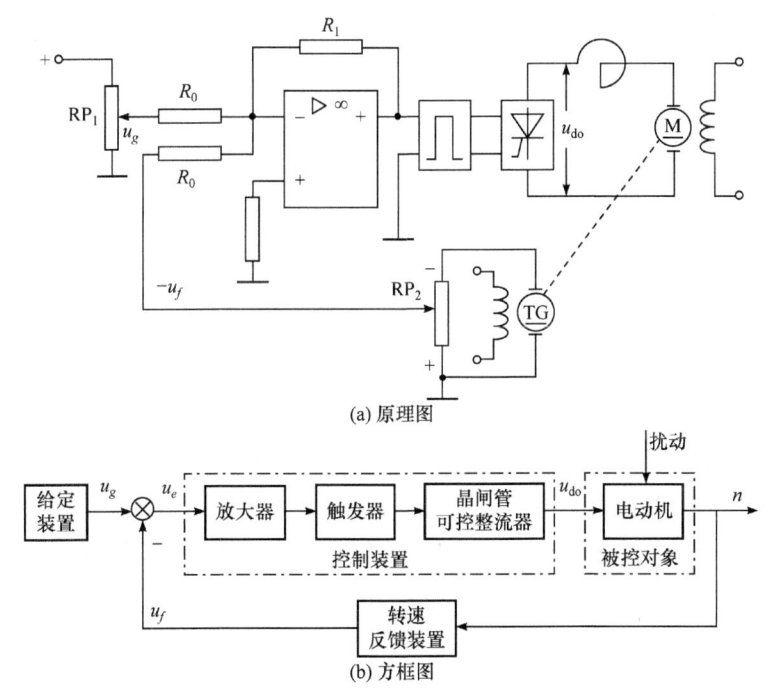

图 1-5 直流电动机速度自动控制系统

中,代表电动机转速变化的测速发电机电压 $u_f$ 送到输入端与电位器电压 $u_g$ 进行比较,两者的差值 $u_e$(又称偏差信号)经放大器放大后加到触发器-晶闸管可控整流装置的输入端,整流装置的输出 $u_{do}$ 控制电动机的转速和方向,进而对被控量进行相应的调节。这就形成了电动机转速自动控制系统。

电源变化、负载变化等引起转速变化,即为扰动。当电动机(被控对象)受到扰动后,转速(被控量)发生变化,经测量元件(测速发电机)将转速信号(又称为反馈信号)反馈到控制器(功率放大与整流装置),使控制器的输出(称为控制量)发生相应的变化,从而可以自动地保持转速不变或使偏差保持在允许的范围内,也即使被控量自动地保持为给定值或在给定值附近的一个很小的允许范围内变动。

如果在图 1-5(a)中,取消测速发电机及其反馈回路,电动机的转速由人工监测,当转速偏离给定值时,由人工去改变电位器的动点,改变放大器的输出,从而改变电动机的电枢电压,改变电动机的转速,使之恢复到转速的定值。这样,电动机的转速控制就成人工控制系统。

3. 随动控制

前面介绍的控制系统的共同特点是,给定信号一经整定好后就保持恒值,具有这一特点的系统通常称为恒值控制系统。而随动系统是工程上应用领域非常广泛的另一类闭环控制系统,如工业自动化仪表中的显示记录仪、雷达高射炮炮身位置随动系统、火炮群跟踪雷达天线控制系统、轮船上的自动操舵装置[该装置(或系统)可使装在船体尾部的舵叶的偏转角跟踪位于驾驶室的操舵手轮的偏转角]、数控机床的加工轨迹控制和仿型机床的跟踪控制,以及轧钢机压下装置的控制等均属于这类系统。

随动系统与恒值系统都是根据反馈控制原理工作的,主要的不同在于:随动系统的输入信号不是恒值而是变化的,系统的主要任务是使输出量紧紧跟踪输入量的变化,故随动系统又称为跟踪系统,在机电系统中往往称随动系统为伺服系统。下面以图 1-6 所示的天线方位角位置随动系统为例,说明随动系统的特点。

天线方位角位置控制系统是典型的位置随动系统,它可以用于火炮群跟踪雷达天线或探索外星生命的射电望远镜天线的定位控制(即瞄准目标的控制),系统的简图如图 1-6(a)所示,相应的系统原理图如图 1-6(b)所示。系统的任务是使输出的天线方位角 $\theta_o(t)$ 跟踪输入的指令方位角 $\theta_i(t)$。天线为系统的受控对象,它是由伺服电动机 SM 通过减速器来驱动的,其中减速器是使高速旋转的电动机与要求大力矩低转速天线之间匹配用的,故伺服电动机和减速器一起为系统的执行机构。输入的角位移 $\theta_i(t)$ 经给定电位器 RP1 转换为给定电压信号 $u_i(t)$,类似地,输出的角位移 $\theta_o(t)$ 经检测电位器 RP2 转换为反馈(电压)信号 $u_f(t)$,故电位器 RP1 为给定装置、RP2 为检测元件。给定信号与反馈信号作用在差动放大器的输入端经比较(即对两信号 $u_i(t)$ 和 $u_f(t)$ 进行相减)和差动放大器与功率放大器放大后施加在电动机的两端使其运转,从而驱动天线转动。于是可给出该系统的方框图如图 1-7 所示。

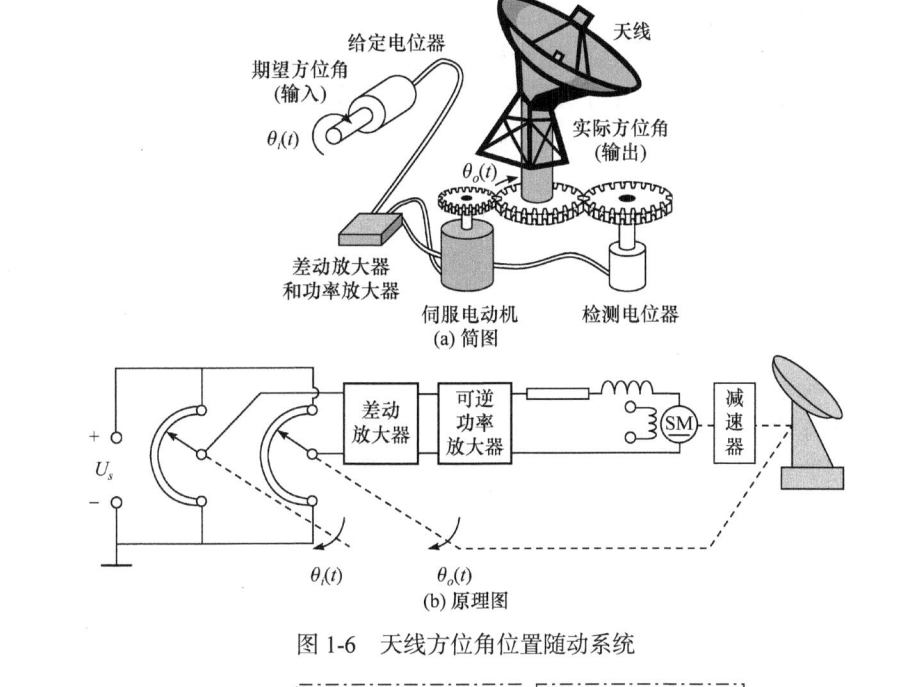

图 1-6 天线方位角位置随动系统

图 1-7 天线方位角位置随动系统方框图

由图 1-7 可见，如果天线方位角的实际值 $\theta_o(t)$ 与期望值 $\theta_i(t)$ 不相符，则将产生偏差电压 $\Delta u(t) = u_i(t) - u_f(t)$ 使电动机工作，从而驱动天线转动。转动的方向取决于偏差电压的极性；若 $\Delta u > 0$ 则电动机正转，驱动天线逆时针方向转动，使输出的角位移 $\theta_o(t)$ 增大；若 $\Delta u < 0$ 则电动机反转，于是天线顺时针方向转动使 $\theta_o(t)$ 减少。而角位移变化的快慢则取决于偏差电压绝对值的大小，$|\Delta u(t)|$ 越大，电动机转动得越快，天线角位移的变化就越快。当天线方位角的实际值与期望值相符，偏差电压 $\Delta u(t) = u_i(t) - u_f(t)$ 等于零时，电动机才停止运转，从而实现了系统的输出角位移跟踪输入角位移变化的控制。

## 1.3 自动控制的基本方式

控制系统按其结构可分为开环控制、闭环控制与复合控制等。对于某一个具体的系统，采取什么样的控制手段，要视具体的用途和目的而定。

### 1.3.1 开环控制

若系统的输出量不返送到系统的输入端，则称这类系统为开环控制系统。图 1-3 所示的电炉恒温箱的手动控制系统，就是其中一例。

开环系统结构简单，成本低廉，工作稳定。在输入和扰动已知情况下，开环控制仍可取得比较满意的结果。但是，由于开环控制不能自动修正被控量的误差、系统元件参数的变化以及外来未知扰动对系统的影响，所以为了提高控制精度，就必须选用高质量的元件，其结果必然导致投资大、成本高。

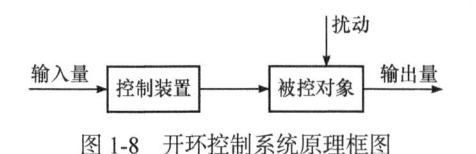

开环控制系统的原理框图如图 1-8 所示。

图 1-8 开环控制系统原理框图

### 1.3.2 闭环控制

在控制系统中，控制装置对被控对象所施加的控制作用，若能取自被控量的反馈信息，即根据实际输出来修正控制作用，实现对被控对象进行控制的任务，这种控制原理称为反馈控制原理。正是由于引入了反馈信息，输出对输入的响应被反送到输入端，并影响控制作用，使整个控制过程成为闭环。因此，按反馈原理建立起来的控制系统称为闭环控制系统，也称为反馈控制系统。在闭环控制系统中，其控制作用的基础是被控量与给定值之间的偏差。这个偏差是各种实际扰动所导致的总"后果"，它并不区分其中的原因。因此，这种系统往往同时能够抵制多种扰动，而且对系统自身元部件参数的波动也不甚敏感。

闭环控制系统的原理框图如图 1-9 所示。图 1-4～图 1-6 所示的系统就是闭环控制系统。

闭环控制系统由于有"反馈"作用的存在，具有自动修正被控量出现偏差的能力，可以修正元件参数变化以及外界扰动引起的误差，所以其控制效果好，精度高。其实，只有按负反馈原理组成的闭环控制系统才能真正实现自动控制的任务。

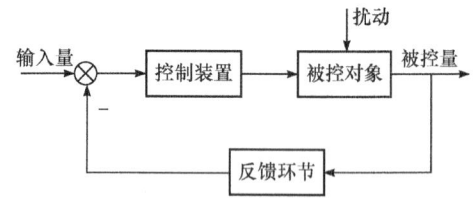

图 1-9 闭环控制系统原理框图

闭环控制系统也有不足之处。除了结构复杂、成本较高外，一个主要的问题是由于反馈的存在，控制系统可能出现"振荡"，严重时，会使系统失去稳定而无法工作。在自动控制系统的研究中，一个很重要的问题是如何解决好"振荡"或"发散"的问题。

### 1.3.3 复合控制

复合控制是闭环控制和开环控制相结合的一种方式。实质上是在闭环控制回路的基础上，附加一个输入信号(给定或扰动)的顺馈通路，对该信号带来的扰动进行补偿，以提高控制精度。常见的方式有以下两种。

(1) 按输入信号补偿。

图 1-10 给出了按输入补偿的复合控制方框图。通常，附加的补偿装置可提供一个顺馈控制信号，与原输入信号一起对被控对象进行控制，以提高系统的跟踪能力(将在 3.7.3 节进行分析)。这是一种对控制能力的加强作用，往往提供的是输入信号的微分作用，起到超前控制。

(2) 按扰动信号补偿。

图 1-11 给出了按扰动信号补偿的复合控制方框图。附加的补偿装置所提供的控制作用，主要对扰动影响起到"防患于未然"的效果。故应按照不变性原理来设计，即保证系统输出与作用在系统上的扰动完全无关，这一点与前一种补偿作用截然不同。

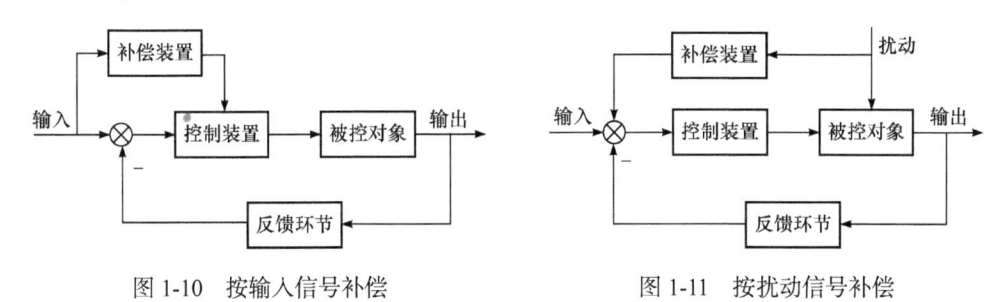

图 1-10 按输入信号补偿　　　图 1-11 按扰动信号补偿

增加扰动信号的补偿控制作用，可以在扰动对被控量产生不利影响的同时及时提供控制作用以抵消此不利影响。仅闭环控制则要等待不利影响反映到被控量之后才引起控制作用，对扰动的反应较慢；但如果没有反馈信号回路，只按扰动进行补偿控制时，则只有顺馈控制作用，控制方式还是开环控制，系统没有能力抑制其他扰动，被控量不能得到精确控制。两者的结合既能得到高精度控制，又能提高抗干扰能力。因此获得广泛的应用。当然，采用这种复合控制的前提是扰动信号可以测量。

例如，在图 1-5 所示的系统中，若负载经常变化，则可以将其视为扰动，由于电机电枢回路的电流反映负载的变化，可以通过串联在电枢回路的电阻来测量扰动，那么测量后的信号形成顺馈通路，与给定信号、反馈信号一起合成为偏差信号，形成复合控制。

## 1.4　控制系统的分类

### 1.4.1　按系统输入信号的变化规律分类

1. 恒值控制系统(或称自动调节系统)

这类系统的特点是输入信号是一个恒定的数值。工业生产中的恒温、恒压、恒速等自动控制系统就属于这一类型。1.2 节所列举的温度、速度控制系统都是属于恒值控制系统。

恒值控制系统主要研究各种扰动对系统输出的影响以及如何克服这些扰动，把被控量尽量保持在期望值。

2. 随动控制系统(或称伺服系统)

这类系统的给定量是预先未知的随时间变化的函数，要求被控量以尽可能小的误差跟随给定量的变化。在随动系统中，扰动的影响是次要的，系统分析、设计的重点是研究被控制量跟随的快速性和准确性。图 1-6 所示天线方位角位置控制系统属于随动控制系统。

在随动系统中，如果被控制量是机械位置(角位置)或其导数时，这类系统称之为伺服系统。

**3. 程序控制系统**

这类系统输入量是按预设程序随时间变化的函数，如数控机床加工控制系统等。

### 1.4.2 按系统传输信号的性质分类

**1. 连续系统**

系统各部分的信号都是模拟的连续函数，1.2节所举的几个例子就属于这一类型。

**2. 离散系统**

系统的某一处或几处，信号以脉冲序列或数码的形式传递的控制系统。其主要特点是控制系统中用脉冲开关或采样开关，将连续信号 $e(t)$ 转变为离散信号 $e*(t)$。离散信号取脉冲的系统又称为脉冲控制系统；离散信号以数码形式传递的系统又称为采样控制系统或数字控制系统，如数字计算机控制系统就属于这一类型。图1-12和图1-13分别给出了脉冲控制系统和数字控制系统的方框图。

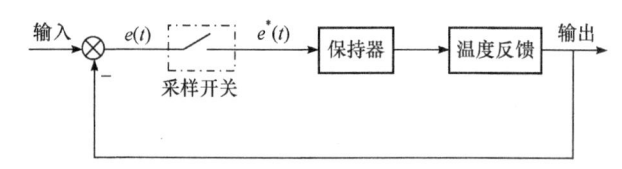

图1-12 脉冲控制系统方框图

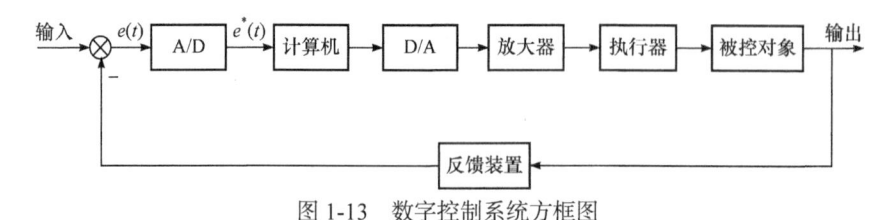

图1-13 数字控制系统方框图

### 1.4.3 按描述系统的数学模型分类

**1. 线性系统**

组成系统的元件的特性均为线性的，可用一个或一组线性微分方程来描述系统输入和输出之间的关系。其运动方程一般形式为

$$a_0 c^{(n)} + a_1 c^{(n-1)} + \cdots + a_{n-1}\dot{c} + a_n c = b_0 r^{(m)} + b_1 r^{(m-1)} + \cdots + b_{m-1}\dot{r} + b_m r \tag{1-1}$$

式中，$r$ 为 $r(t)$ 的简写，代表系统的输入量；$c$ 为 $c(t)$ 的简写，代表系统的输出量。

线性系统的主要特征是具有齐次性和叠加性，即当系统的输入分别为 $r_1(t)$ 和 $r_2(t)$ 时，对应的输出分别为 $c_1(t)$ 和 $c_2(t)$；当输入量为 $r(t) = a_1 r_1(t) + a_2 r_2(t)$ 时，对应的输出量为 $c(t) = a_1 c_1(t) + a_2 c_2(t)$，其中 $a_1$ 和 $a_2$ 为常系数。

## 2. 非线性系统

在构成系统的环节中有一个或一个以上的非线性环节时,则称此系统为非线性系统。非线性的理论研究远不如线性系统那么完整,一般只能近似地定性描述和数值计算。

在自然界中,严格说来,任何系统的物理特性都是非线性的。但是,为了研究问题的方便,许多系统在一定的条件下、一定的范围内,可以近似视为线性系统来加以分析研究,其误差往往在工业生产允许的范围内。

### 1.4.4 其他分类方法

自动控制系统还有其他的分类方法。例如,按系统的输入/输出信号的数量来分,有单输入、单输出、多输入、多输出系统;按控制系统的功能来分,有温度控制系统、流量控制系统、速度控制系统等;按元件组成来分,有机电系统、液压系统、生物系统;按不同的控制理论分支设计的新型控制系统来分,有最优控制系统、自适应控制系统、预测控制系统、模糊控制系统、神经网络控制系统等。然而,不管什么形式、什么控制方式的系统,都希望它能做到可靠、迅速、准确,这就是后续章节要详细分析的系统的稳定性、动态性能和稳态性能等。一个系统的性能将用特定的品质指标来衡量其优劣。

## 1.5 对控制系统的基本要求

控制系统都是动态系统。系统中含有储能(或储存信息)元件,在外界输入信号作用下,系统响应是一动态变化的过程,呈现出"惯性"的特点。因此,当输入量发生变化时系统的输出量从原稳态值变化到新的稳态值需经历一定的时间,这一时间称为过渡过程时间。

自动控制系统受到各种扰动或者人为要求给定值发生改变时,被控量就会发生变化,偏离给定值。通过系统的自动控制作用,经过一定的过渡过程,被控量又恢复到原来的稳定值或者稳定到一个新的给定值。这时系统从原来的平衡状态过渡到一个新的平衡状态,把被控量在变化过程中的过渡过程称为动态过程(即随时间而变化的过程),而把被控量处于平衡状态称为静态或稳态。

自动控制系统最基本的要求是系统必须使被控量的稳态误差(偏差)为零或在允许的范围内(具体误差多大,要根据具体的生产过程的要求确定)。对于一个好的自动控制系统来说,要求稳态误差越小越好,最好稳态误差为零。一般要求稳态误差为期望值的2%~5%。

自动控制系统除了要求满足稳态性能之外,还应满足动态过程的性能要求。暂态过程的基本特性取决于系统的结构和参数,其基本形态有下列几种。

(1) 单调过程。被控量 $c(t)$ 单调变化分为单调衰减和单调发散。单调衰减时,被控量始终不会超过给定值,缓慢地达到新的平衡状态(新的稳态值),如图 1-14(a)所示。单调发散时,被控量会超出给定值持续上升,这种情况不能正常工作。

(2) 振荡过程。被控量 $c(t)$ 的振荡动态过程,分为衰减振荡过程、等幅振荡过程、发散振荡过程。衰减振荡过程的振荡不断地衰减，到过渡过程结束时，被控量会达到新的稳态值。这种过程如图 1-14(b)所示。等幅振荡过程指被控量 $c(t)$ 的动态过程是一个持续等幅振荡过程，始终不能达到新的稳态值，如图 1-14(c)所示，这种情况系统不能正常工作。发散振荡过程指被控量 $c(t)$ 的动态过程不但是一个振荡过程，而且振荡的幅值越来越大，如图 1-14(d)所示。这是一种典型的不稳定过程，设计自动控制系统要绝对避免产生这种情况。

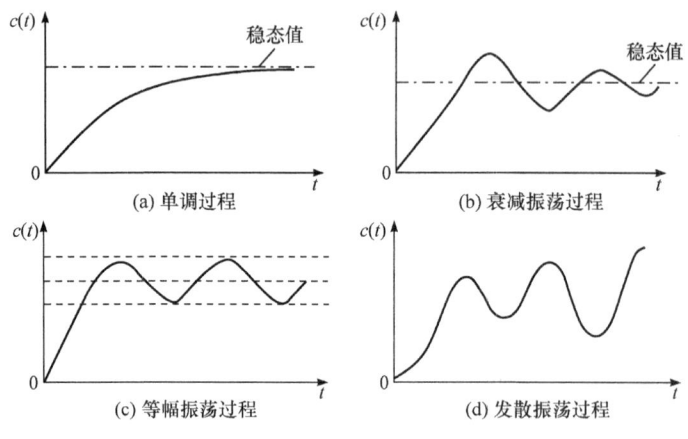

图 1-14 被控量变化的动态特性

一般来说，自动控制系统如果设计合理，其动态过程多属于图 1-14(b)的情况。为了满足要求，希望控制系统的动态过程不仅是稳定的，并且希望过渡过程时间(又称调节时间)越短越好，振荡幅度越小越好，衰减得越快越好。关于稳态性能和动态性能的性能指标，将在第 3 章详细讨论。

综上所述，对于一个自动控制的性能要求可以概括为三个方面：稳定性、快速性和准确性。

(1) 稳定性(稳)。不稳定的控制系统是不能工作的，因此稳定是自动控制系统最基本的要求，在此前提下，还要求系统有较好的平稳性。

(2) 快速性(快)。在系统稳定的前提下，希望控制过程(过渡过程)进行得越快越好。但稳定性和快速性往往是矛盾的，如果要求过渡过程时间很短，可能使动态误差(偏差)过大。设计时应兼顾这两方面的要求。

(3) 准确性(准)。即要求动态误差(偏差)和稳态误差(偏差)都越小越好。当准确性与快速性矛盾时，应兼顾这两方面的要求。

## 1.6 例题精解

【例 1-1】 图 1-15 为液位控制系统的示意图，试说明系统的工作原理并画出其方框图。

**解** 液位控制系统是一典型的过程控制系统。控制系统的任务是在各种扰动的影响下，保持液面高度在期望的位置上不变，故它属于恒值调节系统。现以水位控制为例分析如下。

由图 1-15 可知，被控量为水位高度 $h$(而不是用水流量 $Q_2$ 或进水流量 $Q_1$)；受控对象为水箱；使水位发生变化的主要因素是用水流量 $Q_2$，故它为系统的负载扰动量；而进水流量 $Q_1$ 是用以补偿用水流量的改变，使水箱的水位保持在期望位置上；控制进水流量的是电动机驱动的阀门 $V_1$，故电动机-减速器-阀门 $V_1$ 一起构成系统的执行机构；而电动机的供电电压 $u_d$ 取决于电位器动触点与接零点之间的电位差，若记接零点与电位参考点之间的电压为 $u_g$，则它便是系统的给定信号，记动触点与电位参考点之间的电压为 $u_f$ 而 $u_d = u_g - u_f$，故 $u_f$ 为负反馈信号。于是可绘制系统的方框图，如图 1-16 所示。

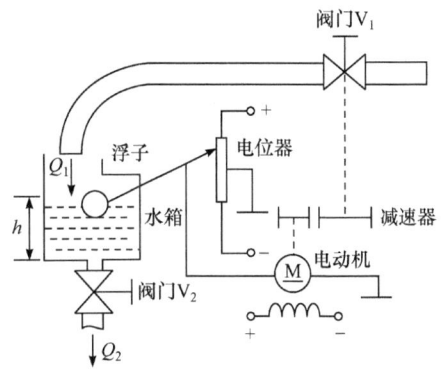

图 1-15 液位控制系统示意图

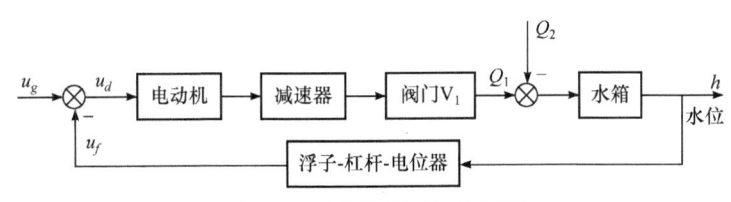

图 1-16 液位控制系统方框图

系统的调节过程如下：调整系统和进水阀门 $V_1$ 的开度使系统处于平衡状态，这时进水流量 $Q_1$ 和额定的用水流量 $Q_2$ 保持动态平衡，水面的高度恰好在期望的位置上，而与浮子杠杆相连接的电位器动触头正好在电位器中点(即接零点)上，从而 $u_d = 0$ 电动机静止不动；当用水流量发生变化时，如用水量增大使水面下降，于是浮子也跟着下降，通过杠杆作用带动电位器的动触点往上移，从而给电动机电枢提供一定的电压，设其极性为正的(即 $u_d > 0$)，于是电动机正转通过减速器驱动阀门 $V_1$ 增大其开度，增加进入水箱的流量 $Q_1$，直至水箱的水位恢复至期望的位置上，相应的浮子杠杆带动的电位器动触头也恢复至中点上，$u_d = 0$ 电动机停止不动为止；当用水量减少使得水面升高时，其调节过程与上述的相类似，所不同的只是调节的方向，由于 $u_d$ 的极性改变(即 $u_d < 0$)从而电动机反转，阀门 $V_1$ 的开度减少，使水箱的液位下降，直至重新处于平衡状态为止。图中浮子-杠杆-电位器一起构成水位的检测、控制与反馈环节。

【例 1-2】 图 1-17 是仓库大门自动开闭控制系统原理示意图。试说明系统自动控制大门开闭的工作原理，并画出系统方框图。

**解** 当合上开门开关时，电桥会测量出开门位置与大门实际位置间对应的偏差电压，偏差电压经放大器放大后，驱动伺服电动机带动绞盘转动，将大门向上提起。与此同时，和大门连在一起的电刷也向上移动，直到桥式测量电路达到平衡，电动机停止转动，大门达到开启位置。反之，当合上关门开关时，电动机带动绞盘使大门关闭，从而可以实现大门远距离开闭自动控制。系统方框图如图 1-18 所示。

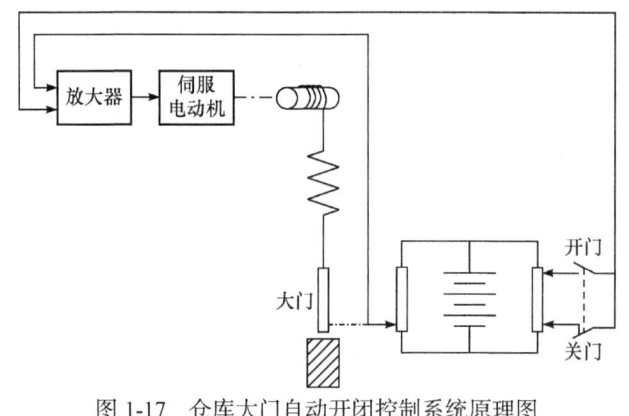

图 1-17 仓库大门自动开闭控制系统原理图

图 1-18 仓库大门控制系统方框图

[评注] 该例会贯穿全书，在后面的每一章都会以例题的形式出现，有些章会出现多次，共 13 处。

【例 1-3】 图 1-19 为水温控制系统示意图。冷水在热交换器中由通入的蒸汽加热，从而得到一定温度的热水。冷水流量变化用流量计测量。试绘制系统方框图，并说明为了保持热水温度为期望值，系统是如何工作的？系统的被控对象和控制装置各是什么？

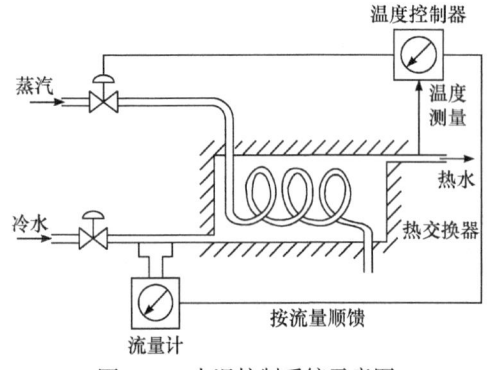

图 1-19 水温控制系统示意图

**解** 工作原理：温度传感器不断测量交换器出口处的实际水温，并在温度控制器中与给定温度相比较，若低于给定温度，其偏差值使蒸汽阀门开大，进入热交换器的蒸汽量加大，热水温度升高，直至偏差为零。如果由于某种原因，冷水流量加大，则流量值由流量计测得，通过温度控制器，开大阀门，使蒸汽量增加，提前进行控制，实现按冷水流量进行顺馈补偿，保证热交换器出口的水温不发生大的波动。

其中，热交换器是被控对象，实际热水温度为被控量，给定量(期望温度)在控制器中设定；冷水流量是扰动量。

系统方框图如图 1-20 所示。这是一个按扰动补偿的复合控制系统。

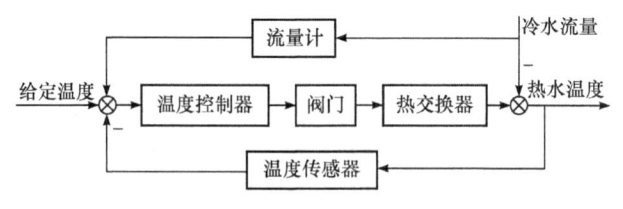

图 1-20 水温控制系统方框图

【例1-4】 下列方程中，$r(t)$、$c(t)$分别表示系统的输入和输出，判断各方程所描述的系统的类型(线性或非线性、定常或时变、动态或静态)。

① $2t\ddot{c}(t) + 5\dot{c}(t) + e^{-t}c(t) = r(t)$

② $c(t) = r^2(t) + \sqrt{t}\dot{r}(t)$

③ $\dddot{c}(t) + 3\dot{c}(t) + 6c(t) + 10 = r(t)$

④ $c(t) = e^{-r(t)}$

⑤ $\ddot{c}(t) + 3\dot{c}(t)c^2(t) + 2c(t)\dot{r}(t) - r^2(t) = 0$

⑥ $c(t) = \begin{cases} 0, & t < 2 \\ 2r(t), & t \geq 2 \end{cases}$

**解** ① 线性时变动态系统。

② 非线性时变动态系统。

③ 线性定常动态系统。

④ 非线性定常静态系统。

⑤ 非线性定常动态系统。

⑥ 非线性定常静态系统，也是分段线性定常静态系统。

[评注] 线性定常系统是经典控制理论研究的主要内容，描述线性定常系统的微分方程是线性常系数的微分方程。线性系统的本质特征是满足叠加原理。如例1-4③中的系统，方程中含有常数项的输入，表面上不满足叠加原理，实际上，令$\bar{r}(t) = r(t) - 10$作为新的系统输入，则满足叠加原理；即使不进行输入的变换，该系统也满足输入和初值的叠加原理。因此，该系统本质上满足叠加原理，属于线性系统的范畴。三阶及以下的变量导数可用变量加上"·"表示。

# 本 章 小 结

本章通过具体的自动控制系统，介绍了控制系统的组成和工作原理，从而使读者熟悉和了解自动控制的基本概念和有关的名词、术语。

(1) 控制系统按其是否存在反馈可分为开环控制系统和闭环控制系统。闭环控制系统又称为反馈控制系统，其主要特点是将系统输出量经测量后反馈到系统输入端，与输入信号进行比较得到偏差，由偏差产生控制作用，控制的结果是使被控量朝着减少偏差或消除偏差的方向运动。反馈是控制理论的核心思想。

(2) 自动控制系统由控制装置和被控对象组成，控制装置包括给定环节、测量变送环节、比较环节、放大环节、执行环节、校正环节等，这些可以由系统的方框图描述；被控量、给定量、控制量、反馈量、扰动等术语在分析控制系统时常用。

(3) 自动控制系统的分类方法很多，其中最常见的是按系统输入信号的变化规律进行分类，可分为恒值控制系统和随动系统。

(4) 对自动控制系统的基本要求是：系统必须是稳定的；系统的稳态控制精度要高(稳态误差要小)；系统的响应过程要平稳快速。这些要求可归纳成稳、快、准三个字。

## 习　题

**1-1** 试举几个开环控制系统与闭环控制系统的例子，画出它们的框图，并说明它们的工作原理。

**1-2** 根据题1-2图所示的电动机速度控制系统工作原理图，①将 $a$、$b$ 与 $c$、$d$ 用线连接成负反馈状态；②画出系统方框图。

**1-3** 题1-3图为某热处理炉温度控制系统的原理图。试说明系统工作原理，指出系统的被控对象、被控量、测量元件及扰动信号，并绘出系统的方框图。

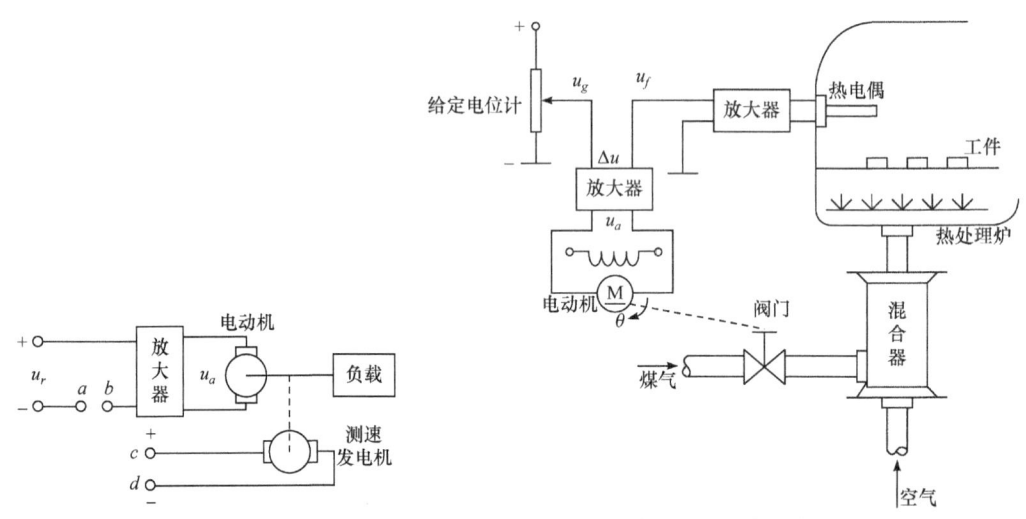

题1-2图　速度控制系统原理图

题1-3图　热处理炉温度控制系统原理图

**1-4** 题1-4图为谷物湿度控制系统示意图。在谷物磨粉的生产过程中，有一个出粉最多的湿度，因此磨粉之前要给谷物加水以得到给定的湿度。图中，谷物用传送装置按一定流量通过加水点，加水量由自动阀门控制。加水过程中，谷物流量、加水前谷物湿度及水压都是对谷物湿度控制的扰动作用。为了提高控制精度，系统中采用了谷物湿度的顺馈控制，试画出系统方框图。

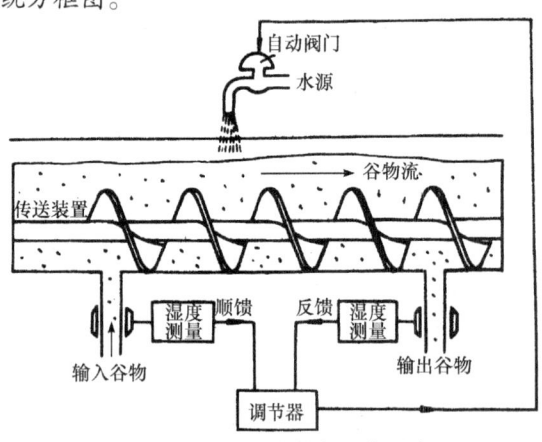

题1-4图　谷物湿度控制系统示意图

1-5 直流稳压电源原理图如题 1-5 图所示，试画出方框图，分析工作原理，并说明哪些物理量是给定信号、反馈信号、被控量和干扰量。

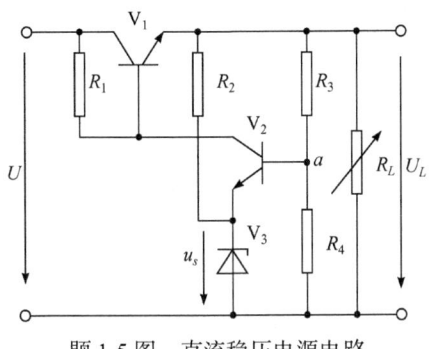

题 1-5 图　直流稳压电源电路

1-6 题 1-6 图为具有微分负反馈的随动系统。试说明其工作原理并绘出系统的方框图。

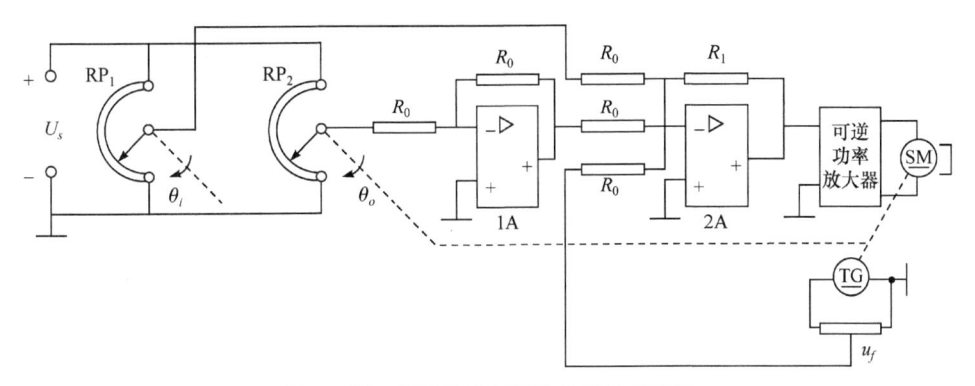

题 1-6 图　带微分负反馈的位置随动系统

1-7 下列各式是描述系统的微分方程，其中 $r(t)$、$c(t)$ 分别表示系统的输入和输出。判断哪些是线性定常或时变系统，哪些是非线性系统。

① $\dfrac{\mathrm{d}^3 c(t)}{\mathrm{d}t^3} + 3\dfrac{\mathrm{d}^2 c(t)}{\mathrm{d}t^2} + 6\dfrac{\mathrm{d}c(t)}{\mathrm{d}t} + 8c(t) = r(t)$

② $c(t) = 3r^2(t)$

③ $c(t) = 6 + r(t)$

④ $c(t) = 2r(t) + 3\dfrac{\mathrm{d}r(t)}{\mathrm{d}t} + 5\int_{-\infty}^{t} r(\tau)\mathrm{d}t$

⑤ $t\dfrac{\mathrm{d}c(t)}{\mathrm{d}t} + c(t) = r(t) + 3\dfrac{\mathrm{d}r(t)}{\mathrm{d}t}$

⑥ $\dfrac{\mathrm{d}c(t)}{\mathrm{d}t} + a\sqrt{c(t)} = kr(t)$

# 第 2 章  控制系统的数学模型

[主要内容]
数学模型的基本概念；微分方程的列写和求解；传递函数的定义、求取及其不同形式；结构图和结构图的等效变换；梅森公式。

[学习目标]
(1) 掌握由系统的物理规律抽象系统本质特征的方法，能建立电网络、机械等类型系统的微分方程并求解；能理解相似性原理。

(2) 能由物理系统建立传递函数，熟悉传递函数与微分方程之间的置换关系；理解传递函数的性质，了解其局限性；会求零点、极点，会绘制零极点分布图；熟悉传递函数的首一和尾一形式；理解零极点对系统响应形式的影响。

(3) 理解控制系统、方框图、结构图的关系，会建立系统的结构图；会用等效变换法和梅森公式化简结构图。

描述系统各变量之间关系的数学表达式，称为系统的数学模型。建立控制系统的数学模型，是控制理论分析与设计的基础。数学模型有多种形式。时域中常用的数学模型有微分方程、差分方程；复域中有传递函数、结构图；频域中有频率特性等。本章将对系统和元件数学模型的建立、传递函数的概念、结构图和信号流图的建立及简化等内容加以论述。

## 2.1  数学模型基础

一个实际存在的系统，无论它是机械的、电气的、热力的、液压的、还是化工的，它们的动态性能都可以通过数学模型来描述(如微分方程、传递函数等)。控制理论对控制系统的研究，就是从数学模型着手，分析控制系统的性能，根据性能指标的要求，进行控制器的校正与设计。为了设计好一个优良的控制系统，必须充分地了解被控对象、执行机构及系统内一切元件的运动规律。

### 2.1.1  数学模型的特点

1. 动态与静态模型

数学模型有动态模型与静态模型之分。描述系统动态过程的方程式，如微分方程、差分方程等，称为动态模型；在静态条件下(即变量的各阶导数为零)，描述系统各变量之间关系的方程式，称为静态模型。本课程的重要内容之一是控制系统的动态模型，这是分析系统动态性能的基础。

系统所采用的元件种类繁多，虽然各自服从自身的规律，但它们有一共同点：即任何系统或元件总有物质或能量流入，同时又有某些物质或能量流出；系统通常具有储存物质或能量的能力，储存量用状态变量来表示。状态变量是反应系统流入量或流出量之间平衡的物理量。由于外部供给系统的物质或能量的速率是有限的，不可能是无穷大，因此，系统的状态变量由一个状态变到另一个状态不可能瞬间完成，而要经过一段时间。这样，状态变量的变化就有一个过程，这就是动态过程。例如，电路中电容上的电压是一个状态变量，它由一个值变到另一个值不可能瞬间完成。具有一定惯量的物体的转速是一个状态变量，转速的变化也有一个过渡过程；具有一定质量的物体的温度是一个状态变量，它由温度 $T_0$ 到 $T$，同样有一个动态过程；又如容器中液位也是一个状态变量，液位的变化也需要一定的时间。

2. 相似性

实际中存在的许多工程控制系统，不管它们是机械的、电动的、气动的、液动的、生物学的、经济学的等，它们的数学模型可能是相同的，这就是说它们具有相同的运动规律，这就是系统的相似性。因而在研究这种数学模型时，不再考虑方程中符号的物理意义，只是把它们视为抽象的变量。同样，也不再考虑各系数的物理意义，只是把它们视为抽象的参数。只要数学模型形式上相同，不管变量用什么符号，它的运动性质是相同的。对这种抽象的数学模型进行分析研究，其结论自然具有一般性，普遍适用于各类相似的物理系统。

3. 简化和准确性

同一个物理系统，可以用不同的数学模型来表达。例如，实际的物理系统一般含有非线性特性，所以系统的数学模型就应该是非线性的。而且严格地讲，实际系统的参数不可能是集中的，所以系统的数学模型就应该用偏微分方程描述。但是求解非线性方程或偏微分方程相当困难，有时甚至不可能。因此，为了便于问题的求解，常常在误差允许的范围内，忽略次要因素，用简化的数学模型来表示实际的物理系统。这样同一个系统，就有完整的、精确的数学模型和简单的、准确性较差的数学模型之分。一般情况下，在建立数学模型时，必须在模型的简化性与分析结果的精确性之间进行折中考虑。

## 2.1.2 数学模型的类型

1. 物理模型

前已述及，任何元件或系统实际上都是很复杂的，难以对它做出精确、全面的描述，必须进行简化或理想化。简化后的元件或系统为该元件或系统的物理模型。简化是有条件的，要根据问题的性质和求解的精确要求，来确定出合理的物理模型。

2. 数学模型

数学模型的形式有多种。如果模型着重描述的是系统输入量和输出量之间的数学关系，则称这种模型为输入-输出模型；如果模型着重描述的是系统输入量与内部状态之间以及内部状态和输出量之间的关系,则这种模型通常称为状态空间模型。例如,在求解最优控制问题或多变量系统的问题时,采取状态变量表达式(即状态空间表达式)比较方便。

描述控制系统数学模型的形式不止一种,根据所采用的数学工具不同,可有不同的形式。为了便于分析研究,可能某种形式的数学模型比另一种更合适。但它们之间有紧密的联系,各有特长及最适用的场合。在研究系统性能时,究竟选用哪一种类型,要依据具体情况而定。

### 2.1.3 建模途径与原则

建立控制系统的数学模型,有两种基本方法。第一种是机理分析法,即对系统各部分的运动机理进行分析,根据它们所依据的物理规律或化学规律(例如,电学中的基尔霍夫定律、力学中的牛顿定律、热力学中的热力学定律等)分别列写相应的运动方程,结合在一起便成为描述整个系统的方程。第二种是实验法,即人为地给系统施加某种测试信号,记录其输出响应,并用适当的数学模型去逼近。这种方法称为系统辨识。只应用于系统运动机理复杂而不便分析或不可能分析的情况。近年来系统辨识已发展成为一门独立的科学分支。本书只讨论用机理分析建立数学模型的方法。

总结以上的讨论,可以得出系统的建模原则。

(1) 建模之前,要全面了解系统的自然特征和运动机理,明确研究目的和准确性要求,选择合适的分析方法。

(2) 按照所选分析法,确定相应数学模型的形式。

(3) 根据允许的误差范围,进行准确性考虑,然后建立尽量简化的合理的数学模型。

## 2.2 控制系统的微分方程

微分方程是最基本的数学模型,是其他形式的数学模型的基础。本章只研究微分方程、传递函数、结构图等数学模型的建立和应用。

### 2.2.1 建立微分方程模型的一般步骤

**1. 前提条件**

(1) 给定量发生变化或出现扰动瞬间之前,系统应处于平衡状态,被控量各阶段导数为零(初始为零)。

(2) 在任一瞬间,系统状态可用几个独立变量完全确定。

(3) 被控量几个独立变量原始平衡状态下工作点确定后,当给定变化或有扰动时,它们在工作点附近只产生微小偏差(增量)。

所以,微分方程也称为在小偏差下系统运动状态的增量方程。微分方程是描述系统动态特性最基本的方法。

**2. 用解析法列写系统或元部件微分方程的一般步骤**

(1) 根据系统的具体工作情况,确定系统或元部件的输入、输出变量。

(2) 从输入端开始，按照信号的传递顺序，依据各变量所遵循的物理(或化学)定律，列写出各元部件的动态方程，一般为微分方程组。

(3) 消去中间变量，写出输入、输出变量的微分方程。

(4) 将微分方程标准化。即将输入量及其各阶导数项放在等号右侧，输出量及其各阶导数项放在等号左侧，并按降幂排列。

### 2.2.2 建模举例

**1. 电路系统**

电路系统的基本要素是电阻、电容和电感。由它们的组合，可以构成各种电路网络。对于这三种元件的性能和作用，电路理论中已经介绍。此处需要强调一下它们的能量特性。电感是一种储存磁能的元件；电容是储存电能的元件；电阻不储存能量，是一种耗能元件，将电能转换成热能耗散掉。

支配电路系统的基本定律是基尔霍夫电流定律和电压定律。基尔霍夫电流定律表明：流入和流出节点的所有电流的代数和等于零；基尔霍夫电压定律表明，在任意瞬间，在电路中沿任意环路的电压的代数和等于零。

【例2-1】 串联电路如图2-1所示，其中 $R$、$L$、$C$ 均为常数，输出端开路(或负载阻抗很大，可以忽略)。试建立输入输出间的微分方程关系式。

**解** 遵照建立微分方程的步骤，可有：

(1) 确定输入量为 $u_r(t)$，输出量为 $u_c(t)$，中间量为 $i(t)$。

(2) 该电路由一个电感 $L$(亨利)、一个电阻 $R$(欧姆)和一个电容 $C$(法拉)组成，由基尔霍夫电压定律得

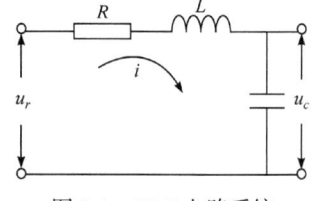

图 2-1 RLC 电路系统

$$L\frac{di}{dt} + Ri + u_c = u_r(t) \tag{2-1}$$

(3) 列写中间量 $i$ 与输出量 $u_c$ 的关系式

$$i = C\frac{du_c}{dt} \tag{2-2}$$

(4) 为消去中间变量 $i$，可对式(2-2)微分，得

$$\frac{di}{dt} = C\frac{d^2u_c}{dt^2} \tag{2-3}$$

(5) 将式(2-2)和式(2-3)代入式(2-1)，得

$$LC\frac{d^2u_c}{dt^2} + RC\frac{du_c}{dt} + u_c = u_r \tag{2-4}$$

或

$$T_1T_2\frac{d^2u_c}{dt^2} + T_2\frac{du_c}{dt} + u_c = u_r \tag{2-5}$$

式中，$T_1 = L/R$、$T_2 = RC$ 为该电路的两个常数。当 $t$ 的单位为 s 时，它们的单位也为 s。

从式(2-5)可以看出，图 2-1 电路的传递系数(静态放大倍数)为 1。

可以看出，式(2-4)和式(2-5)是线性定常系统二阶微分方程式。

由于一般系统总含有储能元件，左边的导数阶次总比右边的高。在本例中，由于电路中有两个储能元件 $L$ 和 $C$，系统有两个时间常数，故方程式中左边导数项最高阶次为 2。

2. 机械系统

在机械系统的分析中，常使用三种理想化的要素：质量、弹簧和阻尼器。用这三种要素可以方便地描述各种形式的机械系统。

控制系统中碰到的机械运动部件，其运动方式通常为平移和旋转。列写机械系统运动部件的微分方程式时，直接或间接应用的是牛顿定律。

**【例 2-2】** 带阻尼的质量弹簧系统如图 2-2 所示。当外力 $F(t)$ 作用时，系统产生位移 $y(t)$，试写出系统在 $F(t)$ 作用下的运动方程式。

**解** 按照建立微分方程的一般步骤，有：

(1) 确定输入量为 $F(t)$，输出量为 $y(t)$，中间量为弹簧力 $f_1(t)$ 和阻尼器阻力 $f_2(t)$。

(2) 质量块 $M$ 的受力分析如图 2-3 所示。根据牛顿第二定律，得

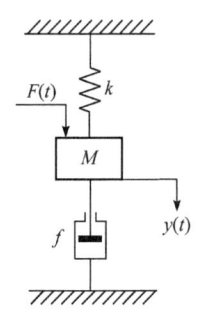

图 2-2 弹簧-质量-阻尼器系统    图 2-3 质量块 $M$ 的受力分析

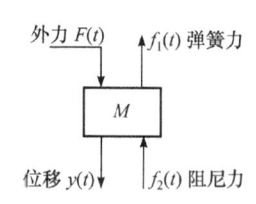

$$M\frac{d^2 y}{dt^2} = F(t) - f_1(t) - f_2(t) \tag{2-6}$$

(3) 写中间变量与输出变量的关系式

$$f_1(t) = ky \tag{2-7}$$

$$f_2(t) = f\frac{dy}{dt} \tag{2-8}$$

(4) 将式(2-7)和式(2-8)代入式(2-6)，消去中间变量，得

$$M\frac{d^2 y}{dt^2} + ky + f\frac{dy}{dt} = F(t) \tag{2-9}$$

(5) 整理得标准形式

$$\frac{M}{k} \cdot \frac{d^2 y}{dt^2} + \frac{f}{k} \cdot \frac{dy}{dt} + y = \frac{1}{k} F(t) \tag{2-10}$$

令

$$T_f = \frac{f}{k}, \quad T_M^2 = \frac{M}{k}$$

则有

$$T_M^2 \frac{d^2 y}{dt^2} + T_f \frac{dy}{dt} + y = \frac{1}{k} F(t) \tag{2-11}$$

这是一个线性二阶常微分方程。

比较式(2-4)与式(2-9)，注意到，尽管图 2-1 和图 2-2 所示的两个系统原理不同，物理量和参数也不同，但系统的输入量和输出量之间的运动方程却具有相同的形式。这种具有相同形式的微分方程的系统称为相似系统。由相似性可知，物理形式只是外在表现，可能有迷惑性，看问题抓住本质就可以。利用相似系统的概念，可以将在一个系统上得到的分析结果或实验结论推广到它的所有相似系统上去。这给控制理论的研究带来了极大的方便。

3. 机电系统

电机是一个典型的机电系统。由于直流电动机具有良好的启、制动性能且可在宽范围内进行平滑调速，因而在轧钢机、矿井卷扬机、挖掘机、海洋钻机、金属切削机床、机器人、计算机磁盘驱动器以及高层电梯等需要高性能可控电气传动领域或伺服系统中得到了广泛的应用。

直流他激电动机可分为两种类型：电枢控制和磁场控制。磁场控制的直流电动机是通过改变激磁电流的大小即减弱磁通来平滑调速的，通常其调速范围不大而且是在额定转速以上作小范围升速的。电枢控制的直流电动机是激磁保持恒定，且通过改变电枢电压的大小来进行调速的(简称变压调速)，其调速范围可以很宽，是电气传动工业领域常用的调速方式。

【例 2-3】 图 2-4 为他励直流电动机的示意图，图中：$u$-电枢电压；$E_a$-反电动势；$I_a$-电枢电流；$R_a$-电枢电阻；$L_a$-电枢电感；$M$-电磁力矩；$\omega$-电机轴的角速度；$J$-电动机(包括负载)总的转动惯量；$f$-电动机和负载折算到轴上的等效黏性阻尼系数；$I_f$-励磁电流，设为常数。

试列写从输入量 $u$ 到输出量 $\omega$ 的运动方程。

**解** 他励直流电动机中既有电磁运动，又有机械运动，可将这一对象分为三个部分。

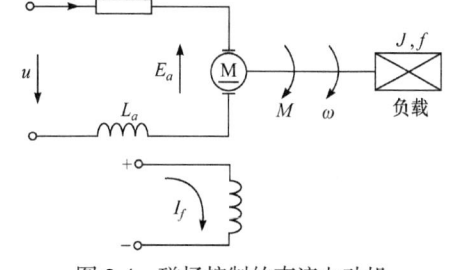

图 2-4 磁场控制的直流电动机

(1) 机械部分

$$M = J \frac{d\omega}{dt} + f\omega \tag{2-12}$$

(2) 电磁部分

$$u - E_a = L_a \frac{dI_a}{dt} + R_a I_a \tag{2-13}$$

(3) 机电耦合

$$E_a = k_b \omega \tag{2-14}$$

$$M = k_d I_a \tag{2-15}$$

式中，$k_b$ 为反电动势常数，$k_d$ 为电动机的力矩系数。

为了消去中间变量，将式(2-12)代入式(2-15)，按控制理论惯例，用 $\dot{\omega}$ 表示 $\dfrac{\mathrm{d}\omega}{\mathrm{d}t}$ 得

$$I_a = \frac{1}{k_d}(f\omega + J\dot{\omega}) \tag{2-16}$$

对式(2-16)微分得

$$\frac{\mathrm{d}I_a}{\mathrm{d}t} = \frac{1}{k_d}(f\dot{\omega} + J\ddot{\omega}) \tag{2-17}$$

将式(2-14)、式(2-16)和式(2-17)代入式(2-13)，得

$$\frac{L_a J}{k_b k_d} \cdot \frac{\mathrm{d}^2 \omega}{\mathrm{d}t^2} + \left(\frac{R_a J}{k_b k_d} + \frac{L_a f}{k_b k_d}\right)\frac{\mathrm{d}\omega}{\mathrm{d}t} + \left(1 + \frac{R_a f}{k_b k_d}\right)\omega = \frac{u}{k_b} \tag{2-18a}$$

可见从电枢电压到电动机角速度的运动方程也是一个二阶常微分方程。

当电枢回路的电感很小(可以忽略不计)时，式(2-18a)可以简化为一阶微分方程

$$T_m \frac{\mathrm{d}\omega}{\mathrm{d}t} + \left(1 + T_m \cdot \frac{f}{J}\right)\omega = \frac{u}{k_b} \tag{2-18b}$$

式中，$T_m = \dfrac{R_a J}{k_b k_d}$ 称为机电时间常数。

需要说明的是，还可以用一阶微分方程组的形式表示系统。由式(2-11)~式(2-15)可得

$$k_d I_a = J\frac{\mathrm{d}\omega}{\mathrm{d}t} + f\omega \tag{2-19a}$$

$$u - k_b \omega = L_a \frac{\mathrm{d}I_a}{\mathrm{d}t} + R_a I_a \tag{2-19b}$$

为了书写的规范性，设 $\omega = x_1$，$I_a = x_2$，并将式(2-19)写成标准形式

$$\begin{cases} \dot{x}_1 = -\dfrac{f}{J}x_1 + \dfrac{k_d}{J}x_2 \\ \dot{x}_2 = -\dfrac{k_b}{L_a}x_1 - \dfrac{R_a}{L_a}x_2 + \dfrac{1}{L_a}u \end{cases} \tag{2-20}$$

由这两个一阶微分方程组成的方程组也同样可以描述系统，称为状态方程，$x_1$，$x_2$ 称为系统的状态变量。状态方程描述的是状态变量的一阶导数与状态变量、输入量的关系。还可以写出输出 $\omega$ 与状态变量、输入 $u$ 的关系

$$\omega = x_1 \tag{2-21}$$

称为输出方程。设向量 $\boldsymbol{x} = \begin{bmatrix} x_1 & x_2 \end{bmatrix}^\mathrm{T}$，按照状态空间模型的一般习惯，用 $y$ 代表输出，可

将式(2-20)和式(2-21)写成矩阵-向量方程形式

$$\begin{cases} \dot{\boldsymbol{x}} = \begin{bmatrix} -\dfrac{f}{J} & \dfrac{k_d}{J} \\ -\dfrac{k_b}{L_a} & -\dfrac{R_a}{L_a} \end{bmatrix} \boldsymbol{x} + \begin{bmatrix} 0 \\ \dfrac{1}{L_a} \end{bmatrix} u \\ y = \begin{bmatrix} 1 & 0 \end{bmatrix} \boldsymbol{x} \end{cases} \quad (2\text{-}22)$$

式(2-22)称为状态空间表达式,是现代控制理论中描述系统的数学模型。

4. 热水系统

【例 2-4】 电加热热水系统如图 2-5 所示。为减少周围空气的热损耗,槽壁是绝缘隔热的,控温元件是电动控温开关,试写出水箱水温与加热器热量之间的关系方程。

**解** 根据能量守恒定律,系统输入的热量应等于水实际吸收的热量加上所损失的热量。即

$$Q_h = Q_c + Q_o + Q_i + Q_l$$

式中,$Q_h$ 为加热器供给的热量;$Q_c$ 为储槽内水吸收的热量;$Q_o$ 为热水流出槽所带走的热量;$Q_i$ 为冷水进入槽所吸收的热量;$Q_l$ 为加隔热壁逸散的热量。

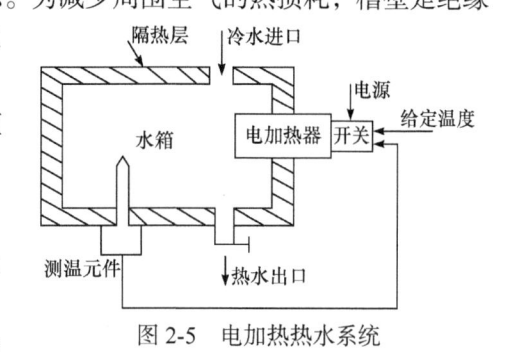

图 2-5 电加热热水系统

它们的物理关系分别表示为

$$Q_c = C\frac{\mathrm{d}T}{\mathrm{d}t}, \quad Q_o = VHT, \quad Q_i = VHT_i, \quad Q_l = \frac{T - T_e}{R}$$

式中,$C$ 为储槽水的热容量;$V$ 为流出槽水的流量;$H$ 为水的比热容;$T_i$ 为入槽水的温度;$T$ 为槽内水的温度;$T_e$ 为槽周围的空气温度;$R$ 为热阻。

整理得

$$C\frac{\mathrm{d}T}{\mathrm{d}t} + \left(VH + \frac{1}{R}\right)T + VHT_i - \frac{T_e}{R} = Q_h$$

为电加热热水系统的数学模型。

以上几种不同物理系统采用解析法推导出描述系统输入和输出之间的数学模型,并看出系统的数学模型由系统结构、参数及基本运动定律决定。在通常情况下,元件或系统微分方程的阶数,等于元件或系统中所包含的独立储能元件的数目。

### 2.2.3 非线性系统(数学模型)的线性化

严格地讲,实际物理元件或系统都是非线性的,任何一个元件或系统总是存在一定程度的非线性。前面讨论的元件和系统,假设都是线性的,因而,描述它们的数学模型也都是线性微分方程。例如,弹簧的刚度与其形变有关,弹性系数 $K$ 与位移 $y$ 有关,并不一定是常数;电阻 $R$、电感 $L$、电容 $C$ 等参数与周围环境(温度、湿度、压力等)及流经它

们的电流有关,也不一定是常数;电动机本身的摩擦、死区等非线性因素会使其运动方程复杂化而成为非线性方程等。

非线性微分方程没有通用的求解方法。因此,在研究系统时总是力图将非线性问题在合理、可能的条件下简化为线性问题处理。如果作某些近似或缩小一些研究问题的范围,可以将大部分非线性方程在一定的工作范围内近似用线性方程来代替,这样就可以用线性理论来分析和设计系统。虽然这种方法是近似的,但便于分析计算,在一定的工作范围内能反映系统的特性,在工程实践中具有实际意义。

1. 线性化的概念

对于非本质非线性系统或环节,假设系统工作过程中,其变量的变化偏离稳态工作点增量很小,各变量在工作点处具有一阶连续偏导数,于是可将非线性函数(数学模型)在工作点的某一邻域展开成泰勒级数,忽略高次(二次以上)项,便可得到关于各变量近似线性关系。称这一过程为非线性系统(数学模型)的线性化。

线性化的本质是在一个很小的范围内,将非线性特性用一段直线来代替。

2. 数学描述

如图 2-6 所示,设系统的输入为 $x(t)$,输出为 $y(t)$,且满足 $y(t) = f(x)$,其中 $f(x)$ 为非线性函数。设 $t = t_0$ 时,$x = x_0$,$y = y_0$ 为系统的稳定工作点$(x_0, y_0)$,在该点处将 $f(x)$ 按泰勒级数展开为

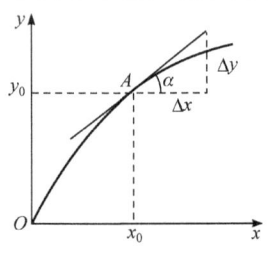

图 2-6  A 点附近的线性化

$$y = f(x) = f(x_0) + \left(\frac{\mathrm{d}f(x)}{\mathrm{d}x}\right)_{x_0}(x - x_0) + \frac{1}{2!}\left(\frac{\mathrm{d}^2 f(x)}{\mathrm{d}x^2}\right)_{x_0}(x - x_0)^2 + \cdots \quad (2\text{-}23)$$

当增量$|x - x_0|$很小时,忽略其二阶以上各高次幂项,得

$$y - y_0 = f(x) - f(x_0) = \left(\frac{\mathrm{d}f(x)}{\mathrm{d}x}\right)_{x_0}(x - x_0) \quad (2\text{-}24)$$

记

$$\Delta y = K\Delta x, \quad \Delta y = y - y_0, \quad \Delta x = x - x_0, \quad K = \left(\frac{\mathrm{d}f(x)}{\mathrm{d}x}\right)_{x_0} \quad (2\text{-}25)$$

略去增量符号 $\Delta$,便得函数在 A 点附近的线性化方程:

$$y = Kx \quad (2\text{-}26)$$

式中,$K$ 为比例系数,它是 $f(x)$ 在 A 点处的斜率 $\tan\alpha$。

对于有两个自变量 $x_1$,$x_2$ 的非线性函数 $f(x_1, x_2)$,同样可在某工作点$(x_{10}, x_{20})$附近用泰勒级数展开,取其线性项,去掉高次(二阶以上)项:

$$y = f(x_1, x_2) = f(x_{10}, x_{20}) + \left[\left(\frac{\partial f}{\partial x_1}\right)_{x_{10}, x_{20}}(x_1 - x_{10}) + \left(\frac{\partial f}{\partial x_2}\right)_{x_{10}, x_{20}}(x_2 - x_{20})\right] \quad (2\text{-}27)$$

其增量形式为

$$\Delta y = \left(\frac{\partial f}{\partial x_1}\right)_{x_{10},x_{20}} \Delta x_1 + \left(\frac{\partial f}{\partial x_2}\right)_{x_{10},x_{20}} \Delta x_2 \tag{2-28}$$

即

$$\Delta y = K_1 \Delta x_1 + K_2 \Delta x_2 \tag{2-29}$$

#### 3. 运动方程无量纲化

许多情况下是系统机理各异，而数学模型却完全相同。为了将它们抽象成纯数学形式，需对变量进行无量纲处理。

(1) 对输入输出的无量纲化是通过用它们分别除以各自的最大值(最小值、额定、量程)。

(2) 对时间变量无量纲化则是令时间 $t$ 为系统的时间常数。这样便于实时模拟，研究系统的过渡过程等。

#### 4. 建模举例

在工业过程中，常常涉及液流通过连接管道和油箱的情况。在这里液流通常是紊流，要用非线性方程描述液流的动态特性。

液体流动状态通常分为层流和紊流。层流是由一层液体通过另一层的平滑运动；而紊流则表现为不规则的运动。从层流到紊流的转变条件与一组无量纲的数有关，这些数统称为雷诺数 $Re$。当雷诺数 $Re$ 小于 2000 时，管内液流为层流；而 $Re$ 大于 3000 时为紊流；当 $Re$ 在 2000~3000 时，液流的形式不可预测。

设有一液流通过连接两个容器的短管。这时导管的液阻定义为产生单位流量变化所需的液位差(两个容器的液面高度之差)的变化量，即

$$液阻 R = \frac{液面差变化(m)}{流量变化(m^3/s)} \tag{2-30}$$

【例 2-5】 图 2-7 所示为一液位系统。图中 $Q+q_i$ 和 $Q+q_o$ 分别为输入流量和输出流量($m^3/s$)，$H+h$ 为液面高度(m)，而 $Q$、$H$ 分别为稳态时的流量和液面高度值。试建立 $h$ 与 $q_i$ 之间的运动方程。

**解** 从控制的角度，油箱为被控对象，油箱的液位 $h$ 为输出量(被控量)，油箱的流量 $q_i$ 为被控对象的输入量(在控制系统中实际为控制量)(注意与工艺称呼的不同)。

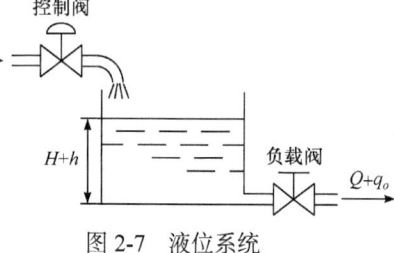

图 2-7 液位系统

在层流和紊流时，流量与液位差之间的关系是不同的，下面分两种情况分别讨论。

(1) 如果流过节流孔的液流是层流时，下列关系成立

$$Q = KH \tag{2-31}$$

式中，$K$ 为与液体黏度及管的直径等因素有关的系数，此时的液阻为一常数

$$R_l = \frac{dH}{dQ} = \frac{H}{Q} = \frac{1}{K} \tag{2-32}$$

(2) 如果通过节流孔的是紊流，则稳态流量与液面高度的关系为

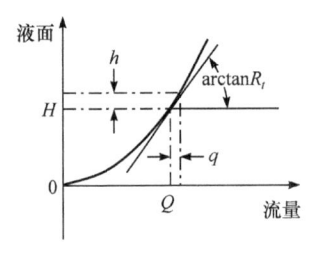

$$Q = K\sqrt{H} \tag{2-33}$$

式中，$K$ 为系数($m^{2.5}/s$)，此时 $Q$ 与 $H$ 之间是非线性关系(图 2-8)。

由式(2-33)可得

$$dQ = \frac{K}{2\sqrt{H}}dH \tag{2-34}$$

图 2-8 紊流时液面与流量的关系

因此，根据定义知道此时的液阻为

$$R_t = \frac{dH}{dQ} = \frac{2\sqrt{H}}{K} = \frac{2\sqrt{H}\sqrt{H}}{Q} = \frac{2H}{Q} \tag{2-35}$$

显然此时，$R_t$ 为一个与 $Q$ 和 $H$ 都有关的变数。但如果只考虑在某一稳态附近的变化情况，则 $R_t$ 可近似视为一个常数，这样流量与液面高度之间的关系可以视为有如下线性关系：

$$Q = \frac{2H}{R_t} \tag{2-36}$$

而 $R_t$ 可由图 2-8 中的曲线的切线斜率求出。

综上所述，可得出如下结论：当流过节流孔的液流是层流时，液面高度与流量之间成线性关系；而当液流是紊流时，液面高度与流量之间成非线性关系，但经过近似线性化，仍可以视为线性关系。

设 $q_i$ 和 $q_o$ 分别为输入和输出流量，$C$ 为容器底面积($m^2$)，$h$ 为当前液面高度，则

$$Cdh = (q_i - q_o)dt \tag{2-37}$$

根据前述的线性关系有

$$q_o = \frac{h}{R} \tag{2-38}$$

式中，$R$ 为液阻，将式(2-38)代入式(2-37)得到液位系统的运动方程为

$$RC\frac{dh}{dt} + h = Rq_i \tag{2-39}$$

## 2.3 控制系统的传递函数

控制系统的微分方程是在时间域描述系统动态性能的数学模型，在给定外作用及初始条件下，求解微分方程可以得到系统输出响应的全部时间信息。这种方法直观、准确，但是如果系统的结构改变或某个参数变化时，就要重新列写，并求解微分方程，不便于对系统分析和设计。

传递函数是以拉普拉斯变换(简称拉氏变换)为基础的复数域数学模型。传递函数不仅

可以表征系统的动态特性,而且可以用来研究系统的结构或参数变化对系统性能的影响。经典控制理论中广泛应用的根轨迹法和频域法,就是以传递函数为基础建立起来的。因此,传递函数是经典控制理论中最重要的数学模型。

### 2.3.1 传递函数的概念

**1. 传递函数的定义**

传递函数是在零初始条件下,线性定常系统输出量的拉氏变换与输入量的拉氏变换之比。

线性定常系统的微分方程一般可写为

$$a_0\frac{\mathrm{d}^n c(t)}{\mathrm{d}t^n} + a_1\frac{\mathrm{d}^{n-1} c(t)}{\mathrm{d}t^{n-1}} + \cdots + a_{n-1}\frac{\mathrm{d}c(t)}{\mathrm{d}t} + a_n c(t)$$
$$= b_0\frac{\mathrm{d}^m r(t)}{\mathrm{d}t^m} + b_1\frac{\mathrm{d}^{m-1} r(t)}{\mathrm{d}t^{m-1}} + \cdots + b_{m-1}\frac{\mathrm{d}r(t)}{\mathrm{d}t} + b_m r(t) \tag{2-40}$$

式中,$c(t)$ 为输出量;$r(t)$ 为输入量;$a_0, a_1, \cdots, a_n$ 及 $b_0, b_1, \cdots, b_m$ 均为由系统结构和参数决定的常系数。

在零初始条件下对式(2-40)两端进行拉氏变换,可得相应的代数方程

$$\left(a_0 s^n + a_1 s^{n-1} + \cdots + a_{n-1} s + a_n\right)C(s) = \left(b_0 s^m + b_1 s^{m-1} + \cdots + b_{m-1} s + b_m\right)R(s) \tag{2-41}$$

系统的传递函数为

$$G(s) = \frac{C(s)}{R(s)} = \frac{b_0 s^m + b_1 s^{m-1} + \cdots + b_{m-1} s + b_m}{a_0 s^n + a_1 s^{n-1} + \cdots + a_{b-1} s + a_n}, \quad m \leqslant n \tag{2-42}$$

传递函数是在零初始条件下定义的。零初始条件有两方面含义:①输入是在 $t=0$ 以后才作用于系统。因此,系统输入量及其各阶导数在 $t \leqslant 0$ 时均为零;②输入作用于系统之前,系统是"相对静止"的,即系统输出量及各阶导数在 $t \leqslant 0$ 时的值也为零。零初始条件的规定可以简化运算,有利于在同等条件下比较系统的性能。

常用时间函数的拉氏变换请参阅附表 1。

【例 2-6】 试求例 2-1 中 RLC 无源网络的传递函数。

**解** 由例 2-1 中式(2-4)可知 RLC 无源网络的微分方程为

$$LC\frac{\mathrm{d}^2 u_c(t)}{\mathrm{d}t^2} + RC\frac{\mathrm{d}u_c(t)}{\mathrm{d}t} + u_c(t) = u_r(t) \tag{2-43}$$

在零初始条件下,对式(2-43)两端取拉氏变换并整理可得网络传递函数

$$G(s) = \frac{U_c(s)}{U_r(s)} = \frac{1}{LCs^2 + RCs + 1} \tag{2-44}$$

必须强调指出:在推导单独环节的传递函数时,隐含地假设环节的输出不受后面连接环节的影响,或者说认为各个环节之间无负载效应问题。如果元件之间存在负载效应则必须将这些元件组合在一起作为一个环节来处理,或者将它们划分为若干个环节,使这些环节之间无负载效应。

2. 传递函数的性质

(1) 传递函数是复变量 $s$ 的有理分式,它具有复变函数的所有性质。因为实际物理系统总是存在惯性,并且能源功率有限,所以实际系统传递函数的分母阶次 $n$ 总是大于或等于分子阶次 $m$,即 $n \geqslant m$。

(2) 传递函数只取决于系统的结构参数,与外作用及初始条件无关。

(3) 传递函数与微分方程之间有简单的置换关系。在传递函数分子多项式和分母多项式互质的条件下,若将 $s$ 与 $\dfrac{d}{dt}$ 互换,则实现了传递函数与微分方程的相互转换。

(4) 在满足(3)中的条件时,传递函数的拉氏反变换即为系统的脉冲响应,因此传递函数能反映系统的运动特性。

因为单位脉冲函数的拉氏变换式为 1(即 $R(s) = L[\delta(t)] = 1$),因此有

$$L^{-1}[G(s)] = L^{-1}\left[\frac{C(s)}{R(s)}\right] = L^{-1}[C(s)] = h(t) \tag{2-45}$$

(5) 传递函数与 $s$ 平面上的零点、极点分布图相对应。将式(2-42)中分子多项式与分母多项式因式分解后,得到另一种形式

$$G(s) = \frac{C(s)}{R(s)} = \frac{b_0(s-z_1)(s-z_2)\cdots(s-z_m)}{a_0(s-p_1)(s-p_2)\cdots(s-p_n)} = \frac{K^*\prod_{i=1}^{m}(s-z_i)}{\prod_{j=1}^{n}(s-p_j)} = \frac{K\prod_{i=1}^{m}(T_i s+1)}{\prod_{j=1}^{n}(T_j s+1)} \tag{2-46}$$

式中,$K^*$ 和 $K$ 为常数,$K^*$ 称为系统的根轨迹增益,$K$ 称为系统的放大系数或增益;$z_i(i=1,2,\cdots,m)$ 为分子多项式的根,称为传递函数的零点;$p_j(j=1,2,\cdots,n)$ 为分母多项式的根,称为传递函数的极点;$T_i = -1/z_i$ 和 $T_j = -1/p_j$ 为传递函数分子和分母各因子的时间常数。

零点、极点可以是实数、复数(为复数则共轭成对出现),在复平面上总能找到相对应的一点,故系统的传递函数与复平面有相应的对应关系。因此在传递函数分子多项式和分母多项式互质时,传递函数的零极点分布图也表征了系统的动态性能。这将引出经典控制理论的一种重要分析方法——根轨迹法。具体将在第 4 章讨论。

【例 2-7】 已知某传递函数为

$$G(s) = \frac{10(0.5s+1)}{s(0.25s+1)(0.5s^2+s+1)}$$

(1) 确定系统的增益 $K$ 和根轨迹增益 $K^*$;
(2) 求系统的微分方程;
(3) 画出系统的零极点分布图。

**解** (1) $K = 10$, $K^* = \dfrac{10 \times 0.5}{0.25 \times 0.5} = 40$

(2) $G(s) = \dfrac{C(s)}{R(s)} = \dfrac{40(s+2)}{s(s+4)(s^2+2s+2)} = \dfrac{40(s+2)}{s^4+6s^3+10s^2+8s}$

$(s^4+6s^3+10s^2+8s)C(s) = 40(s+2)R(s)$

进行拉氏反变换(零初始条件下)可得系统的微分方程

$$\frac{d^4c(t)}{dt^4}+6\frac{d^3c(t)}{dt^3}+10\frac{d^2c(t)}{dt^2}+8\frac{dc(t)}{dt}=40\frac{dr(t)}{dt}+80r(t)$$

(3) 系统零极点图，如图 2-9 所示。

应当注意传递函数的局限性及适用范围。传递函数是从拉氏变换导出的，拉氏变换是一种线性变换，因此传递函数只适用于描述线性定常系统。

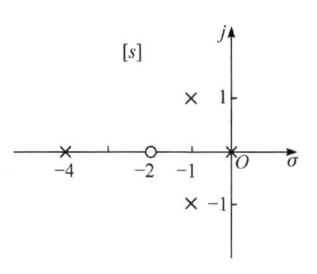

图 2-9 零极点分布图

### 2.3.2 典型环节及其传递函数

控制系统中所用到的元部件有电气的、机械的、光电的等，种类繁多，工作机理各不相同，若将其对应的传递函数抽象出来，可以按传递函数形式不同将它们划分为有限的几类。典型环节就是传递函数形式相同的元部件的归类。

在控制系统的分析中，常常将一个系统分解成若干个典型环节；或是在系统设计中，在系统某处增加若干环节。所谓典型环节就是构成系统的一些基本要素，它们在系统分析和设计中起着重要的作用。

1. 比例环节

比例环节又称放大环节，其输出量以一定比例不失真也无时间滞后地复现输入信号。输入量与输出量之间的表达式为

$$c(t) = Kr(t) \tag{2-47}$$

其传递函数为

$$G(s) = \frac{C(s)}{R(s)} = K \tag{2-48}$$

式中，$K$ 称为比例系数或比例环节的增益。图 2-10 是该环节的输入输出曲线和结构图。

图 2-11 所示的是由一个用运算放大器构成的比例环节，其放大倍数为

$$G(s) = \frac{U_c(s)}{U_r(s)} = -\frac{R_2}{R_1} \tag{2-49}$$

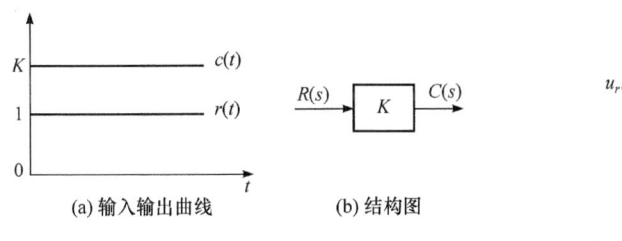

图 2-10 比例环节

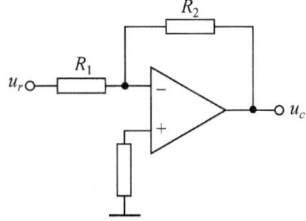

图 2-11 比例放大器

实际物理系统中，电位计、自整角机、齿轮传动变速箱、分压器等都可以由比例环节描述。

## 2. 惯性环节

惯性环节中因含有储能元件，故对突变的输入信号不能立即复现。其运动方程为

$$T\frac{dc(t)}{dt} + c(t) = r(t) \tag{2-50}$$

式中，$T$ 为时间常数。由式(2-50)容易得出惯性环节的传递函数为

$$G(s) = \frac{C(s)}{R(s)} = \frac{1}{Ts+1} \tag{2-51}$$

可见，惯性环节有一个极点 $s = -\frac{1}{T}$。

当输入信号 $r(t) = 1(t)$ 时，由式(2-50)不难求出惯性环节的输出响应为

$$c(t) = 1 - e^{-t/T} \tag{2-52}$$

由图 2-12(a)和(b)看出，当输入信号从 0 突变到 1 后，输出信号并不能立即响应，而是逐渐增大。当 $t \to \infty$ 时，输出信号趋于稳态值 1，输出响应曲线在 $t = 0$ 时的上升斜率为 $1/T$

$$\dot{c}(0) = \frac{1}{T}e^{-t/T}\bigg|_{t=0} = \frac{1}{T} \tag{2-53}$$

图 2-13 所示是一个由运算放大器构成的惯性环节。当 $R_1 = R_2$ 时，其传递函数为

$$G(s) = \frac{U_c(s)}{U_r(s)} = -\frac{R_2\frac{1}{Cs}\bigg/\left(R_2 + \frac{1}{Cs}\right)}{R_1} = -\frac{R_2/R_1}{R_2Cs+1} = -\frac{1}{Ts+1} \tag{2-54}$$

式中，$T = R_2C$，负号表示输出与输入反向。

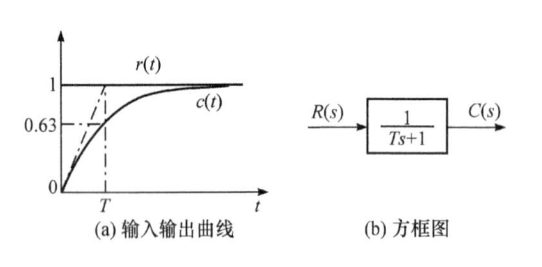

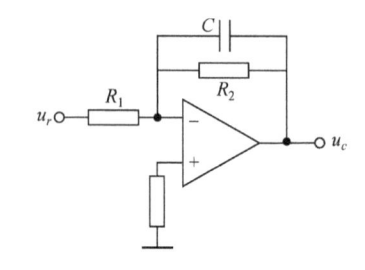

图 2-12 惯性环节　　　　图 2-13 用放大器构成的惯性环节

实际系统中可以用惯性环节描述的对象还很多，如前面介绍的液位系统、电加热的炉温与输入电压的关系、忽略电枢电感的直流电机等。

## 3. 积分环节

输出量正比于输入量的积分的环节称为积分环节，其动态方程为

$$c(t) = \frac{1}{T_i}\int_0^t r(\tau)d\tau \tag{2-55}$$

传递函数为

$$G(s) = \frac{C(s)}{R(s)} = \frac{1}{T_i s} = \frac{K_i}{s} \tag{2-56}$$

因此积分环节有一个位于复平面坐标原点的极点。$T_i$ 称为积分时间常数，$K_i=1/T_i$ 称为积分环节的增益。

当 $r(t) = 1(t)$ 时，由式(2-55)不难求出

$$c(t) = t/T_i, \quad t > 0 \tag{2-57}$$

由此可见，积分环节的单位阶跃响应是随时间线性增长的，增长的速度取决于增益 $K_i = 1/T_i$，$K_i$ 越大(或积分时间常数 $T_i$ 越小)，则增长的越快。而当输入信号突然移去后，输出量维持在原值上不变，如图 2-14 所示，这说明积分环节具有记忆功能。

电机的速度与位移、电容的电流与电压之间的关系由积分环节描述。

图 2-15 是一个由运算放大器构成的积分环节，其传递函数为

$$G(s) = \frac{U_c(s)}{U_r(s)} = \frac{C(s)}{R(s)} = -\frac{1}{RCs} = -\frac{1}{T_i s} \tag{2-58}$$

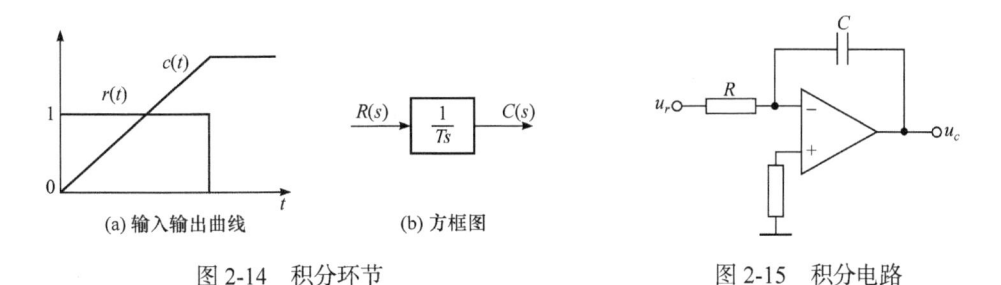

图 2-14　积分环节　　　　　图 2-15　积分电路

**4. 微分环节**

理想的微分环节，其输出与输入量的导数成比例，即

$$c(t) = T_d \frac{\mathrm{d}r(t)}{\mathrm{d}t} \tag{2-59}$$

其传递函数为

$$G(s) = \frac{C(s)}{R(s)} = T_d s \tag{2-60}$$

式中，$T_d$ 为微分时间常数。

当输入信号为单位阶跃信号时，则微分环节的输出为

$$c(t) = T_d \cdot \frac{\mathrm{d}1(t)}{\mathrm{d}t} = T_d \delta(t) \tag{2-61}$$

它是一个幅值为无穷大而时间宽度为零的理想脉冲信号，如图 2-16 所示。

图 2-17 是近似的理想微分环节。在实际物理系统中，微分环节常带有惯性。因此，用来执行微分作用的环节通常是近似的，如图 2-18 是一个近似的微分环节，其传递函数为

$$G(s) = \frac{U_c(s)}{U_r(s)} = \frac{RCs}{RCs+1} = \frac{Ts}{Ts+1} \tag{2-62}$$

若 $RC \ll 1$，则 $G(s) \approx RCs = Ts$。

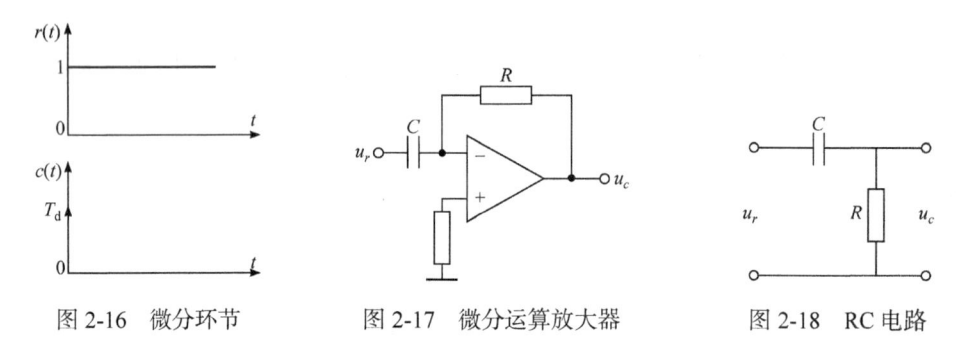

图 2-16 微分环节　　图 2-17 微分运算放大器　　图 2-18 RC 电路

除微分环节外，还有一阶微分环节和二阶微分环节，一阶微分环节传递函数为

$$G(s) = \tau s + 1$$

二阶微分环节传递函数为

$$G(s) = \tau^2 s^2 + 2\zeta\tau s + 1, \quad 0 < \zeta < 1$$

### 5. 延迟环节

延迟环节也称作延时环节、时滞环节，如图 2-19 所示。延时环节的输出在经过一段时间的延时后才复现输入信号，即

$$c(t) = r(t - \tau) \tag{2-63}$$

式中，$\tau$ 称延迟时间。延时环节的传递函数为

$$G(s) = \frac{U_c(s)}{U_r(s)} = e^{-\tau s} \tag{2-64}$$

这是一个超越函数，可以认为它有无穷多个零点和极点。

图 2-20 中 $Q_i$ 和 $Q_o$ 分别是带式运输机系统的输入流量和输出流量。如果输入流量在某时刻 $t = t_0$ 时改变 $\Delta Q_i$，输出流量 $\Delta Q_o$ 并不立刻改变，而是在经过某一延时 $\tau(\tau = l/v$，$v$ 为运输机的速度)后才有同样的改变，所以可视为一个延时环节。延时环节对控制系统的稳定性等有较大影响，需要引起特别的注意。

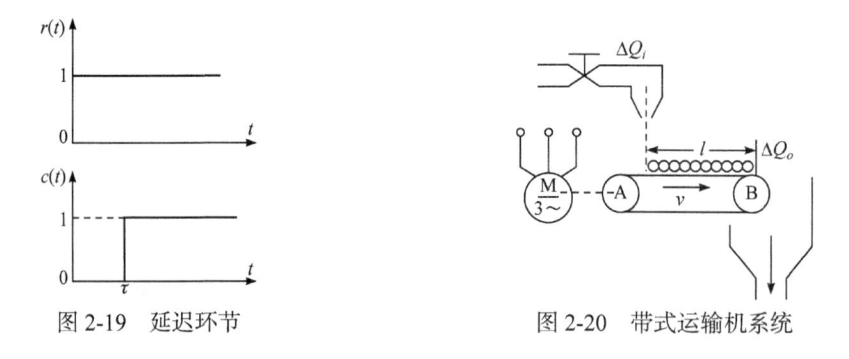

图 2-19 延迟环节　　图 2-20 带式运输机系统

### 6. 振荡环节

振荡环节的传递函数为

$$G(s)=\frac{C(s)}{R(s)}=\frac{\omega_n^2}{(s-p_1)(s-p_2)}=\frac{\omega_n^2}{s^2+2\zeta\omega_n s+\omega_n^2}$$

或

$$G(s)=\frac{1}{T^2s^2+2T\zeta s+1}$$

式中，$\zeta$ 为阻尼比，$0<\zeta<1$；$\omega_n$ 为无阻尼自然振荡角频率，$\omega_n=1/T$；$T$ 为振荡环节的时间常数，$T>0$。

振荡环节有一对共轭复极点

$$p_{1,2}=-\zeta\omega_n\pm j\omega_n\sqrt{1-\zeta^2},\quad 0\leqslant\zeta<1 \tag{2-65}$$

其阶跃响应曲线如图 2-21 所示。

振荡环节是自动控制系统中一种常见而且重要的基本环节，许多部件本身或者可近似视为振荡环节。如例 2-1 介绍的 RLC 串联电路(图 2-22)、例 2-2 介绍的弹簧装置等，在一定参数条件下均可视为振荡环节。关于振荡环节的特性，将在第 3 章和第 5 章中进行详细讨论。

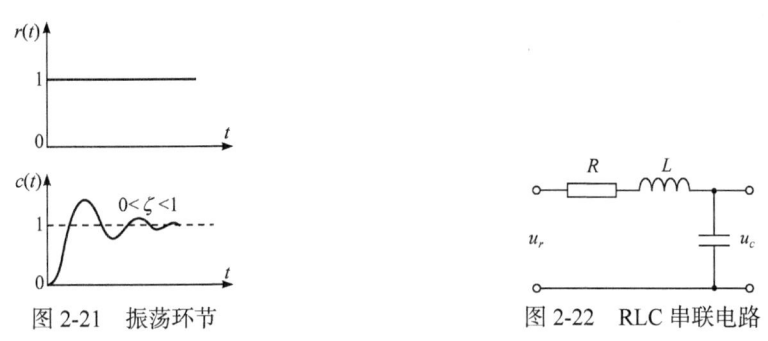

图 2-21  振荡环节

图 2-22  RLC 串联电路

应当注意，不同的元部件可以有相同形式的传递函数。而同一个元部件当输入输出变量选择不同时，对应的传递函数一般也不一样。

建立"典型环节"概念，便于分析系统。可以认为典型环节是构成系统传递函数的最基本单元，任何系统的传递函数都可以视为由典型环节组合而成的。

### 2.3.3  传递函数的标准形式

传递函数通常表示成式(2-42)形式的有理分式，根据系统分析的需要，也常表示成所谓的首 1 标准型或尾 1 标准型。

**1. 首 1 标准型(零极点形式)**

首 1 标准型是将传递函数的分子、分母最高次项(首项)系数均化为 1 的零极点形式，即如下的形式：

$$G(s)=\frac{K^*\prod_{i=1}^{m}(s-z_i)}{\prod_{j=1}^{n}(s-p_j)} \tag{2-66}$$

式中，$z_1, z_2, z_3, \cdots, z_m$ 为传递函数分子多项式等于零的根，在传递函数分子多项式和分母多项式互质时，称为传递函数的零点；$p_1, p_2, \cdots, p_n$ 为传递函数分母多项式等于零的根，在传递函数分子多项式和分母多项式互质时，称为传递函数的极点。根轨迹分析法中常用这种形式。

2. 尾 1 标准型(时间常数形式)

尾 1 标准型是将传递函数式(2-42)的分子、分母最低次项(尾项)系数均化为 1，表示为式(2-67)的形式，因式分解后也称为传递函数的时间常数形式。频域分析法中常用这种形式。

$$G(s) = K \frac{\prod_{k=1}^{m_1}(\tau_k s + 1)\prod_{l=1}^{m_2}(\tau_l^2 s^2 + 2\zeta\tau_l s + 1)}{s^v \prod_{i=1}^{n_1}(T_i s + 1)\prod_{j=1}^{n_2}(T_j^2 s^2 + 2\zeta T_j s + 1)} \tag{2-67}$$

式中，每个因子都对应一个时间常数形式的典型环节，其中 $K$ 为放大(比例)环节。$K$ 与 $K^*$ 的关系为

$$K = \frac{K^* \prod_{i=1}^{m}|z_i|}{\prod_{j=1}^{n}|p_j|} \tag{2-68}$$

式中，$z_i(i = 1, 2, \cdots, m)$ 为传递函数的零点；$p_j(j = 1, 2, \cdots, n)$ 为传递函数的极点。

### 2.3.4 传递函数的零点和极点对输出的影响

所有零极点在复平面的相对位置共同决定了系统的响应特性。但传递函数的极点，也即微分方程的特征根，决定了系统的响应形式(模态)；零点只影响各模态在响应中所占比重。

若零点距极点的距离越远，则该极点所产生的模态所占比重越大；若零点距极点的距离越近，则该极点所产生的模态所占比重越小；若零极点重合，则该极点所产生的模态为零，因为分子分母相互抵消。

例如，具有相同极点不同零点的两个系统 $G_1(s) = \dfrac{4s+2}{(s+1)(s+2)}$ 和 $G_2(s) = \dfrac{1.5s+2}{(s+1)(s+2)}$，它们零初始条件下的单位阶跃响应分别为

$$c_1(t) = L^{-1}\left[\frac{4s+2}{s(s+1)(s+2)}\right] = 1 + 2\mathrm{e}^{-t} - 3\mathrm{e}^{-2t}$$

$$c_2(t) = L^{-1}\left[\frac{1.5s+2}{s(s+1)(s+2)}\right] = 1 - 0.5\mathrm{e}^{-t} - 0.5\mathrm{e}^{-2t}$$

它们的模态相同，只是各模态所占比例不同。

## 2.4 控制系统的结构图

### 2.4.1 结构图的概念

系统的结构图是描述系统各组成元部件之间信号传递关系的图形表示。结构图不仅能表明系统的组成和信号的传递方向，而且能清楚地表示系统信号传递过程中的数学关系。在系统方框图中将方框对应的元部件名称换成其相应的传递函数，就转换成了相应的系统结构图。

图 2-23 是 RC 网络电路及其动态结构图。图中 $\Delta U$ 为 $R$ 上的压降。

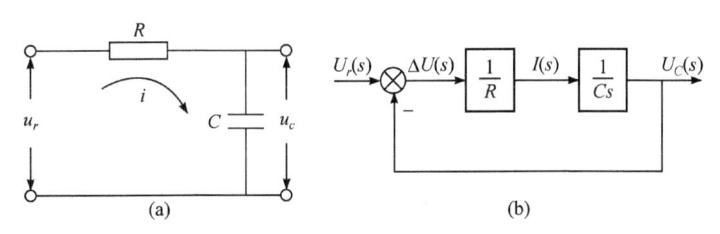

图 2-23 RC 网络电路及其动态结构图

结构图由四个基本单元组成。

(1) 信号线。带箭头的直线，箭头表示信号的传递方向。在线上可以标出信号的时域或复域名称。

(2) 方框(环节)。表示对信号进行的数学变换。方框中写入元部件或系统的传递函数，可作为单向运算的算子。显然，复域中方框的输出变量就等于方框的输入变量与传递函数的乘积。

(3) 相加点。对两个以上的信号进行加减运算，"+"表示相加，"−"表示相减。也称比较点，"+"号可以省略。

(4) 引出点。表示信号引出或测量的位置。从同一位置引出的信号，在数值和性质方面完全相同。信号往往需要送到监视器、表盘，也可以送到系统本身不同的地方，所以需要引出点。只是引出信号，而不是取出能量，所以同一点引出的信号均相同。

### 2.4.2 系统结构图的建立

结构图的绘制方法如下。
(1) 确定系统的输入输出信号。
(2) 以函数的拉氏变换形式由输入到输出绘制信号的传递过程(不能在时间域里绘制，但信号可以用时域形式表示)。
(3) 设置的中间变量的信号线应是闭合的形式(以便求传递函数时可将其消去)。

【例 2-8】 考虑图 2-4 所示的他励直流电动机，绘制由典型环节构成的系统结构图，并求出传递函数。

**解** 在该系统中电枢电压 $u(t)$ 是输入信号，电动机轴的角速度 $\omega(t)$ 视为输出量。例 2-3 中

已给出各部分的运动方程为

$$M = J\frac{d\omega}{dt} + f\omega$$

$$u - E_a = L_a\frac{dI_a}{dt} + R_aI_a$$

$$E_a = k_b\omega$$

$$M = k_dI_a$$

式中，各符号的含义同例 2-3。对上面四式的两边均作拉氏变换，可得

$$M(s) = (Js + f)\omega(s)$$

$$U(s) - E_a(s) = (L_as + R_a)I_a(s)$$

$$E_a(s) = k_b\omega(s)$$

$$M(s) = k_dI_a(s)$$

由此可见，电枢电路和电机轴的机械运动部分都是惯性环节。而机-电耦合是两个比例环节。由此可画出系统结构图，如图 2-24 所示。

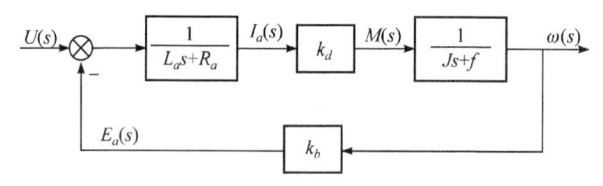

图 2-24 电动机的结构图

这是一个反馈结构，其前向通道由三个环节串联而成，前向通道传递函数为

$$G(s) = \frac{1}{L_as + R_a} \cdot k_d \cdot \frac{1}{Js + f}$$

反馈通道传递函数的 $H(s) = k_b$，故系统的传递函数为

$$W(s) = \frac{G(s)}{1 + G(s)H(s)} = \frac{k_d}{(L_as + R_a)(Js + f) + k_bk_d}$$

还可以由式(2-22)得出系统的结构图，如图 2-25 所示，由于图中表示出了系统的所有状态变量的关系，因此也称为状态变量图，这在现代控制理论中与状态空间表达式对应。可以看出，状态变量图清晰地描述了系统内部变量的关系。

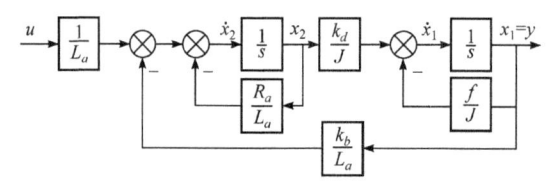

图 2-25 电动机的另一种结构图

【例 2-9】 绘制图 2-26 所示两级 RC 电路的结构图。

**解** 根据基尔霍夫定律，可写出以下方程：

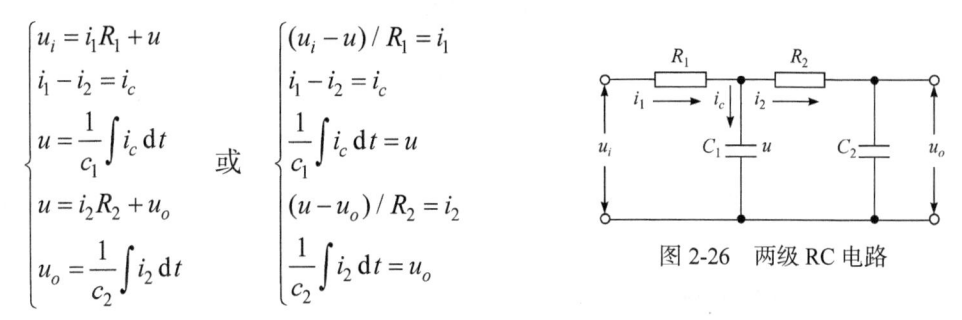

$$\begin{cases} u_i = i_1 R_1 + u \\ i_1 - i_2 = i_c \\ u = \dfrac{1}{c_1} \int i_c \, dt \\ u = i_2 R_2 + u_o \\ u_o = \dfrac{1}{c_2} \int i_2 \, dt \end{cases} \quad \text{或} \quad \begin{cases} (u_i - u)/R_1 = i_1 \\ i_1 - i_2 = i_c \\ \dfrac{1}{c_1} \int i_c \, dt = u \\ (u - u_o)/R_2 = i_2 \\ \dfrac{1}{c_2} \int i_2 \, dt = u_o \end{cases}$$

图 2-26 两级 RC 电路

令初始条件为零，对上述方程取拉氏变换，则可得各环节的传递函数为

环节 $a$： $\dfrac{I_1(s)}{U_i(s) - U(s)} = G_1(s) = \dfrac{1}{R_1}$    环节 $b$： $I_c(s) = I_1(s) - I_2(s)$

环节 $c$： $\dfrac{U(s)}{I_c(s)} = G_2(s) = \dfrac{1}{C_1 s}$    环节 $d$： $\dfrac{I_2(s)}{U(s) - U_o(s)} = G_3(s) = \dfrac{1}{R_2}$

环节 $e$： $\dfrac{U_o(s)}{I_2(s)} = G_4(s) = \dfrac{1}{C_2 s}$

于是，可绘制各环节的结构图，如图 2-27(a)~(e)所示。将各环节的结构图按照信号的传递关系连接起来，即可得系统的结构图，如图 2-27(f)所示。

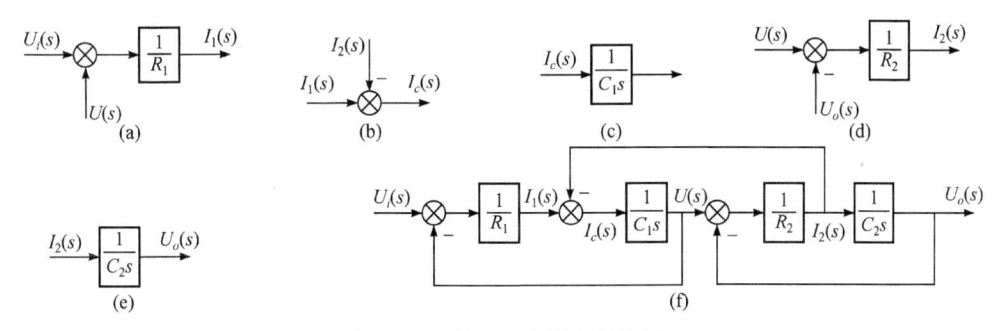

图 2-27 两级 RC 电路的结构图

【**例 2-10**】 绘制例 1-2 中图 1-17 所示实际物理系统的结构图。

**解** 重新将其方框图绘制于图 2-28(a)，首先假设电动机用的是他励直流电机，数学模型已经在例 2-3 和例 2-8 给出，设可以简化成惯性环节，且 $f$ 远小于 $J$，则式(2-18b)的传递函数形式近似为 $\dfrac{1/k_b}{T_m s + 1}$，这里电动机的输出为转速，经过绞盘和大门后输出为大门的实际位置，这中间正好相当于经过了一个积分环节 $K_1/s$。放大器显然是一个比例环节设为 $K_2$。由图 1-17 可以看出，桥式电路实际上是实际位置的测量变送环节，也是一个比例环节设为 $K_3$，这样可以系统的结构图绘制如图 2-28(b)所示。

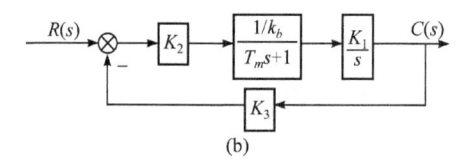

图 2-28　仓库大门控制系统结构图

[评注] 将方框图中环节名称以传递函数置换，则方框图成为结构图。这里假设负载效应可以忽略不计。

### 2.4.3　结构图的等效变换

结构图是从具体系统中抽象出来的数学图形，当只讨论系统的输入输出特性，而不考虑它的具体结构时，完全可以对其进行必要的变换，以便讨论系统性能。当然，这种变换必须是"等效的"，即变换前后输入量与输出量之间的传递关系保持不变。

串联、并联和反馈连接是三种基本的连接方式，可直接对应代数方程中的三种运算。利用这些基本运算公式，可求得各种组合下的传递函数。

**1. 串联环节的等效变换**

若干个相互间无负载效应的环节相串联，前一个环节的输出是后一个环节的输入，依次顺序连接。如图 2-29 所示。

图 2-29　串联环节的等效变换

由图 2-29(a)可写出

$$U(s) = G_1(s)R(s)$$

$$C(s) = G_2(s)U(s)$$

消去变量 $U(s)$ 得

$$C(s) = G_2(s)G_1(s)R(s) = G(s)R(s)$$

所以两个环节串联后的等效传递函数为

$$\frac{C(s)}{R(s)} = G(s) = G_2(s)G_1(s) \tag{2-69}$$

其等效结构图如图 2-29(b)所示。

上述结论可以推广到任意个环节串联的情况，即环节串联后的总传递函数等于各个串联环节传递函数的乘积。

**2. 并联环节的等效变换**

并联环节具有相同的输入量，而输出量等于各个环节输出量的代数和。如图 2-30(a)所示。由图可写出

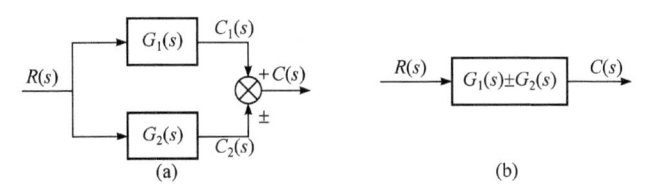

图 2-30 并联环节的等效变换

$$C_1(s) = G_1(s)R(s)$$
$$C_2(s) = G_2(s)R(s)$$
$$C(s) = C_1(s) \pm C_2(s)$$

消去变量 $C_1(s)$、$C_2(s)$ 得

$$C(s) = [G_1(s) \pm G_2(s)]R(s) = G(s)R(s)$$

所以两个环节并联后的等效传递函数为

$$\frac{C(s)}{R(s)} = G(s) = G_1(s) \pm G_2(s) \tag{2-70}$$

其等效结构图如图 2-30(b)所示。

上述结论可以推广到任意个环节并联的情况，即环节并联后的总传递函数等于各个并联环节传递函数的代数和。

3. 反馈连接的等效变换

图 2-31(a)为反馈连接的一般形式。由图可写出

$$C(s) = G(s)E(s)$$
$$E(s) = R(s) \pm B(s)$$
$$B(s) = H(s)C(s)$$

消去 $B(s)$ 和 $E(s)$ 得

$$C(s) = \frac{G(s)}{1 \mp G(s)H(s)} R(s) = \Phi(s)R(s)$$

图 2-31 反馈连接的等效变换

所以反馈连接后的等效(闭环)传递函数为

$$\frac{C(s)}{R(s)} = \Phi(s) = \frac{G(s)}{1 \mp G(s)H(s)} \tag{2-71}$$

其等效结构图如图 2-31(b)所示。

当反馈通道的传递函数 $H(s)=1$ 时，称相应系统为单位反馈系统，此时闭环传递函数为

$$\Phi(s) = \frac{G(s)}{1 \mp G(s)} \tag{2-72}$$

**4. 相加点和引出点的移动**

在结构图简化过程中，当系统中出现信号交叉时，需要移动相加点(也称比较点、求和点)或引出点的位置，这时应注意保持移动前后信号传递的等效性，并注意以下两点。

(1) 引出点与相加点互换太复杂，尽量不用。

(2) 在等效变换过程中，一般尽可能和方框进行位置移动交换，相加点移向相加点，引出点移向引出点。

表 2-1 汇集了结构图等效变换的基本规则，可供查用。

**表 2-1　结构图等效变换规则**

| 变换方式 | 原结构图 | 等效结构图 | 等效运算关系 |
| --- | --- | --- | --- |
| 串联 | $R(s) \to G_1(s) \to G_2(s) \to C(s)$ | $R(s) \to G_1(s)G_2(s) \to C(s)$ | $C(s) = G_1(s)G_2(s)R(s)$ |
| 并联 | $R(s) \to G_1(s), G_2(s) \to \otimes \to C(s)$ | $R(s) \to G_1(s) \pm G_2(s) \to C(s)$ | $C(s) = [G_1(s) \pm G_2(s)]R(s)$ |
| 反馈 | $R(s) \to \otimes \to G(s) \to C(s)$，反馈 $H(s)$ | $R(s) \to \dfrac{G(s)}{1 \pm G(s)H(s)} \to C(s)$ | $C(s) = \dfrac{G(s)R(s)}{1 \mp G(s)H(s)}$ |
| 引出点前移 | $R(s) \to G(s) \to C(s)$，引出 $C(s)$ | $R(s) \to G(s) \to C(s)$，分支 $\to G(s) \to C(s)$ | $C(s) = G(s)R(s)$ |
| 引出点后移 | $R(s) \to G(s) \to C(s)$，引出 $R(s)$ | $R(s) \to G(s) \to C(s)$，分支 $\to \dfrac{1}{G(s)} \to R(s)$ | $R(s) = R(s)G(s)\dfrac{1}{G(s)}$<br>$C(s) = G(s)R(s)$ |
| 交换或合并相加点 | $R(s) \to \otimes \xrightarrow{E_1(s)} \otimes \to C(s)$，$-V_1(s)$，$V_2(s)$ | $R(s) \to \otimes \to \otimes \to C(s)$ 或 $R(s) \to \otimes \to \otimes \to C(s)$ | $C(s) = E_1(s) + V_2(s)$<br>$= R(s) - V_1(s) + V_2(s)$<br>$= R(s) + V_2(s) - V_1(s)$ |
| 相加点前移 | $R(s) \to G(s) \to \otimes \to C(s)$，$\pm B(s)$ | $R(s) \to \otimes \to G(s) \to C(s)$，$\dfrac{1}{G(s)} \to B(s)$ | $C(s) = R(s)G(s) \pm B(s)$<br>$= \left[R(s) \pm \dfrac{B(s)}{G(s)}\right]G(s)$ |
| 相加点后移 | $R(s) \to \otimes \to G(s) \to C(s)$，$\pm B(s)$ | $R(s) \to G(s) \to \otimes \to C(s)$，$B(s) \to G(s) \to \pm$ | $C(s) = [R(s) \pm B(s)]G(s)$<br>$= R(s)G(s) \pm B(s)G(s)$ |
| 引出点移到相加点之前 | $R(s) \to \otimes \to C(s)$，$\to C(s)$，$-Q(s)$ | $R(s) \to \otimes \to C(s)$，$\otimes \to C(s)$，$-Q(s)$ | $C(s) = R(s) - Q(s)$ |

**【例 2-11】** 简化图 2-32 所示系统的结构图，求系统的闭环传递函数 $\Phi(s) = \dfrac{C(s)}{R(s)}$。

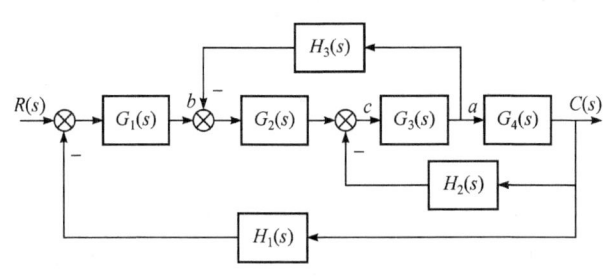

图 2-32 系统的结构图

**解** 这是一个多回路系统。可以有多种解题方法，这里从内回路到外回路逐步化简。

第一步，将引出点 $a$ 后移，比较点 $b$ 后移，即将图 2-32 简化成图 2-33(a)所示结构。

第二步，对图 2-33(a)中 $H_3(s)$ 和 $\dfrac{G_2(s)}{G_4(s)}$ 串联与 $H_2(s)$ 并联，再和串联的 $G_3(s)$、$G_4(s)$ 组成反馈回路，进而简化成图 2-33(b)所示结构。

第三步，对图 2-33(b)中的回路再进行串联及反馈变换，成为如图 2-33(c)所示形式。最后可得系统的闭环传递函数为

$$\Phi(s) = \frac{C(s)}{R(s)} = \frac{G_1(s)G_2(s)G_3(s)G_4(s)}{1 + G_2(s)G_3(s)H_3(s) + G_3(s)G_4(s)H_2(s) + G_1(s)G_2(s)G_3(s)G_4(s)H_1(s)}$$

请读者思考，在图 2-32 中是否可将引出点 $a$ 直接移到比较点 $c$ 之前，为什么？

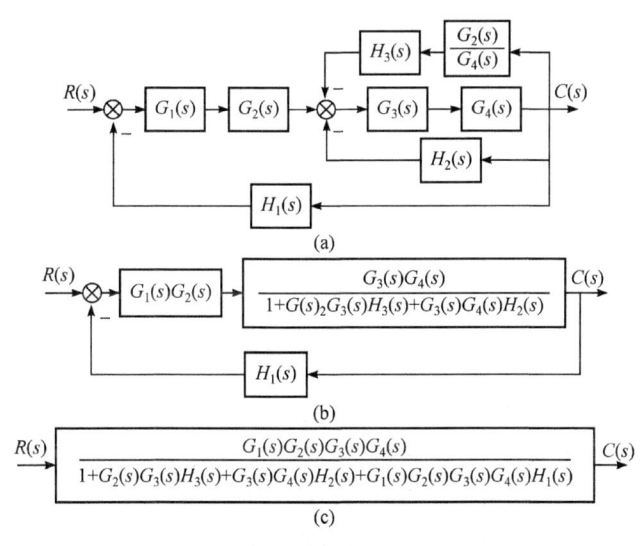

图 2-33 例 2-11 的结构图等效变换

**【例 2-12】** 试简化图 2-34(a)所示系统的结构图，并求其闭环传递函数。

**解** 图 2-34(a)是一个交叉反馈多回路系统，采用引出点后移或前移、比较点前移等，逐步变换简化。

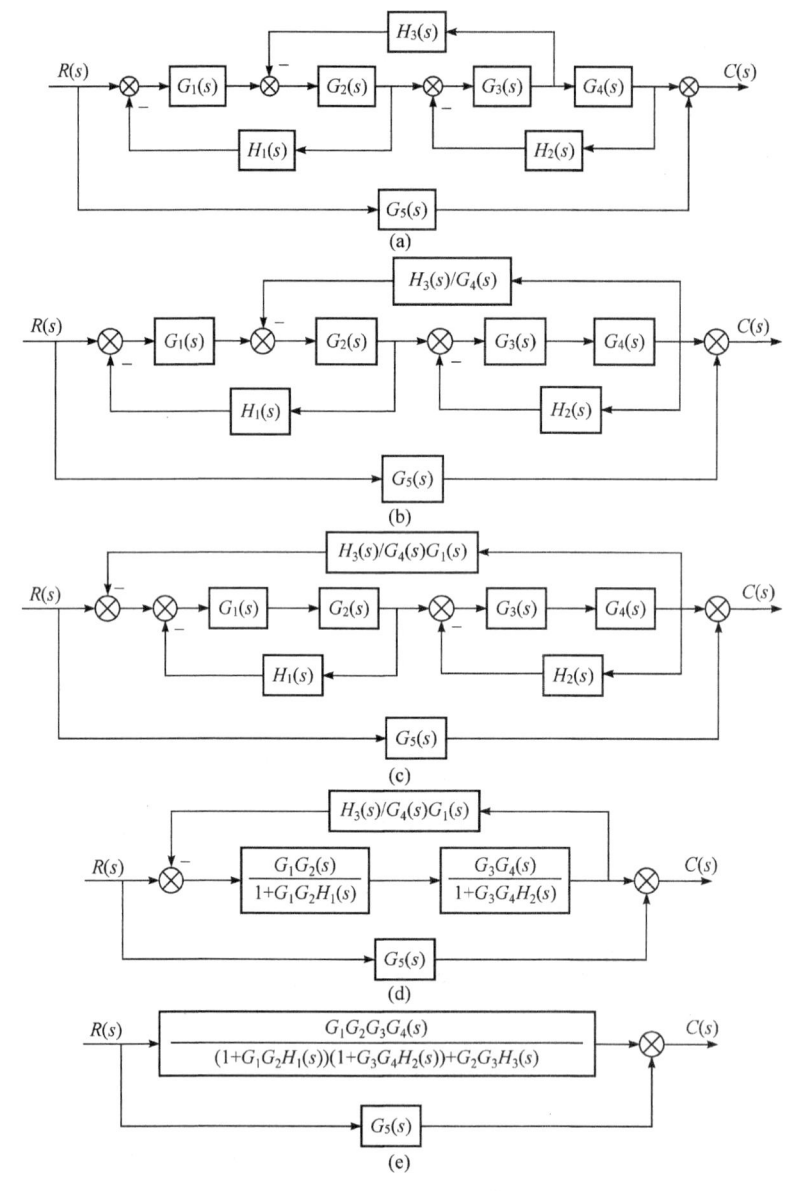

图 2-34 例 2-12 的结构图等效变换

由图 2-34(a)引出点后移得图 2-34(b)，由图 2-34(b)比较点前移得图 2-34(c)，按串联和反馈处理得图 2-34(d)，按串联和反馈处理得图 2-34(e)，再根据并联求得闭环传递函数为

$$\Phi(s) = G_5(s) + \frac{G_1(s)G_2(s)G_3(s)G_4(s)}{(1+G_1(s)G_2(s)H_1(s))(1+G_3(s)G_4(s)H_2(s))+G_2(s)G_3(s)H_3(s)}$$

## 2.5 信号流图与梅森公式

信号流图是另一种表示系统的图形形式。梅森(Mason)基于信号流图得到梅森公式，

方便求解系统的传递函数。梅森公式也可以直接应用于结构图。

## 2.5.1 信号流图的概念

**1. 信号流图的定义**

信号流图是一种表示一组联立线性代数方程的图。从描述系统的角度看，它描述了信号从系统中一点流向另一点的情况，并且表示了各信号之间的关系，包含了结构图所包含的全部信息，与结构图一一对应。

**2. 信号流图的基本元素**

信号流图是由节点和支路两个基本元素组成的信号传递网络。从这个意义上来说，比结构图的元素还少。

(1) 节点。用来表示变量或信号的点，用符号"○"表示，并在近旁标出所代表的变量。

(2) 支路。连接两个节点的定向线段，用带方向的箭头表示。支路有两个特征。

① 有向性，限定了信号传递方向，支路方向就是信号传递的方向，用箭头表示。

② 有权性，限定了输入输出两个变量之间的关系，支路的权用它近旁标出的数值表示。

**3. 信号流图中的术语**

(1) 输入节点。仅有输出支路的节点，如图 2-35 中的 $x_1$。

(2) 输出节点(阱或坑)。仅有输入支路的节点。有时信号流图中没有一个节点是仅具有输入支路的。只要定义信号流图中任一变量为输出变量，然后从该节点变量引出一条增益为 1 的支路，即可形成一输出节点，如图 2-35 中的 $x_6$。

(3) 混合节点。既有输入支路又有输出支路的节点。如图 2-35 中的 $x_2,x_3,x_4,x_5$。

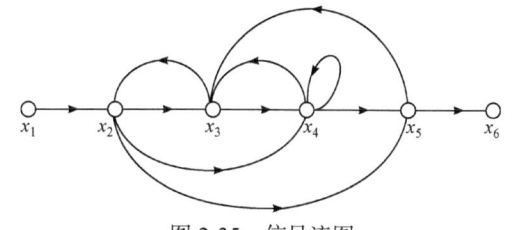

图 2-35 信号流图

(4) 前向通路。开始于输入节点，沿支路箭头方向，每个节点只经过一次，最终到达输出节点的通路称之前向通路。前向通路上各支路增益之乘积，称为前向通路总增益，用 $P_k$ 表示。

(5) 回路。起点和终点在同一节点，并与其他节点相遇仅一次的通路。回路中所有支路的乘积称为回路增益，用 $L_a$ 表示。

(6) 不接触回路。回路之间没有公共节点时，这种回路称为不接触回路。在信号流图中，可以有两个或两个以上互不接触回路。

**4. 信号流图的性质**

(1) 信号流图适用于线性系统。

(2) 支路表示一个信号对另一个信号的函数关系，信号只能沿支路上的箭头指向传递。

(3) 在节点上可以把所有输入支路的信号叠加,并把相加后的信号送到所有的输出支路。

(4) 具有输入和输出节点的混合节点,可通过增加一个具有单位增益的支路把它作为输出节点来处理。

(5) 对于一个给定的系统,信号流图不是唯一的,因为描述同一个系统的方程可以表示为不同的形式。

可以直接由系统的传递函数绘制信号流图,也可以由结构图转化为信号流图。感兴趣的同学请参考相关文献(毕效辉 等,2014)。

### 2.5.2 梅森公式

$$P = \frac{1}{\Delta} \sum P_k \Delta_k \qquad (2\text{-}73)$$

式中,$P$ 为系统总增益(总传递函数);$k$ 为前向通路数;$P_k$ 为第 $k$ 条前向通路总增益;$\Delta$ 为信号流图特征式,它是信号流图所表示的方程组的系数矩阵的行列式。在同一个信号流图中,求图中任何输入节点至其他任一节点之间的增益,其分母总是 $\Delta$,变化的只是分子。

$$\Delta = 1 - \sum L_{(1)} + \sum L_{(2)} - \sum L_{(3)} + \cdots + (-1)^m \sum L_{(m)} \qquad (2\text{-}74)$$

式中,$\sum L_{(1)}$ 为所有不同回路增益之和;$\sum L_{(2)}$ 为所有任意两个互不接触回路增益乘积之和;$\sum L_{(m)}$ 为所有任意 $m$ 个互不接触回路增益乘积之和;$\Delta_k$ 为与第 $k$ 条前向通路不接触的那一部分信号流图的 $\Delta$ 值,称为第 $k$ 条前向通路特征式的余因子。

【例 2-13】 利用梅森公式求图 2-36 所示系统的闭环传递函数。

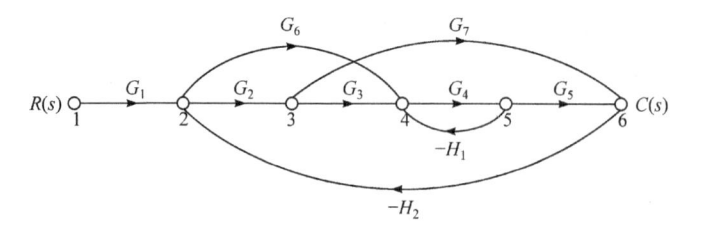

图 2-36 某系统的信号流图

**解** 有 4 个单独回路:

$$4 \to 5 \to 4 \quad L_1 = -G_4 H_1$$
$$2 \to 3 \to 6 \to 2 \quad L_2 = -G_2 G_7 H_2$$
$$2 \to 4 \to 5 \to 6 \to 2 \quad L_3 = -G_6 G_4 G_5 H_2$$
$$2 \to 3 \to 4 \to 5 \to 6 \to 2 \quad L_4 = -G_2 G_3 G_4 G_5 H_2$$

$L_1$ 与 $L_2$ 互不接触:

$$L_{12} = G_4 G_2 G_7 H_1 H_2$$

$$\Delta = 1 + G_4 H_1 + G_2 G_7 H_2 + G_6 G_4 G_5 H_2 + G_2 G_3 G_4 G_5 H_2 + G_2 G_4 G_7 H_1 H_2$$

$$\Delta = 1 + G_4H_1 + G_2G_7H_2 + G_6G_4G_5H_2 + G_2G_3G_4G_5H_2 + G_2G_4G_7H_1H_2$$

前向通路有三个，且均与所有回路接触：

$$1 \to 2 \to 3 \to 4 \to 5 \to 6 \quad P_1 = G_1G_2G_3G_4G_5 \quad \Delta_1 = 1$$
$$1 \to 2 \to 4 \to 5 \to 6 \quad P_2 = G_1G_6G_4G_5 \quad \Delta_2 = 1$$
$$1 \to 2 \to 3 \to 6 \quad P_3 = G_1G_2G_7 \quad \Delta_3 = 1 + G_4H_1$$

则由梅森公式得传递函数为

$$\frac{C(s)}{R(s)} = \frac{1}{\Delta}(P_1\Delta_1 + P_2\Delta_2 + P_3\Delta_3)$$

$$= \frac{G_1G_2G_3G_4G_5 + G_1G_6G_4G_5 + G_1G_2G_7(1+G_4H_1)}{1 + G_4H_1 + G_2G_7H_2 + G_6G_4G_5H_2 + G_2G_3G_4G_5H_2 + G_4G_2G_7H_1H_2}$$

**【例 2-14】** 系统的结构图如图 2-37 所示，试用梅森公式求系统的传递函数 $\dfrac{C(s)}{R(s)}$。

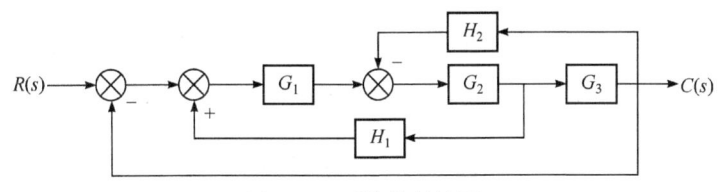

图 2-37 系统的结构图

**解** 有三个独立回路，没有两个及两个以上的互相独立回路：

$$L_1 = -G_1G_2G_3, \quad L_2 = G_1G_2H_1, \quad L_3 = -G_2G_3H_2$$

只有一个前向通路，且与所有回路接触：

$$P_1 = G_1G_2G_3, \quad \Delta_1 = 1$$

可得传递函数

$$\frac{C(s)}{R(s)} = \frac{P_1\Delta_1}{\Delta} = \frac{P_1\Delta_1}{1-(L_1+L_2+L_3)} = \frac{G_1G_2G_3}{1+G_1G_2G_3 - G_1G_2H_1 + G_2G_3H_2}$$

### 2.5.3 控制系统的传递函数

控制系统结构图的一般形式如图 2-38 所示。图中 $R(s)$ 为输入信号的拉氏变换式，$N(s)$ 为扰动信号的拉氏变换式，$C(s)$ 为输出信号的拉氏变换式，$E(s)$ 为偏差信号的拉氏变换式，$G_1(s)$ 和 $G_2(s)$ 为前向通道的传递函数，$H(s)$ 为反馈通道的传递函数（$G_1(s)$、$G_2(s)$、$H(s)$ 已知）。

图 2-38 控制系统结构图

### 1. 系统的开环传递函数

若 $n(t) = 0$，则系统反馈信号的拉氏变换 $B(s)$ 与系统偏差信号 $E(s)$ 之比，称为开环系统的传递函数。据上述定义，假设系统从反馈端断开，使系统变成开环状态，此时，按传递函数的相乘性，有

$$E(s)G_1(s)G_2(s)H(s) = B(s)$$

据开环传递函数的定义，得

$$\frac{B(s)}{E(s)} = G_1(s)G_2(s)H(s) = G(s)H(s) \tag{2-75}$$

**结论**：开环传递函数等于前向通道的传递函数与反馈通道的传递函数的乘积。

### 2. 系统输出信号 $c(t)$ 对输入信号 $r(t)$ 的闭环传递函数

若 $n(t) = 0$，则系统的输出信号的拉氏变换 $C(s)$ 与输入信号的拉氏变换 $R(s)$ 之比，称之为输出信号 $c(t)$ 对于输入信号 $r(t)$ 的闭环传递函数，记为 $\varPhi_r(s)$，即 $\varPhi_r(s) = \dfrac{C(s)}{R(s)}$。可以由梅森公式或结构图等效变换求出

$$\varPhi_r(s) = \frac{C(s)}{R(s)} = \frac{G(s)}{1+G(s)H(s)} \tag{2-76}$$

对于单位反馈系统有

$$\varPhi_r(s) = \frac{C(s)}{R(s)} = \frac{G(s)}{1+G(s)} \tag{2-77}$$

### 3. 输出信号对于扰动信号的闭环传递函数

若 $r(t) = 0$，则系统的被控制信号的拉氏变换 $C(s)$ 与扰动信号的拉氏变换 $N(s)$ 之比，称为输出信号 $c(t)$ 对于扰动信号 $n(t)$ 的传递函数，记作 $\varPhi_n(s)$，即 $\varPhi_n(s) = \dfrac{C(s)}{N(s)}$。可以由梅森公式或结构图等效变换求出

$$\varPhi_n(s) = \frac{C(s)}{N(s)} = \frac{G_2(s)}{1+G_1(s)G_2(s)H(s)} = \frac{G_2(s)}{1+G(s)H(s)} \tag{2-78}$$

若 $r(t) \neq 0$、$n(t) \neq 0$ 时，即输入信号和扰动信号同时作用于系统时，由叠加原理得到输入信号 $r(t)$ 和扰动信号 $n(t)$ 同时作用下的总输出，即

$$\begin{aligned}C(s) &= \varPhi_r(s)R(s) + \varPhi_n(s)N(s) = \frac{G_1(s)G_2(s)}{1+G(s)H(s)}R(s) + \frac{G_2(s)}{1+G(s)H(s)}N(s) \\ &= C_r(s) + C_n(s)\end{aligned} \tag{2-79}$$

### 4. 偏差信号 $e(t)$ 对于输入信号 $r(t)$ 的闭环传递函数

若 $n(t) = 0$，则偏差信号的拉氏变换 $E(s)$ 与输入信号的拉氏变换 $R(s)$ 之比，称为偏差

信号对输入信号的闭环传递函数，记为 $\Phi_{er}(s)$，即 $\Phi_{er}(s) = \dfrac{E(s)}{R(s)}$。可以求出

$$\Phi_{er}(s) = \frac{E(s)}{R(s)} = \frac{1}{1+G(s)H(s)} \tag{2-80}$$

5. 偏差信号 e(t)对于扰动信号 n(t)的闭环传递函数

若 $R(s)=0$，则偏差信号的拉氏变换 E(s)与扰动信号的拉氏变换 N(s)之比，称之为偏差信号 e(t)对于干扰信号 n(t)的闭环传递函数，记为 $\Phi_{en}(s)$，即 $\Phi_{en}(s) = \dfrac{E(s)}{N(s)}$。可得

$$\Phi_{en}(s) = \frac{E(s)}{N(s)} = \frac{-G_2(s)H(s)}{1+G(s)H(s)} \tag{2-81}$$

若 $r(t) \neq 0$、$n(t) \neq 0$ 时，则

$$E(s) = \Phi_{er}(s)R(s) + \Phi_{en}(s)N(s) = \frac{R(s) - G_2(s)H(s)N(s)}{1+G(s)H(s)} \tag{2-82}$$

**结论**：对于同一个系统，其闭环传递函数的分母多项式均不变，因此，在需要知道一个结构图中几个闭环传递函数时，用梅森公式比较方便。

## 2.6 应用 MATLAB 进行模型处理

线性系统理论中常用的数学模型有微分方程、传递函数等，而这些模型之间又有某些内在的等效关系。在 MATLAB 中，与传递函数的具体形式相对应，有 tf 对象和 zpk 对象之分，分别称为有理分式模型和零极点模型。本节就线性定常(也称为时不变，LTI)系统数学模型分析中用到的 MATLAB 方法作一简要介绍，主要有拉氏变换、传递函数的转换、控制系统的特征根及零极点形式、符号模型的运算等。

### 2.6.1 拉氏变换与拉氏反变换

在 MATLAB 中，可以采用符号运算工具箱(Symbolic Math Toolbox)进行拉氏变换和拉氏反变换，通过函数"Laplace"和"iLaplace"来实现。

1. 拉氏变换

"Laplace"的调用格式如下。
L=Laplace(F)：缺省独立变量 t 的关于符号向量 F 的拉氏变换，缺省返回关于 s 的函数。
L=Laplace(F,t)：一个关于 t 代替缺省 s 项的拉氏变换。
L=Laplace(F,w,z)：一个关于 z 代替缺省 s 项的拉氏变换。

【例 2-15】 求时域函数 $f(t) = 6\cos(3t) + e^{-3t}\cos(2t) - 5\sin(2t)$ 的拉氏变换。

**解** 程序如下：

```
MATLAB Program 2-1
%--------------- Laplace transforms ----------------
syms t y;
y=laplace(6*cos(3*t)+exp(-3*t)*cos(2*t)-5*sin(2*t))
```
运行结果：
```
y = 6*s/(s^2+9)+1/4*(s+3)/(1/4*(s+3)^2+1)-10/(s^2+4)
```
即
$$y(s) = \frac{6s}{s^2+9} + \frac{s+3}{(s+3)^2+4} - \frac{10}{s^2+4}$$

2. 拉氏反变换

"iLaplace"的调用格式如下。

F=iLaplace(L)：缺省独立变量 s 的关于符号向量 L 的拉氏反变换，缺省返回关于 t 的函数。

F=iLaplace(L,y)：一个关于 y 代替缺省 t 项的拉氏变换。

F=iLaplace(L,y,x)：一个关于 x 代替缺省 t 项的拉氏变换。

**【例 2-16】** 求函数 $G(s) = \dfrac{16}{s^2+4} + \dfrac{s+5}{(s+4)^2+16}$ 的拉氏反变换。

**解** 程序如下：
```
MATLAB Program 2-2
%---------------inverse Laplace transforms ----------------
syms s F
F=ilaplace(16/(s^2+4)+(s+5)/((s+4)^2+16))
```
运行结果：
```
F = 8*sin(2*t)+exp(-4*t)*cos(4*t)+1/4*exp(-4*t)*sin(4*t)
```

**【例 2-17】** 求函数 $G(s) = \dfrac{s+a}{(s+b)^2(s+c)}$ 的拉氏反变换。

**解** 程序如下：
```
MATLAB Program 2-3
%--------------- inverse Laplace transforms ----------------
syms s a b c F
F=ilaplace((s+a)/((s+b)^2*(s+c)))
```
运行结果：
```
F = ((-(b-c)*(-b+a)*t-a+c)*exp(-b*t)+(a-c)*exp(-c*t))/(b-c)^2
```

### 2.6.2 传递函数

传递函数的分子和分母均为多项式的形式称为有理分式模型，如式(2-83)所示。

$$G(s) = \frac{C(s)}{R(s)} = \frac{b_0 s^m + b_1 s^{m-1} + \cdots + b_{m-1} s + b_m}{a_0 s^n + a_1 s^{n-1} + \cdots + a_{n-1} s + a_n} \tag{2-83}$$

在 MATLAB 中，传递函数分子和分母多项式系数用行向量表示。例如，多项式 $P(s) = s^3 + 2s + 4$，其输入为

$$P = [1\ 0\ 2\ 4]$$

传递函数分子或分母为因式时，调用 conv() 函数来求多项式向量。例如，$P(s) = 5(s+2)(s+3)(10s^2 + 20s + 3)$，其输入为

$$P = 5*\text{conv}([1\ 2],\text{conv}([1\ 3],[10\ 20\ 3]))$$

调用函数"tf"可建立传递函数的有理分式模型，其调用格式如下：

$$G = \text{tf(num,den)}$$

MATLAB 控制工具箱提供了零极点模型与有理分式模型之间的转换函数，调用格式分别为

$$[z,p,k] = \text{tf2zp(num,den)}$$

$$[\text{num,den}] = \text{zp2tf}(z,p,k)$$

其中，前一个函数可将有理分式模型转换为零极点模型，而后一个函数可将零极点模型转换为有理分式模型。

进行拉氏变换或 $z$ 变换的分析计算时，有时希望对传递函数进行形如式(2-84)所示的部分分式展开，然后再做其他处理。

$$G(s) = \frac{C(s)}{R(s)} = \frac{r_1}{s+p_1} + \frac{r_2}{s+p_2} + \cdots + \frac{r_n}{s+p_n} \tag{2-84}$$

MATLAB 有一个命令可用于求传递函数的部分分式展开，直接求出展开式中的留数、极点和余数。调用格式如下：

$$[r,p,k] = \text{residue(num,den)}$$

其中，num 为分子多项式系数行向量；den 为分母多项式系数行向量。

这些函数请读者自行学习。

## 2.7 例题精解

【例 2-18】 试证明图 2-39 中所示的力学系统(a)和电路系统(b)是相似系统(即有相同形式的数学模型)。

**解** 取 $A$、$B$ 两点分别进行受力分析，如图 2-40 所示。对 $A$ 点有

$$k_2(x-y) + f_2(\dot{x}-\dot{y}) = f_1(\dot{y}-\dot{y}_1)$$

对 $B$ 点有

$$f_1(\dot{y}-\dot{y}_1) = k_1 y_1$$

(a) 力学系统　　(b) 电路系统

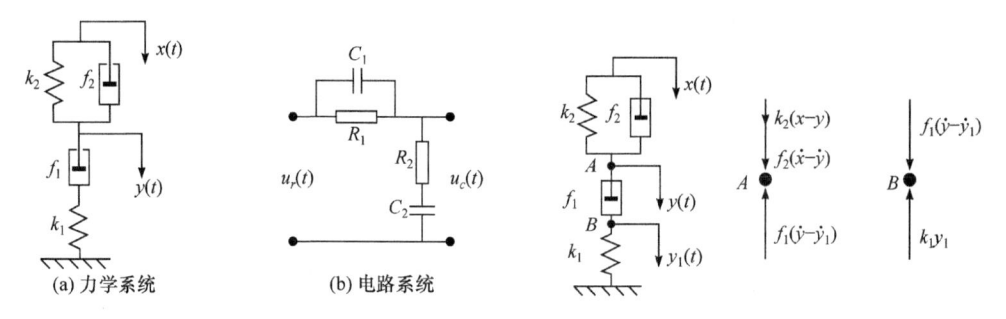

图 2-39　系统原理图　　　　　　图 2-40　受力分析

对两式式分别取拉氏变换，消去中间变量 $y_1$，整理后得

$$\frac{Y(s)}{X(s)} = \frac{\dfrac{f_1 f_2}{k_1 k_2} s^2 + \left(\dfrac{f_1}{k_1} + \dfrac{f_2}{k_2}\right) s + 1}{\dfrac{f_1 f_2}{k_1 k_2} s^2 + \left(\dfrac{f_1}{k_1} + \dfrac{f_2}{k_2} + \dfrac{f_1}{k_2}\right) s + 1}$$

由图 2-39(b)可写出

$$\frac{U_c(s)}{R_2 + \dfrac{1}{C_2 s}} = \frac{U_r(s)}{R_2 + \dfrac{1}{C_2 s} + \dfrac{R_1 \cdot \dfrac{1}{C_1 s}}{R_1 + \dfrac{1}{C_1 s}}}$$

整理得

$$\frac{U_c(s)}{U_r(s)} = \frac{R_1 R_2 C_1 C_2 s^2 + (R_1 C_1 + R_2 C_2) s + 1}{R_1 R_2 C_1 C_2 s^2 + (R_1 C_1 + R_2 C_2 + R_1 C_2) s + 1}$$

【例 2-19】 双 RC 无源网络电路的结构图如图 2-41(a)所示，求其传递函数 $U_c(s)/U_r(s)$。

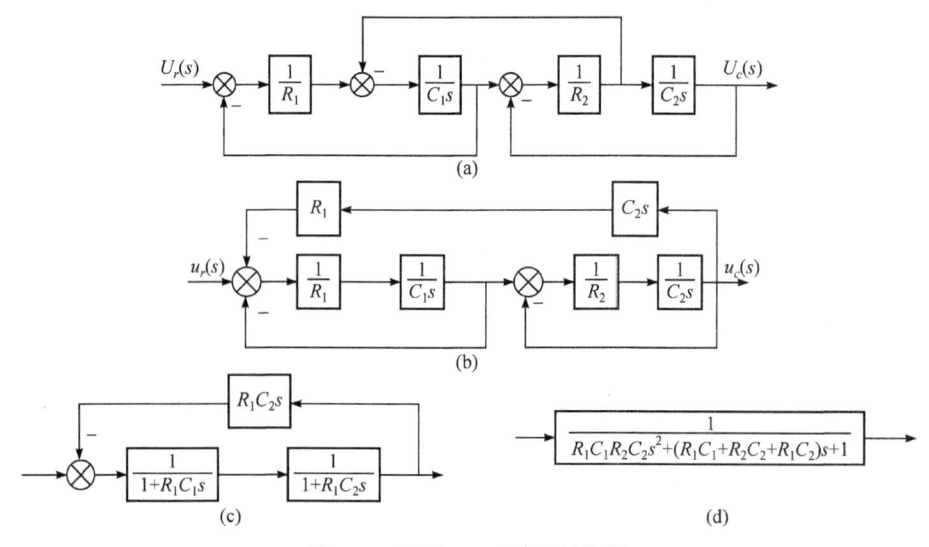

图 2-41　两级 RC 电路的结构图

**解** (1) 用结构图化简法求传递函数的过程如图 2-41(b)～(d)所示。

(2) 梅森公式直接由图 2-41(a)写出传递函数 $U_c(s)/U_r(s)$。

独立回路有三个

$$L_1 = -\frac{1}{R_1} \cdot \frac{1}{C_1 s} = \frac{-1}{R_1 C_1 s}$$

$$L_2 = -\frac{1}{R_2} \cdot \frac{1}{C_2 s} = \frac{-1}{R_2 C_2 s}$$

$$L_3 = -\frac{1}{C_1 s} \cdot \frac{1}{R_2} = \frac{-1}{R_2 C_1 s}$$

回路相互不接触的情况只有 $L_1$ 和 $L_2$ 两个回路，则

$$L_{12} = L_1 L_2 = \frac{1}{R_1 C_1 R_2 C_2 s^2}$$

可写出特征式为

$$\Delta = 1 - (L_1 + L_2 + L_3) + L_1 L_2 = 1 + \frac{1}{R_1 C_1 s} + \frac{1}{R_2 C_2 s} + \frac{1}{R_2 C_1 s} + \frac{1}{R_1 C_1 R_2 C_2 s^2}$$

前向通路只有一条

$$P_1 = \frac{1}{R_1} \cdot \frac{1}{C_1 s} \cdot \frac{1}{R_2} \cdot \frac{1}{C_2 s} = \frac{1}{R_1 R_2 C_1 C_2 s^2}$$

由于 $P_1$ 与所有回路 $L_1$、$L_2$、$L_3$ 都有公共支路，属于相互有接触，则余子式为

$$\Delta_1 = 1$$

代入梅森公式得传递函数：

$$G = \frac{P_1 \Delta_1}{\Delta} = \frac{\dfrac{1}{R_1 C_1 R_2 C_2 s^2}}{1 + \dfrac{1}{R_1 C_1 s} + \dfrac{1}{R_2 C_2 s} + \dfrac{1}{R_2 C_1 s} + \dfrac{1}{R_1 C_1 R_2 C_2 s^2}}$$

$$= \frac{1}{R_1 R_2 C_1 C_2 s^2 + (R_1 C_1 + R_2 C_2 + R_1 C_2)s + 1}$$

【例 2-20】 试用复阻抗法求图 2-42 所示各有源网络的传递函数 $\dfrac{U_c(s)}{U_r(s)}$。

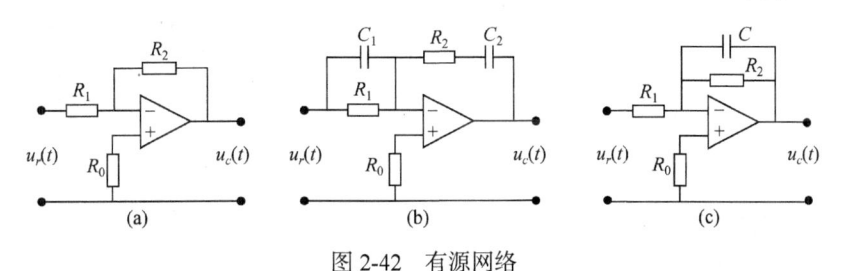

图 2-42 有源网络

**解** (a) 根据运算放大器"虚地"概念，可写出

$$\frac{U_c(s)}{U_r(s)} = -\frac{R_2}{R_1}$$

(b) $$\frac{U_c(s)}{U_r(s)} = -\frac{R_2 + \dfrac{1}{C_2s}}{\dfrac{R_1 \cdot \dfrac{1}{C_1s}}{R_1 + \dfrac{1}{C_1s}}} = -\frac{(1+R_1C_1s)(1+R_2C_2s)}{R_1C_1C_2s^2}$$

(c) $$\frac{U_c(s)}{U_r(s)} = -\frac{\dfrac{R_2 \cdot \dfrac{1}{Cs}}{R_2 + \dfrac{1}{Cs}}}{R_1} = -\frac{R_2}{R_1(1+R_2Cs)}$$

【例 2-21】 已知系统的结构图如图 2-43 所示，图中 $R(s)$ 为输入信号，$N(s)$ 为干扰信号，试求传递函数 $\dfrac{C(s)}{R(s)}$，$\dfrac{C(s)}{N(s)}$。

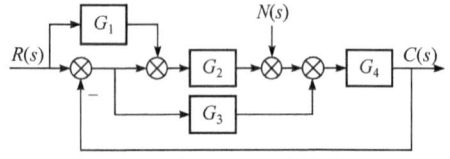

**解** 令 $N(s)=0$，求 $\dfrac{C(s)}{R(s)}$。图中有三条前向通路，两个回路。

图 2-43 例 2-21 系统结构图

$$L_1 = -G_2G_4, \quad L_2 = -G_3G_4, \quad \Delta = 1-(L_1+L_2)$$
$$P_1 = G_2G_4, \quad \Delta_1 = 1, \quad P_2 = G_3G_4, \quad \Delta_2 = 1, \quad P_3 = G_1G_2G_4, \quad \Delta_3 = 1$$

则有 $$\frac{C(s)}{R(s)} = \frac{P_1\Delta_1 + P_2\Delta_2 + P_3\Delta_3}{\Delta} = \frac{G_2G_4 + G_3G_4 + G_1G_2G_4}{1+G_2G_4+G_3G_4}$$

令 $R(s)=0$，求 $\dfrac{C(s)}{N(s)}$。有一条前向通路，回路不变。

$$P_1 = G_4, \quad \Delta_1 = 1$$

则有 $$\frac{C(s)}{N(s)} = \frac{P_1\Delta_1}{\Delta} = \frac{G_4}{1+G_2G_4+G_3G_4}$$

【例 2-22】 试用梅森增益公式求图 2-44 中各系统的闭环传递函数。

(a)

(b)

(c)

(d)

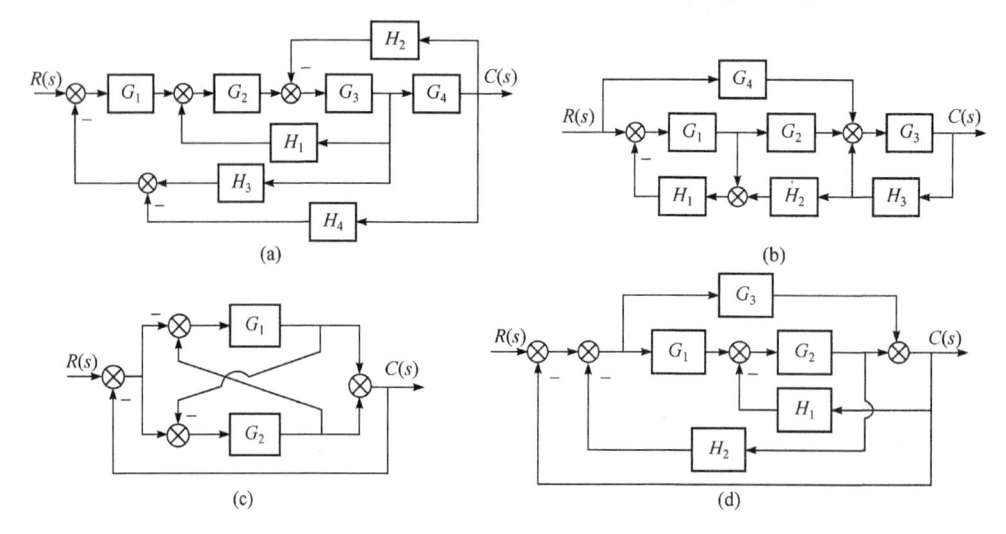

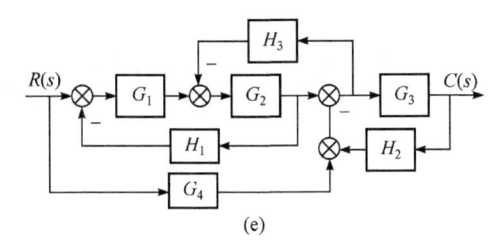

图 2-44　例 2-22 系统结构图

**解**　(1) 图 2-44(a)中有一条前向通路，四个回路。

$$L_1 = G_2G_3H_1, \quad L_2 = -G_1G_2G_3H_3, \quad L_3 = G_1G_2G_3G_4H_4$$
$$L_4 = -G_3G_4H_2, \quad \Delta = 1-(L_1+L_2+L_3+L_4)$$
$$P_1 = G_1G_2G_3G_4, \quad \Delta_1 = 1$$

则有

$$\frac{C(s)}{R(s)} = \frac{P_1\Delta_1}{\Delta} = \frac{G_1G_2G_3G_4}{1-G_2G_3H_1+G_1G_2G_3H_3-G_1G_2G_3G_4H_4+G_3G_4H_2}$$

(2) 图 2-44(b)中有两条前向通路，三个回路，有一对互不接触回路。

$$L_1 = -G_1H_1, \quad L_2 = G_3H_3, \quad L_3 = -G_1G_2G_3H_1H_2H_3$$
$$\Delta = 1-(L_1+L_2+L_3)+L_1L_2$$
$$P_1 = G_1G_2G_3, \quad \Delta_1 = 1, \quad P_2 = G_3G_4, \quad \Delta_2 = 1-L_1 = 1+G_1H_1$$

则有

$$\frac{C(s)}{R(s)} = \frac{P_1\Delta_1+P_2\Delta_2}{\Delta} = \frac{G_1G_2G_3+G_3G_4(1+G_1H_1)}{1+G_1H_1-G_3H_3+G_1G_2G_3H_1H_2H_3-G_1H_1G_3H_3}$$

(3) 图 2-44(c)中有四条前向通路，五个回路。

$$L_1 = G_1, \quad L_2 = -G_1G_2, \quad L_3 = -G_2, \quad L_4 = -G_2G_1, \quad L_5 = -G_1G_2$$
$$P_1 = -G_1, \quad P_2 = G_1G_2, \quad P_3 = G_2, \quad P_4 = G_2G_1$$
$$\Delta_1 = \Delta_2 = \Delta_3 = \Delta_4 = 1, \quad \Delta = 1-(L_1+L_2+L_3+L_4+L_5)$$

则有

$$\frac{C(s)}{R(s)} = \frac{P_1\Delta_1+P_2\Delta_2+P_3\Delta_3+P_4\Delta_4}{\Delta}$$
$$= \frac{-G_1+G_1G_2+G_2+G_2G_1}{1-G_1+G_1G_2+G_2+G_2G_1+G_1G_2} = \frac{2G_1G_2-G_1+G_2}{1-G_1+G_2+3G_1G_2}$$

(4) 图 2-44(d)中有两条前向通路，五个回路。

$$L_1 = -G_2H_1, \quad L_2 = -G_1G_2H_2, \quad L_3 = -G_1G_2, \quad L_4 = -G_3, \quad L_5 = G_3H_1G_2H_2$$
$$\Delta = 1-(L_1+L_2+L_3+L_4+L_5)$$
$$P_1 = G_1G_2, \quad \Delta_1 = 1, \quad P_2 = G_3, \quad \Delta_2 = 1$$

则有

$$\frac{C(s)}{R(s)} = \frac{P_1\Delta_1+P_2\Delta_2}{\Delta} = \frac{G_1G_2+G_3}{1+G_2H_1+G_1G_2H_2+G_1G_2+G_3-G_3H_1G_2H_2}$$

(5) 图 2-44(e)中有两条前向通路，三个回路，有一对互不接触回路。

$$L_1 = -G_1G_2H_1, \quad L_2 = -G_3H_2, \quad L_3 = -G_2H_3$$
$$\Delta = 1-(L_1+L_2+L_3)+L_1L_2$$
$$P_1 = G_1G_2G_3, \quad \Delta_1 = 1, \quad P_2 = -G_4G_3, \quad \Delta_2 = 1-L_1$$

则有
$$\frac{C(s)}{R(s)} = \frac{P_1\Delta_1 + P_2\Delta_2}{\Delta} = \frac{G_1G_2G_3 - G_4G_3(1+G_1G_2H_1)}{1+G_1G_2H_1+G_3H_2+G_2H_3+G_1G_2G_3H_1H_2}$$

# 本 章 小 结

本章是后面各章分析设计控制系统的基础，主要介绍了以下几方面的内容。

(1) 数学模型是描述系统输入、输出以及内部各变量之间关系的数学表达式，是对系统进行理论分析研究的基础。用解析法建立实际系统的数学模型时，一般是要先分析系统中各元部件的工作原理，然后利用有关定理，舍去次要因素并进行适当的线性化处理，最后获得既简单又能反映系统动态本质的数学模型。

(2) 微分方程是系统的时域数学模型，正确地理解和掌握系统的工作过程、各元部件的工作原理是建立系统微分方程的前提。

(3) 传递函数是在零初始条件下系统输出的拉氏变换和输入拉氏变换之比，是经典控制理论中重要的数学模型；熟练掌握传递函数的几种形式和零极点等概念，有助于分析和研究复杂系统。

(4) 根据运动规律和数学模型的共性，任何复杂的系统都可划分为几种典型环节的组合。

(5) 结构图和信号流图是两种用图形表示的数学模型，具有直观形象的特点；可以用结构图等效变换法或应用梅森公式求复杂系统的传递函数。

(6) 利用 MATLAB 可进行多项式运算、传递函数零点和极点的计算、闭环传递函数的求取和结构图模型的化简等。

# 习　　题

2-1　求下列各拉氏变换式的原函数。

(1) $X(s) = \dfrac{\mathrm{e}^{-s}}{s-1}$；

(2) $X(s) = \dfrac{1}{s(s+2)^3(s+3)}$；

(3) $X(s) = \dfrac{s+1}{s(s^2+2s+2)}$

2-2　试建立题 2-2 图所示各系统的微分方程(其中外力 $F(t)$、位移 $x(t)$ 和电压 $u_r(t)$ 为输入量；位移 $y(t)$ 和电压 $u_c(t)$ 为输出量；$k$ (弹性系数)、$f$ (阻尼系数)、$R$ (电阻)、$C$ (电容)和 $m$ (质量)均为常数)。

2-3　弹簧-质量-阻尼器如题 2-3 图所示，其中 $K$ 为弹簧的弹性系数，$f$ 为阻尼器的阻尼系数，$m$ 表示小车的质量。如果忽略小车与地面的摩擦，试列写以外力 $F(t)$ 为输入，以位移 $y(t)$ 为输出的系统微分方程。

题 2-2 图

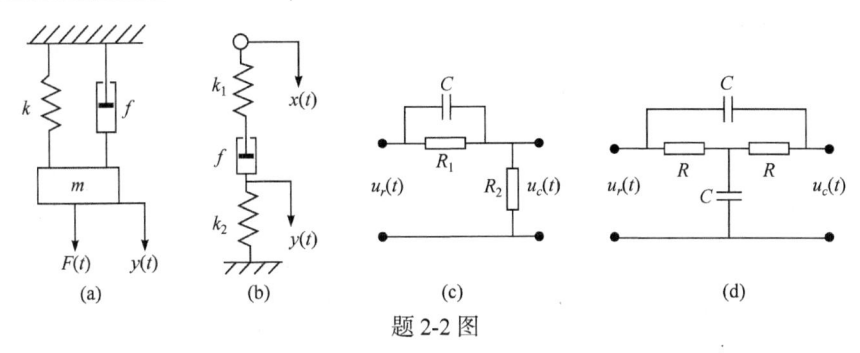

**2-4** 已知在零初始条件下，系统的单位阶跃响应为 $c(t)=1-2\mathrm{e}^{-2t}+\mathrm{e}^{-t}$，试求系统的传递函数和脉冲响应。

**2-5** 在题 2-5 图中，$u_r$、$u_c$ 分别是 RC 电路的输入、输出电压，试建立相应的电路结构图。

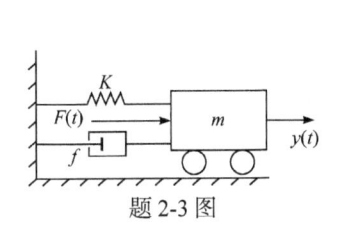

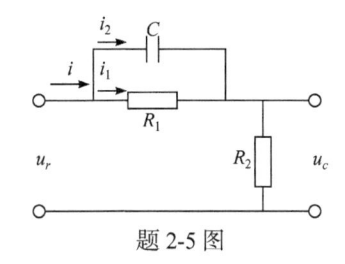

题 2-3 图　　题 2-5 图

**2-6** 已知系统方程组如下，试绘制系统结构图，并求闭环传递函数 $\dfrac{C(s)}{R(s)}$。

$$\begin{cases} X_1(s) = G_1(s)R(s) - G_1(s)[G_7(s)-G_8(s)]C(s) \\ X_2(s) = G_2(s)[X_1(s)-G_6(s)X_3(s)] \\ X_3(s) = [X_2(s)-C(s)G_5(s)]G_3(s) \\ C(s) = G_4(s)X_3(s) \end{cases}$$

**2-7** 试用结构图等效变换化简求题 2-7 图所示各系统的传递函数 $\dfrac{C(s)}{R(s)}$。

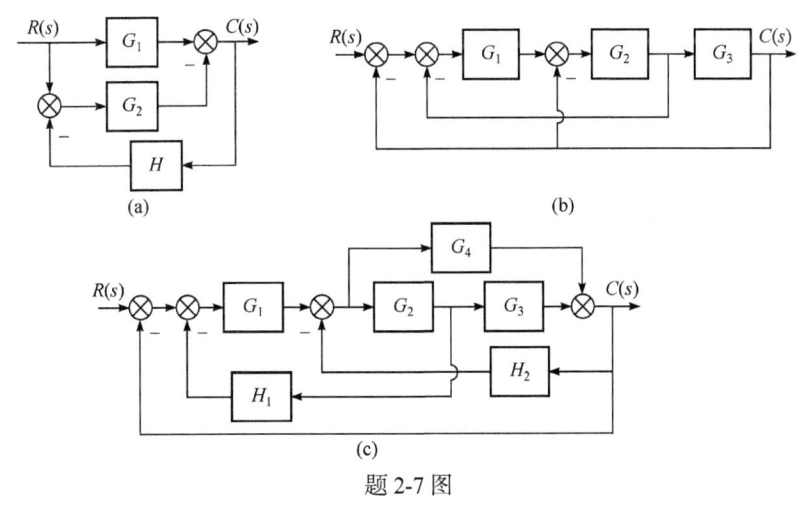

题 2-7 图

2-8 已知控制系统结构图如题 2-8 图所示，求输入 $r(t)=3\cdot 1(t)$ 时系统的输出 $c(t)$。

2-9 试绘题 2-9 图所示系统的信号流图。

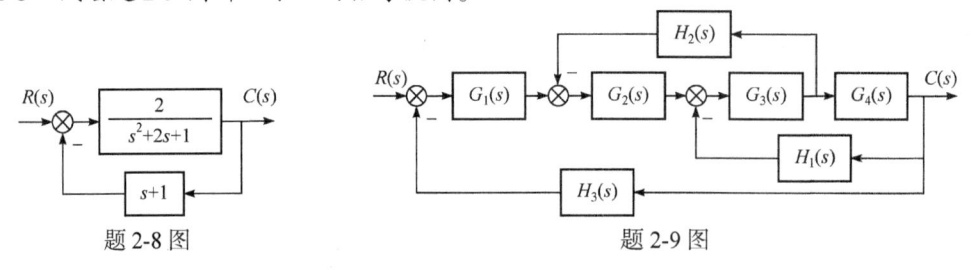

题 2-8 图

题 2-9 图

2-10 试绘制题 2-10 图所示信号流图对应的系统结构图。

2-11 试用梅森增益公式求习题 2-7 中各结构图对应的闭环传递函数。

2-12 考虑题 2-12 图所示的结构图，试求出 $C(s)/R(s)$。

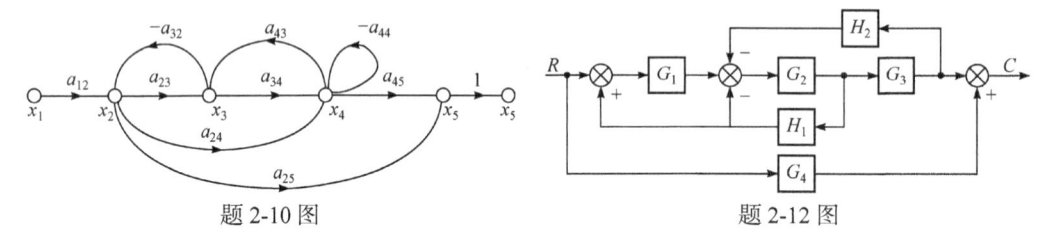

题 2-10 图

题 2-12 图

2-13 已知系统的结构图如题 2-13 图所示，图中 $R(s)$ 为输入信号，$N(s)$ 为干扰信号，试求传递函数 $\dfrac{C(s)}{R(s)}$，$\dfrac{C(s)}{N(s)}$。

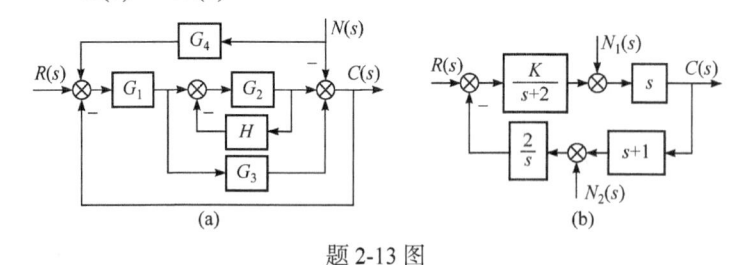

题 2-13 图

2-14 系统的信号流图如题 2-14 图所示，试求 $C(s)/R(s)$。

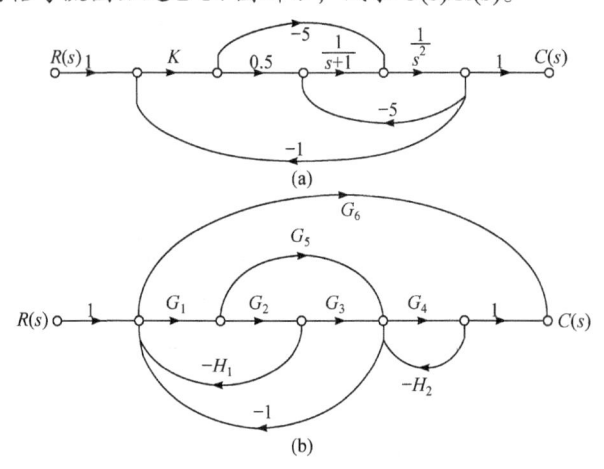

题 2-14 图

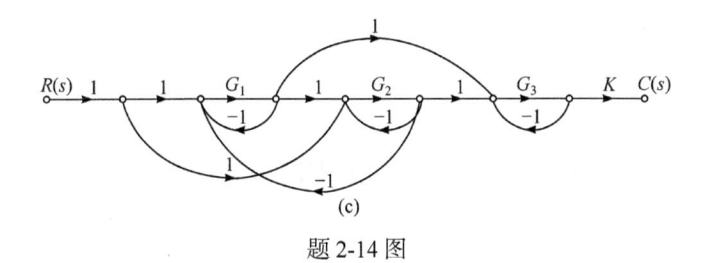

**2-15** 已知系统结构图如题 2-15 图所示，试求传递函数 $\Phi(s)$ 和 $\Phi_n(s)$ 的表达式。

题 2-15 图

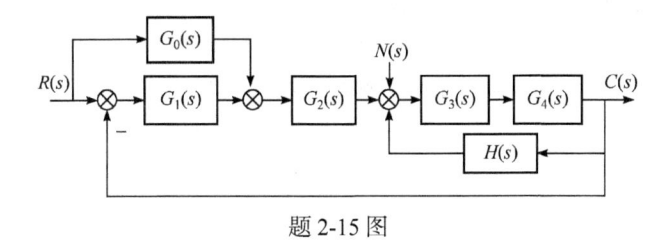

# 第3章 线性系统的时域分析与校正

**主要内容**

一阶和二阶系统时间响应的计算和分析；高阶系统时域分析方法；线性系统稳定性的分析和稳态误差的计算；控制系统的时域校正。

**学习目标**

(1) 熟悉典型信号的形式和含义，理解性能指标的定义和含义。

(2) 能够计算一阶系统的典型响应和性能指标，会分析系统性能与系统参数的关系。

(3) 熟悉典型二阶系统的传递函数和结构图标准形式；能分析二阶系统极点的实部、虚部与阻尼比、自然振荡频率的关系，以及响应形式与极点、阻尼比的关系；会求解典型二阶系统性能指标并进行评价；了解高阶系统近似分析方法。

(4) 会判断线性系统的稳定性；能确定使线性系统稳定的参数范围。

(5) 会求系统在输入信号和扰动信号作用下的稳态误差；能判断不同系统的跟踪能力；会分析影响稳态误差的因素和减小、消除稳态误差的方法；理解扰动下的稳态误差。

(6) 理解 PD 控制和速度反馈控制的阻尼来源；能根据系统要求选择合适的控制器并计算 PD 控制和速度反馈控制的参数；能分析闭环零点对系统响应的影响；理解 PID 调节器中 P、I、D 的作用。

数学模型的建立为分析系统的行为和特性提供了条件；一旦建立了系统的数学模型，就可以用不同的方法分析系统的性能。在经典控制理论中，分析线性系统性能的方法主要有三种：时域分析法、根轨迹法和频域分析法。通过对系统的分析揭示系统在外部输入信号作用下的运动规律和系统的基本特性，研究改善系统特性使之满足工程要求的基本途径。

时域分析法直接在时间域对系统进行分析，通过求解系统的响应来评判系统性能，可以提供系统时间响应的全部信息，具有直观、准确的优点。通过计算还可以获得典型系统参数与系统性能之间的关系，不需要复杂计算就可以分析系统性能。

## 3.1 典型输入信号和时域性能指标

系统在时间域的响应必然是在输入信号作用下获得，不同的外加输入信号得到不同的响应。由于实际系统的输入信号各式各样，而且变化规律复杂，往往难以确定。因此，在分析和设计控制系统时，通常预先规定一些具有特殊形式的典型信号作为系统的输入，然后比较各种系统对这些输入信号的响应。

选取输入信号应遵循以下原则：能反映系统工作的实际情况；形式简单，易于获得，便于实验研究、数学处理与理论计算；选取能对系统进行严格检验的信号，即使系统工作在最不利的条件下。

### 3.1.1 典型信号

在控制工程中，常常采用的典型信号有以下几种，如图 3-1 中(a)～(e)所示。

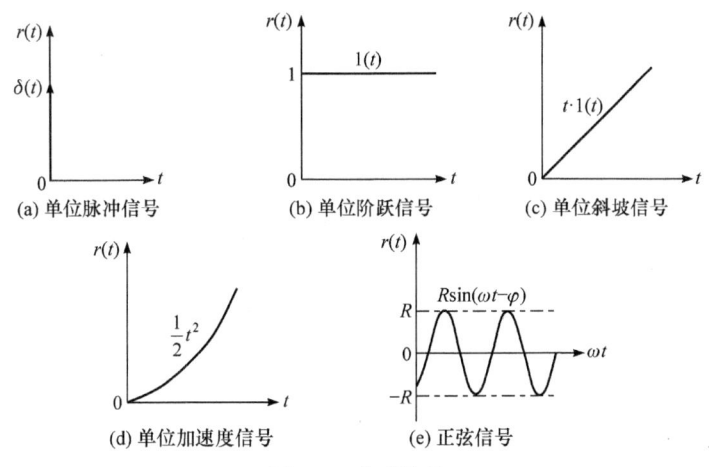

(a) 单位脉冲信号　　(b) 单位阶跃信号　　(c) 单位斜坡信号

(d) 单位加速度信号　　(e) 正弦信号

图 3-1　典型信号

1. 脉冲信号

脉冲信号是工程上的脉动信号(窄脉冲)在理论上抽象的结果,脉冲信号作用下的响应就是脉冲响应。实际工程脉冲信号的表达式一般为

$$r(t) = \begin{cases} \dfrac{1}{\tau}, & 0 < t < \tau \\ 0, & \text{其他} \end{cases} \tag{3-1}$$

对实际脉冲信号取宽度 $\tau$ 趋于零时的极限,则

$$r(t) = \begin{cases} \infty, & 0 < t < \tau \\ 0, & t \neq 0 \end{cases} \quad \text{及} \quad \int_{-\infty}^{\infty} r(t)\mathrm{d}t = 1$$

此时的脉冲函数称为理想单位脉冲函数,记为 $\delta(t)$。

在控制系统的分析和研究中,脉冲函数是一个重要且有效的数学工具。它可以模拟实际工程中的突发扰动,用来研究系统的抗干扰能力和稳定性。利用它还可简便地表示离散信号,通过将输入信号分解成出现在不同时刻的一系列脉冲信号之和,研究系统在任意输入信号作用下的响应特性这一麻烦的问题。

2. 阶跃信号

阶跃信号的表达式为

$$r(t) = \begin{cases} R, & t > 0 \\ 0, & t < 0 \end{cases} \tag{3-2}$$

式中,$R$ 为常数。当 $R = 1$ 时,称为单位阶跃信号,记为 $1(t)$。阶跃信号作用下的响应就是阶跃响应。

阶跃函数是在实际控制系统中经常遇到的一种典型输入信号形式。电网电压的跳变、负载的突然增大或减小,以及飞机在飞行时遇到的常值阵风等均可视为阶跃输入信号。在系统的分析和设计中,通常以单位阶跃函数作用下系统的响应特性(简称系统的单位阶跃响应特性)作为评价系统性能的依据。

### 3. 斜坡信号(速度信号)

斜坡信号的表达式为

$$r(t) = \begin{cases} Rt, & t \geq 0 \\ 0, & t < 0 \end{cases} \tag{3-3}$$

式中,$R$ 为常数。当 $R = 1$ 时,称 $r(t) = t \cdot 1(t)$ 为单位斜坡信号。斜坡信号表征匀速信号,以恒定速率变化的输入可视为斜坡信号。斜坡信号作用下的响应就是斜坡响应。

### 4. 加速度信号(抛物线信号)

加速度信号的表达式为

$$r(t) = \begin{cases} R \cdot \dfrac{t^2}{2}, & t \geq 0 \\ 0, & t < 0 \end{cases} \tag{3-4}$$

式中,$R$ 为常数。当 $R = 1$ 时,称 $r(t) = \dfrac{t^2}{2} \cdot 1(t)$ 为单位加速度信号。加速度信号表征匀加速信号。在工程上通常以加速度函数来表示作用于系统的较快的外部信号。加速度信号作用下的响应就是加速度响应。

### 5. 正弦信号

正弦信号既可用正弦函数,也可用余弦函数来描述,它们只是初始相位不同而已。其数学表达式为

$$r(t) = R\sin(\omega t - \varphi) \tag{3-5}$$

正弦信号是控制系统常用的一种典型输入信号,如海浪的影响可用正弦信号来表征。更重要的是,控制系统在不同频率正弦信号作用下的响应特性,是工程上常用的频率响应法的重要依据,这将在第 5 章介绍。

上述函数形式简单、能反映系统实际工作情况,且易于获得。因此,应用这些典型函数作为输入信号,可方便地对控制系统进行数学分析和实验研究。

实际应用中,究竟选择何种输入信号,应视具体情况而定。一般来说,若控制系统的实际输入多为随时间逐渐增加的信号,则应用斜坡信号较为合适。如果系统的输入信号具有突变性质,选用阶跃信号最恰当。如果是舰船上使用的控制系统,由于受到海浪的扰动,正弦信号是个比较合理的选择。

但是,无论采用何种输入信号,对同一系统来说,其动态特性是一致的。通常,控制系统的性能指标,是通过系统对单位阶跃函数响应特性的特征量来定义的。

## 3.1.2 性能指标

系统的时间响应过程，由动态过程和稳态过程两部分组成。相应地，系统性能分为动态性能和稳态性能，分别由动态性能指标和稳态性能指标来描述。

动态过程，也称过渡过程或瞬态过程，指系统在输入信号作用下，其输出量从初始状态到最终状态的过程。动态过程随系统结构、参数的变化呈现不同的形式，可为衰减、发散和等幅振荡等几种形态。显然，只有动态过程衰减时，控制系统才能正常运行。而在正常运行的基础上，系统响应速度、阻尼程度等，则由系统的动态性能描述。

稳态过程，指系统在输入信号作用下，其输出量在时间 $t$ 趋于无穷大时的表现形式。稳态过程提供系统的稳态误差信息，反映系统的稳态性能。

通常控制系统的性能指标，是通过系统的单位阶跃响应特性的特征量来定义的，因此又称为系统阶跃响应性能指标。一般认为，阶跃输入对系统来说是最严峻的工作状态。如果系统在阶跃信号作用下动态性能满足要求，那么系统在其他形式的输入信号作用下，动态性能也令人满意。

为便于对控制系统的性能进行分析和比较，通常假设系统在阶跃输入信号作用前处于静止状态，而且输出量及其各阶导数均为零。

动态性能指标如图 3-2 所示，具体定义如下。

延迟时间 $t_d$：响应曲线第一次达到其终值一半所需时间。

上升时间 $t_r$：响应从终值 10%上升到终值 90%所需时间；对有振荡系统也可定义为响应从零第一次上升到终值所需时间。上升时间是响应速度的度量。

峰值时间 $t_p$：响应超过其终值到达第一个峰值所需时间。

调节时间 $t_s$：响应到达并保持在终值的误差带内所需时间。可定义误差带为终值的 5%以内或 2%以内。表示为 $\Delta = 5\%$ 或 $\Delta = 2\%$。

超调量 $\sigma\%$：响应的最大偏离量 $c(t_p)$ 与终值 $c(\infty)$ 之差的百分比，即

$$\sigma\% = \frac{c(t_p) - c(\infty)}{c(\infty)} \times 100\%$$

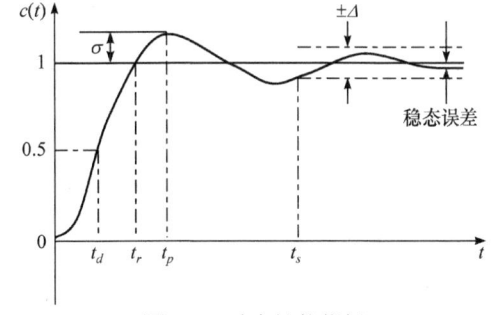

图 3-2 动态性能指标

稳态性能指标由稳态误差或误差系数来描述，通常在阶跃函数、斜坡函数、加速度函数作用下测定。

## 3.2 一阶系统的分析和计算

### 3.2.1 一阶系统的数学模型

由一阶微分方程来描述的系统称为一阶系统，其微分方程形式为

$$T\frac{dc(t)}{dt}+c(t)=r(t)$$

传递函数为

$$\frac{C(s)}{R(s)}=\frac{1}{Ts+1} \qquad (3\text{-}6)$$

结构图如图 3-3 所示。

一阶系统可表示一个 RC 电路,如图 3-4 所示。这时系统参数 $T=RC$,为系统充电时间常数。一阶系统也可表示其他物理系统,如热系统、液位系统等。对不同物理系统,$T$ 代表不同含义。

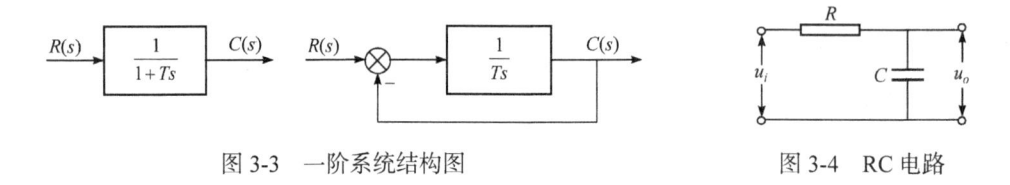

图 3-3 一阶系统结构图

图 3-4 RC 电路

### 3.2.2 一阶系统的单位阶跃响应和性能指标

单位阶跃函数的拉氏变换为 $1/s$,将 $R(s)=1/s$ 代入式(3-6),得输出的拉氏变换

$$C(s)=\frac{1}{Ts+1}\cdot\frac{1}{s} \qquad (3\text{-}7)$$

将 $C(s)$ 进行部分分式展开,得

$$C(s)=\frac{1}{s}-\frac{1}{s+1/T} \qquad (3\text{-}8)$$

对式(3-8)进行拉氏反变换,得

$$c(t)=1-e^{-\frac{1}{T}t},\quad t\geqslant 0 \qquad (3\text{-}9)$$

根据式(3-9)可绘出一阶系统的单位阶跃响应曲线如图 3-5 所示。可见,其响应曲线是一条由零开始,按指数规律上升并最终趋于 1 的曲线。该响应曲线的一个重要特征是当 $t$ 分别为 $T$, $2T$, $3T$, …时,响应数值分别为 0.632,0.865,0.95,…。即输出到达其稳态值的 63.2%,86.5%,95%,…。并且,系统响应速度与时间常数 $T$ 密切相关,$T$ 越小,系统响应就越快。

该响应曲线的另一重要特点是,曲线的初始斜率为

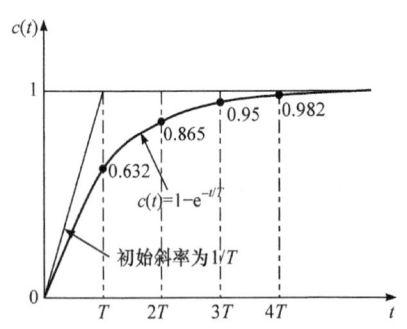

$$\left.\frac{dc(t)}{dt}\right|_{t=0}=\left.\frac{1}{T}e^{-t/T}\right|_{t=0}=\frac{1}{T} \qquad (3\text{-}10)$$

图 3-5 一阶系统的单位阶跃响应曲线

分析一阶系统的阶跃响应特性,可明显看出,系统无超调,且稳态误差 $e_{ss}=0$。其余性能指标根

据性能指标的定义和系统的阶跃响应表达式计算如下。

延迟时间: $\qquad t_d = 0.69T \qquad$ (3-11)

上升时间: $\qquad t_r = 2.20T \qquad$ (3-12)

调节时间: $\qquad t_s = 3T, \quad \Delta = 5\% \qquad$ (3-13a)

$\qquad\qquad\qquad t_s = 4T, \quad \Delta = 2\% \qquad$ (3-13b)

【例 3-1】 某温度控制系统可由如图 3-6 所示的一阶系统表示,

(1) 求调节时间 $t_s (\Delta = 5\%)$;

(2) 若要求 $t_s = 30$s,求反馈系数 $K_h$。

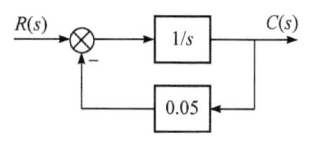

图 3-6 温度控制系统结构图

**解** (1) 由图可得系统的传递函数为

$$\Phi(s) = \frac{1/s}{1 + 0.05/s} = \frac{1}{s + 0.05} = \frac{20}{1 + 20s}$$

与一阶系统的典型形式对比得

$$T = 20\text{s}$$

系统的调节时间

$$t_s = 3T = 60\text{s}$$

(2) 系统的传递函数为 $\Phi(s) = \dfrac{1/s}{1 + K_h \cdot 1/s} = \dfrac{1/K_h}{1 + s/K_h}$

对比一阶系统的典型形式得

$$T = \frac{1}{K_h}$$

要求 $t_s = 30$s,即 $3T = 30$s,即 $\dfrac{1}{K_h} = \dfrac{30}{3}$,得 $K_h = 0.1$。

[评注] 将传递函数化为典型形式是关键。

### 3.2.3 单位斜坡响应

单位斜坡函数的拉氏变换为 $1/s^2$,将 $R(s) = 1/s^2$ 代入式(3-7),得输出的拉氏变换

$$C(s) = \frac{1}{Ts+1} \cdot \frac{1}{s^2} \qquad (3-14)$$

将 $C(s)$ 进行部分分式展开,得

$$C(s) = \frac{1}{s^2} - \frac{T}{s} + \frac{T}{s + 1/T} \qquad (3-15)$$

对式(3-15)进行拉氏反变换,得

$$c(t) = t - T + Te^{-\frac{1}{T}t}, \quad t \geqslant 0 \qquad (3-16)$$

一阶系统的单位斜坡响应是一条由零开始逐渐变为等速变化的曲线。稳态输出与输

入同斜率，但滞后一个时间常数 $T$，即存在跟踪误差，其数值与时间 $T$ 相等。

### 3.2.4 单位脉冲响应

单位脉冲函数的拉氏变换为 1，将 $R(s)=1$ 代入式(3-7)，得输出的拉氏变换即为系统的传递函数

$$C(s) = \frac{1}{Ts+1} \tag{3-17}$$

求拉氏反变换，得系统输出响应

$$c(t) = \frac{1}{T}e^{-t/T}, \quad t \geq 0 \tag{3-18}$$

一阶系统的单位脉冲响应是一条由 $1/T$ 开始，按指数规律单调下降最终趋于零的曲线。

总结上述一阶系统的响应，可得出以下结论。

(1) 一阶系统的典型响应与时间常数 $T$ 密切相关。时间常数 $T$ 越小，系统响应速度越快，单位阶跃响应调节时间 $t_s$ 也越小，同时单位斜坡响应稳态输出与输入的滞后时间越小。

(2) 一阶系统可无误差地跟踪阶跃信号和脉冲信号，但跟踪斜坡信号时存在常值误差。请读者验证其不能跟踪加速度函数。

(3) 比较三种典型响应可清楚地看出：系统对输入信号导数的响应是系统对输入信号响应的导数；系统对输入信号积分的响应是系统对输入信号响应的积分。这是线性定常系统的一个重要特性，线性时变系统和非线性系统不具备这种特性。

## 3.3 二阶系统的分析和计算

### 3.3.1 二阶系统的数学模型

由二阶微分方程来描述的系统，称为二阶系统。其微分方程形式为

$$T^2 \frac{d^2c(t)}{dt^2} + 2\zeta T \frac{dc(t)}{dt} + c(t) = r(t) \tag{3-19}$$

闭环传递函数为

$$\frac{C(s)}{R(s)} = \Phi(s) = \frac{1}{T^2s^2 + 2\zeta Ts + 1} \tag{3-20}$$

工程中二阶系统的例子随处可见，如一个 RLC 电路、一个电动机转速控制系统、一个机械位移系统、一个液位控制系统等。而且由于许多高阶系统在一定条件下可近似作为二阶系统来分析，因此研究二阶系统的特性具有重要意义。

为了分析方便，通常将二阶系统传递函数写成如下典型形式

$$\frac{C(s)}{R(s)} = \Phi(s) = \frac{\omega_n^2}{s^2 + 2\zeta\omega_n s + \omega_n^2} = \frac{\dfrac{\omega_n^2}{s(s+2\zeta\omega_n)}}{1+\dfrac{\omega_n^2}{s(s+2\zeta\omega_n)}} \tag{3-21}$$

可得，典型二阶系统的结构图，如图 3-7 所示。其中，$\zeta$ 为系统的阻尼比，$\omega_n$ 为自然振荡频率。这样，二阶系统的动态特性可以用 $\zeta$ 和 $\omega_n$ 来描述。

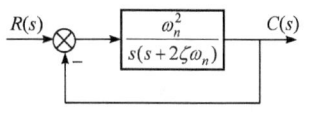

图 3-7 二阶系统结构图

若 $0<\zeta<1$，则闭环系统极点为位于 $s$ 左半平面的一对共轭复数，这时系统的动态响应是振荡衰减的，称为欠阻尼系统，如图 3-8(b)所示。若 $\zeta = 1$，则系统闭环极点为一对重极点，称其为临界阻尼系统，如图 3-8(c)所示。若 $\zeta > 1$，则系统闭环极点为一对不相等的实根，称其为过阻尼系统，如图 3-8(d)所示。临界阻尼和过阻尼系统的动态响应都是单调的。若 $\zeta = 0$，则系统称为无阻尼系统，其响应为等幅振荡过程，如图 3-8(a)所示。若 $\zeta < 0$，则系统响应是发散的，此时系统不能正常工作。讨论系统的响应特性及其性能指标，其前提条件是系统必须稳定。不稳定的系统根本无实用价值，更谈不上性能指标问题。

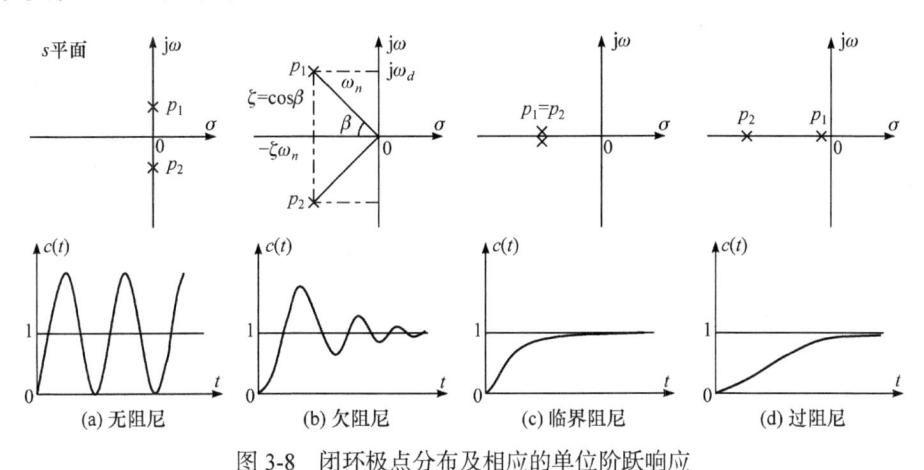

(a) 无阻尼　(b) 欠阻尼　(c) 临界阻尼　(d) 过阻尼

图 3-8 闭环极点分布及相应的单位阶跃响应

### 3.3.2 单位阶跃响应

接下来，求解典型二阶系统对单位阶跃函数的响应(零初始条件下)，并得出系统的性能指标与系统参数之间的关系。考虑四种不同的情况。

1. 欠阻尼二阶系统(即 $0<\zeta<1$)

这时，系统闭环传递函数可写成

$$\frac{C(s)}{R(s)} = \frac{\omega_n^2}{s^2 + 2\zeta\omega_n s + \omega_n^2} = \frac{\omega_n^2}{(s + \zeta\omega_n + j\omega_n\sqrt{1-\zeta^2})(s + \zeta\omega_n - j\omega_n\sqrt{1-\zeta^2})} \quad (3-22)$$

系统有一对共轭复根：

$$s_{1,2} = -\zeta\omega_n \pm j\omega_n\sqrt{1-\zeta^2} = \sigma \pm j\omega_d \quad (3-23)$$

$\omega_d = \omega_n\sqrt{1-\zeta^2}$ 称为阻尼振荡频率。对单位阶跃输入信号，系统输出的拉氏变换为

$$C(s) = \frac{\omega_n^2}{s^2 + 2\zeta\omega_n s + \omega_n^2} \cdot \frac{1}{s} \quad (3-24)$$

将 $C(s)$ 分解为

$$C(s) = \frac{1}{s} - \frac{s+2\zeta\omega_n}{s^2+2\zeta\omega_n s+\omega_n^2} = \frac{1}{s} - \frac{s+\zeta\omega_n}{(s+\zeta\omega_n)^2+\omega_d^2} - \frac{\zeta\omega_n}{(s+\zeta\omega_n)^2+\omega_d^2}$$

将上式进行拉氏反变换，得系统单位阶跃响应为

$$c(t) = 1 - e^{-\zeta\omega_n t}\left(\cos\omega_d t + \frac{\zeta}{\sqrt{1-\zeta^2}}\sin\omega_d t\right)$$

$$= 1 - \frac{e^{-\zeta\omega_n t}}{\sqrt{1-\zeta^2}}\sin(\omega_d t + \beta), \quad t \geq 0 \tag{3-25}$$

式中，$\beta = \arccos\zeta$。

欠阻尼二阶系统的单位阶跃响应由稳态和动态两部分组成。稳态部分(即 $t$ 等于无穷大时)等于 1，表明输入量与输出量之间不存在稳态误差。动态部分是阻尼正弦振荡过程，其响应特性取决于系统极点的分布。振荡角频率取决于极点的虚部 $\omega_d$(阻尼振荡角频率)，其值由阻尼比 $\zeta$ 和自然振荡角频率 $\omega_n$ 决定；衰减的速度取决于极点的实部 $\sigma$，其值也由阻尼比 $\zeta$ 和自然振荡角频率 $\omega_n$ 决定。系统极点的虚部越大，振荡的角频率 $\omega_d$ 越高；系统极点离虚轴越近，$\zeta\omega_n$ 越小，衰减的速度越慢；反之，衰减的速度越快。$\zeta$、$\omega_n$、$\omega_d$、$\sigma$ 之间的关系如图 3-8(b) 所示。

2. 无阻尼二阶系统(即 $\zeta = 0$)

这时，系统闭环传递函数可写成

$$\frac{C(s)}{R(s)} = \frac{\omega_n^2}{s^2+\omega_n^2} = \frac{\omega_n^2}{(s+j\omega_n)(s-j\omega_n)} \tag{3-26}$$

此时系统有一对纯虚根

$$s_1, s_2 = \pm j\omega_n \tag{3-27}$$

对单位阶跃输入信号，系统输出的拉氏变换为

$$C(s) = \frac{\omega_n^2}{s^2+\omega_n^2} \cdot \frac{1}{s} \tag{3-28}$$

对式(3-28)进行拉氏反变换，得系统单位阶跃响应为

$$c(t) = 1 - \cos\omega_n t, \quad t \geq 0 \tag{3-29}$$

无阻尼二阶系统单位阶跃响应为一条不衰减的等幅余弦振荡曲线，如图 3-8(a) 所示。无阻尼系统响应可视为欠阻尼系统响应当 $\zeta = 0$ 时的一个特殊情况，但实际系统总存在一定的阻尼，无阻尼只是一种理想的情况。

3. 临界阻尼二阶系统(即 $\zeta = 1$)

这时，系统闭环传递函数可写成

$$\frac{C(s)}{R(s)} = \frac{\omega_n^2}{s^2+2\omega_n s+\omega_n^2} = \frac{\omega_n^2}{(s+\omega_n)^2} \tag{3-30}$$

系统有两个相同的负实根

$$s_{1,2} = -\omega_n \tag{3-31}$$

系统输出的拉氏变换为

$$C(s) = \frac{\omega_n^2}{(s+\omega_n)^2} \cdot \frac{1}{s} \tag{3-32}$$

对式(3-32)进行拉氏反变换，得系统单位阶跃响应为

$$c(t) = 1 - e^{-\omega_n t}(1+\omega_n t), \quad t \geq 0 \tag{3-33}$$

临界阻尼二阶系统单位阶跃响应是单调上升的，不存在稳态误差，如图 3-8(c)所示。

4. 过阻尼二阶系统(即 $\zeta > 1$)

这时，系统闭环传递函数可写成

$$\frac{C(s)}{R(s)} = \frac{\omega_n^2}{s^2 + 2\zeta\omega_n s + \omega_n^2} = \frac{\omega_n^2}{(s+\zeta\omega_n + \omega_n\sqrt{\zeta^2-1})(s+\zeta\omega_n - \omega_n\sqrt{\zeta^2-1})} \tag{3-34}$$

此时系统有两个不相等负实根为

$$s_{1,2} = -\zeta\omega_n \pm \omega_n\sqrt{\zeta^2-1} \tag{3-35}$$

引入等效时间常数

$$T_1 = \frac{1}{\zeta\omega_n - \omega_n\sqrt{\zeta^2-1}}, \quad T_2 = \frac{1}{\zeta\omega_n + \omega_n\sqrt{\zeta^2-1}}$$

得系统输出的拉氏变换

$$C(s) = \frac{\omega_n^2}{(s+1/T_1)(s+1/T_2)} \cdot \frac{1}{s} \tag{3-36}$$

对式(3-36)进行拉氏反变换，得系统单位阶跃响应为

$$c(t) = 1 + \frac{1}{T_2/T_1 - 1} e^{-\frac{1}{T_1}t} + \frac{1}{T_1/T_2 - 1} e^{-\frac{1}{T_2}t}, \quad t \geq 0 \tag{3-37}$$

过阻尼二阶系统的单位阶跃响应无振荡、无超调、无稳态误差，如图 3-8(d)所示。
为比较起见，将不同阻尼时的单位阶跃响应绘制于同一张图，如图 3-9 所示。

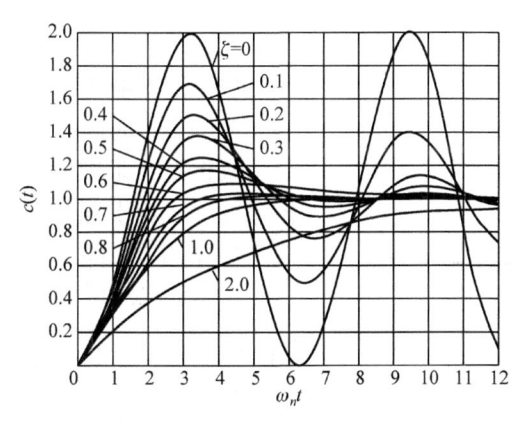

图 3-9 不同阻尼时的单位阶跃响应

### 3.3.3 二阶系统性能指标分析

根据 3.1 节中给出的系统动态响应性能指标的定义及二阶系统阶跃响应表达式，可推导出系统性能指标与其特征参数 $\zeta$ 和 $\omega_n$ 之间的关系。这里，假设系统为欠阻尼系统。

**1. 上升时间 $t_r$**

根据上升时间的第二种定义，即阶跃响应从零第一次上升到终值所需时间。由式(3-25)可知，欠阻尼二阶系统单位阶跃响应终值为 1。将 $c(t_r) = 1$ 代入式(3-25)得

$$c(t_r) = 1 - \frac{e^{-\zeta\omega_n t_r}}{\sqrt{1-\zeta^2}}\sin(\omega_d t_r + \beta) = 1 \tag{3-38}$$

解出最小的 $t_r$ 即为所求的上升时间

$$t_r = \frac{\pi - \beta}{\omega_d} \tag{3-39}$$

式中，$\beta = \arccos\zeta$，$\omega_d = \omega_n\sqrt{1-\zeta^2}$

**2. 峰值时间 $t_p$**

峰值时间定义为单位阶跃响应到达第一个峰值所需要的时间。

将式(3-25)对时间求导，并令该导数等于 0，可求得峰值时间，即

$$\left.\frac{dc(t)}{dt}\right|_{t=t_p} = \frac{d}{dt}\left[1 - \frac{e^{-\zeta\omega_n t}}{\sqrt{1-\zeta^2}}\sin(\omega_d t + \beta)\right]_{t=t_p} = 0 \tag{3-40}$$

取最小的 $t_p$ 为峰值时间，得

$$t_p = \frac{\pi}{\omega_d} = \frac{\pi}{\omega_n\sqrt{1-\zeta^2}} \tag{3-41}$$

**3. 调节时间 $t_s$**

单位阶跃响应 $c(t)$ 进入±5%(有时也取±2%)误差带的最小时间。

根据定义来求调节时间的解析表达式是很困难的。工程上通常用包络线代替实际响应曲线来估算调节时间。

由式(3-25)可知，响应曲线的包络线为 $1 \pm \dfrac{e^{-\zeta\omega_n t}}{\sqrt{1-\zeta^2}}$，如图 3-10 所示。响应曲线总包含在这对包络线之内。设稳态响应误差带为 $\Delta$，根

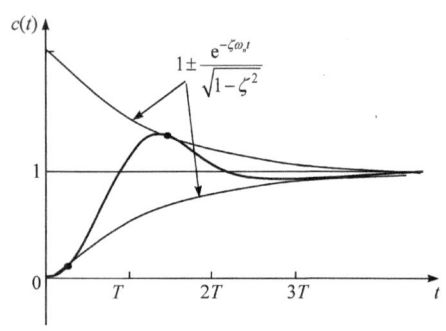

图 3-10 阶跃响应曲线的包络线

据需要取 2%或 5%，则调节时间可由式(3-42)近似求得

$$\frac{e^{-\zeta\omega_n t}}{\sqrt{1-\zeta^2}} \leqslant \Delta \tag{3-42}$$

求解上述不等式，得调节时间

$$t_s = \frac{1}{\zeta\omega_n}\ln\left[\frac{1}{\Delta\sqrt{1-\zeta^2}}\right] \tag{3-43}$$

应该指出，由于实际响应曲线收敛到误差带内的速度要比包络线的快，因此按式(3-43)计算的调节时间比实际调节时间要大。另外，调节时间 $t_s$ 与系统特征参数 $\zeta$ 间存在着复杂的函数关系。为便于计算和比较，当 $0.1<\zeta<0.9$ 时，通常采用调节时间与特征参数间的近似关系表达式：

$$t_s = \frac{3}{\zeta\omega_n}, \quad 取 5\%误差带 \tag{3-44a}$$

$$t_s = \frac{4}{\zeta\omega_n}, \quad 取 2\%误差带 \tag{3-44b}$$

4. 超调量 $\sigma\%$

超调量定义为单位阶跃响应中最大超出量与稳态值之比。可见，超调量发生在峰值时间 $t_p$ 处，即

$$\sigma\% = \frac{c(t_p)-c(\infty)}{c(\infty)}\times 100\% = c(t_p)-1 \tag{3-45}$$

将式(3-41)代入式(3-45)，得

$$\sigma\% = e^{-\frac{\pi\zeta}{\sqrt{1-\zeta^2}}}\times 100\% \tag{3-46}$$

结构参数 $\zeta$、$\omega_n$ 对单位阶跃响应性能的影响如下。

(1) 表征响应平稳性的性能指标超调量取决于 $\zeta$ 的大小而与 $\omega_n$ 无关。阻尼比 $\zeta$ 越小，超调量越大，平稳性越差，调节时间 $t_s$ 越长；但 $\zeta$ 也不能太大，过大时，系统甚至转入过阻尼状态，响应迟钝，调节时间 $t_s$ 也越长，快速性差。当 $\zeta = 0.707$ 时，相对来说系统调节时间较短，快速性较好，而超调量 $\sigma\%<5\%$，平稳性也好，故工程上常称 $\zeta=0.707$ 为最佳阻尼比。

(2) 在一定的阻尼比下，$t_r$、$t_p$ 均与 $\omega_n$ 成反比；或者说，$t_r$、$t_p$ 与极点的虚部大小成反比。

需要注意的是，本节性能指标的计算针对的是欠阻尼系统，不能用于其他阻尼的情况。过阻尼和临界阻尼指标的近似计算可参考相关文献(卢京潮，2013)。

【例 3-2】 对例 2-10 中图 2-28(b)系统，设 $K_3=1$，$K=K_1K_2/k_b=5$，$T_m=0.2$，结构

如图 3-11 所示，求系统单位阶跃响应性能指标。

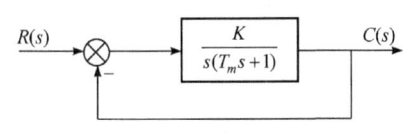

图 3-11 角度随动系统结构图

**解** 系统闭环传递函数为

$$\Phi(s) = \frac{G(s)}{1+G(s)} = \frac{K}{s(T_m s+1)+K}$$

化为典型二阶系统的标准形式：

$$\Phi(s) = \frac{K/T_m}{s^2 + s/T_m + K/T_m} = \frac{\omega_n^2}{s^2 + 2\zeta\omega_n s + \omega_n^2}$$

对比可得

$$2\zeta\omega_n = 1/T_m = 5$$

$$\omega_n^2 = K/T_m = 25$$

解得

$$\omega_n = 5, \quad \zeta = 0.5$$

求得系统超调量：

$$\sigma\% = e^{-\frac{\pi\zeta}{\sqrt{1-\zeta^2}}} \times 100\% = 16.3\%$$

峰值时间：

$$t_p = \frac{\pi}{\omega_d} = \frac{\pi}{\omega_n\sqrt{1-\zeta^2}} = 0.73\text{s}$$

上升时间：

$$t_r = \frac{\pi-\beta}{\omega_d} = 0.48\text{s}$$

调节时间($\Delta = 5\%$)：

$$t_s = \frac{3}{\zeta\omega_n} = 1.2\text{s}$$

[评注] 系统的性能指标取决于系统参数。如果系统换一个其他型号的电机，系统参数变化，性能会发生变化。而即使不是相同的系统，只要传递函数具有典型二阶系统的形式，则分析方法类似。

**思考**：假设实际系统 $K_3 \neq 1$，系统非单位反馈系统，系统的响应会发生什么变化？会影响动态性能指标吗？

**【例 3-3】** 已知单位负反馈的典型二阶系统单位阶跃响应曲线如图 3-12 所示，试确定系统的开闭环传递函数。

**解** 由系统的单位阶跃响应曲线，直接求出超调量：

$$\sigma\% = 30\% = 0.3$$

峰值时间：

$$t_p = 0.1\text{s}$$

图 3-12 单位阶跃响应曲线

由欠阻尼二阶系统性能指标的计算公式(3-41)和式(3-46)，可得

$$0.3 = e^{-\pi\zeta/\sqrt{1-\zeta^2}} \times 100\%$$

$$t_p = \frac{\pi}{\omega_d} = \frac{\pi}{\omega_n\sqrt{1-\zeta^2}} = 0.1\text{s}$$

求解以上二式，得

$$\frac{-\pi\zeta}{\sqrt{1-\zeta^2}}\ln e = \ln 0.3 = -1.2, \quad \zeta \approx 0.36$$

$$\omega_n = \frac{31.4}{\sqrt{1-\zeta^2}} = \frac{31.4}{0.934} = 33.6(\text{rad/s})$$

系统闭环传递函数为

$$\Phi(s) = \frac{\omega_n^2}{s^2 + 2\zeta\omega_n s + \omega_n^2} = \frac{1130}{s^2 + 24.2s + 1130} = \frac{G(s)}{1+G(s)}$$

开环传递函数为

$$G(s) = \frac{\Phi(s)}{1-\Phi(s)} = \frac{\omega_n^2}{s(s+2\zeta\omega_n)} = \frac{1130}{s(s+24.2)}$$

### 3.3.4 单位脉冲响应

对单位脉冲输入信号，由于

$$L[\delta(t)] = 1$$

故对于具有典型形式的二阶系统，其输出的拉氏变换即为系统的传递函数，为

$$C(s) = \frac{\omega_n^2}{s^2 + 2\zeta\omega_n s + \omega_n^2} \tag{3-47}$$

取式(3-47)的拉氏反变换，便可得到下列各种情况下的单位脉冲响应。

(1) 欠阻尼情况(即 $0 < \zeta < 1$)

$$c(t) = \frac{\omega_n}{\sqrt{1-\zeta^2}} e^{-\zeta\omega_n t} \sin\omega_n\sqrt{1-\zeta^2}\, t, \quad t \geq 0 \tag{3-48}$$

(2) 无阻尼情况(即 $\zeta = 0$)

$$c(t) = \omega_n \sin\omega_n t, \quad t \geq 0 \tag{3-49}$$

(3) 临界阻尼情况(即 $\zeta = 1$)

$$c(t) = \omega_n^2 t e^{-\omega_n t}, \quad t \geq 0 \tag{3-50}$$

(4) 过阻尼情况(即 $\zeta > 1$)

$$c(t) = \frac{\omega_n}{2\sqrt{\zeta^2-1}}\left[e^{-(\zeta-\sqrt{\zeta^2-1})\omega_n t} - e^{-(\zeta+\sqrt{\zeta^2-1})\omega_n t}\right], \quad t \geq 0 \tag{3-51}$$

因为单位脉冲函数为单位阶跃函数的导数，所以也可从系统的单位阶跃响应直接求导来得到系统的单位脉冲响应。由于阶跃响应的峰值时间是根据阶跃响应的导数等于 0 求得，因此，系统的脉冲响应第一次与实轴相交的时间即为阶跃响应的峰值时间。阶跃响应的超调量也可直接从脉冲响应曲线中获得。

## 3.4 高阶系统的时间响应

若描述系统的动态方程为三阶或三阶以上微分方程，系统称为高阶系统。实际控制

系统往往是高阶系统。由于高阶微分方程求解的复杂性，对其进行准确的时域分析是比较困难的。通常的分析方法是将高阶系统近似为低阶系统，再用低阶系统的分析方法对其动态性能进行近似估计。

### 3.4.1 高阶系统的阶跃响应

研究图 3-13 所示系统，其闭环传递函数为

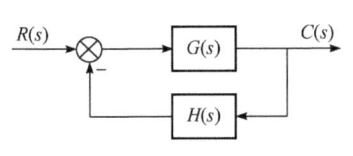

$$\Phi(s) = \frac{C(s)}{R(s)} = \frac{G(s)}{1+G(s)H(s)} \quad (3-52)$$

图 3-13 系统结构图

一般情况下，$G(s)$ 和 $H(s)$ 均为复变量 $s$ 的多项式之比，故式(3-52)可写为

$$\Phi(s) = \frac{C(s)}{R(s)} = \frac{M(s)}{D(s)} = \frac{b_0 s^m + b_1 s^{m-1} + \cdots + b_{m-1} s + b_m}{a_0 s^n + a_1 s^{n-1} + \cdots + a_{n-1} s + a_n}, \quad m \leqslant n \quad (3-53)$$

为便于求出高阶系统的阶跃响应，将式(3-53)的分子、分母多项式进行因式分解：

$$\Phi(s) = \frac{M(s)}{D(s)} = \frac{K^*(s-z_1)(s-z_2)\cdots(s-z_m)}{(s-s_1)(s-s_2)\cdots(s-s_n)} \quad (3-54)$$

$$= K^* \frac{\prod_{i=1}^{m}(s-z_i)}{\prod_{j=1}^{n}(s-s_j)} \quad (3-55)$$

式中，$K^* = b_0/a_0$；$z_i$ 为闭环系统零点；$s_j$ 为闭环系统极点。由于 $M(s)$ 和 $D(s)$ 均为实系数多项式，故 $z_i$ 和 $s_j$ 只能为实数或共轭复数。设系统闭环极点两两相异，并设系统有 $q$ 个实极点和 $r$ 对复极点且 $0 < \zeta_k < 1$。这时系统闭环传递函数可表示为

$$\Phi(s) = K^* \frac{\prod_{i=1}^{m}(s-z_i)}{\prod_{j=1}^{q}(s-s_j)\prod_{k=1}^{r}(s^2+2\zeta_k\omega_k s+\omega_k^2)} \quad (3-56)$$

在单位阶跃信号输入下，输出量的拉氏变换为

$$C(s) = K^* \frac{\prod_{i=1}^{m}(s-z_i)}{\prod_{j=1}^{q}(s-s_j)\prod_{k=1}^{r}(s^2+2\zeta_k\omega_k s+\omega_k^2)} \cdot \frac{1}{s} \quad (3-57)$$

将式(3-57)展开成部分分式，可得

$$C(s) = \frac{A_0}{s} + \sum_{j=1}^{q}\frac{A_j}{(s-s_j)} + \sum_{k=1}^{r}\frac{B_k s + C_k}{(s^2+2\zeta_k\omega_k s+\omega_k^2)} \quad (3-58)$$

式中，$A_0$ 为输入极点处的留数；$A_j(j=1,2,\cdots,q)$ 为对应闭环极点处的留数，$B_k$ 和 $C_k(k=1,$

2, …, r)为与对应闭环极点处的留数相关的常数。

对式(3-58)进行拉氏反变换,并设初始条件为0,得单位阶跃响应的时域表达式

$$c(t) = A_0 + \sum_{j=1}^{q} A_j e^{s_j t} + \sum_{k=1}^{r} B_k e^{-\zeta_k \omega_k t} \sin(\omega_{dk} t + \beta_k), \quad t \geq 0 \quad (3\text{-}59)$$

式中,$\omega_{dk} = \omega_k \sqrt{1-\zeta_k^2}$。式(3-59)表明,高阶系统的时域响应由一阶和二阶系统的时域响应函数项组成。如果高阶系统的所有闭环极点都具有负实部,高阶系统是稳定的,其稳态输出量为 $A_0$。对于稳定的高阶系统,闭环极点负实部绝对值越大,其对应的动态响应分量衰减得就越快;反之,则衰减缓慢。

同时应当指出,虽然系统时域响应的类型取决于闭环极点,但其形状却与闭环零极点分布有关。

### 3.4.2 高阶系统性能估计

对高阶系统的分析可由数值方法解出高阶系统微分方程,并计算时间响应,从而估算出性能指标。但这是一个相对复杂的过程,通常在分析高阶系统时,希望能简化问题,将分析低阶系统的方法推广到高阶系统中去。本节主要介绍利用系统主导极点和偶极子概念对高阶系统性能进行近似分析的方法。

对于高阶系统的零极点,它们在 $s$ 平面上的分布不同,对系统动态特性所起的作用也不一样。根据它们的相对重要性,用其中对系统动态特性起主导作用的几个主要零极点所对应的低阶系统,来近似估算高阶系统的动态特性是追求的目标。

如果在系统所有的闭环极点中,距离虚轴最近的极点附近没有闭环零点,而其他闭环极点又远离虚轴。那么,距虚轴最近的闭环极点对应的响应分量,随时间推移衰减缓慢,它们在系统的时间响应过程中起主导作用,这样的闭环极点称为闭环主导极点。工程上,凡比主导极点的实部大6倍以上的其他零极点,其影响均可忽略。有时甚至大2~3倍的闭环极点也忽略。

偶极子是指一对靠得很近的零点、极点。它们对系统性能的影响相互抵消,在近似分析中通常可忽略它们的影响。工程上把一对距离比其自身模值还小一个数量级的零极点视为偶极子。

在许多情况下,利用主导极点和偶极子的概念对系统进行近似处理后,高阶系统往往就可近似地视为一阶或二阶系统,就能用前几节讲过的方法估算动态性能指标。

例如,一个飞机倾斜角控制系统的闭环传递函数为

$$\Phi(s) = \frac{10}{(s+5)(s^2+1.5s+2)} = \frac{10}{(s+5)(s+0.75+\text{j}1.2)(s+0.75-\text{j}1.2)}$$

其零极点分布图如图 3-14(a)所示。忽略非主导极点所起的作用,得系统的简化模型为

$$\Phi(s) = \frac{10}{5(s/5+1)(s+0.75+\text{j}1.2)(s+0.75-\text{j}1.2)}$$

$$\approx \frac{2}{(s+0.75+\text{j}1.2)(s+0.75-\text{j}1.2)}$$

(a) 闭环极点分布图

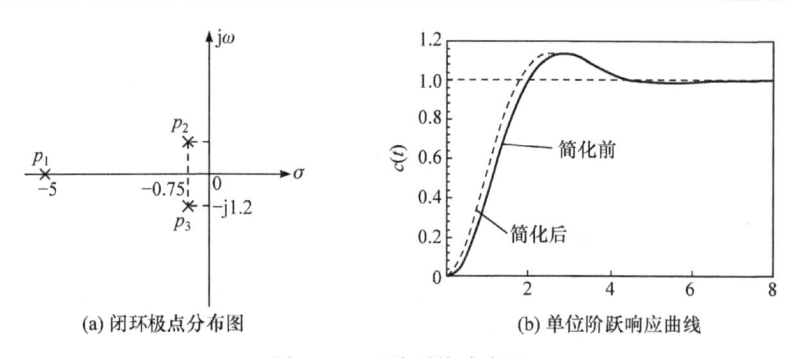

(b) 单位阶跃响应曲线

图 3-14  三阶系统响应图

简化前和简化后的系统单位阶跃响应曲线如图 3-14(b)所示，可清楚地看到，近似后产生的误差很小。这样，这个三阶系统的性能指标就可由近似的二阶系统来分析了。可见，看问题抓住主要矛盾可大大简化问题，且不影响大局。这里还应注意，简化前后的系统增益应保持不变。

应当指出，虽然高阶系统可简化为低阶系统来近似分析，但其本身并不是低阶系统。因此，在分析中还应考虑其他非主导闭环零极点对系统动态性能的影响。这里仅给出一些有益的结论。

(1) 闭环零点的出现会减小峰值时间，加快响应速度；但增大系统的超调量，这种作用随闭环零点接近虚轴而加剧。

(2) 闭环非主导极点使峰值时间加长，系统响应速度变缓。

(3) 若闭环零极点彼此接近，则它们对系统响应的影响相互削弱。

## 3.5  稳定性分析

对于一个控制系统来说，稳定性是其重要特性，也是系统能够正常工作的首要条件。粗略地说，稳定性是指，由于扰动的作用使系统的工作状态发生变化，若经过一定的时间后能恢复到原来的平衡状态或其附近的容许邻域内，则称系统是稳定的；若随着时间的推移偏离原来的平衡状态越来越远，则称系统是不稳定的。不稳定的系统是没有工程价值的。因此如何分析系统运动的稳定性，是控制工程师的一项重要工作。

本节主要介绍稳定性的定义，控制系统稳定的条件以及判定系统稳定性的方法。

### 3.5.1  稳定性的概念和定义

为了建立稳定性的概念，先来看一个直观的例子。

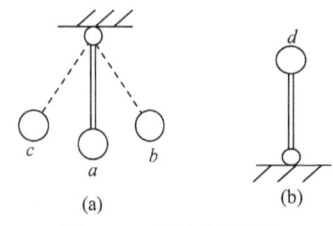

图 3-15  系统的平衡点

图 3-15(a)是一个单摆示意图。假设外界附加一扰动使该系统单摆由原平衡点 a 偏离到点 b。当外力去掉后，摆在重力作用下，由点 b 回到点 a，并由于惯性作用，继续向前摆动，直到到达点 c。随后，在阻尼作用下，摆围绕 a 点作衰减振荡，直到所有能量耗尽，摆最终停留在原平衡点 a。就平衡点 a 而言，在扰动作用下，摆发生了偏

离,但扰动消失后,经过一定的时间,摆能恢复到原来的平衡点。这样的平衡点 $a$ 称为稳定的平衡点。

如果让摆处于另一平衡点 $d$,如图 3-15(b)所示。显然在扰动作用下,摆会离开平衡点 $d$,这时,即使扰动消失,无论经过多长时间,摆也不会回到原平衡点 $d$。这种平衡点称为不稳定平衡点。

单摆的这种稳定概念(即无论扰动产生的初始偏差多大,只要扰动消失,系统最终总能回到原平衡点),可以推广至线性系统。而对于用非线性微分方程描述的非线性系统,当扰动产生的初始偏差较小时,扰动消失后,系统可能回到某一稳定的平衡点;但当扰动造成的初始偏差超过一定范围,即使扰动消失,无论经过多长时间,系统也未必能回到原来稳定的平衡点上。也就是说,线性系统的小范围稳定和大范围稳定是等价的;而非线性系统则不然。小范围稳定的非线性系统不一定大范围稳定。

运动稳定性的严格数学定义,首先由俄罗斯学者李雅普诺夫于 1892 年建立,一直沿用至今。有关李雅普诺夫稳定性的数学定义及稳定性定理,一般在现代控制理论相关书籍中均有介绍。本节只根据李雅普诺夫稳定性理论,从系统的输入输出关系出发,分析线性系统的稳定性问题。

线性控制系统的稳定性可定义如下:若线性控制系统在初始扰动影响下,其动态过程随时间推移逐渐衰减并趋于零(即趋于原平衡点),则称系统渐近稳定,简称稳定;反之,若在初始扰动下,系统的动态过程随时间推移而发散,则称系统不稳定。

### 3.5.2 线性系统稳定的条件

上述稳定性定义表明,线性系统的稳定性仅取决于系统的结构和参数,而与外界条件无关。

设系统有一平衡工作点。当受到扰动时,其产生的输出使系统偏离原平衡工作点。如果取扰动信号的消失瞬间为时间起点,即 $t=0$,则 $t=0$ 时刻系统的输出信号及其各阶导数便是研究 $t \geq 0$ 时系统的初始条件。即响应 $c(t)$ 可视为控制系统在初始条件作用下的输出响应,即零输入响应。若系统稳定,则随着时间的推移,输出信号 $c(t)$ 趋于零,系统能以足够的精度恢复到原平衡工作状态。系统不稳定,则无法回到原平衡工作状态。

设系统在初始条件为零时,作用一个理想单位脉冲信号 $\delta(t)$,这时系统的输出增量为脉冲响应 $c(t)$。这相当于系统在扰动信号作用下,输出信号偏离原平衡工作点的问题。若此动态过程随时间的推移最终趋于零,即

$$\lim_{t \to \infty} c(t) = 0 \tag{3-60}$$

则线性系统是稳定的。反之,系统不稳定。

设系统的闭环传递函数为

$$\Phi(s) = \frac{C(s)}{R(s)} = \frac{M(s)}{D(s)} = \frac{b_0 s^m + b_1 s^{m-1} + \cdots + b_{m-1} s + b_m}{a_0 s^n + a_1 s^{n-1} + \cdots + a_{n-1} s + a_n}, \quad m \leq n \tag{3-61}$$

设系统闭环极点两两相异、有 $q$ 个实极点和 $r$ 对复极点且 $0 < \zeta_k < 1$。这时系统闭环传递函数可表示为

$$\Phi(s) = K^* \frac{\prod_{i=1}^{m}(s-z_i)}{\prod_{j=1}^{q}(s-s_j)\prod_{k=1}^{r}(s^2+2\zeta_k\omega_k s+\omega_k^2)} \tag{3-62}$$

式中，$K^* = b_0/a_0$；$z_i$ 为闭环系统零点；$s_j$ 为闭环系统极点。

在单位脉冲信号输入下，系统输出量的拉氏变换为

$$C(s) = K^* \frac{\prod_{i=1}^{m}(s-z_i)}{\prod_{j=1}^{q}(s-s_j)\prod_{k=1}^{r}(s^2+2\zeta_k\omega_k s+\omega_k^2)} \tag{3-63}$$

将式(3-63)展开成部分分式，可得

$$C(s) = \sum_{j=1}^{q}\frac{A_j}{(s-s_j)} + \sum_{k=1}^{r}\frac{B_k s+C_k}{(s^2+2\zeta_k\omega_k s+\omega_k^2)} \tag{3-64}$$

式中，$A_j(j=1,2,\cdots,q)$ 为对应闭环实极点处的留数，$B_k$、$C_k(k=1,2,\cdots,r)$ 为与对应闭环复极点处的留数相关的常数。

对式(3-64)进行拉氏反变换，得单位脉冲响应的时域表达式为

$$c(t) = \sum_{j=1}^{q}A_j e^{s_j t} + \sum_{k=1}^{r}B_k e^{-\zeta_k\omega_k t}\sin(\omega_{dk}t+\beta_k), \quad t \geq 0 \tag{3-65}$$

式(3-65)表明，当且仅当系统的极点全部具有负实部时，式(3-60)才成立；若存在一个或一个以上正实部根，则 $\lim_{t\to\infty}c(t)\to\infty$，表明系统不稳定；若极点中存在一个或一个以上零实部根，则脉冲响应可能趋于常数，或者趋于等幅正弦振荡，按照稳定性的定义，此时系统不是渐近稳定的。通常将这种处于稳定与不稳定之间的临界状态，称为临界稳定情况。在经典控制理论中，只有渐近稳定的系统才称为稳定系统；否则，称为不稳定系统。图 3-16 直观表现了极点在 $s$ 平面的稳定和不稳定区域。

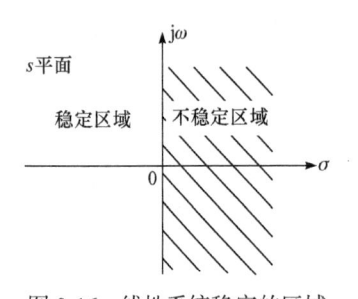

图 3-16 线性系统稳定的区域

由此可见，线性系统稳定的充分必要条件是：闭环系统特征方程的所有根都具有负实部；或者说，闭环传递函数的极点均位于 $s$ 左半开平面。

对于低阶系统而言，可以简单地对其特征方程进行因式分解而求出其特征根。但对三阶或三阶以上的高阶系统，直接求方程的根比较困难。并且在很多情况下，常常只需了解系统是否稳定，而对特征根的确切数值不感兴趣。因此，在控制工程中，需要一种间接判定系统特征根分布的方法。

判别系统稳定性的基本方法如下。

(1) 劳斯-赫尔维茨判据。
(2) 根轨迹法。

(3) 奈奎斯特判据。

(4) 李雅普诺夫第二方法。

本节仅介绍代数判据——劳斯-赫尔维茨判据，其他方法将在本书第 4、5 章和现代控制理论相关参考资料中介绍。

### 3.5.3 劳斯-赫尔维茨判据

劳斯(Routh)判据和赫尔维茨(Hurwize)判据分别由 Routh 于 1877 年、Hurwize 于 1895 年独立提出。通常合称为劳斯-赫尔维茨判据，也称代数判据。它根据系统特征方程的各项系数，直接利用代数方法判断特征方程的根是否全部位于 $s$ 左半平面，以此判断系统的稳定性。

设线性系统特征方程为

$$D(s) = a_0 s^n + a_1 s^{n-1} + \cdots + a_{n-1} s + a_n = 0, \quad a_0 > 0 \tag{3-66}$$

线性系统稳定的必要条件是：特征方程各项系数均大于零且不缺项。

若控制系统的特征方程式不满足以上必要条件，则可立即断定这样的系统是不稳定的。但该条件是不充分的，因为各项系数均大于零且不缺项的特征方程，完全可能有正实部根。这时，可采用劳斯判据或赫尔维茨判据来判断系统的稳定性。需要说明的是，劳斯判据与赫尔维茨判据在本质上是相同的，本节仅对劳斯判据进行介绍。

劳斯判据采用表格形式，称劳斯表。劳斯表的前两行由系统特征方程的系数直接构成，以后各行的数值，需按表 3-1 所示逐行计算，一直计算到第 $n$ 行为止，第 $n+1$ 行仅有第一列有值，且正好是特征方程的最后一项系数 $a_n$。表中系数排列成上三角形。

表 3-1 劳斯表

| | | | | |
|---|---|---|---|---|
| $s^n$ | $a_0$ | $a_2$ | $a_4$ | ⋯ |
| $s^{n-1}$ | $a_1$ | $a_3$ | $a_5$ | ⋯ |
| $s^{n-2}$ | $c_{13} = \dfrac{a_1 a_2 - a_0 a_3}{a_1}$ | $c_{23} = \dfrac{a_1 a_4 - a_0 a_5}{a_1}$ | $c_{33} = \dfrac{a_1 a_6 - a_0 a_7}{a_1}$ | ⋯ |
| $s^{n-3}$ | $c_{14} = \dfrac{c_{13} a_3 - a_1 c_{23}}{c_{13}}$ | $c_{24} = \dfrac{c_{13} a_5 - a_1 c_{33}}{c_{13}}$ | $c_{34} = \dfrac{c_{13} a_7 - a_1 c_{43}}{c_{13}}$ | ⋯ |
| ⋮ | ⋮ | ⋮ | ⋮ | |
| $s^2$ | $c_{1,n-1}$ | $c_{2,n-1}$ | | |
| $s^1$ | $c_{1,n}$ | | | |
| $s^0$ | $c_{1,n+1} = a_n$ | | | |

根据劳斯判据，由特征方程(3-66)表征的线性系统稳定的充分必要条件是：当劳斯表中第一列的所有元素都大于零时，系统稳定；如果第一列的元素出现负的，系统就不稳定，而且第一列各系数符号的改变次数，代表特征方程的正实部根的个数。

【例 3-4】 设系统特征方程为 $s^4 + 2s^3 + 3s^2 + 4s + 5 = 0$，试用劳斯判据判别系统稳

定性。

**解** 列出劳斯表

$$
\begin{array}{cccc}
s^4 & 1 & 3 & 5 \\
s^3 & 2 & 4 & 0 \\
s^2 & \dfrac{2\times 3-1\times 4}{2}=1 & \dfrac{2\times 5-1\times 0}{2}=5 & \\
s^1 & \dfrac{1\times 4-2\times 5}{1}=-6 & 0 & \\
s^0 & 5 & &
\end{array}
$$

可见,劳斯表第一列出现了负数,系统不稳定。且第一列元素符号变化两次,可知系统存在两个 $s$ 右半平面的特征根。

在应用劳斯判据分析线性系统的稳定性时,有时会遇到一些特殊情况,使得劳斯表的计算无法进行到底,因此需要进行相应的数学处理。

(1) 劳斯表中某行的第一列元素为零。

此时,计算劳斯表下一行的第一个元时,将出现无穷大,使劳斯表难以构造。例如,特征方程

$$s^5+2s^4+2s^3+4s^2+11s+10=0$$

列出劳斯表

$$
\begin{array}{cccc}
s^5 & 1 & 2 & 11 \\
s^4 & 2 & 4 & 10 \\
s^3 & 0 & 6 &
\end{array}
$$

此时,以一接近 0 的正数 $\varepsilon$ 代替零元素,继续进行计算,完成劳斯阵列。

$$
\begin{array}{ccc}
s^3 & \varepsilon & 6 \\
s^2 & (4\varepsilon-12)/\varepsilon & 10 \\
s^1 & 6 & \\
s^0 & 10 &
\end{array}
$$

当 $\varepsilon$ 趋于 0 时,$(4\varepsilon-12)/\varepsilon$ 小于零,劳斯表第一列元素的符号改变两次,故系统是不稳定的且在 $s$ 右半平面上有两个极点。

(2) 劳斯表中出现全零行。

这种情况表明特征方程中存在一些绝对值相同但符号相异的特征根。此时的处理方法为,用全零行的上一行的系数构成一个辅助方程,将辅助方程对 $s$ 求导,用所得导数方程的系数代替全零行。另外,通过解辅助方程,可以求出所有绝对值相同但符号相异的特征根。

**【例 3-5】** 设系统特征方程为 $s^6+2s^5+6s^4+8s^3+10s^2+4s+4=0$,试用劳斯判据判断系统的稳定性。

**解** 列出劳斯表

$$\begin{array}{llll} s^6 & 1 & 6 & 10 & 4 \\ s^5 & 2 & 8 & 4 & 0 \\ s^4 & 2 & 8 & 4 \\ s^3 & 0 & 0 & 0 \end{array}$$

用全零行的上一行的系数构成一个辅助方程

$$A(s) = 2s^4 + 8s^2 + 4$$

对 $s$ 求导，得

$$dA(s)/ds = 8s^3 + 16s$$

以求导后的系数取代全零行的各元素，继续列写劳斯表

$$\begin{array}{llll} s^6 & 1 & 6 & 10 & 4 \\ s^5 & 2 & 8 & 4 & 0 \\ s^4 & 2 & 8 & 4 \\ s^3 & 8 & 16 & 0 \\ s^2 & 4 & 4 \\ s^1 & 8 & 0 \\ s^0 & 4 \end{array}$$

解辅助方程可得共轭纯虚根。令 $s^2 = y$，则

$$A(s) = 2s^4 + 8s^2 + 4 = 2(y^2 + 4y + 2) = 0$$

解方程，得

$$y = -2 \pm \sqrt{2} = -0.586, \ -3.414$$

则辅助方程的解为

$$s_{1,2} = \pm j\sqrt{0.586} = \pm j0.766$$
$$s_{3,4} = \pm j\sqrt{3.414} = \pm j1.848$$

即为系统特征方程中绝对值相同但符号相异的共扼纯虚根。

虽然经处理后劳斯表第一列全为正，但由于存在纯虚根，故系统是临界稳定的。但从工程角度看，系统是不能正常工作的。

本节只讨论了特征根与虚轴的相对位置，即使特征根在虚轴左边，靠近虚轴稳定性也不太好。如果希望判断特征根与平行于虚轴的直线的相对位置，如何处理呢？请大家思考一下。

## 3.6 线性系统的稳态误差计算

控制系统的稳态误差，即稳态时(时间 $t$ 趋于无穷)系统输出的期望值与实际值之间的误差，通常称为稳态性能。这是控制系统的一项重要性能指标，表征了系统的(稳态)控制精度或控制准确度。严格地说，实际系统的稳态误差总是难以避免的。而控制系统设计的任

务之一，就是尽量减小系统的稳态误差，或将稳态误差控制在某一容许范围内。

显然，只有当系统稳定时，研究稳态误差才有意义。因为不稳定的系统不存在稳态响应，更谈不上稳态误差问题。

本节主要讨论线性系统稳态误差的变化规律及其计算方法。

### 3.6.1 稳态误差的定义

一般控制系统的结构图如图 3-17 所示。图中，系统输入有两种，$R(s)$为给定信号，$N(s)$为系统的扰动信号。

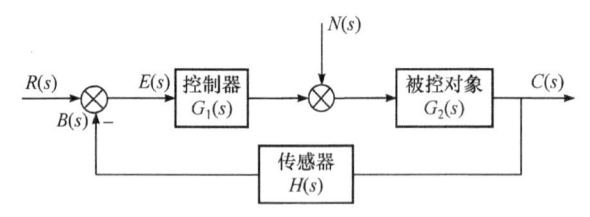

图 3-17 控制系统的结构图

当输入信号 $R(s)$ 与主反馈信号 $B(s)$ 不相等时，比较装置的输出为

$$E(s) = R(s) - B(s) = R(s) - H(s)C(s) \tag{3-67}$$

此时，系统将在 $E(s)$ 信号作用下产生动作，使输出量趋于期望值。通常，将 $E(s)$ 称为系统的偏差信号。

误差有两种不同的定义方法：一种是按式(3-67)描述的在系统输入端定义，即将偏差信号定义为误差信号；另一种是从系统输出端定义，即输出的期望值与实际值之差。表示为

$$E'(s) = C'(s) - C(s) \tag{3-68}$$

其中，$C'(s)$为期望的输出值。定义当偏差信号 $E(s)$ 为零时的输出为期望输出。即

$$E(s) = R(s) - H(s)C'(s) = 0$$

$$C'(s) = \frac{R(s)}{H(s)} \tag{3-69}$$

结合式(3-68)和式(3-69)可得

$$E'(s) = \frac{R(s)}{H(s)} - C(s) = \frac{R(s) - H(s)C(s)}{H(s)} = \frac{E(s)}{H(s)} \tag{3-70}$$

即两种定义下的误差之间以一简单关系相联系，而对于单位反馈控制系统($H(s) = 1$)，两种定义方法相同。另外，这两种定义方法各有其优缺点。按输入端定义的优点是其与结构图中的偏差信号对应，在实际系统中可量测且便于进行理论分析；按输出端定义的优点是物理意义明确，但实际系统中没有一个物理量与之对应，使其难以直接量测。

本书一般采用从系统输入端定义的误差进行分析和计算，若需要计算输出端误差 $E'(s)$，可利用式(3-70)进行换算。但如果 $H(s)$ 不是单纯的比例环节，这时宜采用从输出端定义的误差进行分析。

考虑如图 3-17 所示的系统，根据线性系统的叠加原理，可得系统在输入 $R(s)$(给定信号)和 $N(s)$(扰动信号)共同作用下误差的表达式

$$E(s) = E_R(s) + E_N(s) = \Phi_e(s)R(s) + \Phi_{ne}(s)N(s) \tag{3-71}$$

式中，$E_R(s)$ 为给定信号 $R(s)$ 引起的误差；$E_N(s)$ 为扰动 $N(s)$ 引起的误差。且

$$\Phi_e(s) = \frac{1}{1 + G_1(s)G_2(s)H(s)} \tag{3-72}$$

$$\Phi_{ne}(s) = -\frac{G_2(s)H(s)}{1 + G_1(s)G_2(s)H(s)} \tag{3-73}$$

对 $E(s)$ 求拉氏反变换，即得误差的时域表达式

$$e(t) = L^{-1}[E(s)] = r(t) - b(t) \tag{3-74}$$

在误差信号 $e(t)$ 中，包含暂态分量和稳态分量两部分。考虑稳定系统，当时间 $t$ 趋于无穷时，$e(t)$ 的暂态分量必趋于零。因此稳态误差中只包含 $e(t)$ 的稳态分量，也就是说，控制系统的稳态误差即为误差信号 $e(t)$ 的稳态分量 $e(\infty)$，常用 $e_{ss}$ 表示，给定作用下的稳态误差记为 $e_{ssr}$，扰动作用下的稳态误差记为 $e_{ssn}$。给定信号作用下的稳态误差又称跟踪稳态误差，通常用来衡量随动系统的输出量跟踪给定信号变化的稳态性能；扰动作用下的稳态误差称为扰动稳态误差，通常用来衡量恒值控制系统的稳态性能。要注意的是，在计算扰动引起的稳态误差时，一般应采用从系统输出端定义的误差来分析和计算，较详细的介绍见 3.6.3 节。

下面讨论稳态误差的计算问题。

控制系统的稳态误差可表现为两种形式：稳态误差为一常值(包括 0 和 ∞)或随时间变化的函数。相应的稳态误差计算方法也分为基于终值定理的方法和动态误差系数法两种。本节介绍基于终值定理的方法。

根据拉氏变换的终值定理，如果函数 $sE(s)$ 在 $s$ 右半平面及虚轴上解析，或者说，$sE(s)$ 的极点均位于 $s$ 左半平面，则可方便地求出系统的稳态误差

$$e_{ss} = \lim_{t \to \infty} e(t) = \lim_{s \to 0} sE(s) \tag{3-75}$$

需要说明的是，当 $sE(s)$ 在 $s$ 平面的坐标原点具有极点时，$sE(s)$ 并不满足在虚轴上解析的条件，不符合运用终值定理的条件。此时，若使用终值定理，得到的结果为无穷大，而这一结果恰好与实际结果一致。因此，当 $sE(s)$ 具有坐标原点处的极点时，可以使用终值定理来求稳态误差。

【例 3-6】 设单位反馈系统的开环传递函数为 $G(s) = 1/Ts$，求输入信号分别为以下三种信号时系统的稳态误差。

(1) $r(t) = t$ (2) $r(t) = t^2/2$ (3) $r(t) = \sin\omega t$

**解** 系统误差传递函数为

$$\Phi_e(s) = \frac{E(s)}{R(s)} = \frac{1}{1 + G(s)H(s)} = \frac{Ts}{1 + Ts}$$

(1) $R(s) = \dfrac{1}{s^2}, E(s) = \dfrac{T}{s(1 + Ts)}$，符合终值定理应用条件。

$$e_{ss} = \lim_{s \to 0} sE(s) = \lim_{s \to 0} \frac{T}{1+Ts} = T$$

(2) $R(s) = \frac{1}{s^3}, E(s) = \frac{T}{s^2(1+Ts)}$，符合终值定理应用条件。

$$e_{ss} = \lim_{s \to 0} sE(s) = \lim_{s \to 0} \frac{1}{s(1+Ts)} = \infty$$

(3) $R(s) = \frac{\omega}{s^2+\omega^2}, E(s) = \frac{Ts}{1+Ts} \cdot \frac{\omega}{s^2+\omega^2}$，不符合终值定理应用条件。使用终值定理将得出错误结论。

### 3.6.2 给定输入信号作用下的稳态误差

仅考虑给定输入作用($N(s) = 0$)，由式(3-72)，系统误差的表达式为

$$E_R(s) = \Phi_e(s)R(s) = \frac{R(s)}{1+G_1(s)G_2(s)H(s)} \tag{3-76}$$

对稳定系统，由式(3-75)得，系统的稳态误差为

$$e_{ssr} = \lim_{s \to 0} sE_R(s) = \lim_{s \to 0} s \frac{R(s)}{1+G_1(s)G_2(s)H(s)} \tag{3-77}$$

一般情况下，系统开环传递函数可表示为

$$G_1(s)G_2(s)H(s) = \frac{K(1+\tau_1 s)(1+\tau_2 s)\cdots(1+\tau_m s)}{s^\nu(1+T_1 s)(1+T_2 s)\cdots(1+T_{n-\nu}s)} = \frac{K\prod_{i=1}^{m}(1+\tau_i s)}{s^\nu \prod_{j=1}^{n-\nu}(1+T_j s)} \tag{3-78}$$

式中，$K$为开环增益；$\tau_i$, $T_j$为时间常数；$\nu$为开环系统在$s$平面坐标原点上极点的重数，也称无差度。现根据$\nu$的大小对系统进行分类。$\nu = 0$时，称系统为0型系统，或有差系统；$\nu = 1$时，称系统为Ⅰ型系统，或一阶无差系统，或系统的无差度为1；$\nu = 2$时，称系统为Ⅱ型系统，或二阶无差系统，或系统的无差度为2…。

为讨论方便，令

$$G_0(s) = \frac{\prod_{i=1}^{m}(1+\tau_i s)}{\prod_{j=1}^{n-\nu}(1+T_j s)} \tag{3-79}$$

则式(3-78)改写为

$$G_1(s)G_2(s)H(s) = \frac{K}{s^\nu}G_0(s) \tag{3-80}$$

系统的稳态误差表达式为

$$e_{ssr} = \lim_{s \to 0} sE(s) = \lim_{s \to 0} s \frac{R(s)}{1+\frac{K}{s^\nu}G_0(s)} \tag{3-81}$$

易知，$\lim_{s\to 0}G_0(s)=1$，代入式(3-81)，并整理得

$$e_{ssr} = \frac{\lim_{s\to 0}[s^{\nu+1}R(s)]}{K+\lim_{s\to 0}s^\nu} \tag{3-82}$$

显然，系统的稳态误差取决于原点处开环极点的重数$\nu$、开环增益$K$，以及输入信号的形式和幅值。下面讨论不同型别系统在不同输入信号作用下的稳态误差计算。由于实际输入多为阶跃函数、斜坡函数和加速度函数，或为其组合。因此，这里仅考虑系统分别在阶跃、斜坡和加速度输入作用下的稳态误差计算问题。

1. 阶跃输入作用下的稳态误差与静态位置误差系数

设输入信号$r(t)=R\cdot 1(t)$，其拉氏变换为$R(s)=R/s$。由式(3-77)，系统的稳态误差为

$$e_{ssr} = \lim_{s\to 0}\frac{R}{1+G_1(s)G_2(s)H(s)} = \frac{R}{1+\lim_{s\to 0}G_1(s)G_2(s)H(s)} \tag{3-83}$$

令$K_p = \lim_{s\to 0}G_1(s)G_2(s)H(s)$，称为静态位置误差系数。式(3-83)简化为

$$e_{ssr} = \frac{R}{1+K_p} \tag{3-84}$$

各型系统的静态位置误差系数和稳态误差如下。

(1) 0 型系统，$K_p = K$，$e_{ssr} = \dfrac{R}{1+K}$。

(2) I 型或以上系统，$K_p = \infty$，$e_{ssr} = 0$。

上述关系表明，若要求系统无误差地跟踪阶跃输入信号，则必须使用 I 型或 I 型以上系统。0 型系统在跟踪阶跃信号时，存在非零稳态误差。

2. 斜坡输入作用下的稳态误差与静态速度误差系数

设输入信号$r(t)=Rt\cdot 1(t)$，其拉氏变换为$R(s)=\dfrac{R}{s^2}$。由式(3-77)，系统的稳态误差为

$$e_{ssr} = \lim_{s\to 0}\frac{R}{s[1+G_1(s)G_2(s)H(s)]} = \frac{R}{\lim_{s\to 0}sG_1(s)G_2(s)H(s)} \tag{3-85}$$

令$K_v = \lim_{s\to 0}sG_1(s)G_2(s)H(s)$，称为静态速度误差系数。式(3-85)简化为

$$e_{ssr} = \frac{R}{K_v} \tag{3-86}$$

各型系统的静态位置误差系数和稳态误差如下。

(1) 0 型系统，$K_v = 0$，$e_{ssr} = \infty$。

(2) I 型系统，$K_v = K$，$e_{ssr} = \dfrac{R}{K}$。

(3) II 型或以上系统，$K_v = \infty$，$e_{ssr} = 0$。

上述关系表明，若要求系统无误差地跟踪斜坡输入信号，则必须使用Ⅱ型或Ⅱ型以上系统。Ⅰ型系统在跟踪斜坡信号时，存在非零稳态误差。0型系统的稳态误差为无穷大，说明其无法跟踪斜坡输入。

3. 加速度输入作用下的稳态误差与静态加速度误差系数

设输入信号 $r(t) = \dfrac{Rt^2}{2} \cdot 1(t)$，其拉氏变换为 $R(s) = \dfrac{R}{s^3}$。由式(3-77)，系统的稳态误差为

$$e_{ssr} = \lim_{s \to 0} \frac{R}{s^2[1 + G_1(s)G_2(s)H(s)]} = \frac{R}{\lim_{s \to 0} s^2 G_1(s)G_2(s)H(s)} \tag{3-87}$$

令 $K_a = \lim_{s \to 0} s^2 G_1(s)G_2(s)H(s)$，称为静态加速度误差系数。式(3-87)简化为

$$e_{ssr} = \frac{R}{K_a} \tag{3-88}$$

各型系统的静态位置误差系数和稳态误差如下。

(1) 0型或Ⅰ型系统，$K_a = 0$，$e_{ssr} = \infty$。

(2) Ⅱ型系统，$K_a = K$，$e_{ssr} = \dfrac{R}{K}$。

(3) Ⅲ型或以上系统，$K_a = \infty$，$e_{ssr} = 0$。

上述关系表明，0型和Ⅰ型系统的稳态误差为无穷大，说明它们无法跟踪加速度输入。Ⅱ型系统在跟踪加速度信号时，存在非零稳态误差。若要求系统无误差地跟踪加速度输入信号，则必须使用Ⅲ型或Ⅲ型以上系统。

控制系统的型别、静态误差系数、稳态误差和典型输入信号之间的关系统一归纳于表3-2中。

表 3-2 系统的型别、静态误差系数、稳态误差和典型输入信号之间的关系

| 系统型别 | 静态误差系数 ||| 典型输入下的稳态误差 |||
|---|---|---|---|---|---|---|
| | $K_p$ | $K_v$ | $K_a$ | 阶跃输入 $r(t) = R \cdot 1(t)$ $e_{ss} = R/(1+K_p)$ | 斜坡输入 $r(t) = Rt$ $e_{ss} = R/K_v$ | 加速度输入 $r(t) = Rt^2/2$ $e_{ss} = R/K_a$ |
| 0型系统 | $K$ | 0 | 0 | $R/(1+K)$ | $\infty$ | $\infty$ |
| Ⅰ型系统 | $\infty$ | $K$ | 0 | 0 | $R/K$ | $\infty$ |
| Ⅱ型系统 | $\infty$ | $\infty$ | $K$ | 0 | 0 | $R/K$ |
| Ⅲ型系统 | $\infty$ | $\infty$ | $\infty$ | 0 | 0 | 0 |

由表3-2可以看出，增加系统型别，可以提高系统无差跟踪输入信号的阶次；增大系统的开环增益，可以减小系统跟踪一定形式输入信号的误差。同一控制系统，在不同输入信号作用下，稳态误差不同。

如果系统的输入信号是几种典型函数的组合，例如

$$r(t) = \alpha \cdot 1(t) + \beta t \cdot 1(t) + \frac{\gamma}{2} t^2 \cdot 1(t)$$

根据叠加原理，系统的稳态误差等于将每一项输入单独作用于系统时的稳态误差之和，即

$$e_{ss} = \frac{\alpha}{1+K_p} + \frac{\beta}{K_v} + \frac{\gamma}{K_a}$$

显然，这时应选用Ⅱ型或Ⅱ型以上系统，否则稳态误差将变为无穷大。由此可见，提高系统型别，增大开环增益对提供控制准确度有利。但同时，系统的稳定性会变坏。若希望稳定性不变，则顺馈控制是一个选择，参见例 3-9。

### 3.6.3 扰动作用下的稳态误差

控制系统的稳态性能在扰动作用下的稳态误差反映了系统的抗干扰能力，常用扰动稳态误差来衡量恒值控制系统。理想情况下，系统对任意形式的扰动作用，其稳态误差总为零，实际上这不可能实现。

仅考虑扰动作用($R(s) = 0$)，并考虑从输出端定义误差，系统扰动误差的表达式为

$$E_N(s) = \Phi_{en}(s)N(s)/H(s) = -\frac{G_2(s)N(s)}{1+G_1(s)G_2(s)H(s)} \tag{3-89}$$

实际上，$E_N(s) = 0 - C_N(s)$，表示在扰动作用下，系统理想的输出为 0。

对稳定系统，由终值定理得，系统在扰动作用下稳态误差为

$$e_{ssn} = \lim_{s\to 0} sE_N(s) = \lim_{s\to 0} s\frac{-G_2(s)N(s)}{1+G_1(s)G_2(s)H(s)} \tag{3-90}$$

与给定信号作用时相比，扰动误差的表达式中增加了 $G_2(s)$ 项。这样，影响扰动稳态误差的因素为扰动信号的形式和大小，扰动作用点之前的前向通路传递函数的开环增益及其在 $s$ 平面坐标原点处的极点重数。可见，即使系统在某种形式的给定信号作用下稳态误差为零，对相同形式的扰动作用，其稳态误差未必为零。稳态误差与误差信号到扰动作用点之间的积分环节数目和增益有关。若有阶跃扰动作用且误差信号到扰动作用点之间有一个以上的积分环节，那么系统稳态误差为零；若在误差信号到扰动作用点之间有两个以上的积分环节，则斜坡扰动作用下系统的稳态误差也是零。

在输入信号 $r(t)$ 和扰动信号 $n(t)$ 同时作用时，可应用叠加原理，分别计算给定和扰动产生的稳态误差再叠加。值得注意的是，扰动引起的误差一般按输出端来定义，那么，要求给定信号作用下的误差按输出端来定义。此时，总的误差信号为

$$E(s) = \frac{1}{1+G_1(s)G_2(s)H(s)}\frac{R(s)}{H(s)} - \frac{G_2(s)}{1+G_1(s)G_2(s)H(s)}N(s) \tag{3-91}$$

对于单位反馈系统，则不存在该问题。

【**例 3-7**】 已知系统结构图如图 3-17 所示，其中 $G_1(s) = \dfrac{250}{s+50}$，$G_2(s) = \dfrac{2}{s(s+1)}$，$H(s) = 1$。求 $r(t) = (1+2t) \cdot 1(t)$，$n(t) = -1(t)$ 时系统的稳态误差。

**解** $r(t)$ 作用时，应用静态误差系数法；静态位置误差系数和速度误差系数分别为

给定信号作用下的稳态误差为

$$K_p = \infty, \quad K_v = K = 10$$

$$e_{ssr} = \frac{1}{1+K_p} + \frac{2}{K_v}$$

$n(t)$作用时，误差传递函数为

$$\frac{E(s)}{N(s)} = \frac{-G_2(s)}{1+G_1(s)G_2(s)} = \frac{-\dfrac{2}{s(s+1)}}{1+\dfrac{250}{s+50}\cdot\dfrac{2}{s(s+1)}} = \frac{-2(s+50)}{s(s+50)(s+1)+500}$$

采用终值定理，系统扰动稳态误差为

$$e_{ssn} = \lim_{s \to 0} sE(s) = \lim_{s \to 0} \frac{2(s+50)}{s(s+50)(s+1)+500} = 0.2$$

运用叠加原理，系统总的稳态误差为

$$e_{ss} = e_{ssr} + e_{ssn} = 0.4$$

由该例题可以看出，虽然该系统为Ⅰ型系统，在给定信号为阶跃函数时，稳态误差为零。但同为阶跃信号的扰动，却产生了非零的稳态误差。读者可以考虑一下，若该系统的前向通路传递函数 $G_1(s)$ 与 $G_2(s)$ 交换，此时的情况又如何呢？

最后，需要说明，当稳态误差为∞时，只代表系统的终值误差为∞，实际上稳态误差是时间的函数。采用终值定理或静态误差系数法不能表示稳态误差随时间变化的规律，且需要满足一定的应用条件，但可以满足实际工程中绝大多数情况。动态误差系数法表示误差的稳态分量随时间变化的规律，也没有使用限制，感兴趣的同学可以参考相关文献(卢京潮，2013)。

## 3.7 线性系统的时域校正

从前面的分析可以看出系统的快速性和平稳性之间的矛盾，调节系统的可调参数(如开环增益 $K$)往往不能同时满足快速性和平稳性的要求，必须研究改善系统性能的其他措施。本节从典型二阶系统性能的改善出发，引出控制系统的两种常用的校正方式，以及工程中广泛使用的 PID 控制。

### 3.7.1 二阶系统的性能改善

对于二阶系统来说，通过调整系统参数 $\zeta$ 和 $\omega_n$，可以使系统性能得到改善。但是，系统参数 $\zeta$ 和 $\omega_n$ 并不一定是系统的可调物理参数，同时，为了提高系统平稳性，要求增大阻尼比 $\zeta$，但 $\zeta$ 的增大，又会使得上升时间、峰值时间、延迟时间变长，这就导致快速性和平稳性不能兼顾，因此需要增加校正环节。本节给出改善二阶系统性能的措施和分析，具体设计需要根据系统的指标要求进行。

1. 二阶系统的比例-微分控制

设比例-微分控制的二阶系统如图 3-18 所示。为清楚起见，将结构图分解为图 3-19。

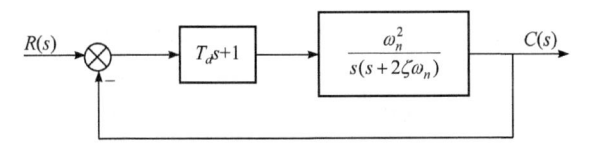

图 3-18 二阶系统的比例-微分控制

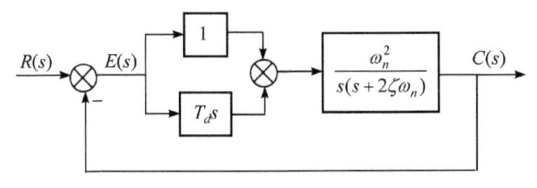

图 3-19 比例-微分控制分解图

图 3-19 中，$E(s)$ 为误差信号，1 为比例因子，$T_d$ 为微分时间常数。可见，系统输出除受偏差控制外，还受偏差速率的控制。即比例-微分控制可根据偏差的变化趋势产生控制作用，因而是一种"预见"控制。

开环传递函数为

$$G(s) = \frac{C(s)}{E(s)} = \frac{\omega_n^2(T_d s + 1)}{s(s + 2\zeta\omega_n)} = \frac{K(T_d s + 1)}{s(s/2\zeta\omega_n + 1)} \tag{3-92}$$

式中，$K = \omega_n/2\zeta$ 为开环增益。设 $a = 1/T_d$，则系统闭环传递函数为

$$\Phi(s) = \frac{\omega_n^2}{a}\left(\frac{s + a}{s^2 + 2\zeta_d \omega_n s + \omega_n^2}\right) \tag{3-93}$$

式中，$\zeta_d = \zeta + \dfrac{\omega_n}{2a}$。

可见，加入比例-微分控制后系统的阻尼比增大；且与原系统相比，增加了闭环零点 $-a = -1/T_d$。在典型二阶系统的分析中，已经分析了阻尼比对系统性能的影响，接下来分析闭环零点对系统的影响。

由式(3-93)可知，系统输出为

$$C(s) = \frac{\omega_n^2}{s^2 + 2\zeta_d \omega_n s + \omega_n^2}R(s) + \frac{\omega_n^2/a}{s^2 + 2\zeta_d \omega_n s + \omega_n^2}sR(s) \tag{3-94}$$

其时域表达式为

$$c(t) = c_1(t) + \frac{1}{a}\dot{c}_1(t) \tag{3-95}$$

即增加闭环零点后，系统输出是在无零点系统(典型二阶系统)输出的基础上，增加了附加的微分项。其响应曲线示意图如图 3-20 所示。

可见，闭环零点可以提高响应速度，使上升时间缩短，峰值时间提前。

总结以上分析，可知比例-微分控制具有如下特点。

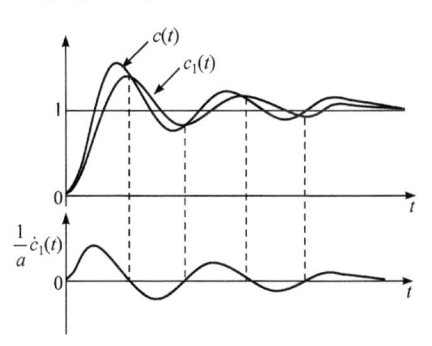

图 3-20 闭环零点对系统暂态响应的影响

(1) 引入比例-微分控制，使系统阻尼比增加，从而抑制振荡，使超调减弱，改善系统平稳性。

(2) 零点的出现，将会加快系统响应速度，使上升时间缩短，峰值提前，削弱了"阻尼"作用。因此适当选择微分时间常数 $T_d$ 将使系统得到比较满意的动态性能。

(3) 比例-微分控制不改变系统开环增益和自然振荡频率。对系统误差没有影响。

### 2. 二阶系统的速度反馈控制

在二阶系统中引入速度反馈(又称测速反馈或微分反馈)后的结构图，如图 3-21 所示。其开环传递函数为

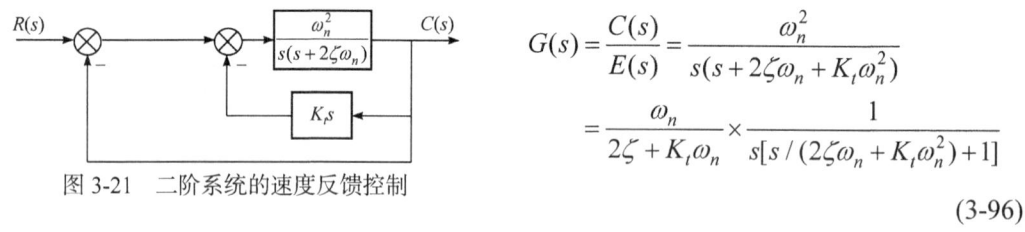

$$G(s) = \frac{C(s)}{E(s)} = \frac{\omega_n^2}{s(s+2\zeta\omega_n + K_t\omega_n^2)}$$

$$= \frac{\omega_n}{2\zeta + K_t\omega_n} \times \frac{1}{s[s/(2\zeta\omega_n + K_t\omega_n^2)+1]}$$

图 3-21 二阶系统的速度反馈控制

(3-96)

系统闭环传递函数为

$$\frac{C(s)}{R(s)} = \frac{\omega_n^2}{s^2+(2\zeta\omega_n+K_t\omega_n^2)s+\omega_n^2} = \frac{\omega_n^2}{s^2+2\zeta_t\omega_n s+\omega_n^2} \tag{3-97}$$

式中，$\zeta_t = \zeta + \frac{1}{2}K_t\omega_n$。

由上可知：

(1) 速度反馈使阻尼增大，振荡和超调减小，改善了系统平稳性；

(2) 速度负反馈控制的闭环传递函数无零点，其输出平稳性优于比例-微分控制；

(3) 系统开环增益减小，跟踪斜坡输入时稳态误差会增大，因此应适当提高系统的开环增益。

【例 3-8】 为了改善例 3-2 系统的平稳性，对系统增加速度反馈校正环节，结构图如图 3-22 所示，$b$ 为微分(速度)反馈系数。求当 $b = 0.01$ 时，系统单位阶跃响应性能指标：$\sigma\%$、$t_s$、$t_p$。

图 3-22 例 3-8 系统结构图

解 $$\Phi(s) = \frac{\dfrac{5}{s(0.2s+1)}}{1+\dfrac{5}{s(0.2s+1)}(1+bs)} = \frac{25}{s^2+(5+25b)s+25} = \frac{25}{s^2+7.5s+25}$$

对比典型二阶系统标准形式，得

$$\begin{cases} \omega_n^2 = 25 \\ 2\zeta\omega_n = 7.5 \end{cases} \Rightarrow \omega_n = 5, \quad \zeta = 0.75$$

系统超调量: $$\sigma\% = e^{-\frac{\pi\zeta}{\sqrt{1-\zeta^2}}} \times 100\% = 2.8\%$$

峰值时间: $$t_p = \frac{\pi}{\omega_d} = \frac{\pi}{\omega_n\sqrt{1-\zeta^2}} = 0.94\text{s}$$

调节时间($\Delta = 5\%$): $$t_s = \frac{3}{\zeta\omega_n} = 0.8\text{s}$$

[评注] 与原系统相比,虽然峰值时间增大,但超调大大减小,调节时间缩短,平稳性得到有效改善。可见,选择适当的速度反馈系数,可以显著提高系统动态性能;对于比例-微分控制也如此。

**思考:** ①在实际系统中速度反馈如何实施?②还可以反过来根据系统要求进行设计,例如,假设系统不允许出现超调,又希望响应速度尽可能快,请大家思考反馈系数应如何选择?进一步,如果要求单位斜坡信号作用下 $e_{ss} \leq 0.1$,又该如何考虑?

**3. 比例-微分控制与速度反馈控制的比较**

比例-微分控制与速度反馈控制都可改善系统动态特性,但在实际应用时,有很多必须考虑的因素。下面讨论两种控制方式的主要区别。

(1) 附加阻尼来源:比例-微分控制的阻尼作用来源于系统偏差变化的速度;速度反馈控制的阻尼作用来源于系统输出端响应的速度。

(2) 对动态性能的影响:比例-微分控制在系统中增加了零点,可加快响应速度。在相同阻尼比的情况下,比例-微分控制的超调量会大于速度反馈控制的超调量。

(3) 对开环增益和自然振荡频率的影响:比例-微分控制不改变系统的开环增益和自然振荡频率;速度反馈控制虽不改变自然振荡频率,却降低了系统的开环增益。因而对于具有常值稳态误差的系统,速度反馈要求较大的开环增益。而开环增益的增大,又使自然振荡频率增大,在系统存在高频噪声时,可能引起系统共振。

(4) 使用环境:微分作用对噪声有明显的放大作用,当系统输入端噪声水平较高时,一般不宜采用比例-微分控制。同时,由于比例-微分控制的输入信号为偏差信号,其能量水平低,需要相当大的放大作用,为了不明显恶化信噪比,需要选用高质量放大器。而速度反馈控制的输入信号为系统的输出信号,其能量水平较高,因而对元件没有过高的质量要求,适用范围较广。

### 3.7.2 控制系统的基本控制律——比例-积分-微分控制

实际上,不仅局限于对二阶系统性能的改善,所有的闭环控制系统都可能需要改善性能;这就需要增加环节,使得系统的性能满足要求,这就是系统的校正。工业中常见控制系统的一般结构图如图 3-23 所示,这里控制器就是增加的环节,也称调节器。

在第 1 章已经知道闭环控制系统具有自动修正偏差的能力,在提升系统性能方面有无可比拟的优势。但也正是由于反馈,闭环控制系统可能出现振荡,甚至发散而使系统无法工作。若控制系统

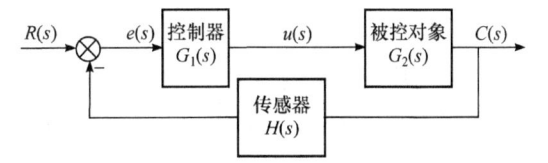

图 3-23 闭环控制系统的结构图

的性能不能满足指标要求，则需要设计控制器。控制器通过对偏差信号进行运算，输出控制信号作用于被控对象，从而使系统获得满意的性能。

比例-积分-微分(Proportional-Integral-Derivative，PID)控制是目前工程上使用最为广泛的基本控制律，它通过对偏差信号进行比例、积分和微分运算的不同组合形成适用于不同系统的控制律。PID 控制器既可以用硬件实现，也可以通过软件编程来实现(对于计算机控制系统)。硬件实现通常采用高增益运算放大器和深度负反馈，在 2.3.2 小节有相关电路构成典型环节的介绍。本节将简单介绍几种控制律的特点和作用。

1. 比例控制

比例(P)控制是最简单的控制律，其对应的传递函数为

$$G_1(s) = K_p \tag{3-98}$$

式中，$K_p$ 为比例增益。在控制系统中使用比例控制时，只要被控量偏离其给定值，控制器就会产生一个与偏差 $e(t)$ 成比例的控制信号 $u(t)$ 作用于被控系统来消除偏差。由于比例环节的这种及时控制作用，所以在实际控制器中通常含有比例环节。但是，单纯调节比例环节通常不能达到理想的效果。例如，若增大 $K_p$，响应速度提高，但平稳性变差，过大还会造成系统不稳定；$K_p$ 过小，虽然平稳性变好，却降低了系统的快速性。因此，比例控制通常与其他控制规律形成组合控制律。

2. 比例-积分控制

积分控制器的传递函数为

$$G_1(s) = \frac{1}{T_i s} \tag{3-99}$$

式中，$T_i$ 为积分时间常数。积分控制器的输出是输入的积分，只要偏差曾经存在，输出就不为 0。其与比例控制器的根本区别在于：比例控制器的输出只取决于输入偏差信号现时刻的值；而积分控制器的输出不仅取决于输入偏差信号 $e(t)$ 现时刻的值，而且与 $e(t)$ 过去时刻的值有关，即取决于 $e(t)$ 的全部历史。或者说，积分控制器具有记忆的功能。积分控制器的这个特点使得可以达到消除稳态误差的目的。但是单纯的积分控制往往导致响应迟缓，调节时间拉长，甚至造成高阶系统不稳定；在系统响应的快速性方面积分控制也不如比例控制。二者的结合在实际工程中应用较为广泛。

比例-积分(PI)控制器的传递函数为

$$G_1(s) = K_p\left(1 + \frac{1}{T_i s}\right) \tag{3-100}$$

其输出为与输入成比例的部分和对输入积分部分二者之和。比例-积分控制既可以实现对偏差的及时控制，又可以消除稳态误差，还可以克服积分控制对系统稳定性的不利影响。适当地调整 $K_p$ 和 $T_i$ 的大小，就有可能使系统稳定而且有较好的稳态和动态性能。

### 3. 比例-微分控制

微分控制器的传递函数为

$$G_1(s) = T_d s \tag{3-101}$$

式中，$T_d$ 为微分时间常数。微分控制器的输出为输入信号的一阶导数，即其反映的是信号的变化，而不是信号本身的大小。它只在系统暂态过程中起作用，在偏差信号变化很小的稳态过程，其作用微不足道。因此，微分控制不能单独使用，在实际中总是与比例控制结合在一起构成比例-微分(PD)控制，例如，前面介绍的典型二阶系统就以 PD 控制器来改善性能。

比例-微分控制器的传递函数为

$$G_1(s) = K_p(1 + T_d s) \tag{3-102}$$

其输出的控制信号不仅反映了偏差信号的大小，而且反映了偏差信号的变化趋势。适当地调整 $K_p$ 和 $T_d$ 的大小，就有可能使系统的平稳性和快速性都得到较大提高。

### 4. 比例-微分-积分控制

如果将比例、积分、微分控制组合在一起，这种综合控制律就称为比例-积分-微分控制，简称 PID 控制。其对应的传递函数为

$$G_1(s) = K_p\left(1 + \frac{1}{T_i s} + T_d s\right) \tag{3-103}$$

PID 控制兼有三种基本控制律的优点，使系统响应既快速敏捷又平稳准确。实际应用中，只需要根据控制对象的特点调整 PID 参数，就可以取得满意的控制效果。在一般工程系统中，PID 控制得到了广泛应用。更多关于 PID 控制系统设计、实现和参数整定的问题请参考相关文献(L P WANG，2023)。

除了可以采用基本控制律——PID 控制外，还可以采用第 4、5 章介绍的方法对系统进行校正。另外，本节简单介绍几种控制律的特点和作用，在完成后续学习后，大家还可以从多个角度分析各种控制律的作用。

### 3.7.3 校正方式

常用校正方式有串联校正、反馈校正、复合校正。

#### 1. 串联校正和反馈校正

将校正装置 $G_c(s)$ 在系统的前向通道中与被控对象串联连接称为串联校正，如图 3-24(a) 所示。从系统的某些元件引出反馈信号，在内反馈回路中设置校正装置 $G_c(s)$，称为反馈校正，如图 3-24(b)所示。

对照 3.7.1 小节，显然 PD 控制为串联校正，速度反馈控制为反馈校正。通过引入串联校正和反馈校正，系统传递函数发生变化，从而改变系统的性能，适当调节校正装置的参数，可使系统性能得到改善。

(a) 串联校正  (b) 反馈校正

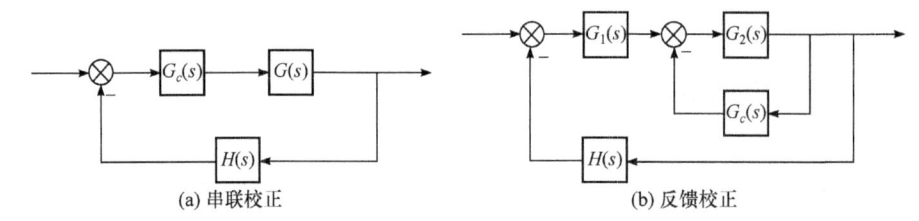

图 3-24  串联校正和反馈校正

反馈校正还具有以下作用：在满足一定条件的情况下，可取代局部不好的结构；改变局部结构、参数。例如用比例反馈包围积分环节，积分环节会变成惯性环节；用比例反馈包围惯性环节，惯性环节的时间常数将减小，实际上这个方法可以校正一阶系统；用微分反馈包围惯性环节，惯性环节的时间常数增大；用微分反馈环节包围振荡环节，振荡环节的阻尼比将增大，这实际上就是二阶系统的速度反馈控制。

2. 复合校正

参考 1.3.3 小节，复合控制的两种顺馈通路如图 1-10 所示。一种顺馈从输入信号来，一种从扰动信号来，分别称为按输入信号补偿和按扰动信号补偿，主要作用是提高系统的跟踪能力。

【例 3-9】 若希望提高例 3-2 系统的跟踪能力，在斜坡信号输入下系统稳态误差为 0，试设计顺馈控制装置。

**解** 系统为 I 型系统，若希望在斜坡信号输入下系统稳态误差为 0，提高系统型别即增加积分环节可以达到要求，但是仅增加积分环节会使系统不稳定，可以采用 PI 控制使系统满足稳态误差的要求，同时选择积分参数使系统稳定。也可以采用按输入补偿的复合控制，结构图如图 3-25 所示，此时系统闭环特征方程没有发生变化，即系统稳定性不变。

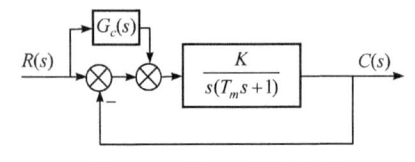

图 3-25  按输入信号补偿

系统的误差传递函数为

$$\frac{E(s)}{R(s)} = \frac{1 - G_c(s) \cdot \dfrac{K}{s(T_m s + 1)}}{1 + \dfrac{K}{s(T_m s + 1)}} = \frac{s(T_m s + 1) - KG_c(s)}{s(T_m s + 1) + K}$$

稳态误差为

$$e_{ss} = \lim_{s \to 0} sE(s) = \lim_{s \to 0} s \cdot \frac{s(T_m s + 1) - KG_c(s)}{s(T_m s + 1) + K} \cdot \frac{1}{s^2}$$

要使 $e_{ss} = 0$，须 $s(T_m s + 1) - KG_c(s)$ 包含 $s^2$ 项，求得 $G_c(s) = s/K$。

[评注] 顺馈控制在不改变系统稳定性的前提下，使系统的等效型别提高了一级。$G_c(s)$ 实际为微分环节，这意味着该顺馈控制将输入信号求导后与偏差一起对被控对象进行了控制。读者可以思考一下，从物理意义的角度说明为什么这样做可以提高系统的跟踪性能。

**思考：** ①若要求系统动态性能和稳态性能都要提高，顺馈控制是否可以跟前面的 PD 控制和速度反馈控制结合？如何实施？②按与按输入补偿类似方法分析例 1-3 按扰动补偿的情形。

## 3.8 用 MATLAB 进行动态响应分析

### 3.8.1 绘制响应曲线

MATLAB 提供了求取线性定常连续系统单位脉冲响应和单位阶跃响应的函数。分别为 impulse，step。对单位斜坡响应，可间接求取。

如果已知闭环传递函数的分子 num 与分母 den，则命令

$$\text{impulse(num, den), impulse(num, den, t)}$$

将产生单位脉冲响应曲线。命令

$$\text{step(num, den), step(num, den, t)}$$

将产生单位阶跃响应曲线。(t 为用户指定时间)

**【例 3-10】** 用 MATLAB 绘制系统 $\Phi(s) = \dfrac{C(s)}{R(s)} = \dfrac{25}{s^2+4s+25}$ 的单位阶跃响应曲线。

**解** 首先得到模型，再绘制阶跃响应曲线。

```
MATLAB Program 3-1
num=[0 0 25];%分子多项式系数
den=[1 4 25];%分母多项式系数
step(num,den);%产生阶跃响应
grid;
title('unit-step response of 25/(s^2+4s+25)'); %添加标题
```

程序运行结果如图 3-26 所示。

若希望求取单位脉冲响应曲线，只需将 step(num,den)命令改成 impulse(num, den)函数即可。

MATLAB 中没有直接求取单位斜坡响应的命令，可利用单位斜坡函数为单位阶跃函数的积分来间接求得单位斜坡响应。方法是将待求系统的传递函数乘以积分因子 1/s，求其单位阶跃响应，即为原系统的单位斜坡响应。利用该方法也可通过单位脉冲响应命令来求取系统的单位阶跃响应。

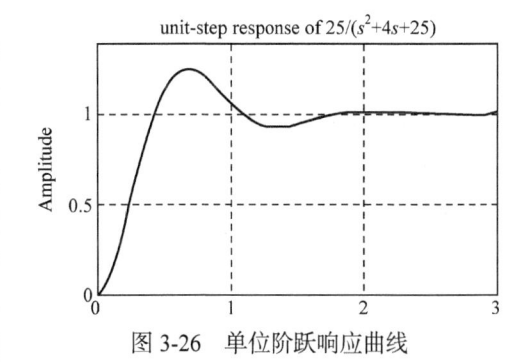

图 3-26 单位阶跃响应曲线

例如，求系统 $\Phi(s) = \dfrac{C(s)}{R(s)} = \dfrac{25}{s^2+4s+25}$ 的单位斜坡响应曲线。此时，系统输出的拉氏变换为

$$C(s) = \frac{25}{s^2+4s+25} \cdot \frac{1}{s^2} = \frac{25}{s(s^2+4s+25)} \cdot \frac{1}{s}$$

为此，求该系统单位斜坡响应曲线的程序如下：

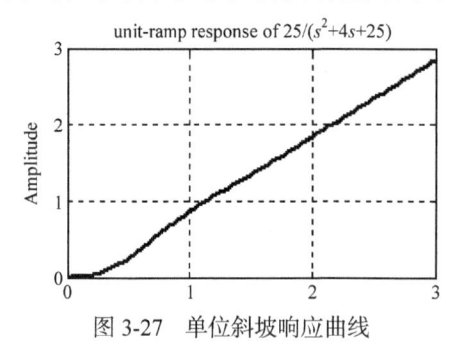

```
MATLAB Program 3-2
num=[0 0 0 25];
den=[1 4 25 0];
step(num,den,3)
grid
title('unit-ramp response of 25/
(s^2+4s+25)');
```

程序运行结果如图 3-27 所示。

图 3-27 单位斜坡响应曲线

### 3.8.2 阶跃响应性能分析

当阶跃命令左端含有变量时，如

$$[y,x,t] = \text{step}(num,den,t)$$

将不会显示响应曲线。阶跃响应的输出数据将保存在 y 中，t 中保存各采样时间点。若希望绘制响应曲线，可采用 plot 命令。

当需要计算阶跃响应性能指标时，可根据各指标的定义，结合 y 和 t 中保存的数据，来计算各项性能指标。

**【例 3-11】** 用 MATLAB 求系统 $\Phi(s) = \dfrac{C(s)}{R(s)} = \dfrac{25}{s^2+4s+25}$ 的单位阶跃响应性能指标：上升时间、峰值时间、调节时间和超调量。

**解** 返回阶跃响应的数据点，再利用性能指标的定义逐一求取性能指标。

```
MATLAB Program 3-3
num=[0 0 25];
den=[1 4 25];
[y,x,t]=step(num,den);
%求响应曲线的最大值
[peak,k]=max(y);
%计算超调量
overshoot=(peak-1)*100
%求峰值时间
tp=t(k)
%求上升时间
n=1;
while y(n)<1
n=n+1;
end
```

```
tr=t(n)
%求调节时间
m=length(t)
while(y(m)>0.98)&(y(m)<1.02)
m=m-1;
end
ts=t(m)
```

### 3.8.3 应用 Simulink 进行仿真

Simulink 是一个可视化动态系统仿真环境。使用 Simulink 可分析非常复杂的控制系统；而且，可以方便地分析系统参数变化对其性能的影响。本小节以例题说明 Simulink 的建模和仿真过程。

**【例 3-12】** 控制系统结构图如图 3-28 所示，试在 Simulink 环境下构建系统结构图，并对系统的阶跃响应进行仿真。

**解** 第一步：进入 Simulink 环境。

在 MATLAB 命令窗口键入 Simulink，或直接点击命令窗口工具栏的 Simulink 图标，即可进入 Simulink 环境。

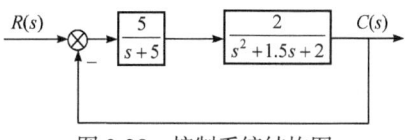

图 3-28 控制系统结构图

第二步：新建文件并构建开环系统。

单击"File"菜单下"New→Model"菜单项或直接单击新建工具栏，产生一空白".mdl"文件。

在元件库左侧点开 Simulink 项，单击"Continuous"，进入连续系统元件库。在该界面选择"Transfer Fun"的图标，按住鼠标左键，拖至新建的".mdl"文件。在".mdl"文件中双击该图标，修改参数 Numerator 为[5](分子多项式系数的排列)，Denominator 为[1 5] (分子多项式系数的排列)，形成方框 $\dfrac{5}{s+5}$。

重复以上过程，形成方框 $\dfrac{2}{s^2+1.5s+2}$。

第三步：选取输入信号。

进入"Sources"元件库，选取"step"信号，将其拖至所建的".mdl"文件。可双击图标设置仿真初始时间和阶跃幅值。

第四步：选择输出方式。

进入"Sinks"元件库，选择采取何种方式输出。本例选择"Scope"，即示波器。读者可根据需要选择其他的输出方式。

第五步：连接各元件。

为了形成负反馈，还需从"Math Operations"元件库中找到"Sum"图标，拖至".mdl"文件，并将"List of Signs"栏改为"+ −"。"+"端接输入信号，"−"端接反馈信号。

元件的连接非常简单，只需用鼠标在需连接的部分画线即可。这样，系统模型就建立起来了，接下来可以进行系统仿真了。

第六步：系统仿真。

单击".mdl"文件窗口的"Simulation"菜单下"Start"菜单项或直接单击"Start Simulation"工具栏，Simulink 即自动运行所搭建的系统。

运行结束后，双击"Scope"即可看到系统阶跃响应曲线。

请读者利用 Simulink 自行分析 PD 控制和速度反馈控制对二阶系统性能的影响，在选择不同的微分系数和速度反馈系数时，会有什么变化。还可以分析 PID 调节器参数分别会对系统产生什么影响。

## 3.9 例题精解

**【例 3-13】** 某系统在输入信号 $r(t) = (1+t) \cdot 1(t)$ 作用下，测得输出响应为

$$c(t) = (t+0.9) - 0.9e^{-10t}, \quad t \geq 0$$

已知初始条件为零，试求系统的传递函数 $\Phi(s)$。

**解** 因为

$$R(s) = \frac{1}{s} + \frac{1}{s^2} = \frac{s+1}{s^2}$$

$$C(s) = L[c(t)] = \frac{1}{s^2} + \frac{0.9}{s} - \frac{0.9}{s+10} = \frac{10(s+1)}{s^2(s+10)}$$

故系统传递函数为

$$\Phi(s) = \frac{C(s)}{R(s)} = \frac{1}{0.1s+1}$$

**【例 3-14】** 温度计的传递函数为 $\frac{1}{Ts+1}$，用其测量容器内的水温，1min 才能显示出该温度的 98%的数值。若加热容器使水温按 10℃/min 的速度匀速上升，问温度计的稳态指示误差有多大？

**解** 根据题意，温度计为一阶系统，其闭环传递函数为

$$\Phi(s) = \frac{1}{Ts+1}$$

由一阶系统阶跃响应特性可知：$c(4T) = 98\%$，因此有 $4T = 1\text{min}$，得出 $T = 0.25\text{min}$。

根据题意，系统误差定义为 $e(t) = r(t) - c(t)$，应有

$$\Phi_e(s) = \frac{E(s)}{R(s)} = 1 - \frac{C(s)}{R(s)} = 1 - \frac{1}{Ts+1} = \frac{Ts}{Ts+1}$$

$$e_{ss} = \lim_{s \to 0} s\, \Phi_e(s)\, R(s) = \lim_{s \to 0} s \frac{Ts}{Ts+1} \cdot \frac{10}{s^2} = 10T = 2.5\text{℃}$$

即温度计的稳态指示误差为 2.5℃。

【例 3-15】 系统的结构如图 3-29 所示,已知传递函数 $G(s)=10/(0.2s+1)$。今欲采用加负反馈的办法,将调节时间 $t_s$ 减小为原来的 0.1,并保证总放大系数不变。试确定参数 $K_H$ 和 $K_0$ 的数值。

**解** 首先求出系统的传递函数 $\Phi(s)$,并整理为标准形式。即

$$\Phi(s)=\frac{C(s)}{R(s)}=\frac{K_0 G(s)}{1+K_H G(s)}=\frac{10K_0}{0.2s+1+10K_H}=\frac{\dfrac{10K_0}{1+10K_H}}{\dfrac{0.2}{1+10K_H}s+1}$$

因为一阶系统的调节时间 $t_s$ 与其时间常数成正比。根据题意,系统传递函数应为

$$\Phi(s)=\frac{10}{0.2s/10+1}$$

比较系数得

$$\begin{cases}\dfrac{10K_0}{1+10K_H}=10\\ 1+10K_H=10\end{cases}$$

联立求解得 $\quad K_H=0.9,\quad K_0=10$

【例 3-16】 设角度指示随动系统结构如图 3-30 所示。若要求系统单位阶跃响应无超调,且调节时间尽可能短,问开环增益 $K$ 应取何值,调节时间 $t_s$ ($\Delta=5\%$)是多少?

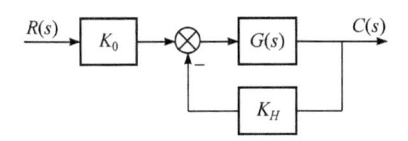

图 3-29 例 3-15 系统结构图    图 3-30 例 3-16 系统结构图

**解** 根据题意系统应处于临界阻尼状态,即 $\zeta=1$,设闭环极点为 $\lambda_{1,2}=-1/T_0$。由图可知系统闭环传递函数为

$$\Phi(s)=\frac{10K}{s^2+10s+10K}$$

闭环特征多项式

$$D(s)=s^2+10s+10K=\left(s+\frac{1}{T_0}\right)^2=s^2+\frac{2}{T_0}s+\left(\frac{1}{T_0}\right)^2$$

比较系数有

$$\begin{cases}\dfrac{2}{T_0}=10\\ \left(\dfrac{1}{T_0}\right)^2=10K\end{cases}$$

联立求解得

$$\begin{cases}T_0=0.2\\ K=2.5\end{cases}$$

因为系统响应无超调,所以有 $1-0.05=1-\mathrm{e}^{-\omega_n t_s}(1+\omega_n t_s)$,因此有

$$t_s = 4.75/\omega_n = 4.75T_0 = 0.95\mathrm{s}$$

[评注] 系统为处于临界阻尼状态,不能直接采用欠阻尼情况求调节时间的公式。

【例 3-17】 给定典型二阶系统的设计指标:超调量 $\sigma\% \leqslant 5\%$,调节时间 $t_s<3\mathrm{s}$,峰值时间 $t_p<1\mathrm{s}$,试确定系统极点配置的区域,以获得预期的响应特性。

**解** 根据题意,有

$$\sigma\% = \mathrm{e}^{-\pi\zeta/\sqrt{1-\zeta^2}} \leqslant 5\% \Rightarrow \zeta \geqslant 0.707,\ \beta \leqslant 45°$$

$$t_s = \frac{3}{\zeta\omega_n} < 3 \Rightarrow \zeta\omega_n > 1$$

$$t_p = \frac{\pi}{\omega_n\sqrt{1-\zeta^2}} < 1 \Rightarrow \omega_n\sqrt{1-\zeta^2} > 3.14$$

综合以上条件可画出满足要求的特征根区域如图 3-31 所示。

【例 3-18】 设控制系统如图 3-32 所示。试设计反馈通道传递函数 $H(s)$,使系统阻尼比提高到希望的 $\zeta_1$ 值,但保持增益 $K$ 及自然频率 $\omega_n$ 不变。

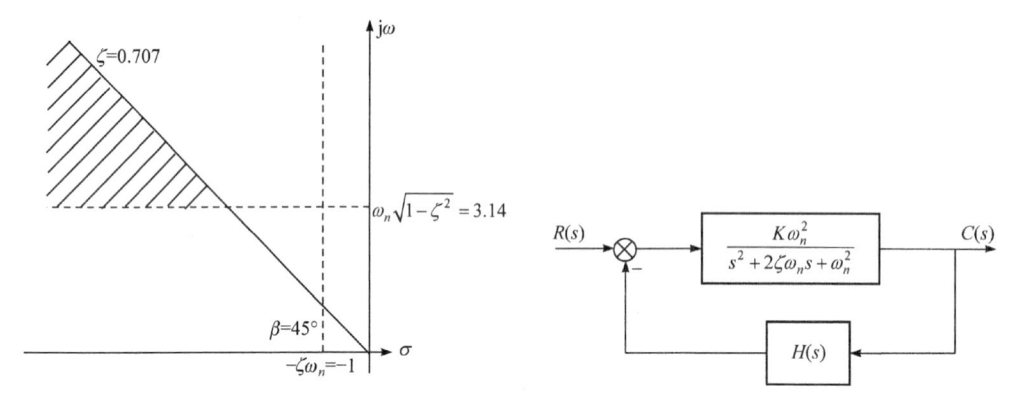

图 3-31 特征根区域图           图 3-32 例 3-18 系统结构图

**解** 由图得闭环传递函数 $\Phi(s) = \dfrac{K\omega_n^2}{s^2 + 2\zeta\omega_n s + \omega_n^2 + K\omega_n^2 H(s)}$

根据题意,应取 $H(s)=K_t s$。此时,闭环特征方程为

$$s^2 + (2\zeta + KK_t\omega_n)\omega_n s + \omega_n^2 = 0$$

若 $2\zeta + KK_t\omega_n = 2\zeta_1$,则可满足题意要求。这时,$K_t = 2(\zeta_1-\zeta)/K\omega_n$。所以反馈通道传递函数为 $H(s) = 2(\zeta_1-\zeta)s/K\omega_n$。

【例 3-19】 已知反馈系统的开环传递函数为

$$G(s) = \frac{K}{s(0.1s+1)(0.5s+1)}$$

试确定系统稳定时的 $K$ 值范围。

**解** 闭环特征方程为

$$s(0.1s+1)(0.5s+1)+K=0 \Rightarrow 0.05s^3+0.6s^2+s+K=0$$

列出劳斯表

$$\begin{array}{c|cc} s^3 & 0.05 & 1 \\ s^2 & 0.6 & K \\ s^1 & \dfrac{0.05K-0.6}{-0.6} & \\ s^0 & K & \end{array}$$

根据系统稳定的条件,有 $\dfrac{0.05K-0.6}{-0.6}>0 \Rightarrow 0<K<12$,即 $K<12$ 时系统稳定。当 $K=12$ 时,临界稳定(当比例增益变大,系统稳定性变差)。

【例 3-20】 系统结构如图 3-33 所示。已知系统单位阶跃响应的超调量 $\sigma\%=16.3\%$,峰值时间 $t_p=1\mathrm{s}$。

(1) 求系统的开环传递函数 $G(s)$;
(2) 求系统的闭环传递函数 $\Phi(s)$;
(3) 根据已知的性能指标 $\sigma\%$、$t_p$,确定系统参数 $K$ 及 $\tau$;
(4) 计算等速输入 $r(t)=1.5t$ 时系统的稳态误差。

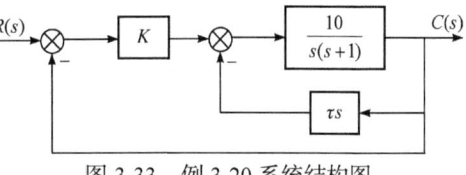

图 3-33 例 3-20 系统结构图

**解** (1) 开环传递函数为 $G(s)=K\dfrac{\dfrac{10}{s(s+1)}}{1+\dfrac{10\tau s}{s(s+1)}}=\dfrac{10K}{s(s+10\tau+1)}$

(2) 闭环传递函数为 $\Phi(s)=\dfrac{G(s)}{1+G(s)}=\dfrac{10K}{s^2+(10\tau+1)s+10K}$

(3) 根据题意 $\begin{cases}\sigma\%=\mathrm{e}^{-\zeta\pi/\sqrt{1-\zeta^2}}=16.3\% \\ t_p=\dfrac{\pi}{\omega_n\sqrt{1-\zeta^2}}=1\end{cases}$

联立解出 $\begin{cases}\zeta=0.5 \\ \omega_n=3.63 \\ \tau=0.263\end{cases}$

由(2)对比二阶系统的典型形式,有 $10K=\omega_n^2=3.63^2=13.18$,解得 $K=1.318$。

(4) 静态速度误差系数 $K_v=\lim\limits_{s\to 0}sG(s)=\dfrac{10K}{10\tau+1}=\dfrac{13.18}{10\times0.263+1}=3.63$

稳态误差 $e_{ss}=\dfrac{R}{K_v}=\dfrac{1.5}{3.63}=0.413$

**【例 3-21】** 系统结构如图 3-34 所示。试求局部反馈加入前后系统的静态位置误差系数、静态速度误差系数和静态加速度误差系数。

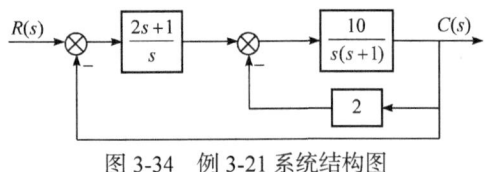

图 3-34 例 3-21 系统结构图

**解** 局部反馈加入前，系统开环传递函数为

$$G(s) = \frac{10(2s+1)}{s^2(s+1)}$$

静态误差系数分别为

$$K_p = \lim_{s \to 0} G(s) = \infty$$
$$K_v = \lim_{s \to 0} sG(s) = \infty$$
$$K_a = \lim_{s \to 0} s^2 G(s) = 10$$

加入局部反馈后，系统开环传递函数为

$$G(s) = \frac{2s+1}{s} \cdot \frac{\frac{10}{s(s+1)}}{1 + \frac{20}{(s+1)}} = \frac{10(2s+1)}{s(s^2+s+20)}$$

静态误差系数分别为

$$K_p = \lim_{s \to 0} G(s) = \infty$$
$$K_v = \lim_{s \to 0} sG(s) = 0.5$$
$$K_a = \lim_{s \to 0} s^2 G(s) = 0$$

即加入局部反馈后，系统的型别由 II 型变为 I 型。

**【例 3-22】** 一控制系统如图 3-35 所示，其中输入 $r(t) = t$，试证明当 $K_d = \dfrac{2\zeta}{\omega_n}$，在稳态时系统的输出能无误差地跟踪单位斜坡输入信号。

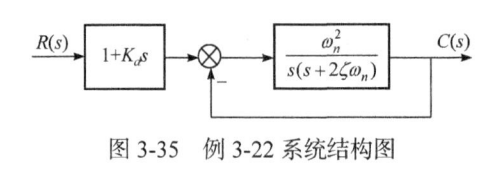

图 3-35 例 3-22 系统结构图

**解** 图 3-33 系统的闭环传递函数为

$$\frac{C(s)}{R(s)} = \frac{(1+K_d s)\omega_n^2}{s^2 + 2\zeta\omega_n s + \omega_n^2}$$

输入信号的拉氏变换为

$$R(s) = \frac{1}{s^2}$$

输出的拉氏变换为

$$C(s) = \frac{(1+K_d s)\omega_n^2}{s^2 + 2\zeta\omega_n s + \omega_n^2} \cdot \frac{1}{s^2}$$

根据题意，误差信号的拉氏变换为

$$E(s) = R(s) - C(s)$$
$$= \frac{1}{s^2} - \frac{(1+K_d s)\omega_n^2}{s^2(s^2+2\zeta\omega_n s+\omega_n^2)} = \frac{s^2 + 2\zeta\omega_n s - K_d \omega_n^2 s}{s^2(s^2+2\zeta\omega_n s+\omega_n^2)}$$

稳态误差 
$$e_{ss} = \lim_{s \to 0} sE(s) = \lim_{S \to 0} \frac{s + 2\zeta\omega_n - K_d \omega_n^2}{s^2 + 2\zeta\omega_n s + \omega_n^2} = \frac{2\zeta}{\omega_n} - K_d$$

由上式知，只要选择 $K_d = \dfrac{2\zeta}{\omega_n}$，就可以实现系统在稳态时无误差地跟踪单位斜坡输入。

【例 3-23】 设单位负反馈系统开环传递函数为 $G(s) = K_p \dfrac{K_g}{s(Ts+1)}$。如果要求系统的位置稳态误差 $e_{ss}=0$，单位阶跃响应的超调量 $\sigma\% = 4.3\%$，试问 $K_p$、$K_g$、$T$ 各参数之间应保持什么关系？

**解** 开环传递函数

$$G(s) = \frac{K_p K_g}{s(Ts+1)} = \frac{K_p K_g / T}{s(s+1/T)} = \frac{\omega_n^2}{s(s+2\zeta\omega_n)}$$

对比二阶系统的典型形式，有

$$\omega_n^2 = \frac{K_p K_g}{T}, \quad 2\zeta\omega_n = \frac{1}{T}$$

联立求解，得

$$K_p K_g T = 1/(4\zeta^2)$$

根据题意有 
$$\sigma\% = e^{-\pi\zeta/\sqrt{1-\zeta^2}} \times 100\% \leqslant 4.3\%$$

故应有 $\zeta \geqslant 0.707$。于是，各参数之间应有如下关系

$$K_p K_g T \leqslant 0.5$$

另外，由于本例为 I 型系统，位置稳态误差 $e_{ss}=0$ 的要求自然满足。

【例 3-24】 已知控制系统结构如图 3-36(a)所示，其单位阶跃响应如图 3-36(b)所示，系统的稳态位置误差 $e_{ss}=0$。试确定 $K_1$、$\nu$ 和 $T$ 的值 ($T \neq 0$)。

**解** 系统开环传递函数 $G(s) = \dfrac{s+a}{s^\nu(Ts+1)}$，开环增益 $K=a$，系统型别 $\nu$ 待定。

由 $r(t) = 1(t)$ 时，$e_{ss} = 0$，可以判定：$\nu \geqslant 1$

系统闭环传递函数 
$$\Phi(s) = \frac{\dfrac{K_1(s+a)}{s^{\nu+1}(Ts+1)}}{1 + \dfrac{s+a}{s^\nu(Ts+1)}} = \frac{K_1(s+a)}{s^\nu(Ts+1) + s + a}$$

(a) 系统结构图

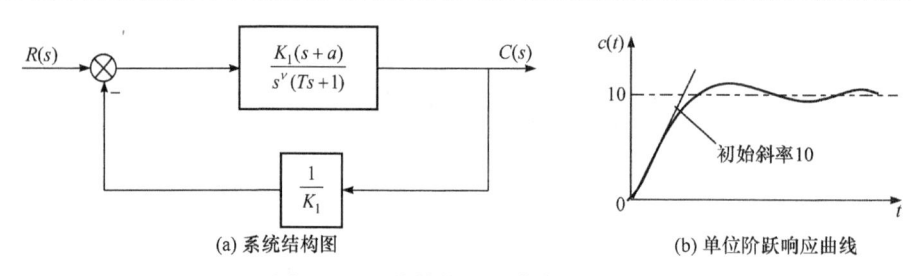

(b) 单位阶跃响应曲线

图 3-36 系统结构图及单位阶跃响应

特征方程

$$D(s) = Ts^{v+1} + s^v + s + a$$

由于系统单位阶跃响应收敛，系统稳定，因此必有 $v \leqslant 2$。

根据单位阶跃响应曲线，有

$$c(\infty) = \lim_{s \to 0} s\Phi(s) \cdot R(s) = \lim_{s \to 0} s \cdot \frac{1}{s} \cdot \frac{K_1(s+a)}{s^v(Ts+1)+s+a} = K_1 = 10$$

$$\dot{c}(0) = \lim_{s \to \infty} s\Phi(s) = \lim_{s \to \infty} \frac{sK_1(s+a)}{s^v(Ts+1)+s+a} = \lim_{s \to \infty} \frac{K_1 s^2 + aK_1 s}{Ts^{v+1}+s^v+s+a} = 10$$

由于 $T \neq 0$，若 $v = 1$ 有 $\dot{c}(0) = \dfrac{K_1}{T} = 10 \Rightarrow T = 1$。

若 $v = 2$，则有 $\dot{c}(0) = 0$，与已知矛盾，故所求的参数为

$$\begin{cases} K_1 = 10 \\ v = 1 \\ T = 1 \end{cases}$$

# 本 章 小 结

时域分析法通过求解控制系统在典型输入信号作用下的时间响应(时域响应)来研究系统控制性能，进一步可以直接由系统参数分析系统性能。本章主要内容如下。

(1) 由于系统的相似性，可以基于系统的本质特征——数学模型来分析系统性能，而忽略系统的物理特性。

(2) 稳定是系统正常工作的必要条件，线性定常系统稳定性完全由系统的闭环特征方程决定，稳定的充要条件是全部特征根位于 $s$ 平面的左半平面；利用劳斯判据可以由闭环特征方程的系数通过代数计算，判断系统是否稳定。

(3) 系统的性能指标可分为动态性能指标和稳态性能指标。动态性能指标反映系统的动态特性，一般通过阶跃响应的特征量来定义，包括延迟时间、上升时间、峰值时间、超调量等，快速性和平稳性指标通常是矛盾的。稳态性能指标由稳态误差描述，它与系统型别、开环增益、输入信号的大小、形式、作用点均有关系。要注意扰动信号作用下稳态误差的含义。

(4) 典型一阶、二阶系统的动态性能指标与系统参数对应，可通过简单计算获得；可以分析系统参数的变化对系统性能的影响，对一阶系统而言，时间常数决定系统的动态性能；对二阶系统而言，阻尼比和自然振荡频率决定系统的动态性能。也可以从极点的位置分析一阶、二阶系统的性能。附加零点对系统性能会有影响。

(5) 高阶系统通常近似为一阶、二阶系统来分析，如果不能近似，则分析比较复杂。

(6) 若系统性能指标达不到要求，则需要对系统增加校正环节。典型二阶系统可以用PD控制和速度反馈控制改善性能。更一般地，可以将校正方式分为串联校正、反馈校正、复合校正。工程中最常用的PID调节器一般采用串联校正形式。

## 习　题

**3-1** 已知系统脉冲响应为 $c(t) = 0.0125e^{-1.25t}$，试求系统闭环传递函数 $\Phi(s)$。

**3-2** 一阶系统结构如题3-2图所示。要求系统闭环增益 $K_\Phi = 2$，调节时间 $t_s \leq 0.4s$，试确定参数 $K_1$、$K_2$ 的值。

**3-3** 设单位反馈系统的开环传递函数为

$$G(s) = \frac{1}{s(s+1)}$$

试求系统的上升时间 $t_r$、峰值时间 $t_p$、超调量 $\sigma\%$ 和调节时间 $t_s$。

**3-4** 已知二阶系统单位阶跃响应 $c(t) = 10 - 12.5e^{-1.2t}\sin(1.6t + 53.1°)$，求系统超调量、峰值时间和调节时间。

**3-5** 选择题3-5图中参数 $K_1$、$K_t$，使系统 $\omega_n = 6$，$\zeta = 1$。

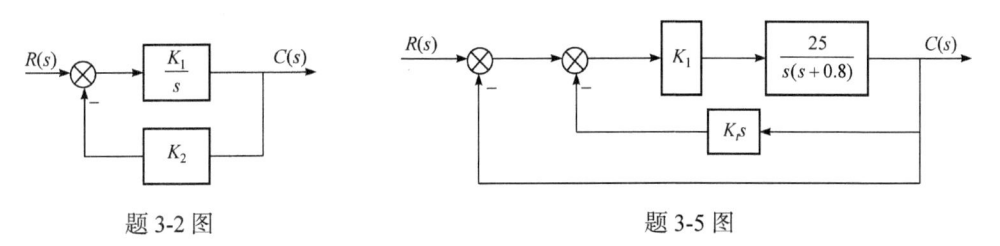

题3-2图　　　　　　　　　　　题3-5图

**3-6** 设控制系统闭环传递函数为 $\Phi(s) = \dfrac{\omega_n^2}{s^2 + 2\zeta\omega_n s + \omega_n^2}$，试在 $s$ 平面上绘出满足下述要求的系统特征方程式根可能位于的区域。

(1) $1 > \zeta \geq 0.707$，$\omega_n \geq 2$

(2) $0.5 \geq \zeta > 0$，$4 \geq \omega_n \geq 2$

(3) $0.707 \geq \zeta > 0.5$，$\omega_n \leq 2$

**3-7** 某典型二阶系统的单位阶跃响应如题3-7图所示。试确定系统的闭环传递函数。

**3-8** 假设题3-8图所示系统性能指标为：$\sigma\% = 20\%$、$t_p = 1s$。试确定系统参数 $K$ 和 $A$，并计算 $t_r$、$t_s$。

题 3-7 图　　　　　　　　　　题 3-8 图

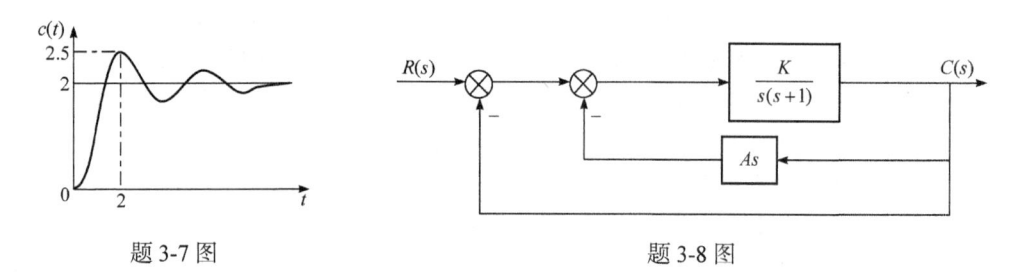

**3-9** 设系统特征方程为

(1) $D(s) = 3s^4 + 10s^3 + 5s^2 + s + 2 = 0$

(2) $D(s) = s^5 + 2s^4 + 24s^3 + 48s^2 - 25s - 50 = 0$

试用劳斯判据判别系统稳定性，并确定在右半 $s$ 平面根的个数及纯虚根。

**3-10** 已知某调速系统的特征方程式为 $s^3 + 41.5s^2 + 517s + 1670(1+K) = 0$，求该系统稳定的 $K$ 值范围。

**3-11** 已知单位反馈系统的开环传递函数为 $G(s) = \dfrac{K(0.5s+1)}{s(s+1)(0.5s^2+s+1)}$，试确定系统稳定时的 $K$ 值范围。

**3-12** 已知反馈系统的开环传递函数为

$$G(s) = \dfrac{s+2}{s^2(s^3 + 2s^2 + 9s + 10)}$$

试用劳斯判据判别系统稳定性。若系统不稳定，指出位于右半 $s$ 平面和虚轴上的特征根的数目。

**3-13** 某控制系统如题 3-13 图所示。其中控制器采用增益为 $K_p$ 的比例控制器，即 $G_c(s) = K_p$，试确定使系统稳定的 $K_p$ 值范围；为使系统特征根全部位于 $s$ 平面 $s = -1$ 的左侧，$K_p$ 应取何值？

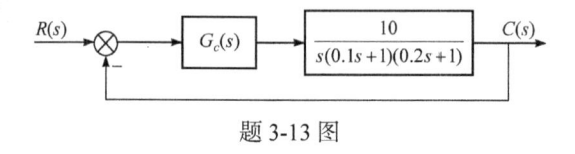

题 3-13 图

**3-14** 设单位反馈系统的开环传递函数为

$$G(s) = \dfrac{\omega_n^2}{s(s+2\zeta\omega_n)}$$

已知系统的误差响应为 $e(t) = 1.4e^{-1.07t} - 0.4e^{-3.73t}$ $(t \geq 0)$，试求系统的阻尼比 $\zeta$、自然振荡频率 $\omega_n$、系统的闭环传递函数和稳态误差 $e_{ss}$。

**3-15** 单位负反馈控制系统的开环传递函数为

$$G(s) = \dfrac{100}{s(s+10)}$$

试求：

(1) 位置误差系数 $K_p$、速度误差系数 $K_v$ 和加速度误差系数 $K_a$；

(2) 当给定信号 $r(t)=1+t+at^2$ 时，系统的稳态误差。

**3-16** 单位反馈系统的开环传递函数为

$$G(s) = \frac{K}{(s+2)(s+5)}$$

试求在单位阶跃信号的作用下，稳态误差终值 $e_{ss}=0.1$ 时的 $K$ 值。

**3-17** 已知三个单位反馈系统的开环传递函数分别为

(1) $G(s) = \dfrac{100}{(0.1s+1)(s+5)}$  (2) $G(s) = \dfrac{50}{s(0.1s+1)(s+5)}$

(3) $G(s) = \dfrac{10(2s+1)}{s^2(s^2+6s+100)}$

试求输入分别为 $r(t)=2t$ 和 $r(t)=2+2t+2t^2$ 时，系统的稳态误差。

**3-18** 单位反馈系统的开环传递函数为

$$G(s) = \frac{4}{s(s^2+2s+2)}$$

(1) 求系统在单位阶跃输入信号 $r(t)=1(t)$ 作用下的误差函数 $e(t)$；

(2) 是否可以用拉氏变换的终值定理求系统的稳态误差，为什么？

**3-19** 已知单位反馈系统闭环传递函数为 $\dfrac{C(s)}{R(s)} = \dfrac{b_1 s + b_0}{s^4 + 1.25 s^3 + 5.1 s^2 + 2.6 s + 10}$

(1) 在单位斜坡输入时，确定使稳态误差为零的参数 $b_0$、$b_1$ 应满足的条件；

(2) 在(1)求得的参数 $b_0$、$b_1$ 下，求单位加速度输入时，系统的稳态误差。

**3-20** 题 3-20 图中，已知 $G(s)=K_p+K/s$，$F(s)=1/Js$，输入 $r(t)$ 和扰动 $n_1(t)$、$n_2(t)$ 均为单位阶跃函数，试求：

(1) $r(t)$ 作用下的稳态误差；

(2) $n_1(t)$ 作用下的稳态误差；

(3) $n_1(t)$、$n_2(t)$ 同时作用下的稳态误差。

**3-21** 系统的结构如题 3-21 图所示，其中 $e=r-c$，$K$、$T_1$、$T_2$ 均大于零。

(1) 当 $\beta=1$ 时系统是几型的？

(2) 如果 $r(t)$ 为单位阶跃函数，试选择 $\beta$ 使系统的稳态误差为零。

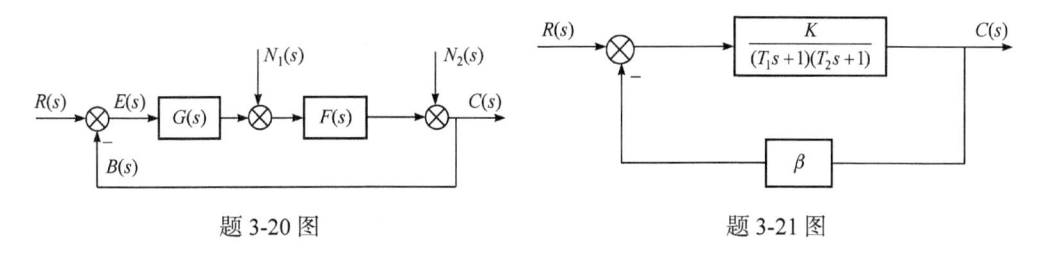

题 3-20 图        题 3-21 图

**3-22** 某系统的闭环传递函数为

$$\frac{C(s)}{R(s)} = \frac{96(s+3)}{(s^2+8s+36)(s+8)}$$

试分析零点–3和极点–8对系统动态性能(如超调量、调整时间等)的影响。

**3-23** 某闭环系统的结构图如题 3-23 图所示，其中 τ 分别 0、0.05、0.1 和 0.5。

(1) 分别用 MATLAB 绘制系统的单位阶跃响应曲线，并求出系统的超调量、上升时间和调整时间；

(2) 讨论 τ 对系统响应的影响，并比较开环零点–1/τ 与闭环极点的位置关系。

**3-24** 某闭环系统的结构如题 3-24 图所示，其中 τ 分别 0、0.5、2 和 5。

(1) 分别用 MATLAB 绘制系统的单位阶跃响应曲线，并求出系统的超调量、上升时间和调整时间；

(2) 讨论 τ 对系统响应的影响，并比较开环极点–1/τ 与闭环极点的位置关系。

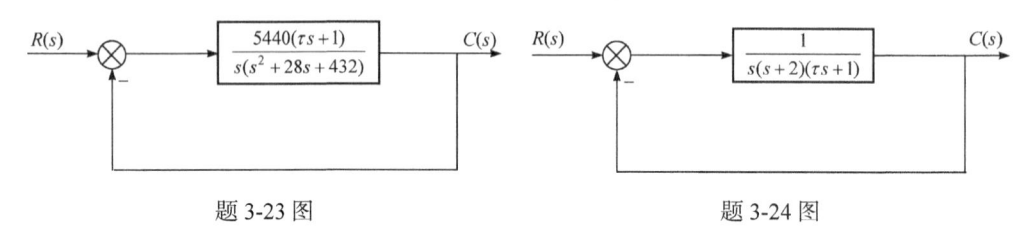

题 3-23 图　　　　题 3-24 图

**3-25** 某闭环系统的结构如题 3-25 图所示，其控制器的零点可变。用 MATLAB 画出 a=0、10 和 100 这三种情况下系统对阶跃扰动的响应曲线，并从 a 的三个取值中选择最佳值。

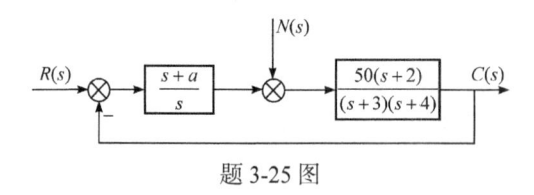

题 3-25 图

**3-26** 已知单位反馈系统的闭环传递函数为

$$\Phi(s) = \frac{5s+200}{0.01s^3 + 0.502s^2 + 6s + 200}$$

输入 $r(t) = 5 + 20t + 10t^2$，求动态误差表达式。

# 第4章 线性系统的根轨迹法

**主要内容**

根轨迹的基本概念和根轨迹方程；根轨迹绘制法则；参数根轨迹和零度根轨迹；由根轨迹分析系统性能。

**学习目标**

(1) 理解根轨迹的定义和绘制目的，理解根轨迹方程。
(2) 能绘制系统根轨迹并由根轨迹分析系统的稳定性、稳态性能、动态性能。
(3) 会绘制参数根轨迹，并据此分析系统参数或 PID 调节器参数变化对系统性能的影响；了解零度根轨迹。
(4) 能够分析增加开环零点和极点对根轨迹走向的影响，进一步分析对系统性能的影响。

伊万思(W. R. Evans)于 1948 年提出的根轨迹法是分析与设计反馈控制系统的一种有效方法。它是一种直接由系统的开环传递函数确定系统闭环特征根的图解法，具有形象、直观、使用方便等优点，在工程上得到了广泛应用。

本章主要介绍根轨迹的基本原理和快速绘制概略根轨迹曲线的规则，以及如何使用根轨迹法分析控制系统。

## 4.1 根轨迹的基本概念

本节主要介绍根轨迹的基本概念、根轨迹与系统性能之间的关系，并推导闭环零极点和闭环增益与开环零点、极点、开环增益之间的关系，由特征方程得出根轨迹方程，包括模值方程和相角方程。

### 4.1.1 根轨迹的基本概念

系统某个参数变化时(由 $0 \to \infty$)，闭环特征根在 $s$ 平面移动的轨迹，称为根轨迹。为了说明根轨迹的基本概念，先考察图 4-1 所示的二阶系统，其中开环增益 $K$ 为可调参数。下面分析当系统参数 $K$ 在 $0 \to \infty$ 范围内变化时，闭环特征方程的根在 $s$ 平面变化的轨迹(系统的根轨迹)。

显然系统的开环极点有两个，$p_1 = 0$，$p_2 = -1$。系统的闭环传递函数为

$$\Phi(s) = \frac{K}{s(s+1) + K} = \frac{K}{s^2 + s + K}$$

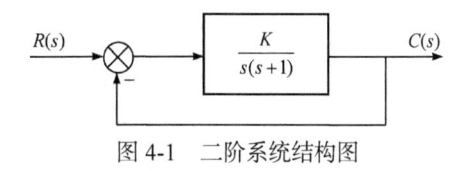

图 4-1 二阶系统结构图

系统的特征方程为

$$s^2 + s + K = 0$$

特征方程的根为

$$s_1 = -\frac{1}{2} + \frac{\sqrt{1-4K}}{2}, \quad s_2 = -\frac{1}{2} - \frac{\sqrt{1-4K}}{2}$$

由上式可用解析法确定，当系统参数 $K$ 在 $0 \to \infty$ 范围内变化时，特征方程的根在 $s$ 平面上变化的轨迹，即系统的根轨迹。当 $K=0$ 时，两个闭环极点 $s_1$、$s_2$ 与两个开环极点 $p_1$、$p_2$ 重合；当 $K=1/4$ 时两个闭环极点重合，即 $s_1 = s_2 = -1/2$；当 $0 < K < 1/4$ 时，两个闭环极点为在 $-1$ 到 $0$ 之间取值的两个相异的负实根；当 $1/4 < K < \infty$ 变化时，两个闭环极点为一对共轭复根，它们的实部为 $-1/2$，虚部值随 $K$ 的增大而增大。

根据以上分析，可绘制系统极点随 $K$ 变化的根轨迹曲线，如图 4-2(a)所示。图中箭头表示随着 $K$ 值的增大，闭环极点的变化方向。

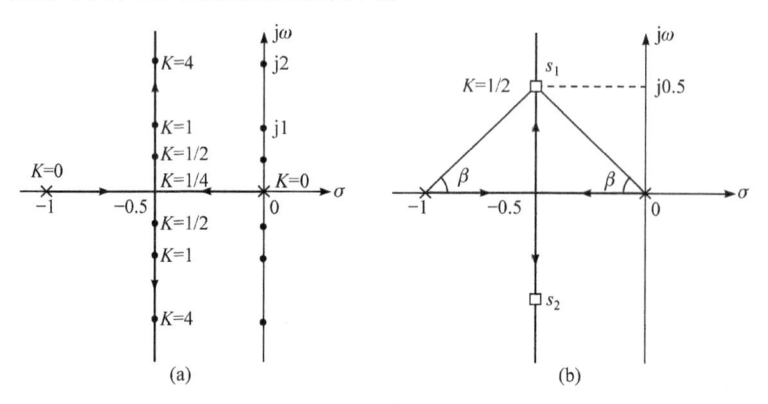

图 4-2 系统根轨迹图

分析系统的根轨迹可以看到：系统的根轨迹曲线反映了系统特性的有关信息，有了根轨迹，就可以分析控制系统的各种性能。

**稳定性**：由根轨迹图可见，无论开环增益 $K$ 取何值，系统的根轨迹曲线和相应的系统极点均分布在 $s$ 的左半平面内，故该闭环系统总是稳定的。

**动态性能**：由于闭环零点可直接得到(4.1.2 节)，而当开环增益 $K$ 为某一值时，由根轨迹图可确定闭环极点的具体位置，因此可确定系统的动态性能。例如，当 $K = 1/4$ 时，两个闭环极点重合，即二阶系统处于临界阻尼状态，其阶跃响应为单调的，不存在超调量；当 $K = 1/2$ 时，系统的闭环极点为 $s_{1,2} = -\frac{1}{2} \pm j\frac{1}{2}$，如图 4-2(b)所示，相应的阻尼比 $\zeta = \cos\beta = 0.707$，自然振荡频率 $\omega_n = 0.707$。当然，还可以得出随着 $K$ 的变化，动态性能的变化规律：当 $0 < K < 1/4$ 时，所有闭环极点位于实轴上，系统处于过阻尼状态，阶跃响应为非周期过程；当 $K = 1/4$ 时，系统为临界阻尼状态，阶跃响应仍为非周期过程，但响应速度比 $0 < K < 1/4$ 时快；当 $K > 1/4$ 时，闭环极点为共轭复极点，系统处于欠阻尼状态，阶跃响应为振荡衰减过程，且系统超调量、振荡频率随着 $K$ 的增大而增大。

稳态性能：由图 4-1 可知该系统为 I 型系统，于是 $K_p = \infty$，$K_a = 0$，而速度误差系数等于系统的开环增益，即 $K_v = K$。故该系统为一阶无差系统，跟踪阶跃输入信号无稳态误差；跟踪斜坡输入信号 $r(t) = Rt$ 的稳态误差为 $R/K$。要注意的是，一般情况下，根轨迹图中标注的是系统的开环根轨迹增益，而非开环增益。因此，需要进行简单的比例变换。而该系统的开环增益与开环根轨迹增益正好相等，所以不存在该问题。

通过上述分析可知，根轨迹与系统性能之间存在着密切联系。然而，上述绘制根轨迹的解析方法显然不能适用于较复杂的高阶系统。为此，希望有一种简便的方法，能根据已知的开环零极点分布及根轨迹增益，通过图解的方法迅速绘制出系统的根轨迹。这就是根轨迹法的基本任务。

### 4.1.2 闭环零极点与开环零极点之间的关系

考虑图 4-3 所示的系统。可将系统的开环传递函数写成如下两种形式

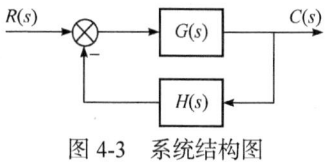

图 4-3 系统结构图

$$G(s)H(s) = \frac{K(1+\tau_1 s)(1+\tau_2 s)\cdots(1+\tau_m s)}{s^\nu (1+T_1 s)(1+T_2 s)\cdots(1+T_{n-\nu} s)} = \frac{K\prod_{i=1}^{m}(1+\tau_i s)}{s^\nu \prod_{j=1}^{n-\nu}(1+T_j s)} \quad (4\text{-}1)$$

或

$$G(s)H(s) = \frac{b_0(s-z_1)(s-z_2)\cdots(s-z_m)}{a_0(s-p_1)(s-p_2)\cdots(s-p_n)} = K^* \frac{\prod_{i=1}^{m}(s-z_i)}{\prod_{j=1}^{n}(s-p_j)} \quad (4\text{-}2)$$

式中，$z_i$，$i = 1, 2, 3, \cdots$ 为系统开环传递函数中分子多项式方程的根，即开环零点；$p_j$，$j = 1, 2, 3, \cdots$ 为系统开环传递函数中分母多项式方程的根，即开环极点；$K$ 为开环增益；$\tau_i$，$T_j$ 为时间常数；$K^* = K \dfrac{\tau_1 \tau_2 \cdots \tau_m}{T_1 T_2 \cdots T_n} = \dfrac{b_0}{a_0}$ 为开环系统根轨迹增益。

系统的闭环传递函数为

$$\varPhi(s) = \frac{G(s)}{1+G(s)H(s)} = \frac{G(s)\prod_{j=1}^{n}(s-p_j)}{\prod_{j=1}^{n}(s-p_j) + K^*\prod_{i=1}^{m}(s-z_i)} \quad (4\text{-}3)$$

可见，系统的闭环零点由前向通道的零点和反馈通道的极点构成；对于单位反馈系统，闭环零点就是开环零点。闭环系统根轨迹增益等于开环系统前向通路根轨迹增益；对于单位反馈系统，闭环系统根轨迹增益等于开环系统根轨迹增益。闭环极点与开环零极点以及根轨迹增益均有关。

从第 3 章的分析可知，控制系统的基本特性取决于零极点的分布。闭环系统的零点不难确定，因此分析和设计控制系统的关键在于确定系统极点的分布。如果能绘制出系统某个参数变化时(由 $0 \to \infty$)，闭环特征根在 $s$ 平面上移动的轨迹(即根轨迹)，那么，就

可以较方便地分析系统性能随参数的变化情况。

## 4.2 根轨迹方程

为了用图解法确定所有的闭环极点,首先分析闭环极点所应满足的条件。

对于如图4-4所示控制系统的一般结构,其闭环传递函数

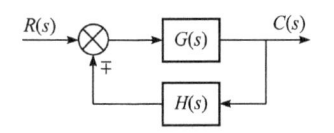

$$\Phi(s) = \frac{G(s)}{1 \pm G(s)H(s)} \tag{4-4}$$

于是系统的特征方程为

$$1 \pm G(s)H(s) = 0 \tag{4-5}$$

图4-4 系统结构图

即 $G(s)H(s) = \mp 1$,这就是系统的根轨迹方程。注意到 $G(s)H(s)$ 为一复变量,$G(s)H(s) = \mp 1$ 为一向量方程,直接使用很不方便。而 $G(s)H(s)$ 可表示为模和相角的形式,向量"$\mp 1$"可表示为

$$-1 = 1\angle(2k+1)\pi = e^{j(2k+1)\pi}, \quad k = 0, \pm1, \pm2, \pm3, \cdots \tag{4-6}$$

或

$$1 = 1\angle 2k\pi = e^{j2k\pi}, \quad k = 0, \pm1, \pm2, \pm3, \cdots \tag{4-7}$$

利用式(4-2),可将特征方程式(4-5)等价地写成

$$\frac{K^* \prod_{j=1}^{m}(s-z_j)}{\prod_{i=1}^{n}(s-p_i)} = -1 = e^{j(2k+1)\pi}, \quad k = 0, \pm1, \pm2, \cdots \tag{4-8a}$$

或

$$\frac{K^* \prod_{j=1}^{m}(s-z_j)}{\prod_{i=1}^{n}(s-p_i)} = 1 = e^{j2k\pi}, \quad k = 0, \pm1, \pm2, \cdots \tag{4-8b}$$

利用复变量相等的条件,可得下列两个关系式。

模值方程为

$$\frac{K^* \prod_{j=1}^{m}|s-z_j|}{\prod_{i=1}^{n}|s-p_i|} = 1 \tag{4-9}$$

相角方程如下。负反馈系统:

$$\sum_{j=1}^{m}\angle(s-z_j) - \sum_{i=1}^{n}\angle(s-p_i) = (2k+1)\pi \tag{4-10a}$$

正反馈系统：
$$\sum_{j=1}^{m}\angle(s-z_j)-\sum_{i=1}^{n}\angle(s-p_i)=2k\pi \tag{4-10b}$$

由模值方程和相角方程可以看出，模值方程和增益 $K^*$ 有关，而相角方程和 $K^*$ 无关。因此满足相角方程的 $s$ 值代入模值方程中，总可以求得一个对应的 $K^*$ 值。绘制根轨迹只要根据相角方程就够了，相角方程是决定闭环根轨迹的充分必要条件。

通常将满足式(4-10a)的根轨迹称为 180°根轨迹，或者常规根轨迹；而满足式(4-10b)的根轨迹称为 0°根轨迹。一般不作特别说明均指 180°根轨迹。

## 4.3 根轨迹绘制的基本规则

绘制根轨迹的基本依据是模值方程和相角方程，或者说根轨迹满足模值条件和相角条件。由这些条件可找出控制系统根轨迹的一些基本特征点。若将它们归纳成绘制根轨迹的基本规则，应用这些简单的绘制规则，就可以快速地绘制系统的概略根轨迹。也可采用 MATLAB 来精确绘制系统根轨迹(4.5 节)。

下面讨论的是系统根轨迹增益 $K^*$ 变化时绘制闭环根轨迹的规则，对于系统其他参数变化，经适当变换这些基本规则仍然能够适用(4.4.3 小节)。

### 4.3.1 180°根轨迹绘制的基本规则

**规则 1** 根轨迹的分支数与连续性。

根轨迹是连续曲线且其在 $s$ 平面上的分支数与有限开环极点数 $n$ 和有限开环零点数 $m$ 中大者相等。

**证明** 按照根轨迹的定义，根轨迹为系统参数在一定范围内变化时，闭环特征方程的根在 $s$ 平面变化的轨迹。因而，根轨迹的分支数必与闭环特征方程根的数目一致。由式(4-3)可见，闭环特征方程根的数目为有限开环极点数 $n$ 和有限开环零点数 $m$ 中大者，因此，根轨迹的分支数与 $n$ 和 $m$ 中大者相等。

对连续性作如下说明：线性定常系统特征方程的系数是常数或可变参数 $K^*$ 的函数。根据根对系数的连续依赖性，当 $K^*$ 从 0 至∞连续变化时相应的特征方程的根也将连续改变，故系统的根轨迹是连续的。

**规则 2** 根轨迹的对称性。

根轨迹对称于实轴。

**证明** 由于实际系统的特征方程是实系数的，故系统的开环或闭环零极点总是实数或共轭复数，它们在 $s$ 平面上的分布是关于实轴对称的，相应的系统根轨迹也是对称于实轴的。

根据这个特点，绘制时只需画出上半 $s$ 平面的根轨迹，而下半平面部分则可应用对称关系来作出。

**规则 3** 根轨迹的起点与终点。

根轨迹起始于开环极点，终止于开环零点。如果开环零点数 $m$ 小于开环极点数 $n$，则有 $(n-m)$ 条根轨迹终止于无穷远处。

**证明** 根轨迹的起点为 $K^* = 0$ 的点、终点为 $K^*$ 趋于无穷大的点。由根轨迹方程

$$\frac{\prod_{j=1}^{m}(s-z_j)}{\prod_{i=1}^{n}(s-p_i)} = -1/K^* \tag{4-11}$$

可知，当 $K^* = 0$ 时，式(4-11)右端趋于 $\infty$，对应于 $s = p_i (i = 1, 2, \cdots, n)$，即根轨迹起始于开环极点。当 $K^*$ 趋于 $\infty$ 时，式(4-11)右端趋于 0，对应于 $s = z_j (j = 1, 2, \cdots, m)$，即根轨迹终止于开环零点。另外，当开环零点数 $m$ 小于开环极点数 $n$ 时，由于

$$\lim_{s \to \infty} \frac{\prod_{j=1}^{m}(s-z_j)}{\prod_{i=1}^{n}(s-p_i)} = \lim_{s \to \infty} \frac{1}{s^{n-m}} = 0$$

故其余 $n-m$ 条根轨迹终止于无穷远处。

**规则 4** 实轴上的根轨迹。

实轴上根轨迹区段的右侧，开环零极点数目之和应为奇数。

**证明** 设系统开环零极点分布如图 4-5 所示。图中，$s_0$ 为实轴上任一试探点，它属于根轨迹的充分必要条件是系统所有的开环零极点引向该点的相角之和满足相角条件(即 $\pi$ 的奇数倍)。分析系统开环零极点分布对相角条件的影响可以看到：开环共轭复极点与复零点到实轴上任一点所引向量的相角为 $2k\pi$，故点 $s_0$ 是否满足相角条件不受开环复数零极点的影响；试探点 $s_0$ 左侧的开环零极点到 $s_0$ 所引向量的相角均为零。因此点 $s_0$ 是否满足相角条件只取决于其右侧的开环实数零极点，而这些开环实数零极点到 $s_0$ 所引向量的相角均为 $\pi$。若试探点 $s_0$ 右侧的开环实数零极点个数之和为奇数，则 $s_0$ 点满足相角条件，故它所在的那一段实轴为根轨迹的一部分，否则便没有根轨迹的分布。

因此实轴上若有根轨迹分布的线段，则该线段右侧的开环(有限)实数零极点个数之和必为奇数。由于开环复数零极点总是共轭成双的，故上述结论也可以笼统地说，该线段右侧的开环有限零极点个数之和必为奇数，从而结论得证。

根据本规则，对于开环零极点如图 4-6 所示的系统，在实轴上 0 和 –2 之间，–4 和负无穷之间，都是根轨迹的一部分。

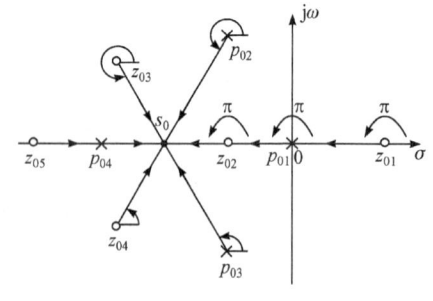

图 4-5 开环零极点分布图　　　　图 4-6 实轴上的根轨迹

**规则 5** 根轨迹的渐近线。

当有限开环极点数大于有限开环零点数时，有 $n-m$ 条根轨迹趋于无穷远处，根轨迹的渐近线与实轴交点的坐标为

$$\sigma_a = \frac{\sum_{i=1}^{n} p_i - \sum_{i=1}^{m} z_i}{n-m} \tag{4-12}$$

渐近线与实轴正方向的夹角为

$$\varphi_a = \frac{(2k+1)\pi}{n-m}, \quad k = 0,1,2,\cdots,n-m-1 \tag{4-13}$$

**证明** 渐近线即当 $s$ 趋于无穷大时的根轨迹，因此，渐近线也一定关于实轴对称。将系统开环传递函数写为

$$G(s)H(s) = K^* \frac{\prod_{i=1}^{m}(s-z_i)}{\prod_{j=1}^{n}(s-p_j)} = K^* \frac{s^m + b_1 s^{m-1} + \cdots + b_{m-1}s + b_m}{s^n + a_1 s^{n-1} + \cdots + a_{n-1}s + a_n} \tag{4-14}$$

式中，$b_1 = -\sum_{j=1}^{m} z_j$，$a_1 = -\sum_{i=1}^{n} p_i$。当 $s$ 很大时，式(4-14)近似为

$$G(s)H(s) = \frac{K^*}{s^{n-m} + (a_1 - b_1)s^{n-m-1}} \tag{4-15}$$

由根轨迹方程

$$1 + G(s)H(s) = 0 \tag{4-16}$$

可得

$$s^{n-m}\left(1 + \frac{a_1 - b_1}{s}\right) = -K^* \tag{4-17}$$

或

$$s\left(1 + \frac{a_1 - b_1}{s}\right)^{\frac{1}{n-m}} = (-K^*)^{\frac{1}{n-m}} \tag{4-18}$$

根据牛顿二项式定理，式(4-18)左端展开为

$$\left(1 + \frac{a_1 - b_1}{s}\right)^{\frac{1}{n-m}} = 1 + \frac{a_1 - b_1}{(n-m)s} + \frac{1}{2} \times \frac{1}{n-m}\left(\frac{1}{n-m} - 1\right)\left(\frac{a_1 - b_1}{s}\right)^2 + \cdots$$

取近似线性项，有

$$\left(1 + \frac{a_1 - b_1}{s}\right)^{\frac{1}{n-m}} = 1 + \frac{a_1 - b_1}{(n-m)s} \tag{4-19}$$

将式(4-19)代入式(4-18)，可得

$$s\left[1 + \frac{a_1 - b_1}{(n-m)s}\right] = (-K^*)^{\frac{1}{n-m}} \tag{4-20}$$

令 $s = \sigma + j\omega$，并代入式(4-20)，得

$$\sigma + \frac{a_1 - b_1}{n-m} + j\omega = \sqrt[n-m]{K^*}\left[\cos\frac{(2k+1)\pi}{n-m} + j\sin\frac{(2k+1)\pi}{n-m}\right], \quad k=0,1,2,\cdots \quad (4\text{-}21)$$

令实部和虚部分别相等，有

$$\begin{cases} \left(\sigma + \dfrac{a_1-b_1}{n-m}\right) = \sqrt[n-m]{K^*}\cos\dfrac{(2k+1)\pi}{n-m} \\ \omega = \sqrt[n-m]{K^*}\sin\dfrac{(2k+1)\pi}{n-m} \end{cases} \quad (4\text{-}22)$$

简化式(4-22)，得

$$\sqrt[n-m]{K^*} = \frac{\omega}{\sin\varphi_a} = \frac{\sigma - \sigma_a}{\cos\varphi_a} \quad (4\text{-}23)$$

$$\omega = (\sigma - \sigma_a)\tan\varphi_a \quad (4\text{-}24)$$

式中

$$\varphi_a = \frac{(2k+1)\pi}{n-m}, \quad k=0,1,2,\cdots \quad (4\text{-}25)$$

$$\sigma_a = -\left(\frac{a_1-b_1}{n-m}\right) = \frac{\sum_{i=1}^{n} p_i - \sum_{i=1}^{m} z_i}{n-m} \quad (4\text{-}26)$$

式(4-24)是 $s$ 平面中的直线方程，它与实轴夹角为 $\varphi_a$，交点为 $\sigma_a$。当 $k$ 取不同值时，可得 $n-m$ 个 $\varphi_a$ 角。$k$ 的选取可从 0 取到 $n-m-1$，也可依次取 $0,+1,-1,+2,-2,\ldots$ 一直到获得 $n-m$ 个倾角为止。

【例4-1】 已知系统三个开环极点分别为 $0,-2,-4$，无开环零点，可得其渐近线与实轴交点的坐标为

$$\sigma_a = \frac{\sum_{i=1}^{n} p_i - \sum_{i=1}^{m} z_i}{n-m} = \frac{(-2)+(-4)}{3} = -2$$

渐近线与实轴正方向的夹角为

$$\varphi_a = \frac{(2k+1)\pi}{n-m} = \frac{\pi}{3}, \quad \pi, \quad -\frac{\pi}{3}$$

可绘制出三条渐近线，如图 4-7 所示。其中与实轴正方向的夹角为 $\pi$ 的渐近线与实轴部分重合。

**规则 6** 根轨迹的起始角和终止角。

根轨迹的起始角是指起始于开环极点的根轨迹在起点处的切线与正实轴方向的夹角。起始角为

$$\theta_{p_k} = (2k+1)\pi + \sum_{j=1}^{m}\angle(p_k - z_j) - \sum_{\substack{i=1 \\ i \neq k}}^{n}\angle(p_k - p_i) \quad (4\text{-}27)$$

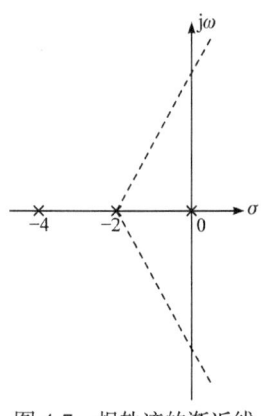

图 4-7 根轨迹的渐近线

根轨迹的终止角是指终止于开环零点的根轨迹在终点处的切线与正实轴方向的夹角。终止角为

$$\theta_{z_k} = (2k+1)\pi + \sum_{i=1}^{n}\angle(z_k - p_i) - \sum_{\substack{j=1\\j\neq k}}^{m}\angle(z_k - z_j) \tag{4-28}$$

**证明** 由根轨迹方程的相角条件 $\sum_{j=1}^{m}\angle(s-z_j) - \sum_{i=1}^{n}\angle(s-p_i) = (2k+1)\pi$，假设在一开环极点 $p_k$ 附近取一点 $s_1$，则

$$\angle(s_1 - p_k)\big|_{s_1 \to p_k} = (2k+1)\pi + \sum_{j=1}^{m}\angle(s_1 - z_j) - \sum_{\substack{i=1\\i\neq k}}^{n}\angle(s_1 - p_i) \tag{4-29}$$

式(4-29)左端为 $s_1$ 无限接近于待求起始点 $p_k$ 时 $p_k$ 到 $s_1$ 的向量相角，即为开环极点 $p_k$ 处的起始角，用 $\theta_{p_k}$ 表示，即

$$\theta_{p_k} = (2k+1)\pi + \sum_{j=1}^{m}\angle(p_k - z_j) - \sum_{\substack{i=1\\i\neq k}}^{n}\angle(p_k - p_i)$$

同理，在开环零点 $z_k$ 附近取一点，使其无限接近该零点，并以 $\theta_{z_k}$ 表示开环零点 $z_k$ 处的终值角，得 $\theta_{z_k} = (2k+1)\pi + \sum_{i=1}^{n}\angle(z_k - p_i) - \sum_{\substack{j=1\\j\neq k}}^{m}\angle(z_k - z_j)$。

**【例 4-2】** 已知系统三个开环极点分别为 0，-1+j，-1-j，无开环零点。从极点 0 出发的起始角为

$$\theta_{p_1} = \pi + \sum_{j=1}^{m}\angle(p_1 - z_j) - \sum_{\substack{i=1\\i\neq 1}}^{3}\angle(p_1 - p_i) = \pi + 0 - \left(-\frac{\pi}{4} + \frac{\pi}{4}\right) = \pi$$

从 -1+j 极点出发的根轨迹起始角为

$$\theta_{p_2} = (2k+1)\pi + \sum_{j=1}^{m}\angle(p_2 - z_j) - \sum_{\substack{i=1\\i\neq 2}}^{3}\angle(p_2 - p_i) = \pi + 0 - \left(\frac{\pi}{2} + \frac{3\pi}{4}\right) = -\frac{\pi}{4}$$

从 -1-j 极点出发的根轨迹起始角为

$$\theta_{p_3} = (2k+1)\pi + \sum_{j=1}^{m}\angle(p_3 - z_j) - \sum_{\substack{i=1\\i\neq 3}}^{3}\angle(p_3 - p_i)$$

$$= \pi + 0 - \left(-\frac{\pi}{2} + \frac{5\pi}{4}\right) = \frac{\pi}{4}$$

可绘制出其起始角如图 4-8 所示。

可以得出两个结论。

(1) 若零极点位于实轴上，则起始角或终止角必为 $\pi$ 或 $-\pi$(除非它们同时为分离角或会合角)。

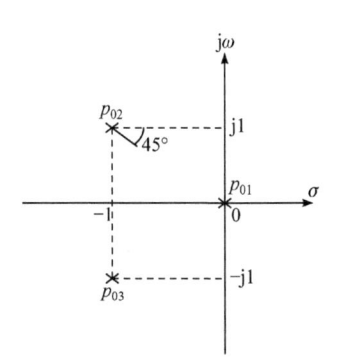

图 4-8 根轨迹的起始角

(2) 复数零极点的起始角或终止角必关于实轴对称，因此计算时只需其中一个即可。

**规则 7** 分离点(会合点)坐标 $d$。

几条根轨迹在 $s$ 平面上相遇后又分开的点，称为根轨迹的分离点或会合点。

分离点的坐标 $d$ 可由方程

$$\sum_{i=1}^{n}\frac{1}{d-p_i}=\sum_{i=1}^{m}\frac{1}{d-z_i} \tag{4-30}$$

解出。在实轴上的分离点处，系统的阶跃响应无超调，即系统的闭环特征根都在负实轴上。所以分离点处对应的 $K$ 值是使系统阶跃响应有无超调的临界开环增益值。

**证明** 系统闭环特征方程为

$$\prod_{i=1}^{n}(s-p_i)+K^*\prod_{j=1}^{m}(s-z_j)=0 \tag{4-31}$$

根轨迹若存在分离点，则表明闭环特征方程有重根，而存在重根的条件为

$$\prod_{i=1}^{n}(s-p_i)+K^*\prod_{j=1}^{m}(s-z_j)=0$$

和

$$\frac{\mathrm{d}}{\mathrm{d}s}\left[\prod_{i=1}^{n}(s-p_i)+K^*\prod_{j=1}^{m}(s-z_j)\right]=0 \tag{4-32}$$

两式相除得

$$\frac{\frac{\mathrm{d}}{\mathrm{d}s}\left[\prod_{i=1}^{n}(s-p_i)\right]}{\prod_{i=1}^{n}(s-p_i)}=\frac{\frac{\mathrm{d}}{\mathrm{d}s}\left[\prod_{j=1}^{m}(s-z_j)\right]}{\prod_{j=1}^{m}(s-z_j)} \tag{4-33}$$

即

$$\frac{\mathrm{d}\ln\prod_{i=1}^{n}(s-p_i)}{\mathrm{d}s}=\frac{\mathrm{d}\ln\prod_{j=1}^{m}(s-z_j)}{\mathrm{d}s} \tag{4-34}$$

又

$$\ln\prod_{i=1}^{n}(s-p_i)=\sum_{i=1}^{n}\ln(s-p_i)$$

$$\ln\prod_{j=1}^{m}(s-z_j)=\sum_{j=1}^{m}\ln(s-z_j)$$

代入得

$$\sum_{i=1}^{n}\frac{\mathrm{d}\ln(s-p_i)}{\mathrm{d}s}=\sum_{j=1}^{m}\frac{\mathrm{d}\ln(s-z_j)}{\mathrm{d}s} \tag{4-35}$$

即

$$\sum_{i=1}^{n}\frac{1}{s-p_i}=\sum_{i=1}^{m}\frac{1}{s-z_i}$$

需要指出的是，由式(4-30)或式(4-32)得出的解并不一定是根轨迹上的点，因此在应用时要注意判断是否同时满足根轨迹方程(或特征方程)。

**【例 4-3】** 已知系统开环传递函数为 $\dfrac{K^*}{s(s+2)(s+4)}$。分离点坐标满足方程

$$\frac{1}{d} + \frac{1}{d+2} + \frac{1}{d+4} = 0$$

解之得，$d_1 = -0.845$，$d_2 = -3.155$，由规则 4，$d_2 = -3.155$ 不是根轨迹上的点，所以根轨迹分离点为 $d = -0.845$。将分离点坐标代入模值方程求得 $d$ 对应的根轨迹增益

$$K^* = |d||d+2||d+4| = 3.08$$

**规则 8** 分离角与会合角。

根轨迹在 $s$ 平面上某点相遇必然产生重极点，根轨迹以什么方向趋向重极点由根轨迹的会合角公式确定。根轨迹在 $s$ 平面某点相遇后分开，其分离的方向由根轨迹的分离角公式确定。

分离角 $\theta_d$：指根轨迹离开重极点处的切线与实轴正方向的夹角。

会合角 $\varphi_d$：指根轨迹进入重极点处的切线与实轴正方向的夹角。

若 $\varphi_d = \dfrac{1}{l} 2k\pi$，则 $\theta_d = \dfrac{1}{l}(2k+1)\pi$；若 $\varphi_d = \dfrac{1}{l}(2k+1)\pi$，则 $\theta_d = \dfrac{1}{l} 2k\pi$。式中，$l$ 为重极点 $d$ 处的根轨迹条数；$k = 0$、$+1$、$-1$、$+2$，直到取得 $l$ 个角度。

**规则 9** 根轨迹与虚轴的交点。

根轨迹与虚轴相交，意味着闭环极点中有一部分极点位于虚轴上，即闭环特征方程有纯虚根，系统处于临界稳定状态。将 $s = j\omega$ 代入特征方程中，得

$$1 + G(j\omega)H(j\omega) = 0 \tag{4-36}$$

即

$$\begin{cases} \mathrm{Re}[1 + G(j\omega)H(j\omega)] = 0 \\ \mathrm{Im}[1 + G(j\omega)H(j\omega)] = 0 \end{cases} \tag{4-37}$$

由式(4-37)可解出，$\omega$ 值及对应的临界稳定开环增益 $K$ 值。

也可采用劳斯表来计算根轨迹与虚轴的交点。由劳斯表第一列含 $K^*$ 的元素等于零(系统处于稳定的边缘，即与虚轴有交点)可解得 $K$ 值。再由上一行系数构成的辅助方程式可解得纯虚极点值，而这一数值就是根轨迹与虚轴交点处的 $\omega$ 值。

**规则 10** 根之和。

若 $n - m \geq 2$，则有

$$\sum_{i=1}^{n} s_i = \sum_{i=1}^{n} p_i = -a_1 \tag{4-38}$$

式中，$s_i$ 为闭环极点；$p_i$ 为开环极点；$a_1$ 为闭环特征方程中 $s^{n-1}$ 次方项系数。

**证明** 当 $n > m$ 时，系统闭环特征方程可表示为

$$s^n + a_1 s^{n-1} + \cdots + a_{n-1} s + a_n = \prod_{j=1}^{n}(s - p_j) + K^* \prod_{i=1}^{m}(s - z_i)$$

$$= \prod_{j=1}^{n}(s - s_j) = s^n + \left(-\sum_{i=1}^{n} s_i\right) s^{n-1} + \cdots + \prod_{j=1}^{n}(-s_j)$$

当 $n-m \geqslant 2$ 时，有

$$\prod_{j=1}^{n}(s-p_j)+K^*\prod_{i=1}^{m}(s-z_i)=s^n+\left(-\sum_{j=1}^{n}p_j\right)s^{n-1}+\cdots+\left[\prod_{j=1}^{n}(-p_j)+K^*\prod_{i=1}^{m}(-z_i)\right]$$

对比以上各式，得

$$\sum_{i=1}^{n}s_i=\sum_{i=1}^{n}p_i=-a_1$$

该规则表明，当 $n-m \geqslant 2$ 时，系统闭环极点之和与开环极点之和相等。在开环极点确定的情况下，这是一个不变的常数。所以，当开环增益 $K^*$ 增大时，若闭环某些根在 $s$ 平面上向左移动，则另一部分根必向右移动。这对判断根轨迹的走向是很有用的。

**【例 4-4】** 设负反馈系统的开环传递函数为

$$G(s)H(s)=\frac{K}{s(s^2+2s+2)}$$

试绘制闭环系统的根轨迹。

**解** （1）确定开环零极点，绘制零极点分布图。系统开环极点分别为 0，$-1+\mathrm{j}$，$-1-\mathrm{j}$，无开环零点。

（2）根据规则 1，根轨迹为连续曲线且对称于实轴。

（3）根据规则 2，根轨迹一共有三条。

（4）根据规则 3，三条根轨迹均趋于无穷远处。

（5）确定实轴上根轨迹。

根据规则 4，整个实轴负半轴均为根轨迹部分。

（6）确定起始角。

由例 4-2 知三条根轨迹起始角分别为 $\pi, -\dfrac{\pi}{4}, \dfrac{\pi}{4}$。

（7）确定渐近线。

根据规则 5 可得其渐近线与实轴交点的坐标为

$$\sigma_a=\frac{\sum_{i=1}^{n}p_i-\sum_{i=1}^{m}z_i}{n-m}=\frac{(-1+j)+(-1-j)}{3}=-\frac{2}{3}$$

渐近线与实轴正方向的夹角为

$$\varphi_a=\frac{(2k+1)\pi}{n-m}=\frac{\pi}{3}, \pi, -\frac{\pi}{3}$$

绘出渐近线如图 4-9 中虚线所示。

（8）确定与虚轴的交点。

系统的闭环特征方程为 $s^3+2s^2+2s+K=0$，可有两种方法来确定根轨迹与虚轴的交点。

方法 1：令 $s=\mathrm{j}\omega$ 代入闭环特征方程，得

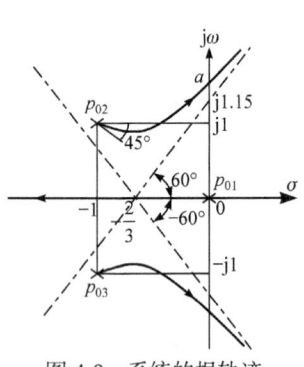

$$-\mathrm{j}\omega^3+\mathrm{j}2\omega-2\omega^2+K=0$$

图 4-9 系统的根轨迹

令其实部、虚部分别为零,得

$$\begin{cases} 2\omega - \omega^3 = 0 \\ K - 2\omega^2 = 0 \end{cases}$$

解得 $\omega = 0$,$\omega = \pm\sqrt{2}$,$K = 4$。所以,根轨迹与虚轴交点处坐标为 $\pm j\sqrt{2}$,交点处对应的增益为 $K = 4$。

方法 2:由劳斯表确定。根据特征方程系数列出劳斯表为

$$\begin{array}{cc} s^3 & 1 \quad 2 \\ s^2 & 2 \quad K \\ s^1 & \dfrac{4-K}{2} \quad 0 \\ s^0 & K \end{array}$$

当 $K = 4$ 时,劳斯表第一列出现零元素,系统存在共轭虚根。由 $s^2$ 行系数构成辅助方程

$$2s^2 + K = 0$$

解得 $s = \pm j\sqrt{2}$

(9) 最后,绘制出粗略根轨迹如图 4-9 所示。可见,该轨迹符合根之和规则。

### 4.3.2 典型根轨迹图

熟悉典型的根轨迹图有助于确定根轨迹的走向和减少计算量。例如,并非每一个根轨迹图都与虚轴有交点,若能在计算之前大致确定根轨迹的走向,确定与虚轴有无交点,则可避免不必要的计算。当然,有时也可用根之和的规则得到根轨迹的走向。图 4-10 中给出了几种常见的零极点分布及对应的概略 180°根轨迹,供读者参考。

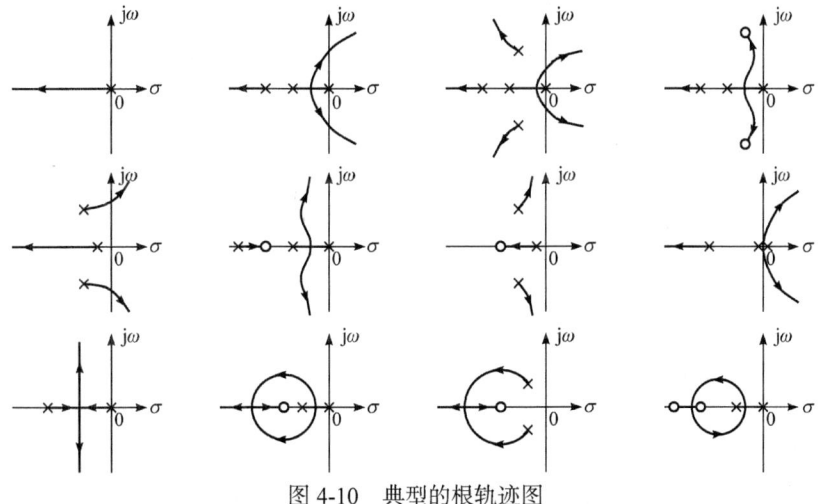

图 4-10 典型的根轨迹图

### 4.3.3 零度根轨迹的绘制规则

如果系统特征方程的形式为 $1 - G(s)H(s) = 0$,那么它的根轨迹是零度根轨迹。由

式(4-9)和式(4-10b)可以看出，零度根轨迹的模值方程与 180°根轨迹方程一致；仅相角条件有所改变。因此，只要将常规根轨迹绘制规则中与相角条件有关的规则作相应的调整，其余规则与 180°根轨迹绘制规则完全相同。下面仅给出与 180°根轨迹绘制规则相异的部分。

(1) 实轴上的根轨迹应改为：实轴上的某一区域，若其右方开环实数零极点的个数之和为偶数，则该区域必是根轨迹。

(2) 根轨迹的渐近线与实轴的交角应改为

$$\varphi_a = \frac{2k\pi}{n-m}, \quad k = 0,1,\cdots n-m-1 \tag{4-39}$$

(3) 根轨迹的起始角和终止角应改为：起始角为其他零极点到所求极点的诸向量相角之差，即

$$\theta_{p_k} = \sum_{j=1}^{m} \angle(p_k - z_j) - \sum_{\substack{i=1 \\ i \neq k}}^{n} \angle(p_k - p_i) \tag{4-40}$$

终止角等于其他零极点到所求零点的诸向量相角之差的负值，即

$$\theta_{z_k} = \sum_{i=1}^{n} \angle(z_k - p_i) - \sum_{\substack{j=1 \\ j \neq k}}^{m} \angle(z_k - z_j) \tag{4-41}$$

(4) 根轨迹与虚轴的交点：确定方法与 180°根轨迹相同，但应注意 0°根轨迹的特征方程为 $1 - G(s)H(s) = 0$，以 $s = j\omega$ 代入得

$$1 - G(j\omega)H(j\omega) = 0 \tag{4-42}$$

即

$$\begin{cases} \text{Re}[1 - G(j\omega)H(j\omega)] = 0 \\ \text{Im}[1 - G(j\omega)H(j\omega)] = 0 \end{cases} \tag{4-43}$$

由式(4-43)可解出 $\omega$ 值及对应的临界稳定开环增益 $K$ 值。

除绘制正反馈系统的根轨迹，必然产生 $0° + 2k\pi$ 的相角条件外，非最小相位系统，即使在负反馈情况下，也可能产生 $0° + 2k\pi$ 的相角条件。因此，一般说来，零度根轨迹的来源有两个方面：其一是控制系统中包含正反馈内回路；其二是非最小相位系统(4.4.2 节)。

【例 4-5】 设正反馈系统的开环传递函数为

$$G(s)H(s) = \frac{K}{s(s^2 + 2s + 2)}$$

试绘制闭环系统的根轨迹。

**解** 与例 4-4 不同之处如下。

(1) 实轴上的根轨迹。

根据零度根轨迹绘制规则，整个实轴的正半轴均为根轨迹部分。

(2) 根轨迹的渐近线。

渐近线与实轴的交角为：$\varphi_a = \dfrac{2k\pi}{n-m} = 0$，$\dfrac{2\pi}{3}$，$-\dfrac{2\pi}{3}$

(3) 根轨迹的起始角。

$$\theta_{p_1} = \sum_{j=1}^{m} \angle(p_1 - z_j) - \sum_{\substack{i=1 \\ i \neq 1}}^{3} \angle(p_1 - p_i) = 0 - \left(-\frac{\pi}{4} + \frac{\pi}{4}\right) = 0$$

$$\theta_{p_2} = \sum_{j=1}^{m} \angle(p_2 - z_j) - \sum_{\substack{i=1 \\ i \neq 2}}^{3} \angle(p_2 - p_i) = 0 - \left(\frac{\pi}{2} - \frac{5\pi}{4}\right) = \frac{3\pi}{4}$$

$$\theta_{p_3} = \sum_{j=1}^{m} \angle(p_3 - z_j) - \sum_{\substack{i=1 \\ i \neq 3}}^{3} \angle(p_3 - p_i)$$

$$= 0 - \left(-\frac{\pi}{2} + \frac{5\pi}{4}\right) = -\frac{3\pi}{4}$$

(4) 由根之和规则可知，根轨迹与虚轴无交点。

其余与例 4-4 相同，总结以上各规则，可绘出根轨迹如图 4-11 所示。为比较起见，图中同时用虚线画出了负反馈情况下的根轨迹。

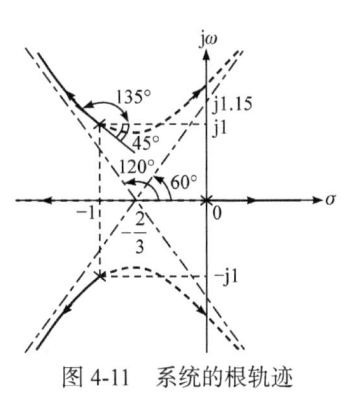

图 4-11 系统的根轨迹

## 4.4 典型反馈系统的根轨迹分析

### 4.4.1 反馈系统的根轨迹分析举例

【例 4-6】 某位置随动系统结构图如图 4-12 所示，试绘制闭环系统的根轨迹，根据根轨迹分析系统的稳定性，并计算闭环主导极点阻尼比为 0.5 时的性能指标。

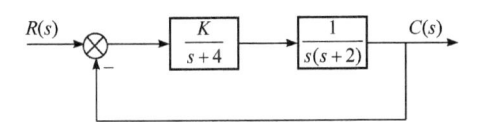

图 4-12 位置随动控制系统结构图

**解** 可知该负反馈系统的开环传递函数为

$$G(s)H(s) = \frac{K}{s(s+2)(s+4)}$$

(1) 先粗略绘制系统实轴上根轨迹。

很容易确定实轴上根轨迹；且由前例，知根轨迹分离点为 $d = -0.845$（对应 $K = 3.08$）；其渐近线与实轴交点的坐标为

$$\sigma_a = -2$$

渐近线与实轴正方向的夹角为

$$\varphi_a = \frac{\pi}{3}, \quad \pi, \quad -\frac{\pi}{3}$$

根轨迹与虚轴的交点求取：
系统闭环特征方程为 $s^3 + 6s^2 + 8s + K = 0$。

令 $s = j\omega$，代入闭环特征方程，并令其实部、虚部分别为零，得

$$\begin{cases} 8\omega - \omega^3 = 0 \\ K - 6\omega^2 = 0 \end{cases}$$

解得，$\omega = \pm 2\sqrt{2}$，$K = 48$。所以，根轨迹与虚轴交点处坐标为 $\pm j2\sqrt{2}$，交点处对应的增益为 $K = 48$。

最后，绘制出粗略根轨迹如图 4-13 所示。

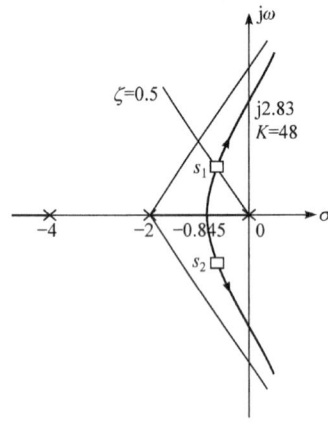

(2) 分析系统的稳定性。

从根轨迹图看，当系统开环增益 $K$ 大于其临界值 48 时，有两条根轨迹分支进入 $s$ 右半平面，这时系统将不稳定。因此，仅当开环增益小于 48 时，系统才是稳定的。

另外，当 $K \leqslant 3.08$ 时，系统所有极点位于负实轴，系统的阶跃响应是单调的，不会出现超调；当 $K > 3.08$ 时，有两支根轨迹进入复平面，共轭复极点为主导极点，系统处于欠阻尼状态，阶跃响应为振荡的。

(3) 计算性能指标。

图 4-13 系统根轨迹

由题意，闭环主导极点阻尼比为 0.5，即主导极点与负实轴的夹角为 60°。在根轨迹图中绘制该 60°线即等阻尼线如图 4-12 所示。该线与根轨迹的交点为 $-\dfrac{2}{3} \pm j\dfrac{2\sqrt{3}}{3}$，$\omega_n^2 = \left(\dfrac{2}{3}\right)^2 + \left(\dfrac{2\sqrt{3}}{3}\right)^2 = 1.778$，先判断这两个极点能否作为系统的主导极点。根据根之和规则，此时，第三个极点为 $-6 + \dfrac{2}{3} + \dfrac{2}{3} = -\dfrac{14}{3}$，它距虚轴的距离为共轭复极点距虚轴的 7 倍。因此，这对共轭极点可以看成控制系统的闭环主导极点(见 3.4 节)。

根据主导极点的概念分析控制系统，系统的闭环传递函数近似具有二阶系统的形式，即

$$\Phi(s) = \dfrac{1.778}{s^2 + 1.33s + 1.778}$$

此时，控制系统各项性能指标如下。

① 超调量 $\sigma\% = e^{-\dfrac{\pi\zeta}{\sqrt{1-\zeta^2}}} \times 100\% = e^{-\dfrac{0.5\pi}{\sqrt{1-0.5^2}}} = 16.5\%$

② 峰值时间 $t_p = \dfrac{\pi}{\omega_d} = \dfrac{\pi}{\omega_n\sqrt{1-\zeta^2}} = \dfrac{\pi}{1.33\sqrt{1-0.5^2}} = \dfrac{\pi}{1.152} = 2.72(\text{s})$

③ 上升时间 $t_r = \dfrac{\pi - \beta}{\omega_d} = \dfrac{2\pi/3}{1.152} = 1.82(\text{s})$

调节时间(取 2%误差带) $t_s = \dfrac{4}{\zeta\omega_n} = \dfrac{4}{0.667} = 6(\text{s})$

**【例 4-7】** 例 3-2 中被控对象采用比例-微分(PD)控制器，$K(s+10)$ 作为校正环

节，结构如图 4-14 所示。试绘制闭环系统的根轨迹，根据根轨迹分析系统的稳定性和 $K$ 值对系统动态性能的影响。

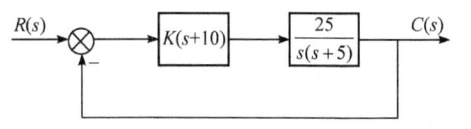

图 4-14 位置随动控制系统结构图

**解** 可知该负反馈系统的开环传递函数为

$$G(s)H(s) = \frac{25K(s+10)}{s(s+5)}$$

(1) 绘制系统根轨迹。

容易确定实轴上的根轨迹：[0, -5]，[-10, -∞]。分离点坐标满足方程

$$\frac{1}{d} + \frac{1}{d+5} = \frac{1}{d+10}$$

解得，$d_1 = -2.93$, $d_2 = -17.04$。利用模值方程求对应的根轨迹增益

$$K_1^* = \frac{|d_1| \cdot |d_1+5|}{|d_1+10|} = 0.858$$

$$K_2^* = \frac{|d_2| \cdot |d_2+5|}{|d_2+10|} = 29.142$$

对应的开环增益为

$$K_1 = K_1^*/25 = 0.034, \quad K_2 = K_2^*/25 = 1.166$$

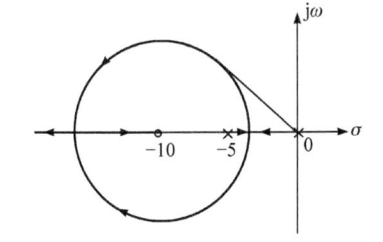

系统根轨迹如图 4-15 所示。

可以证明，此二阶系统根轨迹的复数部分为圆，圆心为开环零点，半径为开环零点与分离点之间的距离。读者可参考例 4-14 来导出该根轨迹方程。

(2) 响应分析。

当比例增益在 0~0.034 之间时，系统两个闭环极点位于负实轴，阶跃响应是单调的；当 $K$ 值为 0.034~1.166

图 4-15 例 4-7 系统的根轨迹

时，系统有一对共轭复极点，阶跃响应是振荡衰减的；当 $K$ 值大于 1.166 时，两个闭环极点又为负实数，响应又单调变化。但由于此时极点远离虚轴，且其中一个随 $K$ 值增大逐渐靠近开环零点 -10，构成一对偶极子，故响应快速性大大提高。但增益过高又会降低系统对输入端噪声的抑制能力，也未必可取。从根轨迹图还可以看出，系统最小阻尼比为 0.707，系统响应的平稳性较好。

[评注] 该例实际上给出了当 PD 控制的微分系数确定为 10 的情况下，比例系数对典型二阶系统性能的影响。

**思考**：请读者分析 $K$ 值一定时，微分系数对根轨迹的影响及由此对系统性能的影响。

### 4.4.2 增加开环零极点的根轨迹分析

本小节通过例 4-8 说明增加开环零点对根轨迹走向的影响，从而分析对系统性能的影响。

【**例 4-8**】 设负反馈系统的开环传递函数分别为

(1) $G(s)H(s) = \dfrac{K}{s(s^2+2s+2)}$；　(2) $G(s)H(s) = \dfrac{K(s+3)}{s(s^2+2s+2)}$；

(3) $G(s)H(s) = \dfrac{K(s+2)}{s(s^2+2s+2)}$；　(4) $G(s)H(s) = \dfrac{Ks}{s(s^2+2s+2)}$。

试绘制闭环系统的根轨迹，并分析系统开环零点变化对系统稳定性和动态性能的影响。

**解** 四个系统具有相同的开环极点，只是开环零点位置不同；因此，比较它们的根轨迹对研究附加开环零点对系统性能的影响有参考价值。

四个系统的根轨迹如图 4-16 所示。由图可见，当开环极点位置不变，而在系统中附加开环负实零点时，可使系统根轨迹向 $s$ 左半平面弯曲，而且这种影响将随开环极点接近坐标原点的程度而加强。

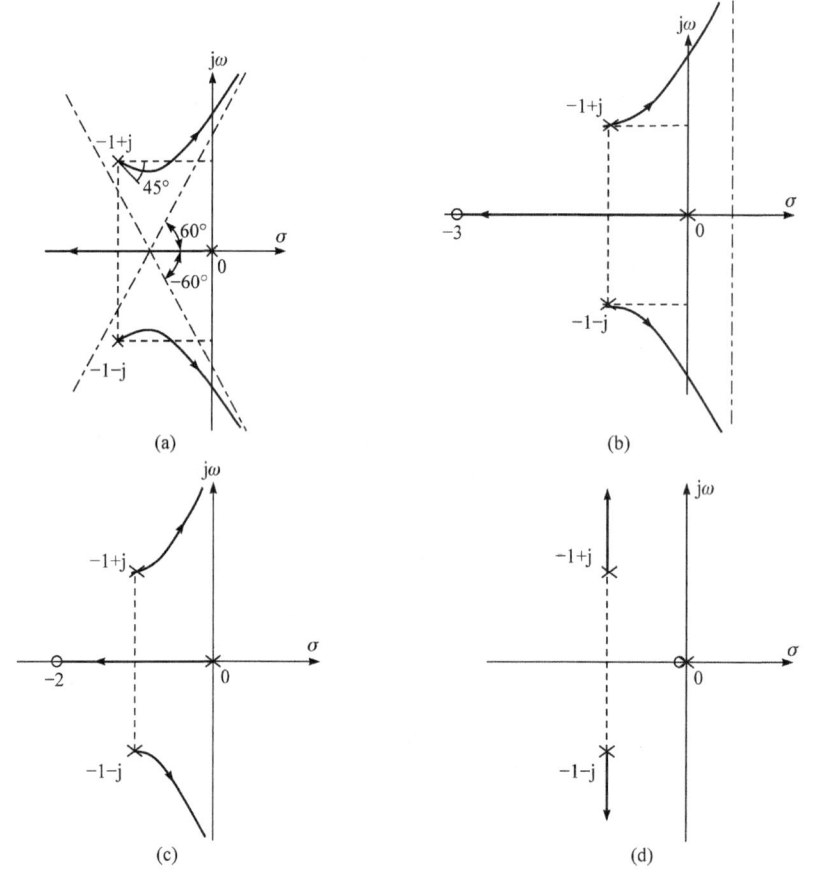

图 4-16 零点变化时系统根轨迹

对稳定性而言，不难看出，当附加开环零点小于 −2 时，系统根轨迹与虚轴存在交点；当大于等于 −2 时，根轨迹与虚轴不存在交点。因此，在左半平面的适当位置附加开环零点，可以显著改善系统稳定性。

附加开环零点，除了要求改善系统稳定性外，还要求对系统动态性能有明显改善。然而，有时候稳定性和动态性能对附加开环零点的位置要求并不一致。以图 4-16 为例，图 4-16(d)稳定性最好，但对动态性能的改善却不利。

另外，增加开环零点同时也增加了闭环零点，而闭环零点对系统动态性能的影响，相当于减小系统阻尼，使系统超调增大(见 3.7.1 节)。

从以上定性分析可以看出，只有当附加开环零点位置选择得当，才能使系统的稳定性和动态性能同时得到显著改善。

从该例可以看出开环零点的不同对系统性能的影响。

可以用相同的方法分析开环极点对系统性能的影响；在开环系统中增加极点，会使根轨迹向右移动，从而降低系统的相对稳定性。

### 4.4.3 非最小相位系统的根轨迹

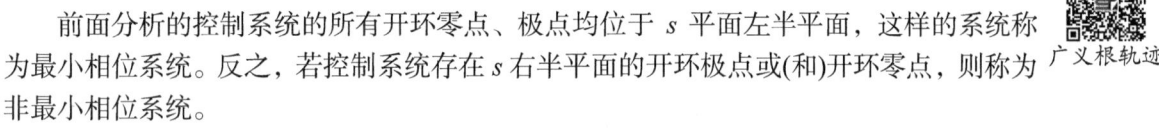

前面分析的控制系统的所有开环零点、极点均位于 $s$ 平面左半平面，这样的系统称为最小相位系统。反之，若控制系统存在 $s$ 右半平面的开环极点或(和)开环零点，则称为非最小相位系统。

非最小相位系统的根轨迹的绘制与最小相位系统一致。但要注意，当其分子或分母的 $s$ 最高次幂系数为负时，其相角遵循 $0°+2k\pi$ 条件，而不是 $180°+2k\pi$ 条件，故应采用零度根轨迹规则绘制。

**【例 4-9】** 设负反馈系统的开环传递函数分别为

(1) $G_1(s)H_1(s) = \dfrac{K(s-1)}{s^2+2s+2}$；  (2) $G_2(s)H_2(s) = \dfrac{K(1-s)}{s^2+2s+2}$。

试绘制闭环系统的根轨迹

**解** 两个系统开环零极点分布一样，且都属于非最小相位系统。

对(1)，其闭环特征方程为

$$D(s) = 1 + G_1(s)H_1(s) = 1 + \dfrac{K(s-1)}{s^2+2s+2} = 0$$

其根轨迹方程为

$$\dfrac{K(s-1)}{s^2+2s+2} = -1$$

系统根轨迹为 180°根轨迹，按照 180°根轨迹绘制基本规则绘制系统根轨迹，如图 4-17 中实线部分。

对(2)，其闭环特征方程为

$$D(s) = 1 + G_2(s)H_2(s) = 1 + \dfrac{K(1-s)}{s^2+2s+2} = 0$$

其根轨迹方程为

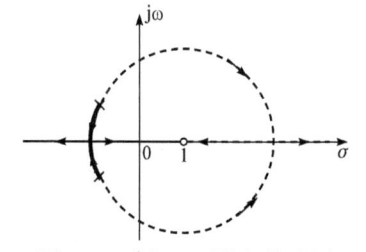

图 4-17 例 4-9 系统根轨迹图

$$\dfrac{K(s-1)}{s^2+2s+2} = 1$$

系统根轨迹为 0°根轨迹，按照 0°根轨迹绘制基本规则绘制系统根轨迹，如图 4-17 中虚线部分。

### 4.4.4 参数根轨迹及系统性能分析

前面部分讨论的是系统中当增益变化时根轨迹的基本原理和绘制方法。如果可变参数不是增益（根轨迹增益 $K^*$ 或开环增益 $K$）而是系统的其他参数时，这时的根轨迹即参数根轨迹，应如何绘制呢？

下面将指出，如果将参数根轨迹问题中系统的特征方程进行预处理并引入等效传递函数的概念，则参数根轨迹的绘制与常规根轨迹相同。

设系统闭环特征方程为 $1+G(s)H(s)=0$，并设可变参数为 $A$。将闭环特征方程等效为以下形式

$$A\frac{P(s)}{Q(s)} = -1 \tag{4-44}$$

式中，$P(s)$、$Q(s)$ 为两个与 $A$ 无关的首一多项式。根据闭环特征方程相同的原则，显然应有

$$Q(s) + AP(s) = 1 + G(s)H(s) = 0 \tag{4-45}$$

可得等效开环传递函数为

$$G_1(s)H_1(s) = A\frac{P(s)}{Q(s)} \tag{4-46}$$

通过这种变换，使可变参数处于开环增益 $K$ 的位置，就可以采用绘制常规根轨迹时的规则。

值得注意的是，由于"等效"的含义仅在闭环极点相同这一点上成立，而闭环零点一般是不相同的。所以由闭环零极点的分布来分析和估算系统性能时，可以采用参数根轨迹上的闭环极点，但必须采用原来闭环系统的零点。

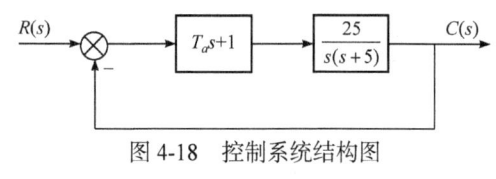

图 4-18 控制系统结构图

【**例 4-10**】 对例 4-7 系统采用比例微分控制，设 $K=1$，结构如图 4-18 所示；为了分析微分时间常数对控制系统性能的影响，试绘制 $T_a$ 由 $0\to\infty$ 的闭环根轨迹。

**解** 系统开环传递函数为 $G(s)H(s) = \dfrac{25(T_a s+1)}{s(s+5)}$，闭环特征方程为

$$D(s) = 1 + G(s)H(s) = s(s+5) + 25(T_a s + 1) = 0$$

将和参数有关的各项归并在一起，上式可写为

$$s^2 + 5s + 25 + 25T_a s = 0$$

所以 $\dfrac{25T_a s}{s^2 + 5s + 25}$ 就是新的等效开环传递函数，而 $T_a$ 相当于新的开环增益。请大家自行绘制根轨迹并据此分析系统性能。

【**例 4-11**】 例 3-2 系统结构图重新绘制，如图 4-19 所示，为了分析电机时间常数对控制系统性能的影响，试绘制 $T_m$ 从 $0\to\infty$ 时的根轨迹。

**解** 由图 4-19 可得，原系统的闭环特征方程为
$$T_m s^2 + s + K = 0$$

则等效开环传递函数为 $\dfrac{T_m s^2}{s+K} = 0$。

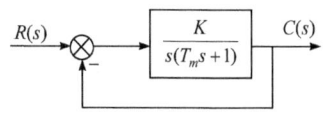

图 4-19 系统的结构图

为避免出现零点个数多于极点个数，可将闭环特征方程作以下变形 $s^2 + \dfrac{s+K}{T_m} = 0$，则新的等效开环传递函数为 $\dfrac{1}{T_m} \dfrac{s+K}{s^2}$。

根据常规根轨迹的绘制规则，可绘制出 $\dfrac{1}{T_m}$ 从 $0 \to \infty$ 变化的根轨迹。在此基础上将所有箭头反向，即得到 $T_m$ 从 $0 \to \infty$ 时的根轨迹，如图 4-20 所示。

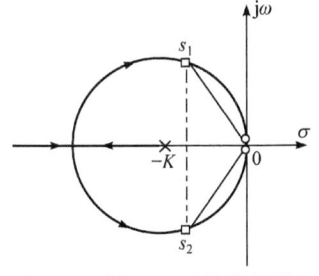

图 4-20 例 4-11 系统的根轨迹

[评注] 在进行等效的过程中，有可能出现开环传递函数极点数大于零点数的情况。这时，可作适当变形，化为习惯的形式。

**思考**：请根据根轨迹分析系统性能随参数的变化。

【**例 4-12**】 设控制系统的被控对象传递函数为 $G_o(s) = \dfrac{1}{s^2 + 2s + 2}$，现要求系统在阶跃信号作用下稳态误差为 0，考虑采用 PI 调节器

$$G_c(s) = K_p \left(1 + \dfrac{1}{T_i s}\right) = \dfrac{K(s+z)}{s}$$

试绘制开环零点 $z$ 由 $0 \to \infty$ 的根轨迹。

**解** 系统的闭环特征方程为 $s(s^2 + 2s + 2) + K(s+z) = 0$

新的等效开环传递函数为 $\dfrac{Kz}{s(s^2 + 2s + 2 + K)}$，假设 $K$ 固定不变，根据 180° 根轨迹规则绘制 $z$ 从 0 到 $\infty$ 的根轨迹如图 4-21 所示。而 $z$ 的变化相当于在开环系统

$$G(s)H(s) = \dfrac{K}{s(s^2 + 2s + 2)}$$

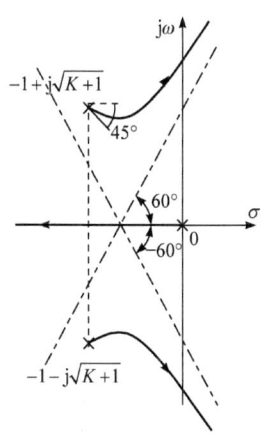

图 4-21 例 4-12 系统的根轨迹

中增加的负实开环零点距虚轴距离的变化。

从图中可以看出，当 $z$ 值很小时，系统有一个闭环极点在实轴上离虚轴很接近，稳定性不好；当 $z$ 值较小时，系统稳定性较好，选择得当，动态性能也不错；当 $z$ 超过一定值时，系统进入不稳定状态。注意到 $z = 1/T_i$，所以，分析 $z$ 对系统性能的影响实际上就是分析积分时间常数的影响。

[评注] 对本系统来说，如果系统动态、稳态性能要求都比较高，那么无论 $T_i$ 取何值，都很难满足。此时应该采用 PID 调节器，相关的分析请读者自己进行。

## 4.5 用 MATLAB 绘制系统的根轨迹

利用 MATLAB 可以十分方便地绘制系统根轨迹图。本节将介绍如何利用 MATLAB 产生根轨迹图。

### 4.5.1 命令介绍

在应用 MATLAB 绘制根轨迹时,首先要将系统的开环传递函数写成如下形式

$$G(s)H(s)=K^*\frac{\prod_{i=1}^{m}(s-z_i)}{\prod_{j=1}^{n}(s-p_j)}=K^*\frac{s^m+(-z_1-z_2-\cdots-z_m)s^{m-1}+\cdots+(-1)^m z_1 z_2 \cdots z_m}{s^n+(-p_1-p_2-\cdots-p_n)s^{n-1}+\cdots+(-1)^n p_1 p_2 \cdots p_n}$$

(4-47)

将分子多项式与分母多项式按 s 的降幂写成向量形式 num 和 den,则采用以下命令可绘制根轨迹图。

$$\text{rlocus (num, den)}$$

该命令不仅可用于连续系统,还可用于离散系统。另外,还可自动获得根轨迹上各点的增益。

$$\text{rlocus (num, den, K)}$$

该命令直接绘制出给定 K 值时的闭环极点。

如果引入左端变量,即

$$\text{[r, K]=rlocus (num, den, K)}$$

则 r 向量中元素为指定 K 值闭环极点的位置。如果不指定 K,即

$$\text{[r, K]=rlocus (num, den)}$$

则 r 矩阵的行数与 K 向量的元素相同,列数与极点的个数相同。r 中元素分别为各对应 K 值的闭环极点。这时,使用绘图命令

$$\text{plot(r)}$$

也可绘制系统根轨迹。

如果希望在绘制根轨迹时标上符号 "o" 或 "x",则需要采用下列绘图命令

$$\text{plot(r, 'o') 或 plot(r, 'x')}$$

这时,每一个计算的闭环极点都被图解表示出来。

因为 MATLAB 中增益向量是自动确定的,所以,下列系统根轨迹相同。

$$G(s)H(s)=\frac{K(s+1)}{s(s+2)(s+3)}$$

$$G(s)H(s)=\frac{10K(s+1)}{s(s+2)(s+3)}$$

第4章 线性系统的根轨迹法

$$G(s)H(s) = \frac{100K(s+1)}{s(s+2)(s+3)}$$

以上三个系统，分子分母向量均可表示为

num=[1 1]
den=[1 5 6 0]

使用时自行将所得增益调整即可。也可将三系统的分子向量分别表示成

num1=[1 1]
num2=[10 10]
num3=[100 100]

另外，可采用命令 roots(v) 直接得到多项式的根。其中 v 为多项式由高到低各项系数组成的向量。

### 4.5.2 绘图示例

【例4-13】 已知系统的开环传递函数为 $G(s)H(s) = \dfrac{K(s^2+2s+2)}{s(s^2+4s+16)}$，应用 MATLAB 绘制系统根轨迹。

**解** 程序如下：

```
MATLAB Program 4-1
num=[1 2 2];
den=[1 4 16 0];
rlocus(num,den)
v=[-5 0 -4 4];
axis(v)
grid
title('Root Locus Plot of G(s)H
(s)=K(s^2+2s+2)/[s(s^2+4s+16)]')
```

运行结果如图4-22所示。

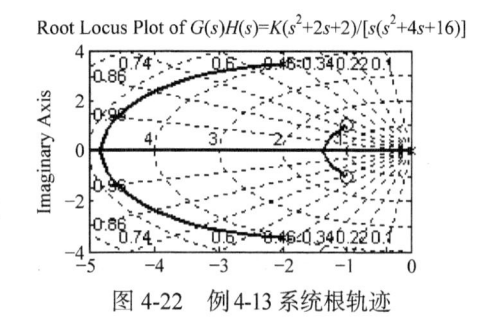

图4-22 例4-13系统根轨迹

## 4.6 例 题 精 解

【例4-14】 设控制系统的结构图如图4-23所示，试证明系统根轨迹的一部分是圆。

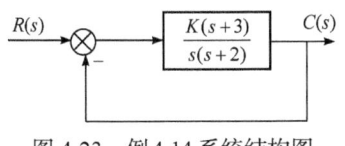

图4-23 例4-14系统结构图

**解** 系统的开环极点为 0 和 −2，开环零点为 −3。由根轨迹的相角条件

$$\sum_{i=1}^{m}\angle(s-z_i) - \sum_{j=1}^{n}\angle(s-p_j) = (2k+1)\pi$$

得

$$\angle(s+3) - \angle s - \angle(s+2) = (2k+1)\pi$$

式中，$s$ 为复数。将 $s = \sigma + j\omega$ 代入上式，则有

$$\angle(\sigma + j\omega + 3) - \angle(\sigma + j\omega) - \angle(\sigma + j\omega + 2) = (2k+1)\pi$$

即

$$\arctan\frac{\omega}{\sigma+3} - \arctan\frac{\omega}{\sigma} = 180° + \arctan\frac{\omega}{\sigma+2}$$

取上述方程两端的正切，并利用下列关系

$$\tan(x \pm y) = \frac{\tan x \pm \tan y}{1 \mp \tan x \tan y}$$

得

$$\tan\left(\arctan\frac{\omega}{\sigma+3} - \arctan\frac{\omega}{\sigma}\right) = \frac{\dfrac{\omega}{\sigma+3} - \dfrac{\omega}{\sigma}}{1 + \dfrac{\omega}{\sigma+3}\dfrac{\omega}{\sigma}} = \frac{-3\omega}{\sigma(\sigma+3) + \omega^2}$$

$$\tan\left(180° + \arctan\frac{\omega}{\sigma+2}\right) = \frac{0 + \dfrac{\omega}{\sigma+2}}{1 - 0 \times \dfrac{\omega}{\sigma+2}} = \frac{\omega}{\sigma+2}$$

$$\frac{-3\omega}{\sigma(\sigma+3) + \omega^2} = \frac{\omega}{\sigma+2}$$

即

$$(\sigma+3)^2 + \omega^2 = (\sqrt{3})^2$$

这是一个圆的方程，圆心位于(-3, j0)处，而半径等于 $\sqrt{3}$ (注意，圆心位于开环传递函数的零点上)。

实际上，记住以下结论，对绘制根轨迹会有很大帮助：带开环零点的二阶系统，若能在复平面上画出根轨迹，则复平面根轨迹一定是圆或圆弧。

【例 4-15】 已知负反馈系统的开环传递函数

$$G(s)H(s) = \frac{K^*}{s(s+4)(s^2+4s+20)}$$

试概略绘制闭环系统的根轨迹。

**解** 按照基本规则依次确定根轨迹的参数。

(1) 系统无开环有限零点，开环极点有四个，分别为 0，−4 和 −2±j4。

(2) 轴上的根轨迹区间为[−4, 0]。

(3) 根轨迹的渐近线有四条，与实轴的交点及夹角分别为

$$\sigma_a = -2 \; ; \quad \varphi_a = \pm\pi/4, \; \pm 3\pi/4$$

(4) 复数开环极点 $p_{3,4} = -2 \pm j4$ 处，根轨迹的起始角为 $\theta_{p_{3,4}} = \pm 90°$。

(5) 确定根轨迹的分离点。由分离点方程

$$\frac{1}{d} + \frac{1}{d+4} + \frac{1}{d+2+j4} + \frac{1}{d+2-j4} = 0$$

解得

$$d_1 = -2 \; \text{时}, \quad d_{2,3} = 2 \pm j\sqrt{6}$$

因为

$$d_1 = -2 \; \text{时}, \quad K^* = 64 > 0$$

$d_{2,3} = -2 \pm j\sqrt{6}$ 时， $K^* = 100 > 0$

所以，$d_1$、$d_2$、$d_3$ 皆为闭环系统根轨迹的分离点。

(6) 确定根轨迹与虚轴的交点。系统闭环特征方程为
$$D(s) = s^4 + 8s^3 + 36s^2 + 80s + K^* = 0$$
列出劳斯表如下。

| | | | |
|---|---|---|---|
| $s^4$ | 1 | 36 | $K^*$ |
| $s^3$ | 8 | 80 | |
| $s^2$ | 26 | $K^*$ | |
| $s^1$ | $\dfrac{80 \times 26 - 8K^*}{26}$ | | |
| $s^0$ | $K^*$ | | |

当 $K^* = 260$ 时，劳斯表出现全零行。求解辅助方程
$$A(s) = 26s^2 + K^* = 0$$

得根轨迹与虚轴的交点为 $s = \pm j\sqrt{10}$。概略绘制系统根轨迹，如图 4-24 所示。

关于对称性有以下普遍结论：若开环零极点个数均为偶数，且左右对称分布于一条平行于虚轴的直线，则根轨迹一定关于该直线左右对称。

【例 4-16】 各负反馈系统的开环传递函数如下，试概略绘出系统根轨迹。

(1) $G(s)H(s) = \dfrac{K(s+1)}{s(2s+1)}$；

(2) $G(s)H(s) = \dfrac{K^*}{s(s^2 + 8s + 20)}$。

**解** (1) $G(s) = \dfrac{K(s+1)}{s(2s+1)} = \dfrac{K(s+1)}{2s\left(s + \dfrac{1}{2}\right)}$

根轨迹绘制如下。

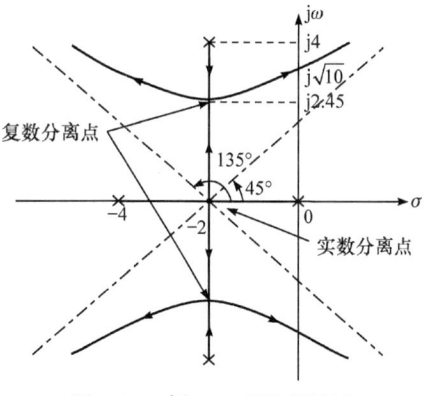

图 4-24 例 4-15 系统根轨迹

① 实轴上的根轨迹：$(-\infty, -1]$，$[-0.5, 0]$。

② 分离点满足方程 $\dfrac{1}{d} + \dfrac{1}{d+0.5} = \dfrac{1}{d+1}$，解得：$d_1 = -0.293$，$d_2 = -1.707$。根轨迹如图 4-25 所示。

(2) $G(s)H(s) = \dfrac{K^*}{s(s^2 + 8s + 20)}$，根轨迹绘制如下。

① 实轴上的根轨迹：$(-\infty, 0]$。

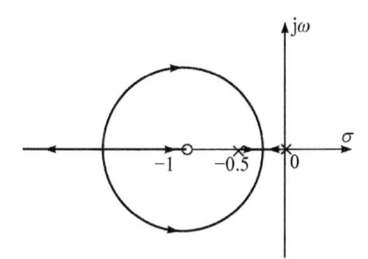

图 4-25 例 4-16 系统根轨迹

② 渐近线与实轴的交点和夹角分别为

$$\begin{cases} \sigma_a = \dfrac{0+(-4+j2)+(-4-j2)}{3} = -\dfrac{8}{3} \\ \varphi_a = \dfrac{(2k+1)\pi}{3} = \pm\dfrac{\pi}{3}, \pi \end{cases}$$

③ 分离点满足方程 $\dfrac{1}{d} + \dfrac{1}{d+4+j2} + \dfrac{1}{d+4-j2} = 0$，解得：$d = -2$，$d = -3.33$。

④ 与虚轴交点。

系统特征方程为 $D(s) = s^3 + 8s^2 + 20s + K^*$。将 $s = j\omega$ 代入上方程，并令其实、虚部分别为零得

$$\begin{cases} \operatorname{Re}(D(j\omega)) = K^* - 8\omega^2 = 0 \\ \operatorname{Im}(D(j\omega)) = 20\omega - \omega^3 = 0 \end{cases}$$

解得：$\begin{cases} \omega = 0 \\ K^* = 0 \end{cases}$，$\begin{cases} \omega = \pm 2\sqrt{5} \\ K^* = 160 \end{cases}$。

⑤ 起始角：由相角条件 $\theta_{p_2} = -63°$，$\theta_{p_3} = 63°$。根轨迹如图 4-26 所示。

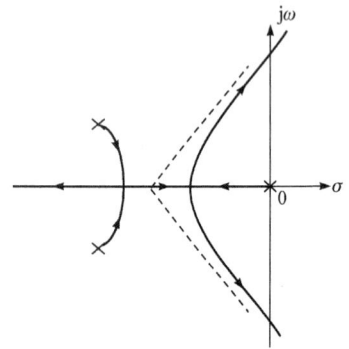

图 4-26 例 4-16 系统根轨迹

本题的开环零极点分布图与例 4-4 相似，但绘制的根轨迹却有所不同，共轭极点实部的增大使得实轴上的分离点增加。

【**例 4-17**】 设系统结构图如图 4-27 所示，求：

(1) 绘制 $K^*$ 从 $0 \to \infty$ 变化时系统的根轨迹；并求出系统呈欠阻尼时的开环增益范围；

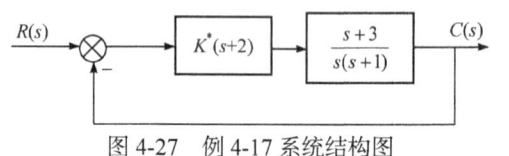

(2) 在根轨迹图上标出系统最小阻尼比时的闭环极点(用 $s_1, s_2$ 表示)。

图 4-27 例 4-17 系统结构图

**解** $G(s) = \dfrac{K^*(s+2)(s+3)}{s(s+1)}$，开环增益 $K = 6K^*$，系统类型 $\nu = 1$。

(1) 分离点：$\dfrac{1}{d} + \dfrac{1}{d+1} = \dfrac{1}{d+2} + \dfrac{1}{d+3}$，整理得：$2d^2 + 6d + 3 = 0$。

解得：$d_1 = -0.634$，$d_2 = -2.366$。

对应的 $K^*$ 值为

$$K^*_{d_1} = \dfrac{|d_1||d_1+1|}{|d_1+2||d_1+3|} = 0.0718$$

$$K^*_{d_2} = \dfrac{|d_2||d_2+1|}{|d_2+2||d_2+3|} = 13.928$$

将根轨迹增益换算为开环增益

$$K_{d_1} = 6K_{d_1}^* = 0.4308$$
$$K_{d_2} = 6K_{d_2}^* = 83.568$$

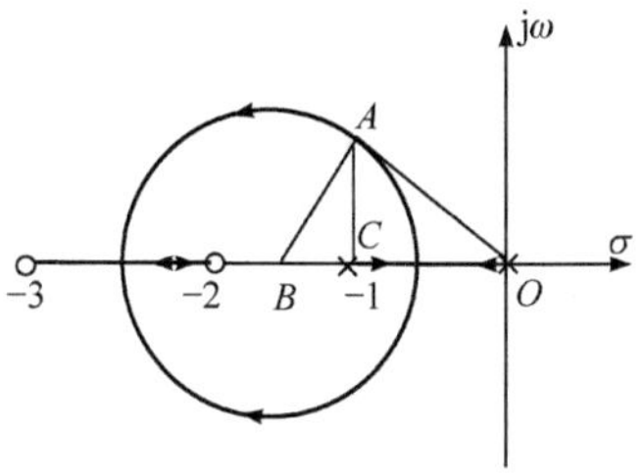

绘出系统根轨迹如图 4-28 所示。由根轨迹图可以确定使系统呈现欠阻尼状态的 $K$ 值范围为

$$0.4308 < K < 83.568$$

图 4-28 例 4-17 系统根轨迹

(2) 复平面根轨迹是圆,圆心位于 $\frac{d_1+d_2}{2}=-1.5$ 处,半径是 $\frac{d_2-d_1}{2}=0.866$,在根轨迹图上做 $\overline{OA}$ 切圆于 $A$ 点($A$ 点即为所求极点位置)。由相似三角形关系

$$\frac{\overline{AB}}{\overline{BO}} = \frac{\overline{BC}}{\overline{AB}} \Rightarrow \overline{BC} = \frac{\overline{AB}^2}{\overline{BO}} = \frac{0.866^2}{1.5} = 0.5$$

$$\overline{OC} = \overline{BO} - \overline{BC} = 1.5 - 0.5 = 1, \quad \overline{AC} = \sqrt{\overline{AB}^2 - \overline{BC}^2} = \sqrt{0.866^2 - 0.5^2} = 0.707$$

故对应最小阻尼状态的闭环极点为:$s_{1,2} = -1 \pm j0.707$。

【例 4-18】 已知系统的开环传递函数为

$$G(s) = \frac{K^*}{s(s^2 + 3s + 9)}$$

(1) 试用根轨迹法确定使闭环系统稳定的 $K$ 值范围;
(2) 若要求系统在单位斜坡信号作用下稳态误差小于 0.5,$K^*$ 如何取值?
(3) 如果已知系统一对共轭极点的实部为 −1,求另一闭环极点及此时的 $K^*$ 值。

**解** (1) 根轨迹绘制如下。
① 实轴上的根轨迹:$(-\infty, 0]$。
② 起始角:−30°。
③ 渐近线与实轴的交点和夹角分别为

$$\begin{cases} \sigma_a = \dfrac{-1.5 + j2.6 - 1.5 - j2.6}{3} = -1 \\ \varphi_a = \dfrac{(2k+1)\pi}{3} = \pm\dfrac{\pi}{3}, \pi \end{cases}$$

④ 与虚轴交点:闭环特征方程

$$D(s) = s(s^2 + 3s + 9) + K^* = 0$$

把 $s = j\omega$ 代入上方程,并令实虚部分别为零得

$$\begin{cases} \mathrm{Re}(D(j\omega)) = K^* - 3\omega^2 = 0 \\ \mathrm{Im}(D(j\omega)) = 9\omega - \omega^3 = 0 \end{cases}$$

解得:$\begin{cases} \omega = 0 \\ K^* = 0 \end{cases}$,$\begin{cases} \omega = \pm 3 \\ K^* = 27 \end{cases}$。

根轨迹如图 4-29 所示。从根轨迹图可知，闭环系统稳定的 $K^*$ 范围为 $0 < K^* < 27$，又 $K = K^*/9$，故相应的 $K$ 范围为 $0 < K < 3$。

(2) 系统速度误差系数为 $K_v = \lim\limits_{s \to 0} sG(s)H(s) = \dfrac{K^*}{9}$，稳态误差 $e_{ss} = \dfrac{1}{K_v} = \dfrac{9}{K^*} < 0.5$，解得，$K^*$ 应大于 18，又由于系统稳定的 $K^*$ 范围为 $0 < K^* < 27$，故所求的 $K^*$ 应满足 $18 < K^* < 27$。

(3) 可知系统开环极点之和为 $-3$，根据根之和规则 $\sum p_i = \sum s_i$，容易得到所求极点 $s = -1$。将其代入系统特征方程可求得 $K^*$。

由 $D(s) = s(s^2 + 3s + 9) + K^* \big|_{s=-1} = 0$，解得 $K^* = 7$。

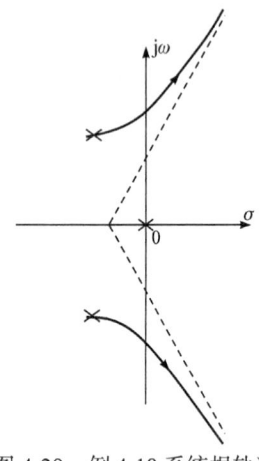

图 4-29 例 4-18 系统根轨迹

【**例 4-19**】 单位负反馈系统的开环传递函数为

$$G(s) = \dfrac{K^*(s^2 - 2s + 5)}{(s+2)(s-0.5)}$$

试绘制系统根轨迹，确定使系统稳定的 $K$ 值范围。

**解** 根轨迹绘制如下。

① 实轴上的根轨迹：$[-2, 0.5]$。

② 分离点：由

$$\dfrac{1}{d - 0.5} + \dfrac{1}{d + 2} = \dfrac{1}{d - 1 + \mathrm{j}2} + \dfrac{1}{d - 1 - \mathrm{j}2}$$

解得：$d_1 = -0.41$。

③ 与虚轴交点：

$$D(s) = (s+2)(s-0.5) + K^*(s^2 - 2s + 5) = 0$$

把 $s = \mathrm{j}\omega$ 代入上方程，令

$$\begin{cases} \mathrm{Re}(D(\mathrm{j}\omega)) = -(1+K^*)\omega^2 + 5K^* - 1 = 0 \\ \mathrm{Im}(D(\mathrm{j}\omega)) = (1.5 - 2K^*)\omega = 0 \end{cases}$$

解得：$\begin{cases} \omega = 0 \\ K^* = 0.2 \end{cases}$，$\begin{cases} \omega = \pm 1.25 \\ K^* = 0.75 \end{cases}$。

根轨迹如图 4-30 所示。由图 4-30 可知，系统稳定的 $K^*$ 值范围为 $0.2 < K^* < 0.75$，又 $K = 5K^*$，所以系统稳定的 $K$ 值范围为 $1 < K < 3.75$。

说明：虽然为非最小相位系统，但实质处于负反馈状态，即根轨迹相角方程为 $180°$，故对应常规根轨迹。

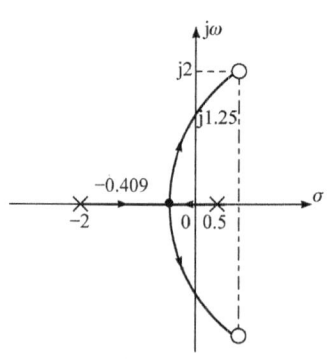

图 4-30 例 4-19 系统根轨迹

# 本章小结

根轨迹法是研究高阶系统动态性能的一种图解方法，不需要求解时域响应，而是直接在 $s$ 平面中进行，故又称复域分析法。本章主要内容如下。

(1) 系统的闭环根轨迹，直接由系统开环零极点利用根轨迹的绘制规则来完成。

(2) 根轨迹绘制规则包括 180°根轨迹绘制规则和 0°根轨迹绘制规则，前者适用于本质负反馈系统，后者适用于本质正反馈系统，两者仅与相角方程相关的规则不同。

(3) 利用根轨迹可以方便地分析附加零极点的情况对系统性能的影响；利用参数根轨迹可以方便地分析参数变化对系统性能的影响。分析过程通常需要利用主导极点和偶极子的概念以及时域分析理论来完成。

# 习　　题

**4-1** 设开环系统的零极点在 $s$ 平面上的分布图如题 4-1 图所示，试绘制相应的根轨迹草图。

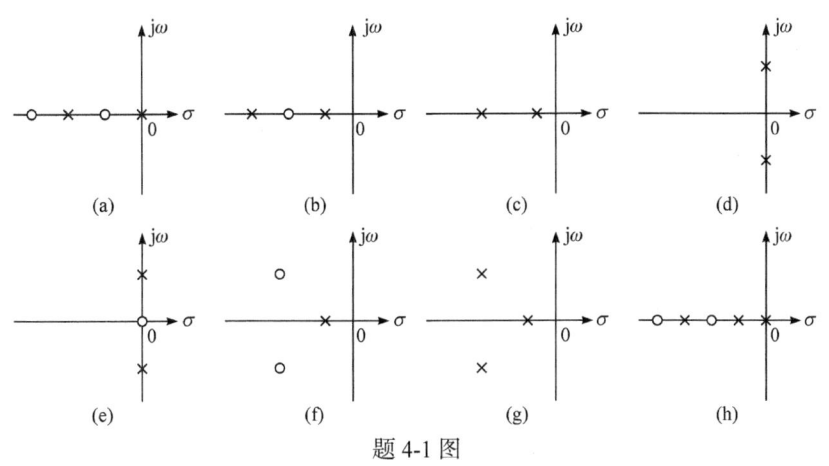

题 4-1 图

**4-2** 绘制下列各开环传递函数所对应的负反馈系统的根轨迹，并确定使闭环系统稳定的 $K$ 值范围。

(1) $G(s)H(s) = \dfrac{K^*}{s(s+1)(s+2)(s+5)}$

(2) $G(s)H(s) = \dfrac{K^*(s+2)}{s(s+3)(s^2+2s+2)}$

**4-3** 绘制下列各开环传递函数所对应的负反馈系统的根轨迹。

(1) $G(s)H(s) = \dfrac{K}{(s+1)(5s+1)(2s+1)}$

(2) $G(s)H(s) = \dfrac{K}{(s+1)(2s+1)}$

(3) $G(s)H(s) = \dfrac{K(s+2)}{s^2+2s+5}$

(4) $G(s)H(s) = \dfrac{K}{(s+1)(s+5)(s^2+6s+13)}$

(5) $G(s) = \dfrac{K(s+20)}{s(s+10+\mathrm{j}10)(s+10-\mathrm{j}10)}$

4-4 某单位反馈系统

$$G(s) = \frac{K}{s(s+2)(s+5)}$$

(1) 绘制根轨迹;

(2) 确定引起振荡的 $K$ 的最小值和等幅振荡发生前 $K$ 的最大值;

(3) 找出等幅振荡的频率。

(4) 如果已知闭环系统有一对共轭极点为 $s_{1,2} = -\frac{1}{2} \pm j\frac{\sqrt{15}}{2}$,求此时的 $K$ 值和另一闭环极点。

4-5 设控制系统的结构图如题 4-5 图所示,求:

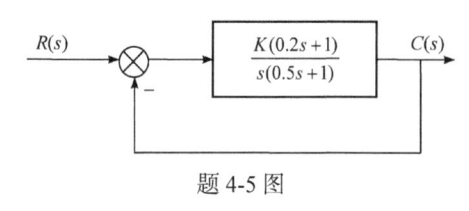

(1) 试用根轨迹法确定系统响应无超调的 $K$ 值范围;

(2) 若要求系统在单位斜坡输入下稳态误差小于 0.5,且系统响应无超调,此时 $K$ 应如何取值?

题 4-5 图

4-6 对例 4-6,求:

(1) 试根据系统的根轨迹分析系统的稳定性;

(2) 估算 $\sigma\% = 16.3\%$ 时的 $K$ 值。(提示:应用主导极点的概念)

4-7 设反馈控制系统中,$G(s) = \dfrac{K^*}{s^2(s+2)(s+5)}$,$H(s) = 1$,求:

(1) 概略绘制系统根轨迹图,判断系统的稳定性;

(2) 如果改变反馈通路传递函数使 $H(s) = 1 + 2s$,试判断 $H(s)$ 改变后系统的稳定性,研究 $H(s)$ 改变所产生的效应。

4-8 已知控制系统前向通道和反馈通道传递函数分别为

$$G(s) = \frac{K^*(s-1)}{s^2+4s+4}, \quad H(s) = \frac{5}{s+5}$$

(1) 绘制 $K^*$ 从 $0 \to \infty$ 变化时系统的根轨迹,确定使闭环系统稳定的 $K^*$ 值范围;

(2) 若已知系统闭环极点 $s_1 = -1$,试确定系统的闭环传递函数。

4-9 试绘出多项式方程 $s^3 + 2s^2 + 3s + Ks + 2K = 0$ 的根轨迹。

4-10 设单位反馈系统的开环传递函数如下,试绘制参数 $b$ 从零变到无穷时的根轨迹图,并写出 $b = 2$ 时系统的闭环传递函数。

(1) $G(s) = \dfrac{20}{(s+4)(s+b)}$ (2) $G(s) = \dfrac{30(s+b)}{s(s+10)}$

4-11 已知单位负反馈系统的开环传递函数为 $G(s) = \dfrac{K}{s^2(Ts+1)(s^2+2s+2)}$,求当 $K = 4$ 时,以 $T$ 为参变量的根轨迹。

4-12 某单位反馈系统的开环传递函数为 $G(s) = \dfrac{(s+a)}{s(s+1)^2}$,求:

(1) 绘制系统的闭环根轨迹图$(a:0\to\infty)$；

(2) 当$r(t)=1.2t$时，确定$a$的范围，使系统的稳态误差$e_{ss}\leq 0.6$；

(3) 当系统的一个极点为$-1$时，求出系统的其他各个极点的值。

**4-13** 已知单位负反馈系统的闭环传递函数为$\Phi(s)=\dfrac{as}{s^2+as+16}(a>0)$，求：

(1) 绘出闭环系统的根轨迹$(a:0\to\infty)$；

(2) 判断$(-\sqrt{3},j)$点是否在根轨迹上；

(3) 由根轨迹求出使闭环系统阻尼比$\zeta=0.5$时的$a$值。

**4-14** 两个系统的结构图分别如题 4-14 图(a)和(b)所示，求：

(1) 画出当$k(0\to\infty)$变动时，图(a)所示系统的根轨迹；

(2) 画出当$p(0\to\infty)$变动时，图(b)所示系统的根轨迹(即广义根轨迹)；

(3) 试确定$k$，$p$值，使得两个系统的闭环极点相同。

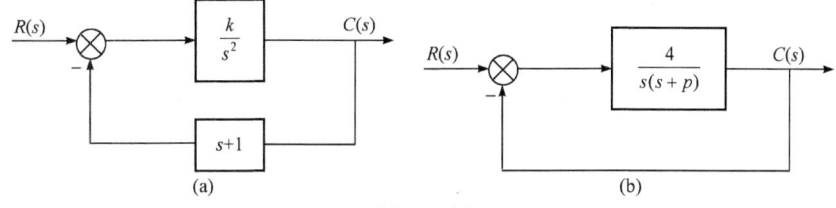

题 4-14 图

**4-15** 控制系统的结构如题 4-15 图所示，试概略绘制其根轨迹。

**4-16** 已知非最小相位负反馈系统的开环传递函数为$G(s)=\dfrac{K^*(1-0.5s)}{s(s+1)}$，试绘制该系统的根轨迹图。

题 4-15 图

**4-17** 已知负反馈系统的传递函数为

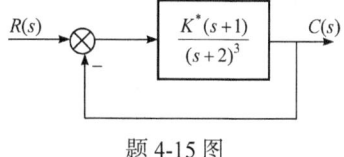

$$G(s)=\dfrac{K}{s^2(s+1)},\quad H(s)=s+a$$

(1) 利用 MATLAB 有关函数作出$0\leq a<1$时系统的根轨迹和单位阶跃响应曲线；

(2) 讨论$a$值变化对系统动态性能及稳定性的影响。

**4-18** 已知反馈控制系统的开环传递函数为$G(s)H(s)=\dfrac{K^*}{(s^2+2s+2)(s^2+2s+5)}$

$(K^*>0)$，但反馈极性未知，欲保证闭环系统稳定，试用 MATLAB 确定根轨迹增益$K^*$的范围。

# 第 5 章　线性系统的频域分析与校正

**本章内容**

频率特性的基本概念；控制系统的频率特性曲线，包括 Bode 图和幅相曲线 (Nyquist 图)；奈奎斯特(Nyquist)稳定判据；幅值裕度和相角裕度；频域性能分析；校正装置的特点和作用；校正环节的频域设计方法。

**学习目标**

(1) 理解频率特性的物理含义和数学本质，能够将频率特性的低频、中频、高频特征与时域性能相对应。

(2) 熟练绘制开环系统的 Bode 图和幅相曲线；能区分最小相位系统和非最小相位系统，并根据最小相位系统的幅频特性曲线获取传递函数。

(3) 能够应用奈奎斯特判据判断、分析系统的稳定性；会计算幅值裕度 $h$ 和相角裕度 $\gamma$，能分析系统的稳定程度。

(4) 能根据三频段的概念概略分析系统稳态性能、动态性能和抗干扰能力；了解开环频域性能指标和时域指标、闭环频域指标的关系；能够分析系统参数对系统性能的影响。

(5) 熟悉超前、滞后、滞后-超前校正装置的特点、作用和适用的情形；能够在频域分析 PID 控制器的作用；能根据系统情况选择合适的校正装置，并进行计算和校验。

频域分析法以控制系统的频率特性为数学模型，采用图解法分析控制系统的动态性能与稳态性能，是研究线性系统的一种工程方法。频域分析法可以根据开环频率特性分析闭环系统的性能，可方便地分析参数变化对系统性能的影响，不仅适用于线性定常系统，也可以推广应用到某些非线性系统。

本章将研究频率特性的基本概念、典型环节和控制系统的频率特性曲线、Nyquist 稳定判据、控制系统的稳定裕度，以及在频域进行系统性能分析和设计等内容。

## 5.1　频率特性的基本概念

### 5.1.1　频率特性的定义

图 5-1 所示 RC 网络的微分方程为

$$T\frac{\mathrm{d}c(t)}{\mathrm{d}t}+c(t)=r(t) \tag{5-1}$$

式中，$T = RC$ 为电路的时间常数；$r(t)$ 为输入；$c(t)$ 为输出，可得此 RC 网络的传递函数为

$$\frac{C(s)}{R(s)}=\frac{1}{Ts+1} \tag{5-2}$$

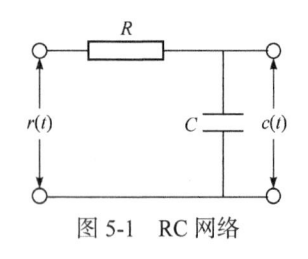

图 5-1　RC 网络

若给网络输入一正弦电压信号，$r(t) = R\sin\omega t$，则由式(5-2)可得

$$C(s) = \frac{1}{Ts+1}R(s) = \frac{1}{Ts+1} \cdot \frac{R\omega}{s^2+\omega^2} \tag{5-3}$$

经拉氏反变换，得电容两端的输出电压为

$$c(t) = \frac{R\omega T}{1+\omega^2 T^2} \cdot e^{-\frac{t}{T}} + \frac{R}{\sqrt{1+\omega^2 T^2}}\sin(\omega t - \arctan\omega T) \tag{5-4}$$

式中，第一项为输出电压的瞬态分量，当时间 $t$ 趋于无穷时趋于零；第二项为稳态分量，可得

$$\lim_{t \to \infty} c(t) = \frac{R}{\sqrt{1+\omega^2 T^2}}\sin(\omega t - \arctan\omega T) \tag{5-5}$$

由式(5-5)可看到，此 RC 网络的稳态输出仍然是正弦电压，其频率和输入电压频率相同，幅值是输入信号幅值的 $1/\sqrt{1+\omega^2 T^2}$ 倍，相角则比输入信号滞后 $\arctan\omega T$。显然，当系统结构参数给定时，$1/\sqrt{1+\omega^2 T^2}$ 和 $-\arctan\omega T$ 皆为输入电压频率 $\omega$ 的函数，前者为 RC 网络的幅频特性，后者为 RC 网络的相频特性。

进一步研究 RC 网络的幅频特性和相频特性。将 $1/\sqrt{1+\omega^2 T^2}$ 作为幅值，$-\arctan\omega T$ 作为相角，有

$$\frac{1}{\sqrt{1+\omega^2 T^2}}e^{-j\arctan\omega T} = \left|\frac{1}{1+j\omega T}\right|e^{j\angle\frac{1}{1+j\omega T}} = \frac{1}{1+j\omega T} \tag{5-6}$$

故函数 $1/(1+j\omega T)$ 完整地描述了网络在正弦输入电压作用下，稳态输出电压的幅值和相角随正弦输入电压频率 $\omega$ 变化的规律，$1/(1+j\omega T)$ 称为网络的频率特性。将频率特性和传递函数表达式(5-2)比较可得

$$\frac{1}{1+j\omega T} = \frac{1}{1+Ts}\bigg|_{s=j\omega} \tag{5-7}$$

从 RC 网络得到的这一重要结论适用于任何稳定的线性定常系统。

频率特性记为 $G(j\omega) = A(j\omega) \cdot e^{j\varphi(\omega)} = |G(j\omega)| \cdot e^{j\angle G(j\omega)}$，其中 $A(\omega) = |G(j\omega)|$ 为幅频特性，是线性定常系统在正弦函数作用下，系统稳态输出与输入信号的振幅之比，描述了系统对不同频率的输入信号在稳态情况下的衰减(或放大)特性；$\varphi(\omega) = \angle G(j\omega)$ 为相频特性，是稳态输出与输入信号的相移，描述了系统的稳态输出对不同频率的正弦输入信号在相位上产生的相角滞后($\varphi(\omega) < 0$)或超前($\varphi(\omega) > 0$)的特性。

### 5.1.2 频率特性的几何表示法

用频域法分析、设计控制系统时，通常将频率特性绘制成曲线，常用频率特性曲线包括幅相频率特性曲线和对数频率特性曲线。

**1. 幅相频率特性曲线**

幅相频率特性曲线简称为幅相曲线，又称奈奎斯特(Nyquist)曲线或极坐标图，设系

统的频率特性为

$$G(j\omega) = A(j\omega) \cdot e^{j\varphi(\omega)} \tag{5-8}$$

对于某个特定的频率 $\omega_i$ 下的 $G(j\omega_i)$，可在以横轴为实轴、纵轴为虚轴的复平面上用一个向量表示，向量的长度为 $A(\omega_i)$，相角为 $\varphi(\omega_i)$。当 $\omega$ 从 $0 \to \infty$ 时，向量 $G(j\omega)$ 的端点在复平面上描绘出的轨迹就是幅相曲线。通常把 $\omega$ 作为参变量标在曲线的旁边，并用箭头表示 $\omega$ 增大时特性曲线的走向。

图 5-2 为 RC 网络的幅相曲线，实轴正方向为相角零度线，逆时针方向为正。

绘制 $G(j\omega)$ 的幅相曲线时需取 $\omega$ 的增量逐点做出，不便于手工作图。一般情况下可依据作图原理粗略绘制出幅相曲线的草图，具体绘制方法将在 5.2 节中介绍。

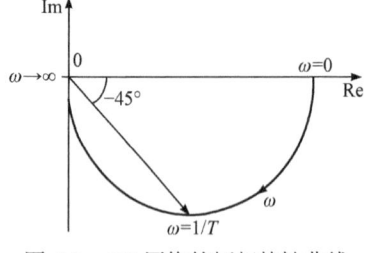

图 5-2 RC 网络的幅相特性曲线

**2. 对数频率特性曲线**

对数频率特性曲线又称伯德(Bode)图，由对数幅频和对数相频两条曲线组成。对数频率特性曲线的横坐标是频率 $\omega$，按其对数 $\lg\omega$ 分度，单位为弧度/秒(rad/s)。对数幅频特性曲线的纵坐标表示对数幅频特性的函数值，均匀分度，单位是分贝(dB)。频率特性 $G(j\omega)$ 的对数幅频特性定义为

$$L(\omega) = 20\lg A(\omega) \tag{5-9}$$

对数相频特性曲线的纵坐标表示相频特性的函数值，均匀分度，单位是度(°)。Bode 图的坐标系如图 5-3 所示。

此坐标系称为半对数坐标，其优点如下。

(1) 横坐标采用对数刻度，将低频段相对展宽，高频段相对压缩，可在较宽的频段范围内研究系统的频率特性。

(2) 对数运算可将乘除运算变成加减运算，当绘制由多个环节串联而成的系统的对

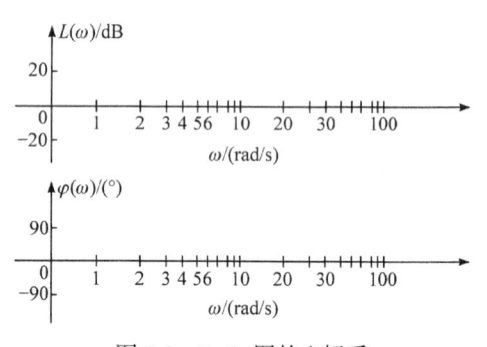

图 5-3 Bode 图的坐标系

数幅频特性曲线时，只要将各个环节的对数幅频特性曲线的纵坐标相加、减即可，简化了画图过程。

(3) $\omega$ 频率每变化十倍称为一个十倍频程，记为 dec，例如，$\omega$ 从 1 到 10，2 到 20，10 到 100 等，在 $\omega$ 轴上的长度都相等，每个 dec 沿横坐标走过的间隔为一个单位长度。

(4) 在对数坐标图上，所有典型环节的对数幅频特性乃至系统的对数幅频特性均可用分段线性近似表示，且有相当的精度。若对分段直线进行修正，即可得到精确的特性曲线。

(5) 对一些难以建立传递函数的环节或系统，可将实验获得的频率特性数据画成对

数频率特性曲线，能方便地进行系统分析。

图 5-4 为 RC 网络 $G(j\omega) = 1/(1+jT\omega)$，$T = 0.5$ 时对应的 Bode 图。

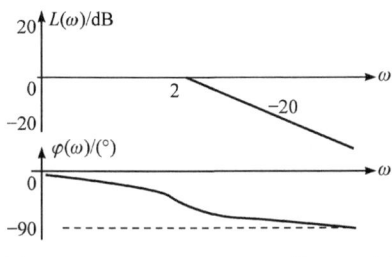

图 5-4　$G(j\omega) = 1/(1+jT\omega)$ 的 Bode 图

## 5.2　典型环节的频率特性

开环系统的频率特性是系统频域分析的依据，而开环传递函数可以分解为一些基本因式的乘积，这些因式被称作典型环节，本节将叙述各典型环节频率特性曲线的绘图要点及绘制方法。

### 5.2.1　比例环节

比例环节的传递函数为

$$G(s) = K \tag{5-10}$$

频率特性为

$$G(j\omega) = K \tag{5-11}$$

**1. 幅相曲线**

幅频特性为

$$A(\omega) = K \tag{5-12}$$

相频特性为

$$\varphi(\omega) = 0° \tag{5-13}$$

其幅相曲线如图 5-5 所示。

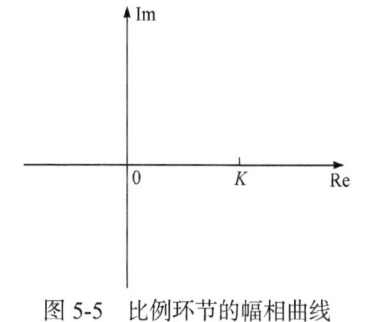

图 5-5　比例环节的幅相曲线

**2. Bode 图**

对数幅频特性表达式为

$$L(\omega) = 20\lg K \tag{5-14}$$

对数相频特性表达式为

$$\varphi(\omega) = 0° \tag{5-15}$$

其 Bode 图如图 5-6 所示。

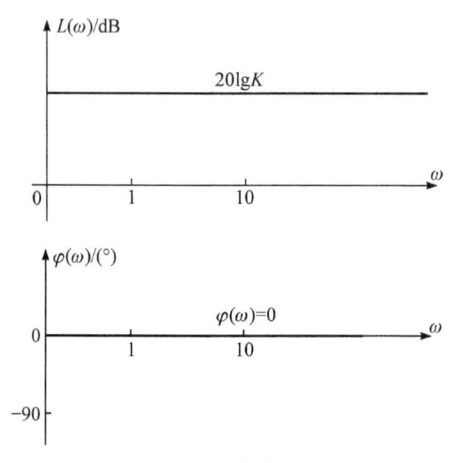

图 5-6 比例环节的 Bode 图

## 5.2.2 积分环节

积分环节的传递函数为

$$G(s) = \frac{1}{s} \tag{5-16}$$

频率特性为

$$G(j\omega) = \frac{1}{j\omega} \tag{5-17}$$

### 1. 幅相曲线

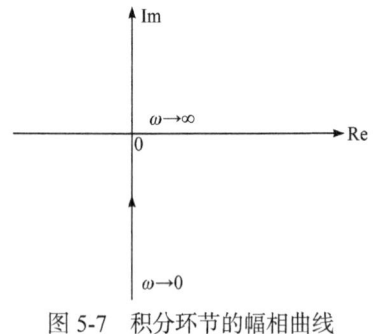

幅频特性为

$$A(\omega) = \frac{1}{\omega} \tag{5-18}$$

相频特性为

$$\varphi(\omega) = -90° \tag{5-19}$$

当 $\omega$ 从 $0 \to \infty$ 时，其幅角恒为 $-90°$，幅值的大小与 $\omega$ 成反比。因此，其幅相曲线在负虚轴上，如图 5-7 所示。

图 5-7 积分环节的幅相曲线

### 2. Bode 图

对数幅频特性表达式为

$$L(\omega) = 20\lg A(\omega) = -20\lg \omega \tag{5-20}$$

曲线为每十倍频程衰减 20dB 的等斜率变化直线。

对数相频特性表达式为

$$\varphi(\omega) = -90° \tag{5-21}$$

因此，在图上是相角为 $-90°$ 的一条直线。积分环节的 Bode 图如图 5-8 所示。

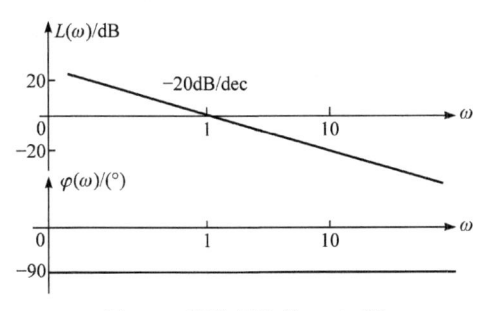

图 5-8 积分环节的 Bode 图

### 5.2.3 微分环节

微分环节的传递函数为

$$G(s) = s \tag{5-22}$$

频率特性为

$$G(j\omega) = j\omega \tag{5-23}$$

**1. 幅相曲线**

幅频特性为

$$A(\omega) = \omega \tag{5-24}$$

当 $\omega$ 从 $0 \to \infty$ 时，其幅角恒为 $+90°$，幅值的大小与 $\omega$ 成正比。因此其幅相曲线在正虚轴上，如图 5-9 所示。

**2. Bode 图**

对数幅频特性表达式为

$$L(\omega) = 20\lg A(\omega) = +20\lg\omega \tag{5-25}$$

与积分环节相反，曲线为每十倍频程增加 20dB 的等斜率变化直线。

对数相频特性表达式为

$$\varphi(\omega) = +90° \tag{5-26}$$

因此，在图上是相角为 $+90°$ 的一条直线。微分环节的 Bode 图如图 5-10 所示。

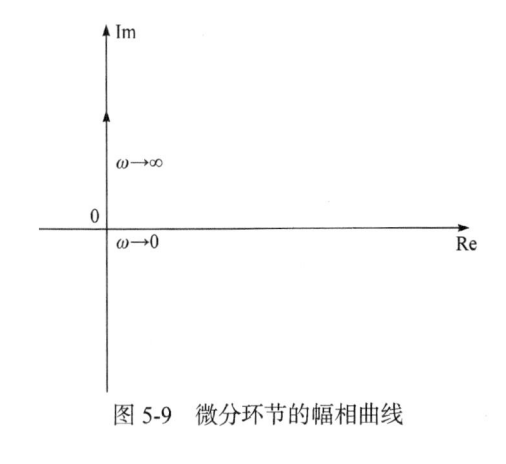

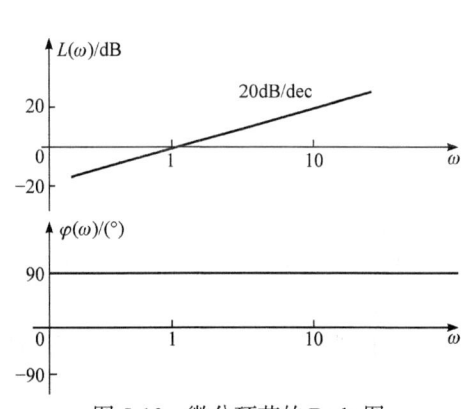

图 5-9 微分环节的幅相曲线　　图 5-10 微分环节的 Bode 图

微分环节与积分环节的传递函数互为倒数，对数幅频特性和对数相频特性仅差一个符号，因此它们的 Bode 图对称于横轴。

### 5.2.4 惯性环节

惯性环节的传递函数为

$$G(s) = \frac{1}{1+Ts} \tag{5-27}$$

频率特性为

$$G(j\omega) = \frac{1}{1+j\omega T} \tag{5-28}$$

#### 1. 幅相曲线

实部与虚部表达式为

$$G(j\omega) = \frac{1}{1+\omega^2 T^2} - j\frac{\omega T}{1+\omega^2 T^2} \tag{5-29}$$

其模角表达式为

$$G(j\omega) = \frac{1}{\sqrt{1+\omega^2 T^2}} \angle -\arctan\omega T \tag{5-30}$$

幅频特性为

$$A(\omega) = \frac{1}{\sqrt{1+\omega^2 T^2}} \tag{5-31}$$

显然，$\varphi(\omega)|_{\omega\to 0} = 0°$，$\varphi(\omega)|_{\omega\to\infty} \to -90°$。依据上述趋势分析可以作出惯性环节的幅相曲线如图 5-11 所示。可以证明，惯性环节的幅相曲线是圆心为 (0.5, j0)、半径为 0.5 位于第 IV 象限的半圆。

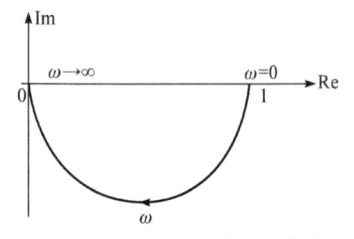

图 5-11 惯性环节的幅相曲线

#### 2. Bode 图

对数幅频特性表达式为

$$L(\omega) = 20\lg\frac{1}{\sqrt{1+\omega^2 T^2}} = -20\lg\sqrt{1+\omega^2 T^2} \tag{5-32}$$

当 $\omega$ 由零至无穷大取值时，计算出相应的对数幅值，即可绘制 $L(\omega)$ 曲线。但工程上有更简便的作图法。

① 当 $\omega \ll 1/T$ 时，对数幅频特性可近似表示为 $L(\omega) \approx -20\lg 1 = 0$；

② 当 $\omega \gg 1/T$ 时，对数幅频特性可近似表示为 $L(\omega) \approx -20\lg\omega T$。

因此，惯性环节的对数幅频曲线可用两条直线近似，低频部分为零分贝线，高频部分为斜率为 $-20\text{dB/dec}$ 的直线，两条直线交于 $\omega = 1/T$，如图 5-12 所示。频率 $\omega = 1/T$ 称为惯性环节的转折频率或交接频率。

对数相频特性表达式为

$$\varphi(\omega) = -\arctan \omega T \tag{5-33}$$

当 $\omega$ 为零时，$\varphi(\omega) = 0°$；在转折频率 $\omega = 1/T$ 处，$\varphi(\omega) = -45°$；当 $\omega$ 趋于无穷时，$\varphi(\omega) = -90°$，通过计算多个特殊点可得到对数相频曲线，如图 5-12 所示，相频曲线是单调减的，且以转折频率为中心斜对称。

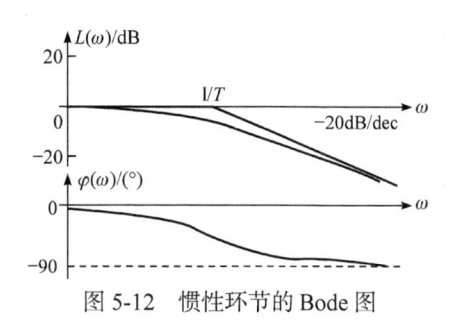

图 5-12 惯性环节的 Bode 图

### 5.2.5 一阶微分环节

一阶微分环节的传递函数为

$$G(s) = 1 + Ts \tag{5-34}$$

频率特性

$$G(j\omega) = 1 + j\omega T \tag{5-35}$$

**1. 幅相曲线**

幅频特性为

$$A(\omega) = \sqrt{1 + \omega^2 T^2} \tag{5-36}$$

相频特性为

$$\varphi(\omega) = \arctan \omega T \tag{5-37}$$

当频率 $\omega$ 从 $0 \to \infty$ 时，实部始终为单位 1，虚部则随着 $\omega$ 线性增长。所以，它的幅相曲线如图 5-13 所示。

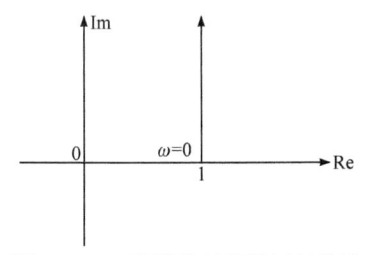

图 5-13 一阶微分环节的幅相曲线

**2. Bode 图**

对数幅频特性表达式

$$L(\omega) = 20 \lg \sqrt{1 + \omega^2 T^2} \tag{5-38}$$

对数相频特性表达式为

$$\varphi(\omega) = \arctan \omega T \tag{5-39}$$

从上面的表达式可以看出，由于一阶微分环节与惯性环节的对数幅频特性和对数相频特性相差一个符号，它们的 Bode 图以横轴互为镜像，因此，研究一阶惯性环节得到的结论可以类推到一阶微分环节。一阶微分环节的 Bode 图，如图 5-14 所示。

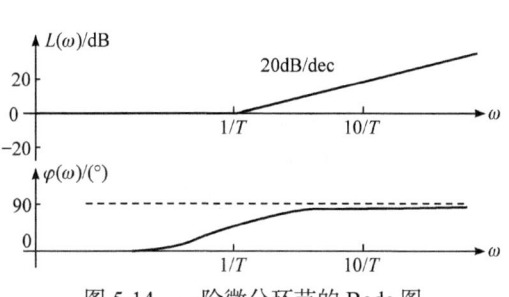

图 5-14 一阶微分环节的 Bode 图

### 5.2.6 振荡环节

振荡环节的传递函数为

$$G(s) = \frac{1}{T^2 s^2 + 2T\zeta s + 1} = \frac{\omega_n^2}{s^2 + 2\zeta\omega_n s + \omega_n^2} \tag{5-40}$$

式中，$\omega_n > 0$；$0 < \zeta < 1$。式(5-40)也是欠阻尼二阶系统的传递函数，因此，研究欠阻尼二阶系统得到的结论也完全适用于振荡环节。

其频率特性为

$$G(j\omega) = \frac{\omega_n^2}{(j\omega)^2 + j2\zeta\omega_n\omega + \omega_n^2} = \frac{1}{1 - \left(\frac{\omega}{\omega_n}\right)^2 + j2\zeta\frac{\omega}{\omega_n}} \tag{5-41}$$

#### 1. 幅相曲线

幅频特性为

$$A(\omega) = \frac{1}{\sqrt{\left(1 - \frac{\omega^2}{\omega_n^2}\right)^2 + 4\zeta^2 \frac{\omega^2}{\omega_n^2}}} \tag{5-42}$$

相频特性为

$$\varphi(\omega) = -\arctan \frac{2\zeta \frac{\omega}{\omega_n}}{1 - \frac{\omega^2}{\omega_n^2}} \tag{5-43}$$

当 $\omega = 0$ 时，$A(0) = 1$，$\varphi(0) = 0°$；当 $\omega = \omega_n$ 时，$A(\omega_n) = 1/(2\zeta)$，$\varphi(\omega_n) = -90°$；当 $\omega = \infty$ 时，$A(\infty) = 0$，$\varphi(\infty) = -180°$。故振荡环节的幅相曲线从实轴上 $(1, j0)$ 点开始，顺时针经第四象限后与负虚轴交于 $(0, -j/2\zeta)$，最后在第三象限和负实轴相切并交于原点，如图 5-15 所示。

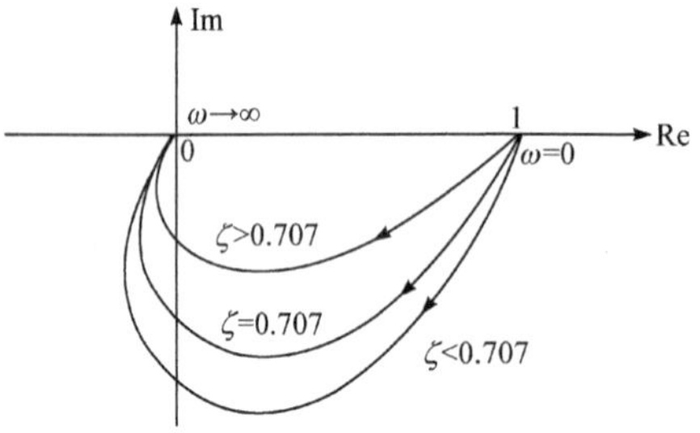

图 5-15 振荡环节的幅相曲线

由图 5-15 可见，振荡环节的幅相特性曲线形状与 $\zeta$ 值有关。幅频特性的最大值随 $\zeta$ 减小而增大，其值可能大于 1。当 $\zeta$ 较小时，随 $\omega$ 从 $0 \to \infty$ 时，$A(\omega)$ 先增加然后逐渐衰减至零。$A(\omega)$ 达到极大值时对应的幅值称为谐振峰值，记作 $M_r$，对应的频率称为谐振频率，记为 $\omega_r$。

在产生谐振峰值处，必有

$$\frac{\mathrm{d}}{\mathrm{d}\omega} A(\omega)\big|_{\omega=\omega_r} = 0 \tag{5-44}$$

因此，可以求解得到谐振频率为

$$\omega_r = \omega_n\sqrt{1-2\zeta^2} \tag{5-45}$$

将其代入幅值表达式，求得谐振幅值为

$$M_r = A(\omega_r) = \frac{1}{2\zeta\sqrt{1-\zeta^2}} \tag{5-46}$$

可以看出：

(1) $\zeta > 0.707$，没有谐振峰值，$A(\omega)$ 单调衰减；

(2) $\zeta = 0.707$，$M_r = 1$，$\omega_r = 0$，这正是幅频特性曲线的初始点；

(3) $\zeta < 0.707$，$M_r > 1$，$\omega_r > 0$，幅频 $A(\omega)$ 出现谐振峰值，$\zeta$ 越小，谐振峰值 $M_r$ 及谐振频率 $\omega_r$ 越高；

(4) $\zeta = 0$，谐振峰值 $M_r$ 趋于无穷，谐振频率 $\omega_r$ 趋于 $\omega_n$。这表明外加正弦信号的频率和自然振荡频率相同，引起环节的共振，环节处于临界稳定的状态。

谐振峰值过高，意味着动态响应的超调量大，过程不平稳。对振荡环节或二阶系统来说，相当于阻尼比 $\zeta$ 小，这和时域分析法所得结论是一致的。

2. Bode 图

对数幅频特性表达式为

$$L(\omega) = 20\lg\frac{1}{\sqrt{\left(1-\frac{\omega^2}{\omega_n^2}\right)^2 + 4\zeta^2\frac{\omega^2}{\omega_n^2}}} \tag{5-47}$$

根据式(5-47)可以作出两条渐近线。

当 $\omega \ll \omega_n$ 时，$L(\omega) \approx 0$，为零分贝线；当 $\omega \gg \omega_n$ 时，$L(\omega) \approx -20\lg(\omega^2/\omega_n^2) = -40\lg(\omega/\omega_n)$，这是一条斜率为-40dB/dec 的直线，和零分贝线交于 $\omega = \omega_n$。

以上得到的两条渐近线都与阻尼比无关，实际上，幅频特性在谐振频率处有峰值，峰值大小取决于阻尼比，这一特点也必然反映在对数幅频曲线上。图 5-16 展示了渐近线及实际系统中不同阻尼比情况下得到的振荡环节的对数幅频特性曲线。

对数相频特性表达式为

$$\varphi(\omega) = -\arctan\frac{2\zeta\dfrac{\omega}{\omega_n}}{1-\dfrac{\omega^2}{\omega_n^2}} \tag{5-48}$$

当 $\omega = 0$ 时，有 $\varphi(0) = 0°$；当 $\omega = \omega_n$ 时，有 $\varphi(\omega_n) = -90°$；当 $\omega \to \infty$ 时，有 $\varphi(\infty) = -180°$。

由于系统阻尼比取值不同，$\varphi(\omega)$ 在 $\omega = \omega_n$ 邻域的角度变化率也不同，阻尼比越小，变化率越大。对数相频特性曲线如图 5-16 所示。

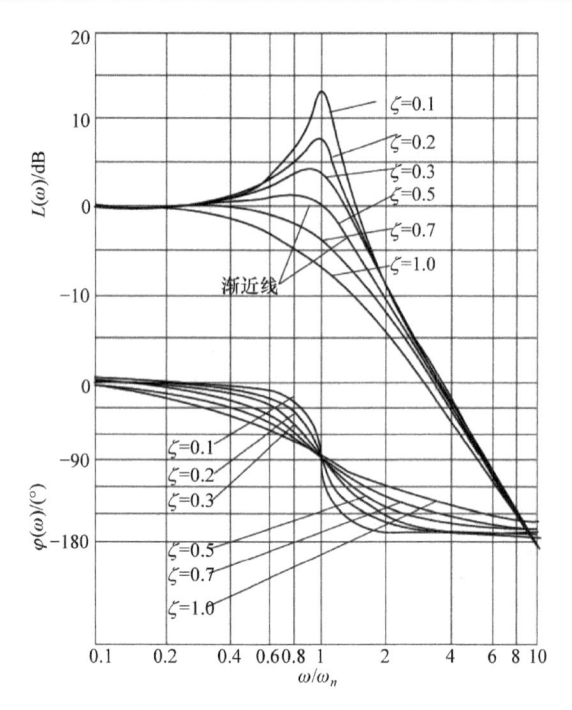

图 5-16 振荡环节的 Bode 图

### 5.2.7 二阶微分环节

二阶微分环节的传递函数为

$$G(s) = T^2 s^2 + 2\zeta T s + 1 = \frac{s^2 + 2\zeta \omega_n s + \omega_n^2}{\omega_n^2} \tag{5-49}$$

其频率特性为

$$G(j\omega) = 1 - \frac{\omega^2}{\omega_n^2} + j2\zeta \frac{\omega}{\omega_n} \tag{5-50}$$

它的幅相曲线如图 5-17 所示。由于二阶微分环节与振荡环节的传递函数互为倒数，因此，其 Bode 图与振荡环节的 Bode 图以横轴互为镜像。

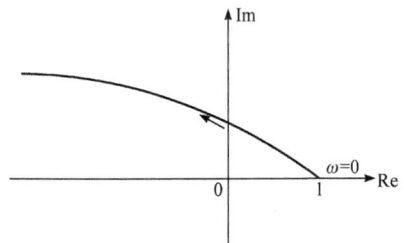

图 5-17 二阶微分环节的幅相曲线

### 5.2.8 延迟环节

延迟环节的传递函数为

$$G(s) = e^{-\tau s} \tag{5-51}$$

频率特性为

$$G(j\omega) = e^{-j\omega\tau} \tag{5-52}$$

幅频特性为

$$A(\omega) = \left| e^{-j\omega\tau} \right| = 1 \tag{5-53}$$

相频特性为

$$\varphi(\omega) = -\omega\tau(\mathrm{rad}) = -57.3\omega\tau(°) \tag{5-54}$$

幅相曲线如图 5-18 所示。由于幅值总是 1，相角随频率而变化，其幅相曲线为一圆心在原点的单位圆。Bode 图如图 5-19 所示。由于 $\varphi(\omega)$ 随频率的增长而线性滞后，将严重影响系统的稳定性。

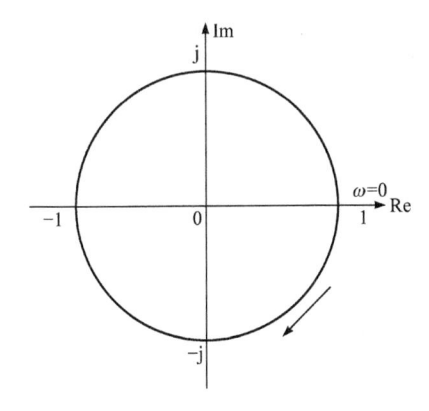

图 5-18 延迟环节的幅相曲线

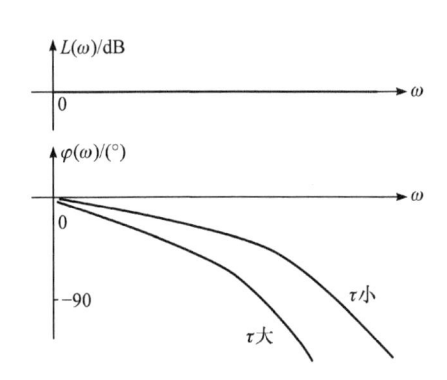

图 5-19 延迟环节的 Bode 图

## 5.3 控制系统的开环频率特性

利用控制系统的开环频率特性曲线，即开环幅相曲线和开环 Bode 图，可对所研究的系统进行分析或设计，本节将介绍控制系统开环幅相曲线和开环 Bode 图的绘制方法。

### 5.3.1 开环幅相曲线

开环幅相曲线的画法和典型环节的一样，可按开环传递函数的零极点分布图，用计算法绘制；或列出开环幅频特性和相频特性表达式(或实频特性和虚频特性表达式)，用解析法计算绘制；或利用开环频率特性的一些特点正确地估计出曲线的形状，近似绘制出草图，用于系统的定性分析。

下面主要介绍开环幅相曲线的近似绘制方法，需要确定开环幅相曲线的起点和终点位置，以及计算一些关键点的坐标，定性地画出开环幅相曲线草图。

控制系统开环频率特性 $G(j\omega)H(j\omega)$ 可以表示为

$$G(j\omega)H(j\omega) = \frac{K}{(j\omega)^\nu} \cdot \frac{\prod_{h=1}^{m_1}(T_h j\omega + 1) \cdot \prod_{l=1}^{m_2}(-T_l\omega^2 + 2\zeta_l T_l j\omega + 1)}{\prod_{i=1}^{n_1}(T_i j\omega + 1) \cdot \prod_{j=1}^{n_2}(-T_j\omega^2 + 2\zeta_j T_j j\omega + 1)} \tag{5-55}$$

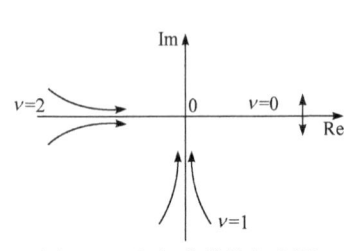

1. 幅相曲线的起点

幅相曲线的起点是 $\omega \to 0$ 时 $G(j0_+)H(j0_+)$ 在复平面上的位置,可由零极点分布图得到。对于 0 型系统,有

$$G(j0)H(j0) = K\angle 0° \tag{5-56}$$

起始于正实轴上的一点。

对于 I 型以及 I 型以上的系统,有

$$G(j0)H(j0) = \left.\frac{K}{(j\omega)^\nu}\right|_{\omega \to 0} \tag{5-57}$$

幅值为

$$\left|\frac{K}{(j\omega)^\nu}\right|_{\omega \to 0} \to \infty \tag{5-58}$$

相角为

$$\left.\angle\frac{K}{(j\omega)^\nu}\right|_{\omega \to 0} = -\nu\cdot\frac{\pi}{2} \tag{5-59}$$

所以幅相曲线的起点位置与系统型别有关,$\nu$ 取不同值时,幅相曲线的起点位置如图 5-20 所示。

图 5-20 幅相曲线的起点图

2. 幅相曲线的终点

幅相曲线的终点是 $\omega \to +\infty$ 时在复平面上的位置,当 $\omega \to +\infty$,有

$$G(+j\infty)H(+j\infty) = \left.\frac{K}{(j\omega)^{n-m}}\right|_{\omega \to \infty} \tag{5-60}$$

模值为

$$\left|\frac{K}{(j\omega)^{n-m}}\right|_{\omega \to \infty} = 0 \tag{5-61}$$

相角为

$$\left.\angle\frac{K}{(j\omega)^{n-m}}\right|_{\omega \to \infty} = -(n-m)\cdot\frac{\pi}{2} \tag{5-62}$$

所以幅相曲线的终点趋于坐标原点,只是入射的角度不同,入射角度的大小由分母多项式的次数与分子多项式的次数之差 $n-m$ 来决定。各种趋势情况如图 5-21 所示。

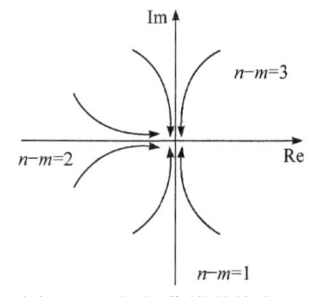

图 5-21 幅相曲线的终点图

3. 与实轴的交点

令幅相特性表达式中虚部为零,解得 $\omega_x$,再把 $\omega_x$ 代入 $G(j\omega)H(j\omega)$ 的实部,即得与实轴的交点坐标。

根据上述三条，可以定性地做出开环频率特性 $G(j\omega)H(j\omega)$ 的幅相曲线草图。

【例 5-1】 某 0 型反馈控制系统，其开环传递函数为 $G(s)H(s) = \dfrac{K}{(T_1s+1)(T_2s+1)}$，若 $T_1 > T_2$，试概略绘制系统开环幅相曲线。

**解** 系统开环频率特性为

$$G(j\omega)H(j\omega) = \frac{K}{(jT_1\omega+1)(jT_2\omega+1)} = \frac{K(1-jT_1\omega)(1-jT_2\omega)}{(1+T_1^2\omega^2)(1+T_2^2\omega^2)}$$

$$= \frac{K(1-T_1T_2\omega^2) - jK(T_1\omega+T_2\omega)}{(1+T_1^2\omega^2)(1+T_2^2\omega^2)}$$

可得 $G(j0)H(j0) = K\angle 0°$，$G(j\infty)H(j\infty) = 0\angle -180°$，当 $\omega = 1/\sqrt{T_1T_2}$ 时，与虚轴负半轴相交，其幅相曲线大致形状如图 5-22 所示。

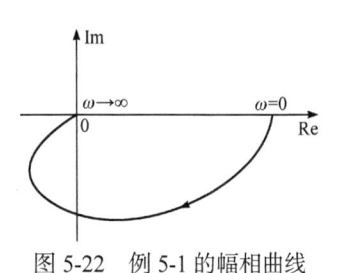

图 5-22 例 5-1 的幅相曲线

### 5.3.2 开环 Bode 图

系统的开环对数幅频特性可表示为典型环节连乘积的形式，对 $n$ 个环节串联的系统，不失一般性，可讨论单位负反馈的情况，其开环传递函数可表示为 $G(s) = G_1(s)G_2(s)\cdots G_n(s)$，则频率特性为

$$G(j\omega) = G_1(j\omega)G_2(j\omega)\cdots G_n(j\omega) = A(\omega) \cdot e^{j\varphi(\omega)} \tag{5-63}$$

式中，$A(\omega) = A_1(\omega)A_2(\omega)\cdots A_n(\omega) = \prod_{i=1}^{n} A_i(\omega)$，$\varphi(\omega) = \sum_{i=1}^{n} \varphi_i(\omega)$。则系统的开环对数幅频特性为

$$L(\omega) = 20\lg A(\omega) = 20\lg \prod_{i=1}^{n} A_i(\omega) = \sum_{i=1}^{n} 20\lg A_i(\omega) = \sum_{i=1}^{n} L_i(\omega) \tag{5-64}$$

开环对数相频特性为

$$\varphi(\omega) = \sum_{i=1}^{n} \varphi_i(\omega) \tag{5-65}$$

式(5-64)和式(5-65)表明：系统的开环对数幅频特性 $L(\omega)$ 等于各个串联环节对数幅频特性之和；系统的开环对数相频特性 $\varphi(\omega)$ 等于各个环节对数相频特性之和。

典型环节的对数幅频特性可近似用渐近线表示，对数相频特性又具有对称的特点，因此开环对数频率特性曲线的绘制，可以利用各个环节的近似曲线图形相加得到。

【例 5-2】 对图 3-11 系统，设 $T_m = 0.2$，$K = 10$，则该单位反馈控制系统的开环传递函数为 $G(s) = \dfrac{10}{s(0.2s+1)}$，请绘制系统的开环 Bode 图。

**解** 开环传递函数由以下三个典型环节组成：比例环节 10、积分环节 $1/s$ 和惯性环节 $1/(0.2s+1)$。

三个典型环节的对数频率特性曲线和将这些典型环节的对数幅频、相频曲线分别相加后的开环 Bode 图，如图 5-23 所示。

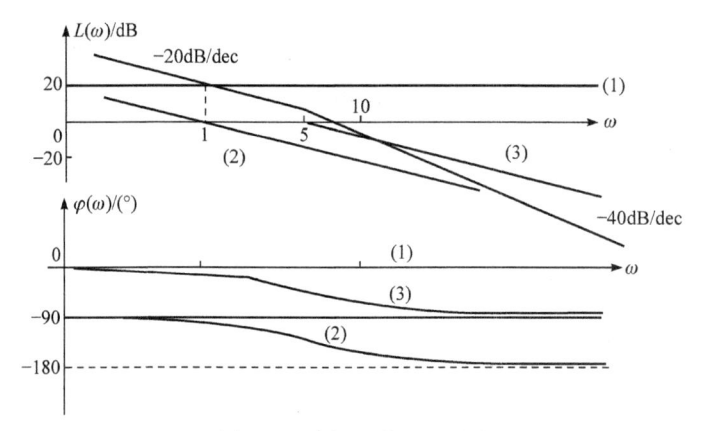

图 5-23 例 5-2 的 Bode 图
(1)-比例环节；(2)-积分环节；(3)-惯性环节

分析图 5-23 的开环对数幅频曲线可知，有下列特点：
(1) 最左端直线的斜率为–20dB/dec，这一斜率完全由 $G(s)$ 的积分环节数决定；
(2) 当 $\omega=1$ 时，曲线的分贝值等于 $20\lg K$；
(3) 在惯性环节转折频率 5(rad/s)处，斜率从–20dB/dec 变为–40dB/dec。

由例 5-2 可推知，一般的近似对数幅频曲线有如下特点。
(1) 最左端直线的斜率为 $-20\nu$dB/dec，这里 $\nu$ 是积分环节的个数；
(2) 在 $\omega=1$ 时，最左端直线或其延长线的分贝值等于 $20\lg K$；
(3) 在转折频率处，曲线的斜率发生改变，改变多少取决于典型环节种类。例如，惯性环节后，斜率减少 20dB/dec；而在振荡环节后，斜率减少 40dB/dec。

掌握以上特点，就能根据开环传递函数直接绘制对数幅频特性曲线。

【例 5-3】 已知单位反馈系统的开环传递函数为 $G(s)H(s)=\dfrac{100(s+2)}{s(s+1)(s+20)}$，试绘制系统的开环对数幅频特性曲线。

**解** 先将 $G(s)H(s)$ 化成由典型环节串联的标准形式

$$G(s)H(s)=\frac{10(0.5s+1)}{s(s+1)(0.05s+1)}$$

系统由 5 个典型环节组成。

比例环节：$G_1(j\omega)H_1(j\omega)=10$。

积分环节：$G_2(j\omega)H_2(j\omega)=1/(j\omega)$。

惯性环节 1：$G_3(j\omega)H_3(j\omega)=1/(j\omega+1)$。

惯性环节 2：$G_4(j\omega)H_4(j\omega)=1/(0.05j\omega+1)$。

一阶比例微分环节：$G_5(j\omega)H_5(j\omega)=0.5j\omega+1$。

然后按下列步骤绘制近似 $L(\omega)$ 曲线。

(1) 把各典型环节对应的转折频率标在 $\omega$ 轴上，转折频率分别为 1，2，20，如图 5-24 所示。

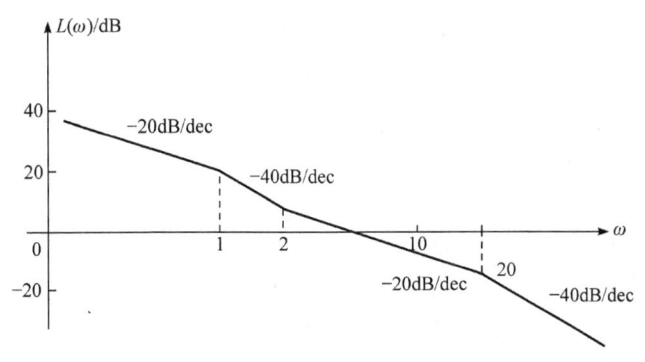

图 5-24 例 5-3 的对数幅频特性曲线

(2) 画出低频段直线(最左端)。$\nu=1$，斜率为$-20$dB/dec；当$\omega=1$时，为 $20\lg K = 20$dB。

(3) 由低频向高频延续，每经过一个转折频率，斜率作适当的改变。$\omega=1,2,20$分别为惯性环节、一阶比例微分环节和惯性环节的转折频率，故当低频段直线延续到$\omega=1$时，直线斜率由$-20$dB/dec 变为$-40$dB/dec；当$\omega=2$时，直线斜率由$-40$dB/dec 变为$-20$dB/dec；当$\omega=20$时，直线斜率由$-20$dB/dec 变为$-40$dB/dec。绘制出的对数幅频特性曲线，如图 5-24 所示。

### 5.3.3 最小相位系统与非最小相位系统

开环零点与开环极点全部位于 $s$ 左半平面的系统为最小相位系统，否则称为非最小相位系统。如果两个系统有相同的幅频特性，那么对大于零的任何频率，最小相位系统的相角总小于非最小相位系统的相角，已知两个系统的开环传递函数分别为 $G_1(s)H_1(s)=\dfrac{1+T_2s}{1+T_1s}$，$G_2(s)H_2(s)=\dfrac{1-T_2s}{1+T_1s}$（$T_1>T_2>0$），可作出两系统的开环 Bode 图，如图 5-25 所示，可看出两个系统的幅频特性是相同的，而相频特性不同，最小相位系统的相角变化范围比非最小相位系统相角变化范围小。这就是"最小相位"的由来。

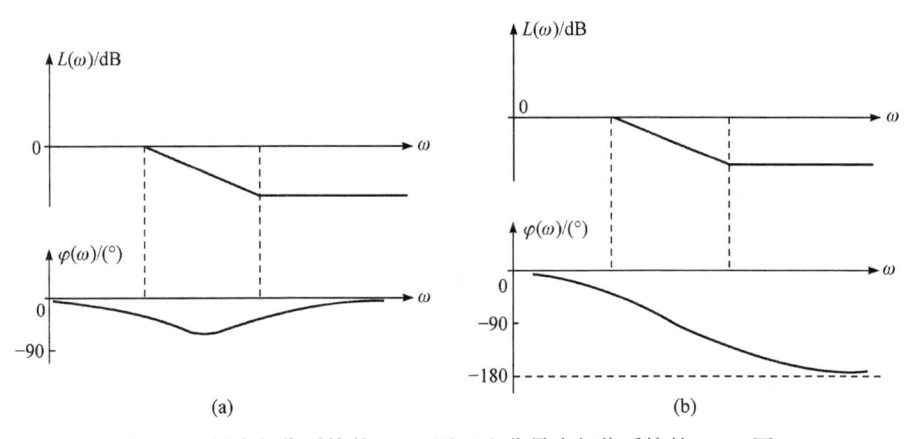

图 5-25 最小相位系统的 Bode 图(a)和非最小相位系统的 Bode 图(b)

最小相位系统的幅频特性和相频特性间不是独立的，两者具有严格确定的关系。如果确定了系统的幅频特性，则系统的相频特性也就确定了，反之亦然。因此，对最小相位系统的研究，可以只考虑幅频特性，并且在已知 $L(\omega)$ 曲线时，可以确定系统的传递函数。

【**例 5-4**】 某最小相位系统的开环对数幅频特性曲线如图 5-26 所示，试写出该系统的开环传递函数。

**解** 由图 5-26 可见，低频段直线斜率是 $-20$dB/dec，故系统包含一个积分环节。

$\omega = 1$ 时，低频段直线的坐标为 15dB，即 $20\lg K = 15$，可知比例环节的 $K = 5.6$。

因为 $\omega = 2$ 时，近似特性曲线的斜率从 $-20$dB/dec 变为 $-40$dB/dec，故 $\omega = 2$ 是惯性环节的转折频率。类似分析得知，$\omega = 7$ 是一阶比例微分环节的转折频率。于是系统的开环传递函数为 $G(s)H(s) = \dfrac{5.6(1+1/7s)}{s(1+1/2s)}$。

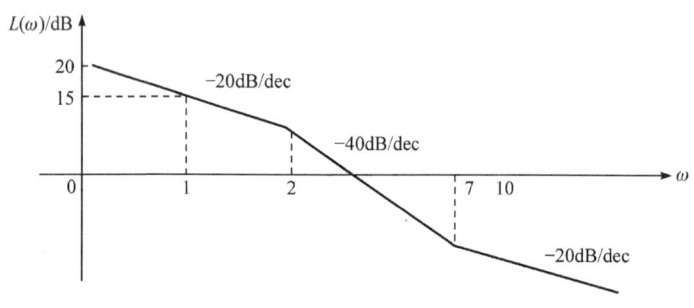

图 5-26 例 5-4 的 $L(\omega)$ 曲线图

## 5.4 奈奎斯特稳定判据

奈奎斯特(Nyquist)稳定判据(简称奈氏判据)由 H Nyquist 于 1932 年提出，具有以下特点。

(1) 系统的开环传递函数表达式未知时，无法用劳斯判据或根轨迹法判断闭环稳定性，而奈氏判据可应用开环频率特性曲线判断闭环稳定性。开环频率特性曲线可按开环频率特性绘制，也可全部或部分由实验方法绘制。

(2) 便于研究系统参数和结构改变对稳定性的影响。

(3) 方便研究包含延迟环节系统的稳定性。

(4) 奈氏判据稍加推广还可用来分析某些非线性系统的稳定性。

### 5.4.1 辅助函数 $F(s)$

研究如图 5-27 所示系统，图中 $G(s)$ 和 $H(s)$ 为两个多项式之比

图 5-27 负反馈控制系统

$$G(s) = \frac{M_1(s)}{N_1(s)} \tag{5-66}$$

$$H(s) = \frac{M_2(s)}{N_2(s)} \tag{5-67}$$

式中，$M_1(s)$、$M_2(s)$为分子多项式；$N_1(s)$、$N_2(s)$为分母多项式。分子多项式的最高方次为$m_1$和$m_2$，分母多项式的最高次为$n_1$和$n_2$，且有$m_1 \leq n_1$，$m_2 \leq n_2$。

若$G(s)$和$H(s)$无零点和极点对消，则系统的开环传递函数为

$$G(s)H(s) = \frac{M_1(s)M_2(s)}{N_1(s)N_2(s)} \tag{5-68}$$

闭环传递函数为

$$\Phi(s) = \frac{G(s)}{1+G(s)H(s)} = \frac{M_1(s)N_2(s)}{N_1(s)N_2(s)+M_1(s)M_2(s)} \tag{5-69}$$

奈氏判据从研究闭环特征多项式和开环特征多项式之比这一函数着手，此函数仍是复变量$s$的函数，称之为辅助函数，记作$F(s)$，即

$$F(s) = \frac{N_1(s)N_2(s)+M_1(s)M_2(s)}{N_1(s)N_2(s)} = 1 + \frac{M_1(s)M_2(s)}{N_1(s)N_2(s)} = 1 + G(s)H(s) \tag{5-70}$$

显然，辅助函数和开环传递函数之间仅相差 1。考虑到物理系统中，开环传递函数分子的最高次幂$m$小于分母的最高次幂$n$，故$F(s)$的分子和分母两个多项式的最高次幂一样，均为$n$。$F(s)$可改写为

$$F(s) = \frac{\prod\limits_{i=1}^{n}(s-z_i)}{\prod\limits_{i=1}^{n}(s-p_i)} \tag{5-71}$$

式中，$z_i$和$p_i$分别为$F(s)$的零点和极点。

由以上分析可知，$F(s)$具有如下特点：①其零点和极点分别是闭环和开环特征根；②零点和极点个数相同；③$F(s)$和$G(s)H(s)$只相差常数 1；④$s$沿闭合曲线$\varGamma$运动一周所产生的闭合曲线$\varGamma_F$沿实轴负方向平移一个单位就能获得闭合曲线$\varGamma_{GH}$。闭合曲线$\varGamma_F$包围$F(s)$平面$(0,0)$点的圈数同闭合曲线$\varGamma_{GH}$包围$F(s)$平面$(-1,j0)$点的圈数相等，如图 5-28 所示。

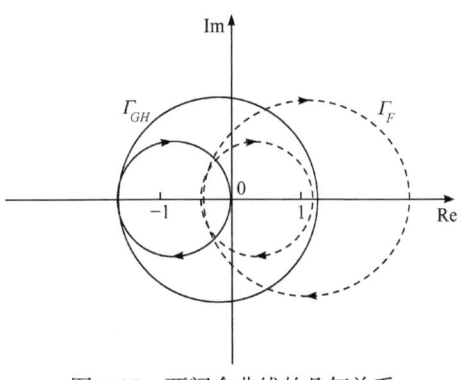

图 5-28 两闭合曲线的几何关系

通过辅助函数$F(s)$将控制系统的开环极点与闭环极点联系了起来，在已知开环极点的情况下可判别未知的闭环极点的情况，从而判断闭环系统的稳定性。

### 5.4.2 幅角原理

设$s$为复数变量，$F(s)$为$s$的有理分式函数。对于$s$平面上任意一点$s$，通过复变函数$F(s)$的映射关系，在$F(s)$平面上可以确定关于$s$的象。在$s$平面上任选一条闭合曲线$\varGamma$，且不通过$F(s)$的任一零点和极点，$s$从闭合曲线$\varGamma$上任一点$A$起，顺时针沿$\varGamma$

运动一周,再回到 $A$ 点,则相应地,$F(s)$ 平面上也从点 $F(A)$ 起,到 $F(A)$ 点止形成一条闭合曲线 $\Gamma_F$。为讨论方便,取 $F(s)$ 为下述简单形式:

$$F(s) = \frac{(s-z_1)(s-z_2)}{(s-p_1)(s-p_2)} \quad (5-72)$$

式中,$z_1$、$z_2$ 为 $F(s)$ 的零点;$p_1$、$p_2$ 为 $F(s)$ 的极点。不失一般性,取 $s$ 平面上 $F(s)$ 的零点和极点以及闭合曲线的位置,如图 5-29 所示,$\Gamma$ 包围 $F(s)$ 的零点 $z_1$ 和极点 $p_1$。

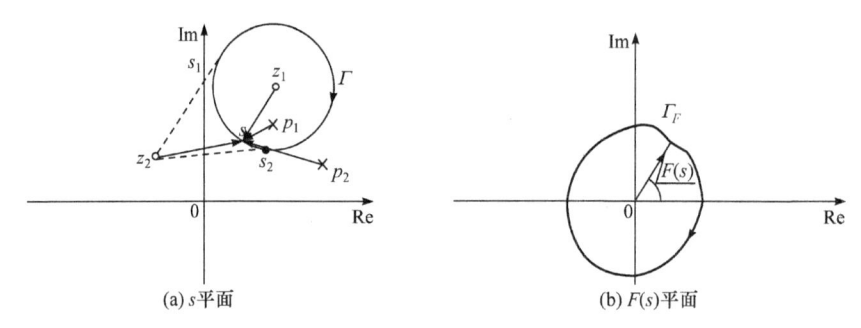

(a) $s$ 平面      (b) $F(s)$ 平面

图 5-29   $s$ 和 $F(s)$ 平面的映射关系

设复变量 $s$ 沿闭合曲线 $\Gamma$ 顺时针运动一周,研究 $F(s)$ 相角的变化情况

$$\delta \angle F(s) = \oint_{\Gamma} \angle F(s) \mathrm{d}s$$

因为

$$\angle F(s) = \angle(s-z_1) + \angle(s-z_2) - \angle(s-p_1) - \angle(s-p_2) \quad (5-73)$$

所以,有

$$\delta \angle F(s) = \delta \angle(s-z_1) + \delta \angle(s-z_2) - \delta \angle(s-p_1) - \delta \angle(s-p_2) \quad (5-74)$$

由于 $z_1$ 和 $p_1$ 被 $\Gamma$ 所包围,故按复平面向量的相角定义,逆时针旋转为正,顺时针旋转为负,则有 $\delta \angle(s-z_1) = \delta \angle(s-p_1) = -2\pi$。而对于零点 $z_2$,由于未被 $\Gamma$ 所包围,过 $z_2$ 作两条直线与闭合曲线 $\Gamma$ 相切,设 $s_1$,$s_2$ 为切点。则在 $\Gamma$ 的 $\widehat{s_1 s_2}$ 段,$s-z_2$ 的角度减小,在 $\Gamma$ 的 $\widehat{s_2 s_1}$ 段,角度增大,且 $s-z_2$ 的角度在 $\widehat{s_1 s_2}$ 段和 $\widehat{s_2 s_1}$ 段大小相等,方向相反,则有 $\delta \angle(s-z_2) = 0$。$p_2$ 未被 $\Gamma$ 包围,同理可得 $\delta \angle(s-p_2) = 0$。上述讨论表明,当 $s$ 沿 $s$ 平面任意闭合曲线 $\Gamma$ 运动一周时,$F(s)$ 绕 $F(s)$ 平面原点的圈数只和 $F(s)$ 被闭合曲线 $\Gamma$ 所包围的极点和零点的代数和有关。上例中 $\delta \angle F(s) = 0$。

幅角原理:设 $s$ 平面闭合曲线 $\Gamma$ 包围 $F(s)$ 的 $Z$ 个零点和 $P$ 个极点,则 $s$ 沿 $\Gamma$ 顺时针运动一周时,在 $F(s)$ 平面上相对应的封闭曲线 $\Gamma_F$ 包围原点的圈数:

$$R = P - Z \quad (5-75)$$

$R<0$ 和 $R>0$ 分别表示 $\Gamma_F$ 顺时针包围和逆时针包围 $F(s)$ 平面的原点,$R=0$ 表示不包围 $F(s)$ 平面的原点。

## 5.4.3 奈奎斯特稳定判据

如果把 $s$ 平面虚轴和半径 $\rho$ 为无穷的半圆取为封闭曲线 $\Gamma$,如图 5-30 所示,那么,$\Gamma$ 就包括全部右半 $s$ 平面。幅角原理表达式(5-75)中的 $P$ 和 $Z$ 则分别表示辅助函数 $F(s)$ 位于右半 $s$ 平面的极点、零点数。

根据辅助函数 $F(s)$ 的第四个特点,闭合曲线 $\Gamma_F$ 逆时针包围 $F(s)$ 平面原点 $(0,0)$ 的圈数同闭合曲线 $\Gamma_{GH}$ 逆时针包围 $F(s)$ 平面 $(-1,j0)$ 点的圈数相等,且物理系统中开环传递函数分母的最高次幂总大于分子最高次幂,当 $s$ 沿 $\rho$ 为无穷的半圆取值时,通过 $G(s)H(s)$ 映射到 $G(s)H(s)$ 平面的像是原点,这恰好是 $s$ 平面虚轴无穷远点映射到 $G(s)H(s)$ 平面的像。

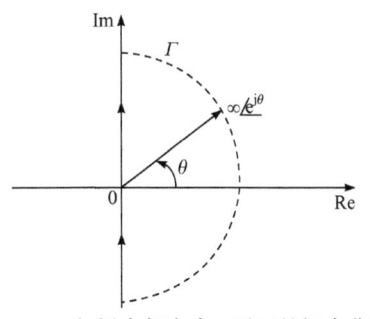

图 5-30 包括全部右半 $s$ 平面的闭合曲线

于是式(5-75)中的 $R$、$P$ 和 $Z$ 的含义变为:$R$ 为当 $\omega$ 从 $-\infty \to +\infty$ 时,$G(j\omega)H(j\omega)$ (Nyquist)曲线绕临界点 $(-1,j0)$ 逆时针转过的圈数,$P$ 为辅助函数 $F(s)$ 的右半 $s$ 平面极点数,$Z$ 为辅助函数 $F(s)$ 的右半 $s$ 平面零点数。

闭环系统稳定的充要条件是 $Z=0$,即要求 $R=P$。另外,当闭环系统临界稳定时,特征方程有纯虚根,奈氏曲线绕过临界点,这时奈氏曲线绕临界点逆时针转过的圈数 $R$ 不定。

当系统的开环传递函数 $G(s)H(s)$ 在 $s$ 平面的原点及虚轴上无极点时,奈氏判据可表述为:反馈控制系统稳定的充要条件是当 $\omega$ 从 $-\infty \to +\infty$ 变化时,奈氏曲线逆时针包围临界点 $(-1,j0)$ 的圈数 $R$ 等于开环传递函数 $G(s)H(s)$ 在右半 $s$ 平面的极点数 $P$,即 $R=P$;否则闭环系统不稳定,闭环系统正实部特征根的个数 $Z$ 由式(5-76)确定:

$$Z = P - R \tag{5-76}$$

对于开环稳定系统,闭环系统稳定的充要条件为系统的开环频率特性曲线不包围 $(-1,j0)$ 点。如果奈氏曲线刚好通过 $(-1,j0)$ 点,表明闭环极点在 $s$ 平面的虚轴上,闭环系统处于临界稳定状态。

为简单起见,通常只画 $\omega$ 从 $0 \to +\infty$ 变化时 $G(j\omega)H(j\omega)$ 的奈氏曲线,对于 $\omega$ 从 $-\infty \to 0$ 变化时 $G(j\omega)H(j\omega)$ 的奈氏曲线可由以实轴为对称轴的镜像对称得到。此时,由 $G(j\omega)H(j\omega)$($\omega$ 从 $0 \to +\infty$)判别闭环系统稳定的奈氏判据为:$G(j\omega)H(j\omega)$ 奈氏曲线($\omega$ 从 $0 \to +\infty$)逆时针包围 $(-1,j0)$ 的次数为 $R/2$。

【例 5-5】 试判断图 5-31 所示各个系统的稳定性。

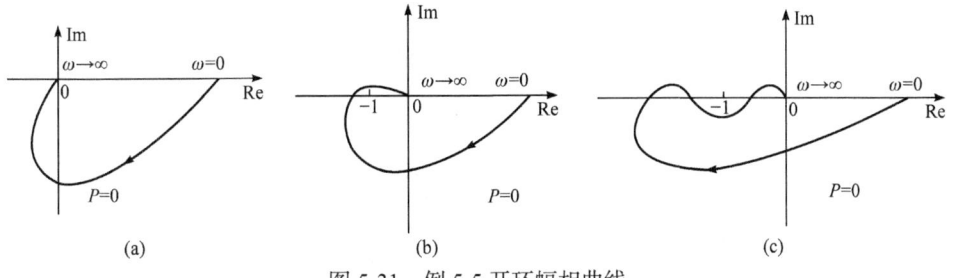

图 5-31 例 5-5 开环幅相曲线

**解** (1) 由图 5-31(a)可知，$P=0$，且 $R=0$，所以闭环系统是稳定的。

(2) 由图 5-31(b)可知，因为 $\omega$ 从 $0 \to +\infty$ 时，开环幅相曲线顺时针包围$(-1,j0)$点 1 圈，$\dfrac{R}{2}=-1$，所以 $Z=P-R=2$，闭环系统不稳定。

(3) 由图 5-31(c)可知，因为 $R=0$，$P=0$，所以闭环系统是稳定的。

当开环系统有串联积分环节时，在原点处存在开环极点，其表达式为

$$G(s)H(s)=\frac{k_0}{s^v}G_0(s) \tag{5-77}$$

此时系统临界稳定，不能直接应用奈氏判据。若要应用奈氏判据，可把零根视为稳定根。因此在数学上作如下处理：在 $s$ 平面上的 $s=0$ 邻域作一半径无穷小的半圆，绕过原点，即 $s=\varepsilon \mathrm{e}^{\mathrm{j}\theta}$（$\varepsilon$ 正无穷小，$\theta \in [-90°,90°]$）如图 5-32 所示。

相应地，在 $G(\mathrm{j}\omega)H(\mathrm{j}\omega)$ 平面上开环幅相曲线在 $\omega=0$ 时，小半圆通过 $G(\mathrm{j}\omega)H(\mathrm{j}\omega)$ 映射到 $G(\mathrm{j}\omega)H(\mathrm{j}\omega)$ 平面上是一个从 $G(\mathrm{j}0_+)H(\mathrm{j}0_+)$ 开始、半径无穷大、逆时针旋转 $v\cdot 90°$ 的大圆弧。如此处理之后，就可以根据奈氏判据来判断系统稳定性了。

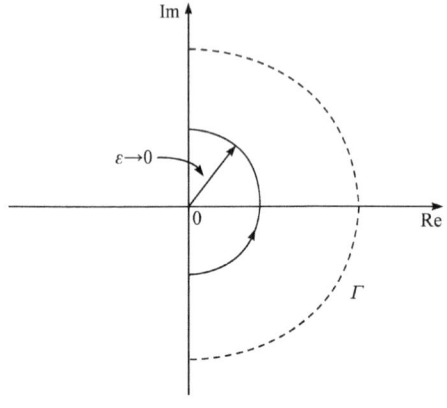

图 5-32　$G(s)H(s)$包含积分环节时的 $\Gamma$ 曲线

所以，当开环系统在原点处有开环极点，在应用奈氏判据时，应先从开环幅相曲线 $\omega=0_+$ 处，补作一个半径为无穷大，逆时针旋转 $v\cdot 90°$ 的大圆弧增补线，把它视为奈氏曲线的一部分。然后，再利用奈氏判据来判断系统的稳定性。

**【例 5-6】** 已知系统的开环传递函数为

$$G(s)H(s)=\frac{K}{s(T_1 s+1)(T_2 s+1)}, \quad K>0$$

判断闭环系统的稳定性。

**解**　(1) 从开环传递函数知 $P=0$。

(2) 作开环幅相曲线，由 $G_k(\mathrm{j}\omega)=\dfrac{K}{\mathrm{j}\omega(T_1 \mathrm{j}\omega+1)(T_2 \mathrm{j}\omega+1)}$ 可知，

起点：$\qquad G_k(\mathrm{j}0)=\infty \angle -90°$

终点：$\qquad G_k(\mathrm{j}\infty)=0 \angle -270°$

与坐标轴交点：

$$G_k(\mathrm{j}\omega)=\frac{1}{1+\omega^2(T_1^2+T_2^2)+\omega^4 T_1^2 T_2^2}\left[-K(T_1+T_2)-\mathrm{j}\frac{K}{\omega}(1-\omega^2 T_1 T_2)\right]$$

令虚部为零，得 $\omega_x^2=\dfrac{1}{T_1 T_2}$，则 $\mathrm{Re}(\omega_x)=-\dfrac{KT_1 T_2}{T_1+T_2}$。开环幅相曲线如图 5-33 所示。

(3) 稳定性判别。由于原点处有一个开环极点，$v=1$，需作增补线如图 5-33 所示。

当 $-KT_1T_2/(T_1+T_2)<-1$ 时，开环频率特性曲线顺时针包围 $(-1,j0)$ 点 1 圈，$\dfrac{R}{2}=-1$，此时，$Z=2$，所以闭环系统是不稳定的。

当 $-KT_1T_2/(T_1+T_2)>-1$ 时，开环频率特性曲线不包围 $(-1,j0)$ 点，$R=0$，此时，$Z=0$，所以闭环系统是稳定的。

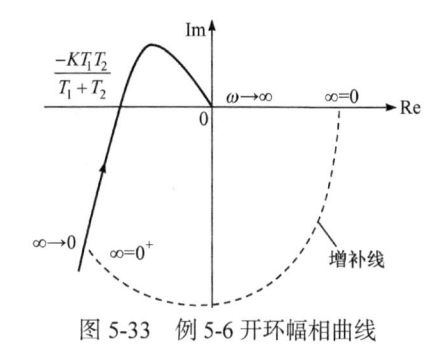

图 5-33 例 5-6 开环幅相曲线

### 5.4.4 对数频率特性稳定判据

奈氏判据除了可以表示在幅相曲线上，还可以表示在 Bode 图上。图 5-34 是一条幅相曲线及其对应的对数频率特性曲线。

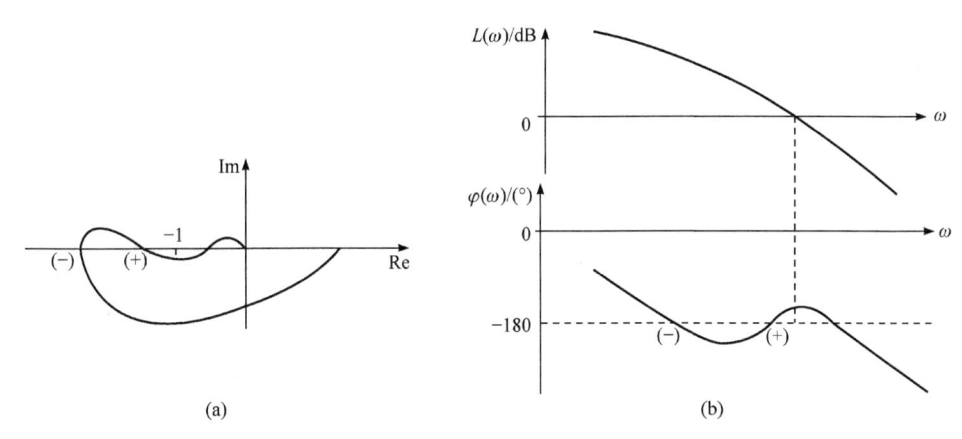

图 5-34 系统幅相曲线和系统的对数频率特性曲线

由图 5-34(a)可知，幅相曲线不包围 $(-1,j0)$ 点。此结果也可根据 $\omega$ 增加时幅相曲线自下而上(幅角减小)和自上向下(幅角增加)穿越实轴区间 $(-\infty,-1)$ 的次数决定。如果把自上向下的穿越称为正穿越，自实轴区间 $(-\infty,-1)$ 开始向下称为半次正穿越，正穿越次数用 $N_+$ 表示。而把自下向上的穿越称为负穿越，自实轴区间 $(-\infty,-1)$ 开始向上称为半次负穿越，负穿越次数用 $N_-$ 表示，则 $R$ 可以用 $N_+$ 和 $N_-$ 之差确定，即

$$\frac{R}{2}=N=N_+-N_- \tag{5-78}$$

图 5-34(a)上，$N_+=1$，$N_-=1$，故 $R=0$。比较幅相曲线和对数频率特性曲线得知，正负穿越次数可根据对数幅频曲线在大于零分贝的频率范围里，对数相频特性曲线穿越 $-180\pm 2k\pi$ 线(其中 $k=0,1,2,\cdots$)次数确定。图 5-34(b)上，同样得 $N_+=1$，$N_-=1$，因而 $R=0$。

当 $G(s)H(s)$ 包含积分环节时在对数相频曲线 $\omega$ 为 $0^+$ 的地方，应该补画一条从相角 $\angle G(j0^+)H(j0^+)+v\cdot 90°$ 到 $\angle G(j0)H(j0)$ 的虚线($v$ 为积分环节数)。计算正负穿越数时，

应将补画的虚线看成对数相频特性曲线的一部分。

对数频率特性稳定判据：一个反馈控制系统，其闭环特征方程正实部根个数 $Z$，可以根据开环传递函数在 $s$ 右半平面极点数 $P$ 和开环对数幅频特性为正值的所有频率范围内，对数相频特性曲线与 $-180 \pm 2k\pi$ 线的正负穿越次数之差 $N = N_+ - N_-$ 确定：

$$Z = P - 2N \tag{5-79}$$

$Z$ 为零，闭环系统稳定；否则，不稳定。

【**例 5-7**】 已知一反馈控制系统的开环传递函数为

$$G(s)H(s) = \frac{K}{s^2(Ts+1)}$$

试用对数频率特性稳定判据判断系统稳定性。

**解** (1) 由开环传递函数知 $P = 0$。

(2) 作系统的开环对数频率特性曲线如图 5-35 所示。

(3) 稳定性判别。$G(s)H(s)$ 有两个积分环节 $\nu = 2$，故在对数相频曲线 $\omega$ 为 $0^+$ 处，补画了 $0°$ 到 $-180°$ 的虚线作为相频特性曲线的一部分，显见 $N_+ = 0$，$N_- = 1$，则 $N = N_+ - N_- = -1$，$Z = P - 2N = 2$，故系统不稳定。

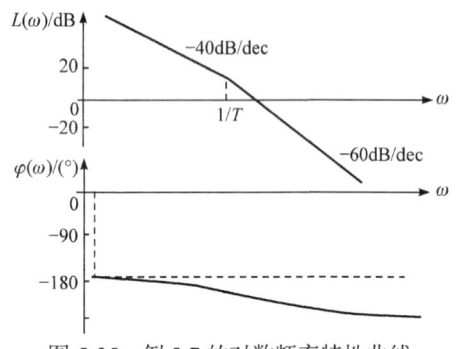

图 5-35 例 5-7 的对数频率特性曲线

【**例 5-8**】 已知一反馈控制系统的开环传递函数

$$G(s)H(s) = \frac{K(T_2 s + 1)}{s(T_1 s - 1)}$$

试用对数频率特性稳定判据判断系统的稳定性。

**解** (1) 由开环传递函数知 $P = 1$。

(2) 作系统的开环对数频率特性曲线如图 5-36 所示。

$$\varphi(\omega) = -90° + \arctan \omega T_2 - (180° - \arctan \omega T_1) = -270° + \arctan \frac{\omega(T_1 + T_2)}{1 - \omega^2 T_1 T_2}$$

当 $\varphi(\omega) = -180°$ 时，$\omega_g = (1/T_1 T_2)^{1/2}$，$A(\omega_g) = KT_2$。

(3) 稳定性判别。由于开环传递函数有一原点处的开环极点，$\nu = 1$，故在对数相频曲线 $\omega$ 为 $0^-$ 时补画一条从 $-180°$ 到 $-270°$ 的虚线。

当 $\omega_g < \omega_c$ 时，$A(\omega_g) > 1$，$K > 1/T_2$，$N_+ = 1$，$N_- = 1/2$，则有 $R = N_+ - N_- = 1/2$，$Z = P - 2N = 0$。故闭环系统是稳定的。

当 $\omega_g > \omega_c$ 时，$K < 1/T_2$，$N_+ = 0$，

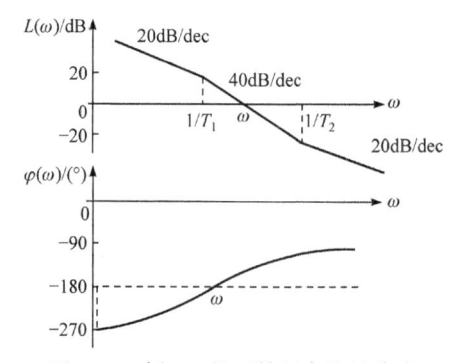

图 5-36 例 5-8 的对数频率特性曲线

$N_- = 1/2$,则有 $R = N_+ - N_- = -1/2$, $Z = P - 2N = 2$。故闭环系统是不稳定的。

## 5.5 控制系统的稳定裕度

实际控制系统正常工作的前提是必须具有绝对稳定性,其次系统还要有一定的稳定程度,不会因参数变化而变得不稳定。系统的稳定裕度是用于衡量闭环系统的相对稳定程度的指标,是控制系统常用的开环频率性能指标,它与闭环系统的动态性能密切相关。

根据奈氏判据可知,系统开环幅相曲线临界点附近的形状,对闭环稳定性影响很大,曲线越是接近临界点,系统的稳定程度就越差。本节介绍两个表征系统稳定程度的指标:相角裕度 $\gamma$ 和幅值裕度 $h$。其几何表示如图 5-37 所示。

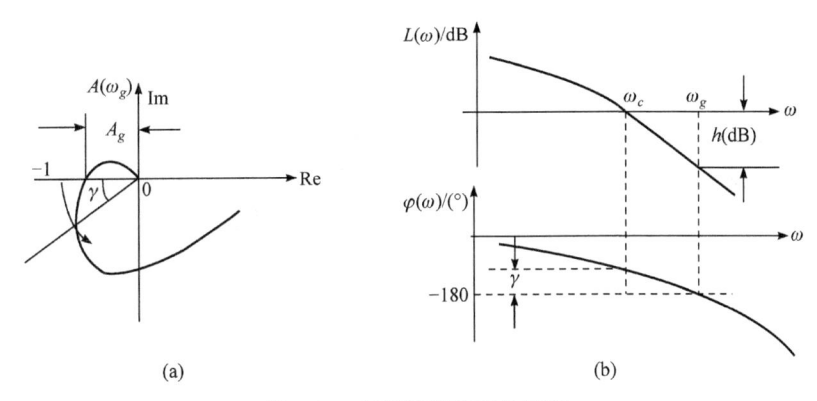

图 5-37 幅值裕度和相角裕度

(1) 幅值裕度 $h$:相角为 $-180°$ 时对应的频率为相角穿越频率 $\omega_g$,频率为 $\omega_g$ 时对应的幅值 $A(\omega_g)$ 的倒数,定义为幅值裕度 $h$,即

$$h = \frac{1}{A(\omega_g)} \quad \text{或} \quad 20\lg h = -20\lg A(\omega_g) \tag{5-80}$$

幅值裕度 $h$ 有明确的物理意义:如果系统是稳定的,那么系统的开环增益增大到原来的 $h$ 倍,则系统就处于临界稳定状态,或者在 Bode 图上,开环对数幅频特性再向上移动多少分贝,系统就不稳定了。如果系统是不稳定的系统,则相反。

(2) 相角裕度 $\gamma$:幅频特性过零分贝时的频率为幅值穿越频率 $\omega_c$(又称为截止频率),则定义相角裕度 $\gamma$ 为

$$\gamma = 180° + \varphi(\omega_c) \tag{5-81}$$

相角裕度作为定量指标指明了如果系统是不稳定系统,那么系统的开环相频特性还需要改善多少度就成为稳定的了。如果系统是稳定的,则与上述描述相反。

对于最小相位系统,相角裕度 $\gamma$ 大于零,对数幅值裕度 $20\lg h$ 大于零,系统稳定,$\gamma$ 和 $20\lg h$ 越大,系统稳定程度越好;$\gamma$ 小于零,对数幅值裕度 $20\lg h$ 小于零,则系统

不稳定。

一阶、二阶系统的 $\gamma$ 总是大于零，而 $20\lg h$ 无穷大，因此理论上系统不会不稳定。但是，某些一阶和二阶系统的数学模型是在忽略了一些次要因素后建立的，实际系统常常是高阶的，其幅值裕度不可能无穷大，若开环增益太大，系统仍可能不稳定。一个良好的系统通常要求 $\gamma = 40° \sim 60°$，$20\lg h = 6 \sim 10 \text{dB}$。

【例 5-9】 已知单位负反馈的最小相位系统，其开环对数频率特性如图 5-38 所示，试求开环传递函数，并计算系统的稳定裕度。

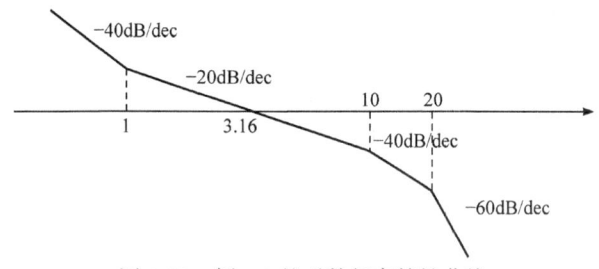

图 5-38 例 5-9 的对数频率特性曲线

**解** (1) 求开环传递函数。由 Bode 图，已知低频段斜率为 –40dB/dec，说明有两个积分环节。有三个转折频率 1、10、20，根据斜率变化，可知分别对应一个一阶微分环节、两个惯性环节，系统的开环传递函数为 $G(s) = \dfrac{K(s+1)}{s^2(0.1s+1)(0.05s+1)}$。

未知参数 $K$ 可以根据 $\omega_c = 3.16$ 来确定。按照折线计算可得 $A(\omega_c) = \dfrac{K\omega_c}{\omega_c^2 \cdot 1^2} = 1$，$K = \omega_c = 3.16$，所以 $G(s) = \dfrac{3.16(s+1)}{s^2(0.1s+1)(0.05s+1)}$。

(2) 求系统的稳定裕度。

$\varphi(\omega) = \arctan\omega - 180° - \arctan 0.1\omega - \arctan 0.05\omega$，且 $\omega_c = 3.16$，则有

$\gamma = 180° + \varphi(\omega_c) = 180° + \arctan\omega_c - 180° - \arctan 0.1\omega_c - \arctan 0.05\omega_c = 45.9°$

由 $\varphi(\omega_g) = -180° = \arctan\omega_g - 180° - \arctan 0.1\omega_g - \arctan 0.05\omega_g$，求得 $\omega_g = 13.04$，则幅值裕度(按照折线计算)

$$20\lg h = -20\lg A(\omega_g) = -20\lg \dfrac{K \cdot \omega_g}{\omega_g^2 \cdot 0.1\omega_g \cdot 1} = 14.62(\text{dB})$$

因为 $\gamma > 0$，$20\lg h > 0$，所以闭环系统是稳定的。

【例 5-10】 单位反馈系统的开环传递函数为

$$G(s)H(s) = \dfrac{K}{s(s+1)(0.1s+1)}$$

试分别确定系统开环增益 $K = 5$ 和 $K = 20$ 时的相角裕度和幅值裕度。

**解** 首先作出 $K = 5$ 和 $K = 20$ 时的对数幅频渐近特性和对数相频特性曲线，如图 5-39 所示，它们具有相同的相频特性，但幅频特性不同。

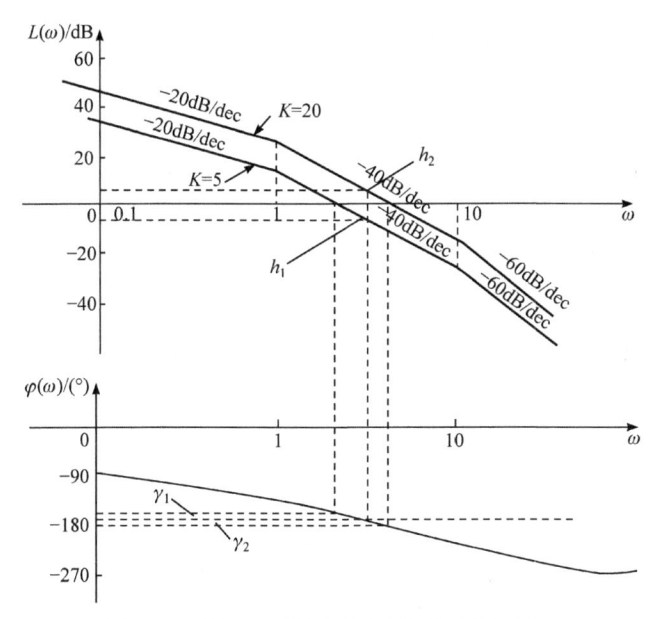

图 5-39 例 5-10 系统开环对数频率特性曲线

$$A(\omega_c) = \frac{K}{\omega_c \sqrt{\omega_c^2 + 1^2} \sqrt{(0.1\omega_c)^2 + 1^2}}, \quad \varphi(\omega_c) = -90° - \arctan\omega_c - \arctan0.1\omega_c$$

由图 5-39 可得，当 $K=5$ 时，$\gamma \approx 12°$，$20\lg h \approx 6\text{dB}$；而当 $K=20$ 时，$\gamma \approx -12°$，$20\lg h \approx -6\text{dB}$。

例 5-10 表明，减小开环增益 $K$，可以增大系统的相角裕度，但 $K$ 的减小会使系统的稳态误差变大。为了使系统具有良好的过渡过程，通常要求相角裕度达到 45°~70°。而欲满足这一要求应使开环对数幅频特性在幅值穿越频率附近的斜率大于 −40dB/dec，且有一定宽度。因此，为了兼顾系统的稳态误差和过渡过程的要求，有必要应用校正方法。

对于最小相位系统，开环对数幅频和对数相频曲线有单值对应的关系。当要求的相角裕度为 30°~70°时，意味着开环对数幅频曲线在幅值穿越频率附近(中频段)的斜率要大于 −40dB/dec，且有一定宽度。在大多数实际系统中，要求斜率为 −20dB/dec。如果此斜率设计为−40dB/dec，系统即使是稳定的，其相角裕度也很小。如果此斜率为−60dB/dec 或更小，则系统是不稳定的。

## 5.6 控制系统的频域分析

在频域中对系统进行分析、设计时，通常是以频域指标作为依据的，但频域指标不如时域指标来得直接、明确。因此应当探讨开环频域指标与时域指标之间的关系。此外除了采用开环频率特性，还可采用闭环频率特性对系统进行分析，但是闭环频率特性的作图很不方便，因此还应当探讨开环频域指标与闭环频域指标之间的关系。

### 5.6.1 用开环频率特性分析系统的性能

实际系统开环频率特性 $L(\omega)$ 的一般形式如图 5-40 所示。将 $L(\omega)$ 人为地分为三个频段：低频段、中频段、高频段。低频段指第一个转折频率以前的频段；中频段是指幅值穿越频率 $\omega_c$ 附近的频段；高频段指频率远大于 $\omega_c$ 的频段，三段的划分是相对的，各频段之间没有严格的界限。这三个频段包含了闭环系统性能不同方面的信息，下面分别进行讨论。

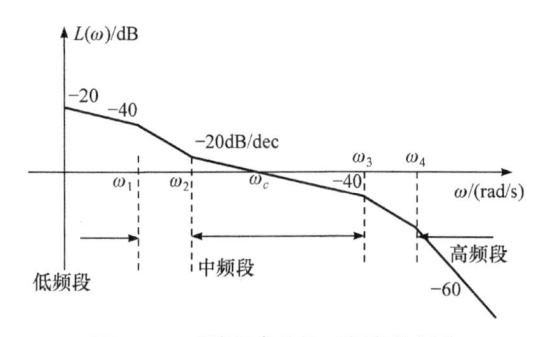

图 5-40 对数频率特性三频段的划分

#### 1. $L(\omega)$ 低频渐近线与系统稳态误差的关系

系统开环传递函数中含积分环节的数目(系统型别)确定了开环对数幅频特性低频渐近线的斜率，而低频渐近线的高度则取决于开环放大系数的大小。所以，$L(\omega)$ 低频渐近线反映了控制系统跟踪给定信号的稳态精度信息。是否引起稳态误差，以及稳态误差的大小，都可以由对数幅频特性的低频渐近线确定。

将低频段对数幅频渐近线的延长线交于 0dB 线，有 $K = \omega^\nu$，则可以求出开环增益 $K$。可以看出，低频段的斜率越小，对应于系统的积分环节的数目越多；位置越高，开环增益越大，闭环系统在满足稳定的条件下，其稳态误差越小。

#### 2. $L(\omega)$ 中频段特性与系统的暂态性能的关系

中频段是指开环对数幅频特性曲线在幅值穿越频率 $\omega_c$ 附近(0dB 附近)的频段，这段特性集中反映闭环系统动态响应的平稳性和快速性。

反映中频段的三个参数为幅值穿越频率 $\omega_c$、中频段的斜率、中频段的宽度。幅值穿越频率 $\omega_c$ 的大小决定系统时域响应的快速性，且 $\omega_c$ 越大，系统过渡过程时间越短。在 $\omega_c$ 处，$L(\omega)$ 曲线的斜率对相角裕度 $\gamma$ 的影响最大，远离 $\omega_c$ 的对数幅频特性的斜率对 $\gamma$ 的影响较小。为了保证系统有满意的动态性能，希望 $L(\omega)$ 曲线以−20dB/dec 的斜率过 0dB 线，并保持较宽的频段。当 $L(\omega)$ 曲线中频段斜率为−20dB/dec 时，由图 5-40 可得

$$\varphi(\omega) \approx -90° - \arctan\frac{\omega}{\omega_1} + \arctan\frac{\omega}{\omega_2} \tag{5-82}$$

相角裕度

$$\gamma = 180° + \varphi(\omega_c) = 90° - \arctan\frac{\omega_c}{\omega_1} + \arctan\frac{\omega_c}{\omega_2} \tag{5-83}$$

可以看出，中频段越宽，系统的相角裕度 $\gamma$ 越大，系统的平稳性越好。

当 $L(\omega)$ 曲线中频段斜率为−40dB/dec 时，则系统可能稳定，也可能不稳定。如果中频段斜率更陡，系统将是不稳定的。

## 3. $L(\omega)$ 高频段特性对系统性能的影响

高频段是指开环对数幅频特性在中频段以后的频段，高频段的形状主要影响系统的抗干扰性能和时域响应起始段的性能。由于这部分特性是由系统中一些时间常数很小的环节决定的，且高频段远离幅值穿越频率 $\omega_c$，对系统的动态响应特性影响不大，故在分析时，将高频段做近似处理，即把多个小惯性环节等效为一个小惯性节去代替，等效小惯性环节的时间常数等于被代替的多个小惯性环节的时间常数之和。

另外，从系统抗干扰能力来看，高频段开环幅值一般较低，即 $L(\omega) \ll 0$，$|G(j\omega)| \ll 1$，故对单位反馈系统，有

$$|\Phi(j\omega)| = \frac{|G(j\omega)|}{|1 + G(j\omega)|} \approx |G(j\omega)| \tag{5-84}$$

因此，系统开环对数幅频特性在高频段的幅值，直接反映了系统对高频干扰信号的抑制能力：高频部分的幅值越低，系统的抗干扰能力就越强。

### 5.6.2 开环频域性能指标与时域指标的关系

由开环频率特性分析系统的暂态性能时，一般用开环频率特性的两个特征量，即相角裕度 $\gamma$ 和幅值穿越频率 $\omega_c$。由于系统的暂态性能由超调量 $\sigma\%$ 和调节时间 $t_s$ 来描述，具有直观和准确的优点，故用开环频率特性评价系统的动态性能，就必须找出开环频域指标 $\gamma$ 和 $\omega_c$ 与时域指标 $\sigma\%$ 和 $t_s$ 的关系。频域指标和系统暂态性能指标之间有确定的或近似的关系，频域指标是表征系统暂态性能的间接指标。

#### 1. 二阶系统

典型二阶系统的结构图如图 5-41 所示。开环传递函数为

$$G(s)H(s) = \frac{\omega_n^2}{s(s + 2\zeta\omega_n)}, \quad 0 < \zeta < 1 \tag{5-85}$$

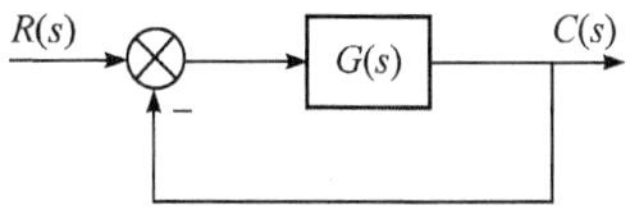

图 5-41 典型反馈系统结构图

(1) $\gamma$ 与 $\sigma\%$ 之间的关系。

二阶系统的开环频率特性为

$$G(j\omega)H(j\omega) = \frac{\omega_n^2}{j\omega(j\omega + 2\zeta\omega_n)} \tag{5-86}$$

由 $A(\omega_c) = 1$，计算幅值穿越频率 $\omega_c$ 有

$$\frac{\omega_n^2}{\omega_c \sqrt{\omega_c^2 + (2\zeta\omega_n)^2}} = 1 \tag{5-87}$$

解出 $\omega_c$ 为

$$\omega_c = \omega_n \sqrt{\sqrt{1 + 4\zeta^4} - 2\zeta^2} \tag{5-88}$$

则相角裕度 $\gamma$ 为

$$\gamma = 180° + \varphi(\omega_c) = 180° - 90° - \arctan\frac{2\zeta\omega_n}{\omega_c} = \arctan\frac{2\zeta}{\sqrt{\sqrt{1+4\zeta^4}-2\zeta^2}} \quad (5\text{-}89)$$

从而得到 $\gamma$ 和 $\zeta$ 的关系，其关系曲线如图 5-42(a)所示。

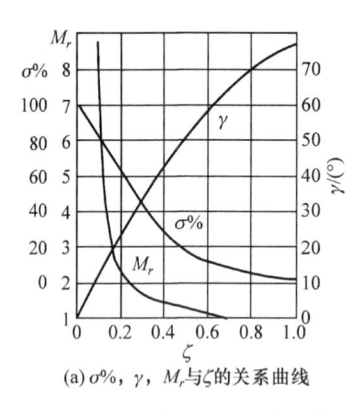

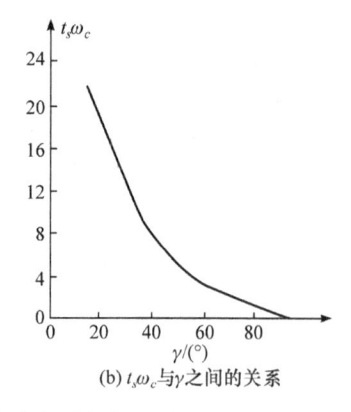

图 5-42 二阶系统时域指标与频域指标的关系

在时域分析中，知

$$\sigma\% = e^{-\frac{\pi\zeta}{\sqrt{1-\zeta^2}}} \times 100\% \quad (5\text{-}90)$$

为便于比较，把式(5-90)的关系也绘于图 5-42(a)中。

由图明显看出，$\gamma$ 越小，$\sigma\%$ 越大；$\gamma$ 越大，$\sigma\%$ 越小。为防止二阶系统振荡过于激烈以及调节时间过长，一般希望 $30° \leqslant \gamma \leqslant 70°$。

(2) $\gamma$、$\omega_c$ 与 $t_s$ 之间的关系。

在时域分析中，知

$$t_s \approx \frac{3}{\zeta\omega_n} \quad (5\text{-}91)$$

所以

$$\omega_c \cdot t_s = \frac{3}{\zeta}\sqrt{\sqrt{1+4\zeta^4}-2\zeta^2} = \frac{6}{\tan\gamma} \quad (5\text{-}92)$$

式(5-92)的关系绘成曲线，如图 5-42(b)所示。

可以看出，调节时间与相角裕度和幅值穿越频率都有关系。如果两个二阶系统的 $\gamma$ 相同，则它们的超调量也相同，这时 $\omega_c$ 比较大的系统，调节时间 $t_s$ 较短。

【例 5-11】 一单位反馈控制系统，其开环传递函数为

$$G(s) = \frac{7}{s(0.087s+1)}$$

试用相角裕度估算过渡过程指标 $\sigma\%$ 与 $t_s$。

**解** 系统开环 Bode 图，如图 5-43 所示。

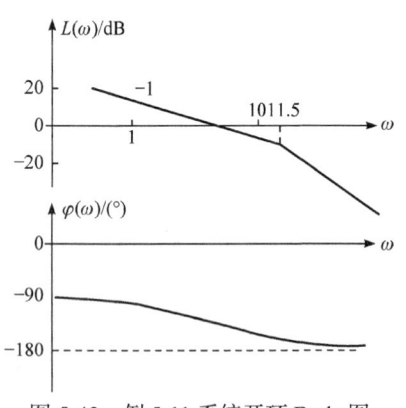

图 5-43 例 5-11 系统开环 Bode 图

由图可得，$\omega_c = 7$，$\gamma = 58.7°$，可算出 $\zeta = 0.55$，则 $\sigma\% = 12.6\%$，$t_s = 0.55$s。

直接求解系统微分方程，得到的结果是 $\sigma\% = 7.3\%$，$t_s = 0.59$s，两者基本上是一致的。

2. 高阶系统

对于高阶系统，开环频域指标与时域指标之间没有准确的关系式。但是大多数实际系统，开环频域指标 $\gamma$ 和 $\omega_c$ 能反映暂态过程的基本性能。其近似关系为

$$\sigma\% = \left[0.16 + 0.4\left(\frac{1}{\sin\gamma} - 1\right)\right] \times 100\%, \quad 35° \leqslant \gamma \leqslant 90° \tag{5-93}$$

和

$$t_s = \frac{k\pi}{\omega_c} \tag{5-94}$$

其中

$$k = 2 + 1.5\left(\frac{1}{\sin\gamma} - 1\right) + 2.5\left(\frac{1}{\sin\gamma} - 1\right)^2, \quad 35° \leqslant \gamma \leqslant 90° \tag{5-95}$$

式(5-95)表明，高阶系统的 $\sigma\%$ 随着 $\gamma$ 的增大而减小，调节时间 $t_s$ 随 $\gamma$ 的增大也减小，且随 $\omega_c$ 增大而减小。

应用以上公式估算高阶系统时域指标，一般偏保守，实际性能比估算结果要好，但在初步设计时应用这组公式，便于留有一定余地。

由前面对二阶系统和高阶系统的分析可知，系统的开环频率特性反映了系统的闭环响应特性，对于最小相位系统，由于开环幅频特性与相频特性有确定的关系，因此相角裕度取决于系统开环对数幅频特性的形状，特别是开环对数幅频特性中频段(零分贝频率附近的区段)的形状，对相角裕度影响最大，所以闭环系统的动态性能主要取决于开环对数幅频特性的中频段。

通过以上分析，可以看出系统开环对数频率特性表征了系统的性能。对于最小相位系统，系统的性能完全可以由开环对数幅频特性反映。对系统开环对数幅频特性的要求包括以下几个方面：

(1) 如果要求具有一阶或二阶无静差特性，则开环对数幅频特性的低频段应有 $-20$dB/dec 或 $-40$dB/dec 的斜率。为保证系统的稳态精度，低频段应有较高的增益。

(2) 开环对数幅频特性以 $-20$dB/dec 斜率穿越零分贝线，且具有一定的中频段宽度，这样系统就有一定的稳定裕度，以保证闭环系统具有一定的平稳性。

(3) 具有尽可能大的幅值穿越频率，以提高闭环系统的快速性。

(4) 为了提高系统抗干扰的能力，开环对数幅频特性高频段应有较大的负斜率。

### 5.6.3 开环频域指标与闭环频域指标的关系

1. 典型闭环频域指标

典型闭环幅频特性如图 5-44 所示，可用零频幅值 $M_0$，谐振峰值 $M_r$，谐振频率 $\omega_r$，带宽 $\omega_b$ 来描述。

(1) 零频幅值 $M_0$：$\omega = 0$ 时的闭环幅频特性值。

(2) 谐振峰值 $M_r$：幅频特性极大值。

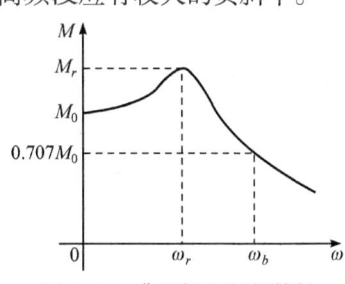

图 5-44 典型闭环幅频特性

(3) 谐振频率 $\omega_r$：出现谐振峰值时的频率。

(4) 带宽 $\omega_b$：闭环幅频特性幅值减小到 $0.707M_0$ 时的频率，称为带宽频率。频率范围 $0 \leqslant \omega \leqslant \omega_b$ 为系统带宽。

### 2. $\gamma$ 与 $M_r$ 的关系

对于二阶系统，通过图 5-42 中的曲线可以看到 $\gamma$ 与 $M_r$ 之间的关系。对于高阶系统，可通过图 5-45 找出它们之间的关系。一般 $M_r$ 出现在 $\omega_c$ 附近，就是说用 $\omega_c$ 代替 $\omega_r$ 来计算 $M_r$，并且 $\gamma$ 较小，可近似认为 $AB = |1 + G(j\omega_c)|$，于是有

$$M_r = \frac{|G(j\omega_c)|}{|1+G(j\omega_c)|} \approx \frac{|G(j\omega_c)|}{AB} = \frac{|G(j\omega_c)|}{|G(j\omega_c)| \cdot \sin\gamma} = \frac{1}{\sin\gamma} \quad (5\text{-}96)$$

当 $\gamma$ 较小时，式(5-96)的准确性较高。

(2) $\omega_c$ 与 $\omega_b$ 的关系。

对于二阶系统，$\omega_c$ 与 $\omega_b$ 有如下关系

$$\frac{\omega_b}{\omega_c} = \sqrt{\frac{1 - 2\zeta^2 + \sqrt{2 - 4\zeta^2 + 4\zeta^4}}{-2\zeta^2 + \sqrt{1 + 4\zeta^4}}} \quad (5\text{-}97)$$

可见，$\omega_c$ 与 $\omega_b$ 的比值是 $\zeta$ 的函数，有

$$\begin{cases} \zeta = 0.4, & \omega_b = 1.6\omega_c \\ \zeta = 0.7, & \omega_b = 1.55\omega_c \end{cases}$$

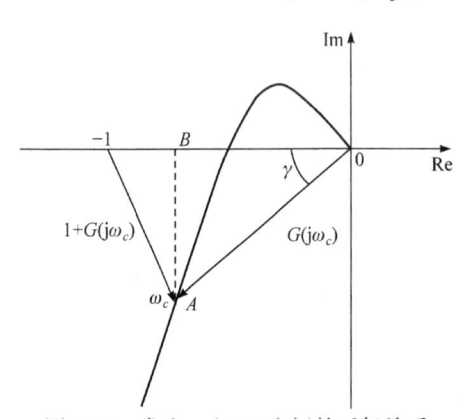

图 5-45 求取 $\gamma$ 和 $M_r$ 之间的近似关系

对于高阶系统，初步设计时，可近似取 $\omega_b = 1.6\omega_c$。

## 5.7 控制系统的频域设计

根据前面的分析，给定自动控制系统的结构和参数后，可建立该系统的数学模型，并采用不同方法，包括时域分析法、根轨迹法、频域分析法，对系统进行分析计算，求得系统的性能指标。当系统的性能指标不满足要求时，就需要对控制系统进行校正。

要设计出最佳的控制系统，需要确切地阐明性能指标，控制系统的性能指标与精确度、相对稳定性、响应速度有关，可用精确的数值形式给出，也可采用定性说明的方式给出。

系统设计和校正所依据的常见的性能指标包括稳态性能指标和动态性能指标，其中稳态性能指标包括：稳态误差 $e_{ss}$、系统的无差度 $v$、静态位置误差系数 $K_p$、静态速度误差常数 $K_v$、静态加速度误差常数 $K_a$；动态性能指标包括时域指标和频域指标，时域指标有：超调量 $\sigma\%$、上升时间 $t_r$、调节时间 $t_s$，频域指标有：幅值穿越频率 $\omega_c$、中频带宽度、相角裕度 $\gamma$、幅值裕度 $20\lg h$ 等。

当设计出的系统不能满足性能指标的要求，可首先通过改变系统参数的方法来改善系统性能，例如，当系统稳态误差较大时，可增大开环传递函数系数 $K$ 来减小稳态误

差，但是此时系统的稳定性和动态性能都会变差，因此采用此种方法对系统性能的改善十分有限。

为了使系统获得满意的性能，需要对系统进行再设计，改进系统结构，增加新的装置和元件，如何进行再设计，即为校正方案，包括校正方式和校正装置的确定；系统的结构怎么改变，即为校正方式；所增加的新装置，称为校正装置。根据本章前面的分析，加上校正装置后，系统的开环频率特性会发生变化，选择合适的装置，可以使校正后的开环频率特性符合要求，得到满足要求的性能指标。第3章介绍了常用的校正方式，包括串联校正、反馈校正和复合校正，本节主要讨论基于频域分析的串联校正方法。

在频域内分析或设计一般采用的是 Bode 图法，当增加校正装置时，可以简单地进行图像叠加，较其他方法更为方便。但是 Bode 图上不能严格定量地给出系统的动态性能，只能利用开环频率特性与闭环系统的时间响应之间的关系来进行设计，例如，开环频率特性的低频段对应闭环系统的稳态特性，开环频率特性的中频段对应闭环系统的动态特性，开环频率特性的高频段对应闭环系统的抗干扰性。因此，在频域内进行系统校正是一种间接的设计方法，设计结果满足的是频域指标，如相角裕度、幅值裕度、幅值穿越频率等。设计的主要问题是如何恰当地选择校正装置的极点和零点，以得到代表期望特性的 Bode 图形状：低频段增益足够大，以满足稳态误差的要求；中频段以 $-20\text{dB/dec}$ 穿越过 0dB 线，并占据充分宽的频带，以保证有适当的相角裕度；高频段增益则应尽快减小，以减少噪声的影响。

## 5.7.1 典型校正装置

校正装置是为了弥补控制系统性能的不足而引入的附加装置。通常采用的校正装置包括超前、滞后、滞后-超前校正装置和 PID 控制器等。

### 1. 超前校正装置

如果在网络的输入端施加一个正弦输入信号，网络的稳态输出信号(也为正弦信号)相位超前输入，则该网络为超前网络，实现连续时间超前校正有许多方法，例如，通过利用运算放大器的电子网络、通过 RC 的电气网络和通过机械的弹簧-阻尼器系统等。

典型超前网络的传递函数为

$$G(s) = \frac{Ts+1}{\alpha Ts+1} \tag{5-98}$$

式中，$\alpha < 1$。超前校正的零点位于 $s=-1/T$，极点位于 $s=-1/\alpha T$，零点总是位于极点的右侧。超前网络的 Bode 图如图 5-46 所示，在相频特性曲线上相角总是超前，且在两个转折频率之间存在一个最大值 $\varphi_m$，超前网络的相角表达式为

$$\varphi(\omega) = \arctan T\omega - \arctan \alpha T\omega \tag{5-99}$$

对式(5-99)求导并令其等于 0，可得到

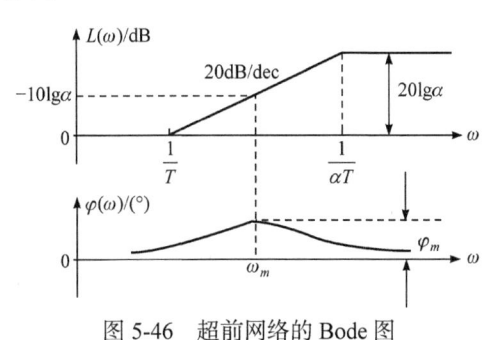

图 5-46 超前网络的 Bode 图

最大超前角频率

$$\omega_m = 1/\sqrt{\alpha}T = \sqrt{(1/T)\cdot(1/\alpha T)} \tag{5-100}$$

两边取对数可得

$$\lg \omega_m = \frac{1}{2}[\lg(1/T)+\lg(1/\alpha T)] \tag{5-101}$$

即 $\omega_m$ 是两个转折频率的几何中点，代入式(5-99)可得最大超前相角为

$$\varphi_m = \arctan\frac{1-\alpha}{2\sqrt{\alpha}} = \arcsin\frac{1-\alpha}{\alpha+1} \tag{5-102}$$

即

$$\sin\varphi_m = \frac{1-\alpha}{1+\alpha} \tag{5-103}$$

式(5-103)表示最大相位超前角与 $\alpha$ 的关系，$\alpha$ 越小，$\varphi_m$ 越大，$\alpha$ 的最小值通常取 0.05 左右，这意味着超前校正装置可以产生的最大相位超前约为 65°。

同时由图 5-46 可得 $\omega_m$ 处的幅值为

$$L(\omega_m) = -10\lg\alpha \tag{5-104}$$

超前校正装置基本是一个高通滤波器，串联超前校正装置可以增大 $\omega_c$，增加带宽，减小调节时间，加快响应速度，使相角裕度增大，稳定性变好。

**2. 滞后校正装置**

如果网络的稳态输出信号相位滞后输入，则称该网络为滞后网络。典型滞后网络的传递函数为

$$G(s) = \frac{Ts+1}{\beta Ts+1} \tag{5-105}$$

式中，$\beta>1$。滞后校正的零点 $s=-1/T$，极点 $s=-1/\beta T$。因为 $\beta>1$，所以在复平面上，零点总是位于极点的左方。滞后网络的 Bode 图，如图 5-47 所示，其相角始终为负，在最大滞后角频率 $\omega_m$ 出现最大滞后相角 $\varphi_m$，计算方法与超前网络类似，可得到 $\omega_m = 1/\sqrt{\beta}T$，仍在两转折频率

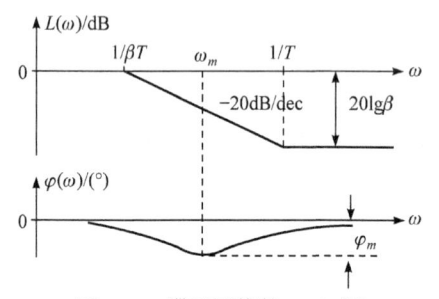

图 5-47 滞后网络的 Bode 图

$\omega_1 = 1/\beta T$ 和 $\omega_2 = 1/T$ 的几何中点上，且 $\varphi_m = \arcsin\dfrac{\beta-1}{\beta+1}$。当 $\omega\to\infty$ 时，

$$L_c(\omega)\big|_{\omega\to\infty} = 20\lg\frac{\sqrt{1+(T\omega)^2}}{\sqrt{1+(\beta T\omega)^2}}\bigg|_{\omega\to\infty} \approx 20\lg\frac{T\omega}{\beta T\omega} = -20\lg\beta \tag{5-106}$$

从图 5-47 还可看出滞后校正装置基本是一个低通滤波器，使得 $\omega_c$ 减小，缩小了带宽，调节时间增大，响应速度变慢，同时相角裕度增大，稳定性变好。

## 3. 滞后-超前校正装置

滞后-超前网络中，与输入信号相比，输出信号相位既有滞后，也有超前，但发生在不同的范围，相位滞后发生在低频范围，相位超前发生在高频范围。

滞后-超前装置的传递函数为

$$G(s) = \frac{(T_1 s + 1)(T_2 s + 1)}{(T_1 s/\gamma + 1)(\beta T_2 s + 1)} \tag{5-107}$$

式中，$T_1 < T_2$，$\gamma > 1$，$\beta > 1$，通常选择 $\gamma = \beta$，滞后-超前网络的 Bode 图，如图 5-48 所示。设 $\omega_1$ 为相角等于零时的频率，则 $\omega_1 = 1/\sqrt{T_1 T_2}$。当 $0 < \omega < \omega_1$ 时，该校正装置是一个滞后校正装置；当 $\omega_1 < \omega < \infty$ 时，该校正装置是一个超前校正装置。在低频区和高频区，对数幅频曲线具有 0dB。在前向通道串联滞后-超前校正网络，会改变频率特性曲线的形状，其超前部分提供相位超前角，增大相角裕度，增大了带宽，提高了系统的响应速度；其相位滞后部分在幅值穿越频率附近引起了响应的衰减，也就允许了低频范围内通过增大增益来改善系统的稳态特性。

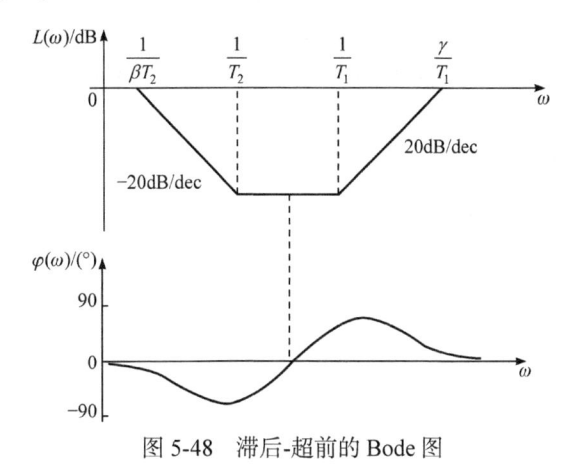

图 5-48 滞后-超前的 Bode 图

## 4. PID 控制器

PID 控制器又称为 PID 调节器，是控制系统中常用的校正装置，具有原理简单、应用方便、适应性强、鲁棒性强等特点，常用 PID 控制器包括以下几类。

### 1) 比例积分(PI)控制器

PI 控制器的控制规律为比例加积分，其传递函数为

$$G(s) = K_p \left(1 + \frac{1}{T_i s}\right) = K_p \frac{T_i s + 1}{T_i s} \tag{5-108}$$

式中，$K_p$ 为比例时间常数；$T_i$ 为积分时间常数。

由式(5-105)还可看出 PI 控制器的传递函数相当于一个积分环节和一个一阶微分环节串联，积分环节可提供一个无差度、改善系统的稳态性能。但是积分环节带来的位于原点的极点又会对系统的稳定性带来不利影响，而一阶微分环节可以补偿这种不利影响，只要选择合理的参数，可以同时改善系统的稳态性能和动态性能。

PI 控制器的 Bode 图如图 5-49 所示，从图上可看出，PI 控制器的相角从 −90° 到 0°，是一个滞后校正环节，在进行系统设计时，添加该环节会使系统整体相角减少，

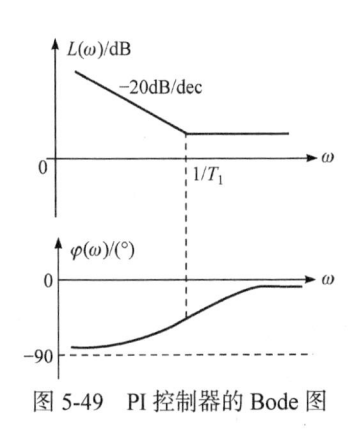

图 5-49 PI 控制器的 Bode 图

稳定性变差，因此采用 PI 控制器主要是利用其积分环节提高系统无差度。

2) 比例微分(PD)控制

PD 控制器的控制规律为比例加一阶微分，即一个比例环节和一个一阶微分环节串联，其传递函数为

$$G(s) = K_p(T_d s + 1) \tag{5-109}$$

式中，$K_p$ 为比例时间常数；$T_d$ 为微分时间常数。

PD 控制器的 Bode 图，如图 5-50 所示。从图上可看出，PD 控制器的相频特性曲线中，相角从 0° 变化到 90°，是一个超前校正环节。在进行系统设计时，添加该环节会使系统整体相角增加、相角裕度增大、超调量减小、改善系统的平稳性；而其幅频特性曲线中，由于其斜率为+20dB/dec，会增大系统的幅值穿越频率，从而导致相角裕度减小。因此在利用 PD 控制器进行系统设计时，需要合理选取参数，从而改善系统的动态性能。

3) 比例微分积分(PID)控制器

PID 控制器的控制规律为比例加积分加微分，其传递函数为

$$G(s) = K_p \left( 1 + \frac{1}{T_i s} + T_d s \right) \tag{5-110}$$

由式(5-110)可知，PID 控制器也相当于一个积分环节和两个一阶微分环节串联，其 Bode 图如图 5-51 所示，从图上可看出，PID 控制器的相角从 −90° 到 0° 再到 90°，是一个滞后-超前校正环节，在进行系统设计时，可利用其中的积分环节提高系统无差度，减小系统的稳态误差；此外只要系统参数选取合理，可以提供超前的相角，从而改善系统的动态响应。

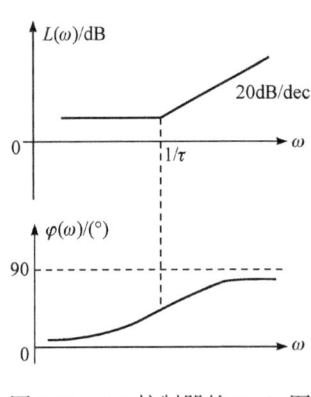

图 5-50 PD 控制器的 Bode 图

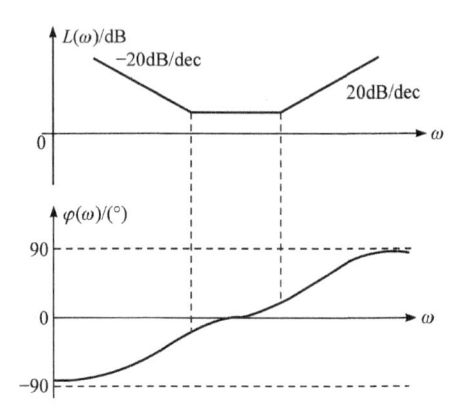

图 5-51 PID 控制器的 Bode 图

### 5.7.2 频域法串联校正

在频域内进行串联校正，一般是从系统原有的开环特性 $G(s)$ 出发，通过分析和经验，选择某种校正装置 $G_c(s)$，依照相应校正的设计原理，求取校正装置的参数，随后考察校正后的系统是否达到性能指标要求，如果不满足要求，则重新选取校正装置进行校

正，直到满足指标要求为止，这种方法有时需要反复设计多次才能达到要求。

1. 串联超前校正

串联超前校正网络的本质是利用超前网络的相角超前特性，改变频率特性曲线的形状，补偿原系统中频段过大的相角滞后，使得相角裕度增大，同时利用其在幅值上的高频放大作用增大幅值穿越频率，使系统的瞬态响应得到显著改善。由于超前网络的传递系数为 1，对原系统的稳态误差无影响，因此要通过选择系统的开环增益来保证校正后的稳态误差符合要求。

频域法设计超前校正时，需要满足的系统性能指标一般包括稳态误差 $e_{ss}$，幅值穿越频率 $\omega_c'$ 和相角裕度 $\gamma'$，设计步骤如下。

(1) 根据给定静态误差常数的要求，确定增益 $K$。

(2) 令 $G_1(s)=KG(s)$，画出确定了 $K$ 的未校正系统 $G_1(j\omega)$ 的 Bode 图，求相角裕度 $\gamma$ 和幅值穿越频率 $\omega_c$。

(3) 确定校正装置的参数及传递函数。

① 根据相角裕度，确定需要对系统增加的超前角

$$\varphi = \gamma' - \gamma + \Delta \tag{5-111}$$

式中，$\gamma'$ 为希望的相角裕度；$\Delta$ 为额外增加的相位超前，一般取 5°~12°(增加超前校正装置后，幅值穿越频率 $\omega_c'$ 将向右方移动，使得校正后系统的相角裕度减小)。令超前网络最大超前相角 $\varphi_m = \varphi$，利用方程 $\sin\varphi_m = \dfrac{1-\alpha}{1+\alpha}$ 确定 $\alpha$。

② 为充分利用超前网络最大超前相角，令校正后系统的幅值穿越频率 $\omega_c'$ 等于校正网络最大超前相角对应的频率 $\omega_m$，即 $\omega_m = \omega_c'$。为实现所要求的 $\omega_c'$，要使超前网络的 $L(\omega_m) = -10\lg\alpha$ 与校正前系统的对数幅值 $L(\omega_c')$ 之和为 0，即

$$L(\omega_c') = 10\lg\alpha \tag{5-112}$$

从而确定校正后系统的幅值穿越频率 $\omega_c'$。再由式 $\omega_m = \omega_c' = 1/\sqrt{\alpha}T$ 求得参数 $T$。

③ 超前校正装置的转折频率确定如下：超前校正装置的零点为 $\omega = 1/T$，超前校正装置的极点为 $\omega = 1/\alpha T$，因此，可写出校正装置的传递函数

$$G_c(s) = K\frac{Ts+1}{\alpha Ts+1}, \quad \alpha < 1$$

(4) 检查幅值裕度，确定其是否满足要求。如果不满足，通过改变校正装置的极、零点位置，重复上述设计过程，直到获得满意的结果为止。

【例 5-12】 对图 3-11 所示系统，设 $T_m = 0.5$、$K = 2$，则该单位反馈控制系统的开环传递函数为 $G(s) = \dfrac{2}{s(0.5s+1)}$，要求使系统的静态速度误差系数 $K_v$ 为 20，相角裕度不小于 50°，幅值裕度不小于 10dB，试设计一个系统校正装置。

**解** 采用的超前校正装置形式为

$$G_c(s) = \frac{Ts+1}{\alpha Ts+1}$$

已校正系统具有的开环传递函数为 $G(s)G_c(s)$，定义为

$$G_1(s) = KG(s) = \frac{2K}{s(0.5s+1)} = \frac{4K}{s(s+2)}$$

(1) 调整增益 $K$。由给定的静态速度误差常数 $K_v = 20$，可知

$$K_v = \lim_{s \to 0} sG_c(s)G(s) = \lim_{s \to 0} \frac{s \cdot 4K}{s(s+2)} = 20 \quad \Rightarrow \quad K = 10$$

(2) 校正前系统的开环频率特性为

$$G_1(j\omega) = \frac{40}{j\omega(j\omega+2)} = \frac{20}{j\omega(0.5j\omega+1)}$$

画出其 Bode 图，如图 5-52 所示。由图可知原系统的相频特性曲线没有以有限值与 $-180°$ 线相交，故幅值裕度为 $+\infty\mathrm{dB}$，满足设计要求。原系统的相角裕度为

$$A(\omega_c) = \frac{20}{\omega_c \times 0.5\omega_c} = 1$$

故 $\omega_c = 2\sqrt{10}$，可得相角裕度为

$$\gamma = 180° + (-90° - \arctan 0.5 \times 2\sqrt{10}) = 17°$$

不满足给定要求。

(3) 根据设计要求，校正后的 $\gamma' \geq 50°$，$\gamma = 17°$，取 $\Delta = 5°$，则

$$\varphi_m = \gamma' - \gamma + \Delta = 38°$$

即 $\sin\varphi_m = \sin 38° = (1-\alpha)/(1+\alpha)$

求得 $\alpha = 0.24$。

(4) 令校正后系统的幅值穿越频率 $\omega_c'$ 等于校正网络最大超前相角对应的频率 $\omega_m$，而 $\omega_m$ 处的对数幅值为 $L(\omega_m) = -10\lg\alpha = -10\lg 0.24 = 6.2\mathrm{dB}$，根据

$$L(\omega_c') + 10\lg\alpha = 0$$

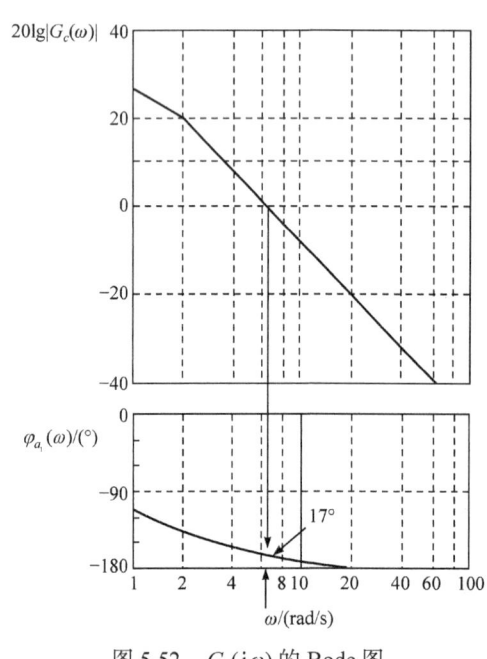

图 5-52 $G_1(j\omega)$ 的 Bode 图

解得新的幅值穿越频率 $\omega_c' = 9\mathrm{rad/s}$。

(5) 由 $\omega_m = \omega_c' = 1/\sqrt{\alpha}T$，可得

$$T = \frac{1}{\sqrt{\alpha}\omega_c} = 0.227$$

于是可写出校正后的开环传递函数为

$$G_c(s) = 10 \cdot \frac{0.227s+1}{0.054s+1}$$

$G_c(j\omega)/10$ 的 Bode 图如图 5-53 中点线所示。已校正系统开环传递函数为

$$G_c(s)G(s) = 10 \cdot \frac{0.227s+1}{0.054s+1} \cdot \frac{2}{s(0.5s+1)}$$

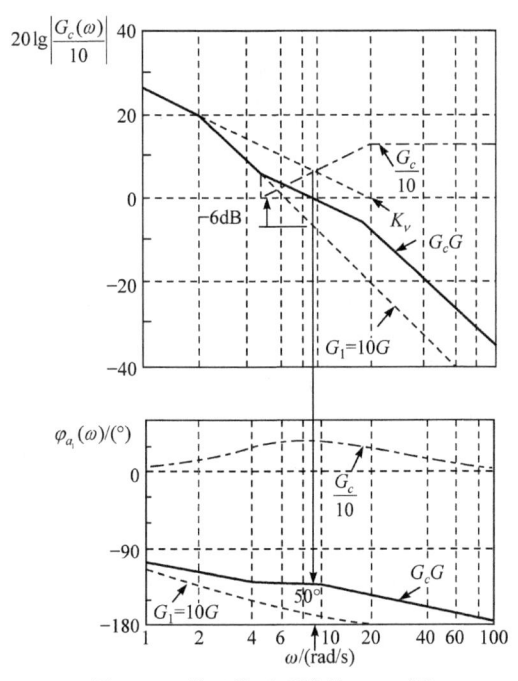

图 5-53 校正前后系统的 Bode 图

图 5-53 中的实线表示已校正系统的 Bode 图，可看到系统的相角裕度和幅值裕度分别约等于 50° 和 +∞dB。已校正系统结构图如图 5-54 所示，它既能满足稳态要求，又能满足相对稳定性的要求。

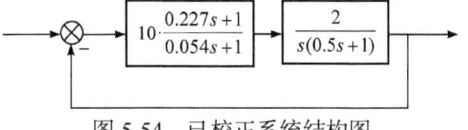

图 5-54 已校正系统结构图

利用 MATLAB 求校正系统前后的单位阶跃响应曲线，校正前后系统的闭环传递函数分别为 $\dfrac{C(s)}{R(s)} = \dfrac{4}{s^2+2s+4}$ 和 $\dfrac{C(s)}{R(s)} = \dfrac{166.8s+735.558}{s^3+20.4s^2+203.6s+735.558}$，利用 step 函数求得校正前后的单位阶跃响应，如图 5-55 所示。

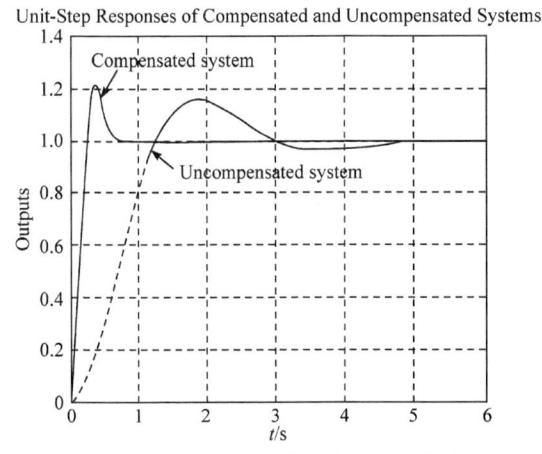

图 5-55 校正前后单位阶跃响应曲线

比较校正前后的系统、Bode 图和单位阶跃响应曲线，得到如下结论。

(1) 低频段重合，不影响系统的稳态误差。

(2) 中频段由 −40dB/dec 变为 −20dB/dec，幅值穿越频率由 6.3rad/s 增加至 9rad/s，相角裕度由 17° 约增加至 50°。由于带宽近似等于幅值穿越频率，增加了系统的带宽，即增大了系统的响应速度。

(3) 高频段被抬高，校正后高频滤波性能会变差。

(4) 从单位阶跃响应曲线也可看出，响应速度变快，已校正系统的闭环极点：$p_{1,2} = -6.9541 \pm j8.0592$，$p_3 = -6.4918$，因为主导闭环极点的位置远离 $j\omega$ 轴，所以响应衰减得很快。请读者思考，校正后的超调为什么增大了？

2. 滞后校正

在前向通道中串联滞后校正网络，其本质是利用滞后网络高频段幅值的衰减作用，使校正后的幅值穿越频率减小，同时要使其最大滞后相角远离中频段，保证校正前后相频特性曲线的中频段基本相同，从而增大相角裕度。由于滞后网络的传递系数为1，对原系统的稳态误差无影响，因此与超前校正类似，也要通过选择系统的开环增益来保证校正后的稳态误差符合要求。

频域法设计超前校正时，需要满足的系统性能指标仍然为稳态误差 $e_{ss}$，幅值穿越频率 $\omega_c'$ 和相角裕度 $\gamma'$，设计步骤如下。

(1) 根据给定静态误差常数的要求，确定增益 $K$。

(2) 令 $G_1(s) = KG(s)$，画出确定了 $K$ 的未校正系统 $G_1(j\omega)$ 的 Bode 图，并求得校正前系统的相角裕度 $\gamma$ 和幅值穿越频率 $\omega_{c0}$。

(3) 确定校正装置的参数及传递函数。

① 根据希望的相角裕度 $\gamma'$，确定期望的幅值穿越频率 $\omega_c'$。

由于滞后网络的负相角总会对原系统的中频段产生一定的影响，因此，在要求的 $\gamma'$ 基础上，增加一个补偿角 $\Delta$，用于补偿滞后校正装置造成的相位滞后，一般取 5°~12°，总的要求的相角裕度为 $\gamma' + \Delta$。

② 为了使滞后校正的负相角对原系统中频段的影响尽可能小，应使 $\varphi_m$ 远离中频段，因此，选择滞后网络的最高转折频率 $\omega_2 = 1/T$ 在低于 $\omega_c'$ 1 倍频程到 10 倍频程处，如果滞后校正装置的时间常数不会很大，则 $\omega_2$ 可以选择在低于 $\omega_c'$ 10 倍频程处，即

$$\omega_2 = 1/T = 0.1\omega_c' \tag{5-113}$$

③ 确定使校正后系统 Bode 图的幅频曲线在 $\omega_c'$ 处下降至 0dB 所必需的衰减量，由于 $\omega_2$ 远小于 $\omega_c'$，校正系统在 $\omega_c'$ 处的衰减量可看着近似等于 $L_c(\omega)|_{\omega \to \infty}$，即 $-20\lg\beta$，可由

$$L(\omega_c') + 20\lg\beta = 0 \tag{5-114}$$

确定 $\beta$ 值，则转折频率 $\omega_1 = 1/\beta T$。因此校正装置的传递函数为

$$G_c(s) = K\frac{Ts+1}{\beta Ts+1}, \quad \beta > 1$$

(4) 校验系统是否满足要求。如果不满足，通过改变校正装置的极点、零点位置，重复上述设计过程，直到获得满意的结果为止。

## 3. 滞后-超前校正

滞后-超前校正综合了超前校正和滞后校正两者的特性，采用超前或滞后校正，系统的阶次增加一阶；采用滞后-超前校正装置后，系统阶次增加二阶，这意味着系统将变得更加复杂，并且对其瞬态响应特性的控制更加困难。采用何种校正方案，视具体情况而定。

频域法设计滞后-超前校正装置步骤如下。

(1) 根据对静态误差常数的要求，确定增益 $K$；

(2) 选择新的幅值穿越频率，令 $\angle G(j\omega) = -180°$，求出此时的 $\omega$ 值作为新的幅值穿越频率 $\omega_c'$；

(3) 确定滞后部分的转折频率，选择 $\omega_2 = 1/T_2$ (相应于校正装置相位滞后部分的零点)在新的幅值穿越频率以下 10 倍频程处；

(4) 确定超前部分的最大相位超前角 $\varphi_m$，用公式 $\sin\varphi_m = \dfrac{1-\alpha}{1+\alpha}$ 确定 $\alpha$，令 $\beta = 1/\alpha$，可得 $\omega_1 = 1/\beta T_2$，滞后部分的 2 个参数选择完毕；

(5) 确定滞后-超前校正装置中的另一个参数 $T_1$，求得 $20\lg|G(j\omega_c')|$，画一条直线，斜率为-20dB/dec，过 $(-20\lg|G(j\omega_c')|, \omega_c')$ 点，这条直线与 0dB 线的交点和-20dB 线的交点，确定了所要求的超前部分的 2 个转折频率；

(6) 将校正装置滞后和超前部分的传递函数组合在一起，可得到滞后-超前校正装置的传递函数；

(7) 校验已校正系统的瞬态响应特性，如不满足要求，可适当修正方案，重复上述设计过程。

## 5.8　MATLAB 在频域分析中的应用

MATLAB 控制系统工具箱在频域法方面提供了许多函数支持，使用它们可以很方便地绘制控制系统的频率特性图并对系统进行频域分析或设计。常用的 MATLAB 函数有：bode( )，绘制控制系统的 Bode 图；nyquist( )，绘制控制系统的幅相曲线；nichols()，绘制控制系统的尼科尔斯图；margin( )，计算控制系统的稳定裕量。本节将通过例题说明 Bode 图和幅相曲线的绘制。

### 5.8.1　Bode 图的绘制

MATLAB 中绘制 Bode 图的函数是 bode()，采用 bode(num,den)可以绘制传递函数为 $G(s) = \dfrac{\text{num}(s)}{\text{den}(s)}$ 时系统的 Bode 图，若采用[mag,phase] = bode (num,den,w)，屏幕上将不显示 Bode 图，而是在用户指定的频率点向量 w 上把系统的频率特性表示成幅值和相角，并分别由 mag 矩阵和 phase 矩阵来表示。

**【例 5-13】** 用 MATLAB 绘制 $G(s) = \dfrac{100(s+2)}{s(s+1)(s+20)}$ 的 Bode 图。

**解** 程序如下：

```
MATLAB Program 5-1
num=100*[1 2];
den=[1 21 20 0];
bode(num,den);
grid;
```

程序运行结果如图 5-56 所示。

如果指定频率范围：$\omega = 10^{-1} \sim 10^2$，则 MATLAB 命令改写为

```
MATLAB Program 5-2
num=100*[1 2];
den=[1 21 20 0];
w=logspace(-1,2,200); %w=logspace(a,b,n)，a 表示最小频率10^a
                      %b 表示最大频率10^b，n 表示10^a ~10^b 的频率点数
bode(num,den,w);
grid;
```

程序运行结果如图 5-57 所示。

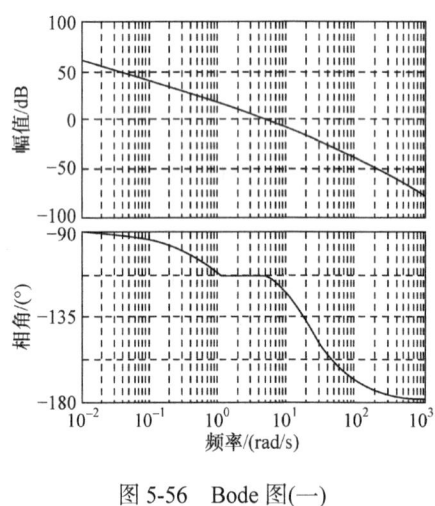

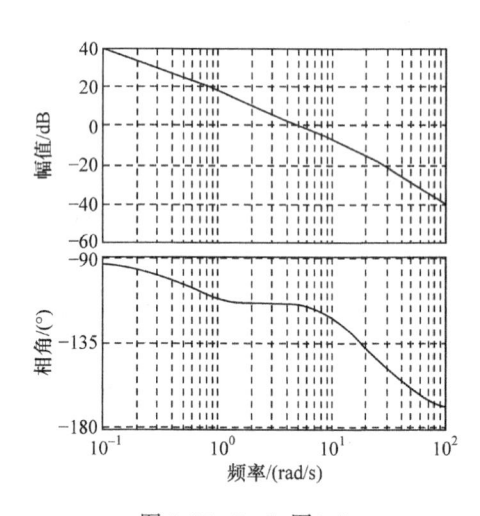

图 5-56 Bode 图(一)

图 5-57 Bode 图(二)

### 5.8.2 幅相曲线的绘制

MATLAB 中绘制幅相曲线的函数是 nyquist()，采用 nyquist(num,den)可以绘制传递函数为 $G(s) = \dfrac{\text{num}(s)}{\text{den}(s)}$ 时系统的幅相曲线，若采用[re,im]=nyquist(num,den,w)，屏幕上将不显示幅相曲线，而是在指定的频率点向量 w 上把系统的频率特性表示成 re 和 im 矩

阵，分别对应系统频率特性的实部和虚部。

**【例 5-14】** 采用 MATLAB 绘制 $G(s)=\dfrac{1}{s^2+s+2}$ 的幅相曲线。

**解** 程序如下：
```
MATLAB Program 5-3
num=1;
den=[1 1 2];
nyquist(num,den);
grid;
```
幅相曲线如图 5-58 所示，开环极点可用下面命令求出：
```
roots(den);
ans =
  -0.5000 + 1.3229i
  -0.5000 - 1.3229i
```

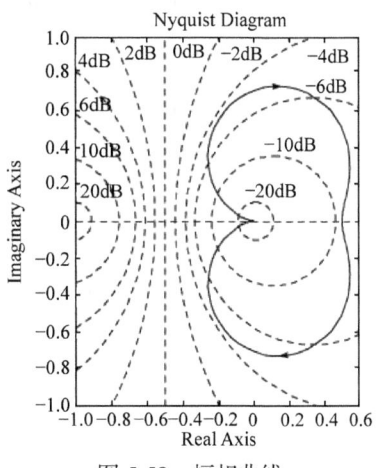

图 5-58 幅相曲线

## 5.9 例 题 精 解

**【例 5-15】** 已知单位负反馈系统的开环传递函数为

$$G(s)=\frac{1-T_1 s}{1+T_2 s}$$

试分析其稳定性。

**解** (1) 根据奈氏判据，有

$$G(\mathrm{j}\omega)=\frac{1-T_1\mathrm{j}\omega}{1+T_2\mathrm{j}\omega}=\frac{1-T_1 T_2 \omega^2}{1+T_2^2 \omega^2}-\mathrm{j}\frac{(T_1+T_2)\omega}{1+T_2^2\omega^2}=R(\omega)+\mathrm{j}I(\omega)$$

当 $\omega=0$ 时，$R(0)=1$，$I(0)=0$；当 $\omega\to\infty$ 时，$R(\infty)=-\dfrac{T_1}{T_2}$，$I(\infty)=0$，可根据 $T_1$ 和 $T_2$ 的关系，绘制其幅相曲线，如图 5-59 所示。开环传递函数在 $s$ 右半平面无开环极点，即 $P=0$。于是，当 $T_2>T_1$ 时，在负实轴 $(-1,-\infty)$ 区间无穿越数，系统稳定；当 $T_2<T_1$ 时，有半次负穿越，$Z=0-2\left(-\dfrac{1}{2}\right)=1$，系统不稳定；当 $T_2=T_1$ 时，临界稳定。

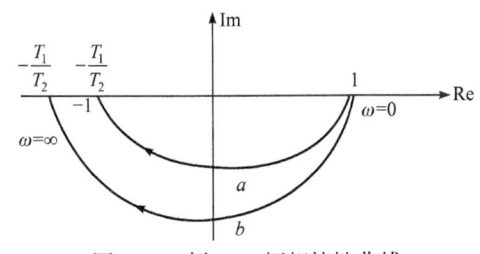

图 5-59 例 5-15 幅相特性曲线

(2) 根据对数频率特性判据，有

$$L(\omega)=20\lg\sqrt{1+T_1^2\omega^2}-20\lg\sqrt{1+T_2^2\omega^2}$$

$$\varphi(\omega) = -\arctan T_1\omega - \arctan T_2\omega$$

① $T_2 > T_1$，如图 5-60(a)所示，在 $L(\omega) > 0$ 区间内，无穿越数，系统稳定。

② $T_2 < T_1$，如图 5-60(b)所示，幅频特性高频为 $L(\omega) > 0$，在 $\omega \to \infty$ 时，有半次负穿越，系统不稳定。

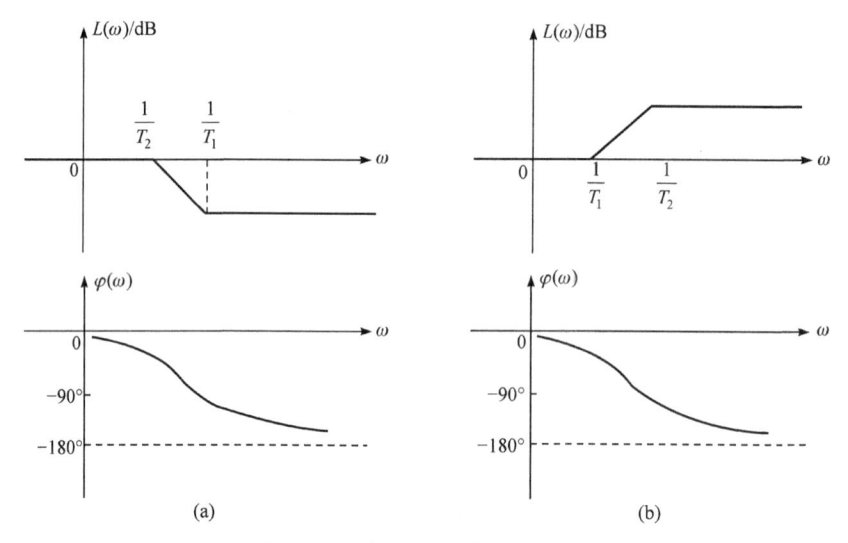

图 5-60  例 5-15 频率特性曲线

【例 5-16】 由实验测得某最小相位系统的幅频特性对数坐标图如图 5-61 所示，求：
(1) 系统的开环传递函数 $G(s)H(s)$；
(2) 计算系统的相角裕度和幅值裕度 $h$；
(3) 判断系统的稳定性。

**解** (1) 低频段渐进线的斜率为 −20dB/dec，故系统为 I 型系统。延长低频段渐进线交轴于 100rad/s 处，得知系统开环传递函数 $K_v = 100$。由 △ABC 可知，

$$AB = 46 - 6 = 40(\lg 5 - \lg\omega_1)$$

则有 $\dfrac{5}{\omega_1} = 10$，$\omega_1 = 0.5\text{rad/s}$。

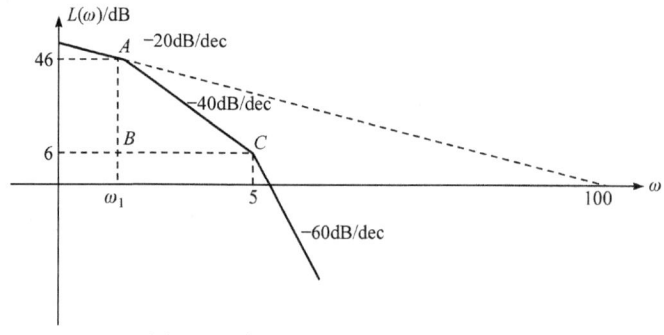

图 5-61  例 5-16 幅频特性对数坐标图

由此可得系统的开环传递函数为

$$G(s)H(s) = \frac{K_v}{s\left(\frac{1}{\omega_1}s+1\right)\left(\frac{1}{5}s+1\right)} = \frac{100}{s(2s+1)(0.2s+1)}$$

(2) 根据折线计算求得 $\omega_c$，由图可以看出 $\omega_c \geqslant 5$，则有 $A(\omega_c) = \dfrac{100}{\omega_c \cdot 2\omega_c \cdot 0.2\omega_c}$，求得系统的幅值穿越频率 $\omega_c = 6.3\text{rad/s}$；

$$\begin{aligned}\gamma &= 180° + \varphi(\omega_c) = 180° - 90° - \arctan(2\times6.3) - \arctan(0.2\times6.3)\\ &= -47°\end{aligned}$$

根据 $\varphi(\omega_g) = -90° - \arctan 2\omega_g - \arctan 0.2\omega_g = -180°$，解得相角穿越频率 $\omega_g = 1.58\text{rad/s}$。

系统在相角穿越处的幅值为

$$A(\omega_g) \approx \frac{100}{\omega_g \times 2\omega_g \times 1} = 20.03$$

幅值裕量为 $h = -20\lg A(\omega_g) = -26\text{dB}$。

(3) 由于 $\gamma = -47° < 0$，$h = -26\text{dB} < 0$，故该系统不稳定。

【例 5-17】 控制系统如图 5-62 所示。
(1) 概略绘制开环系统相幅特性曲线；
(2) 分析 $K$ 值不同时系统的稳定性；
(3) 确定当 $K = 0.75$，$T_1 = 1$，$T_2 = 0.5$ 时，系统的幅值裕度。

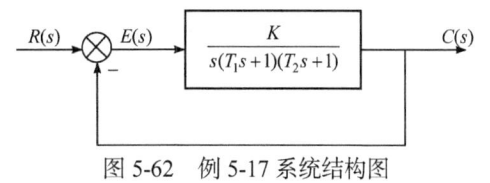

图 5-62 例 5-17 系统结构图

**解** (1) 已知开环系统含有一个积分环节(即 $v = 1$)所以应该按照非 0 型系统绘图。

① 起点：当 $\omega = 0^+$ 时

$$\begin{aligned}|G(\text{j}0^+)| &= \infty\\ \varphi(0^+) &= v\left(-\frac{\pi}{2}\right) = -\frac{\pi}{2}\end{aligned}$$

② 终点：当 $\omega = \infty$ 时

$$\begin{aligned}|G(\text{j}\infty)| &= 0\\ \varphi(\infty) &= (m-n)\left(-\frac{\pi}{2}\right) = -\frac{3}{2}\pi\end{aligned}$$

即可粗略地画出幅相曲线，如图 5-63 所示。

(2) 系统的开环频率特性为

$$G(\text{j}\omega) = \frac{K}{\text{j}\omega(\text{j}\omega T_1+1)(\text{j}\omega T_2+1)} = U(\omega) + \text{j}V(\omega)$$

实频特性

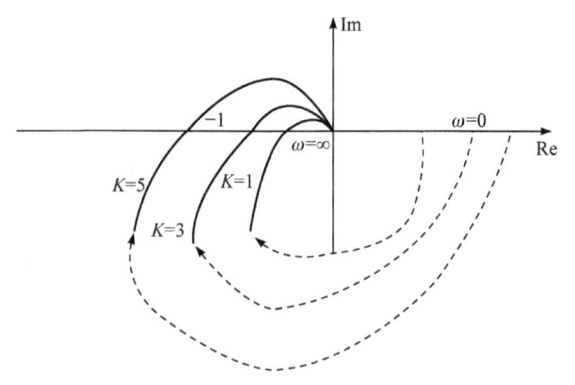

图 5-63 例 5-17 幅相曲线图

$$U(\omega) = \frac{-K(T_1 + T_2)}{1 + \omega^2(T_1^2 + T_2^2) + \omega^4 T_1^2 T_2^2}$$

虚频特性

$$V(\omega) = \frac{-\frac{K}{\omega}(1 - \omega^2 T_1 T_2)}{1 + \omega^2(T_1^2 + T_2^2) + \omega^4 T_1^2 T_2^2}$$

求 $G(j\omega)$ 曲线与负实轴交点处的频率 $\omega_g$，此时有 $V(\omega_g) = 0$，则 $\omega_g = \frac{1}{\sqrt{T_1 T_2}}$。

将 $\omega_g$ 代入实频特性，若闭环稳定，则 $|U(\omega_g)| < 1$。

$$|U(\omega_g)| = \frac{1}{1 + \omega_g^2(T_1^2 + T_2^2) + \omega_g^4 T_1^2 T_2^2} = \frac{K(T_1 + T_2)}{1 + \frac{T_1^2 + T_2^2}{T_1 T_2} + \frac{T_1^2 T_2^2}{T_1^2 T_2^2}} = \frac{K(T_1 + T_2)}{\frac{(T_1 + T_2)^2}{T_1 T_2}} < 1$$

故

$$K < \frac{T_1 + T_2}{T_1 T_2}$$

分析：

① 当 $K < \frac{T_1 + T_2}{T_1 T_2}$ 时，幅相曲线不包围 $(-1, j0)$ 点，此时闭环系统稳定；

② 当 $K = \frac{T_1 + T_2}{T_1 T_2}$ 时，幅相曲线过 $(-1, j0)$ 点，此时闭环系统临界稳定；

③ 当 $K > \frac{T_1 + T_2}{T_1 T_2}$ 时，幅相曲线包围 $(-1, j0)$ 点，此时闭环系统不稳定。

(3) 幅值裕度为

$$h = \frac{1}{|U(\omega_g)|} = \frac{T_1 + T_2}{KT_1 T_2} = \frac{1 + 0.5}{0.75 \times 1 \times 0.5} = 4, \quad h_{\mathrm{dB}} = 20\lg h = 20\lg 4 = 12\mathrm{dB}$$

# 本 章 小 结

频域分析法是一种常用的图解分析法，其特点是可以根据系统的开环频率特性去判断闭环系统的性能，并能较方便地分析系统参量对系统特性的影响，从而指出改善系统性能的途径。本章介绍的主要内容包括以下几点。

(1) 频率特性研究的是线性系统(或部件)在正弦输入下的稳态响应，能够反映动态过程的性能，频率特性与传递函数之间有着确切的简单关系。系统是由若干环节所组成，系统的开环频率特性，无论是对数幅频特性还是对数相频特性，都是由典型环节的频率特性叠加而成。

(2) 最小相位系统传递函数的极点和零点都位于 $s$ 平面的左半部，其幅频和相频特性之间存在着唯一的对应关系，根据对数幅频特性，可以唯一地确定相应的相频特性和传递函数。

(3) 依据开环频率特性不仅能够判断闭环系统的稳定性，而且可以定量地反映系统的相对稳定性，即稳定的程度。系统的相对稳定性通常用幅值益裕度 $h$ 和相角裕度 $\gamma$ 来衡量，保持适当的稳定裕度，可以使系统得到较满意的响应特性，并预防系统中元器件性能变化对稳定性可能带来的不利影响。

(4) 依据开环频率特性与时域指标的关系，可以求得时域指标 $\sigma\%$ 和 $t_s$，更直观地分析系统的暂态性能。同样可由系统的开环频率特性求得闭环频率特性，根据闭环频率特性的谐振峰值 $M_r$、谐振频率 $\omega_r$ 和频带宽度 $\omega_b$，可以粗略估计系统时域响应的一些性能指标。

(5) 以 MATLAB 为工具，讨论了系统的 Bode 图和幅相曲线的绘制及系统的幅值裕度和相角裕度的求取。

# 习 题

5-1 若系统单位阶跃响应

$$h(t) = 1 - 1.8\mathrm{e}^{-4t} + 0.8\mathrm{e}^{-9t}$$

试确定系统的频率特性。

5-2 设系统结构图如题 5-2 图所示，试确定输入信号 $r(t) = \sin(t+30°) - \cos(2t-45°)$ 作用下，系统的稳态误差 $e_{ss}(t)$。

题 5-2 图

5-3 典型二阶系统的开环传递函数

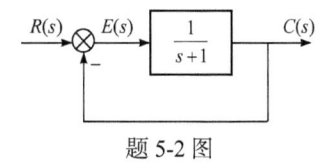

$$G(s) = \frac{\omega_n^2}{s(s+2\zeta\omega_n)}$$

当取 $r(t) = 2\sin t$ 时，系统的稳态输出为 $c_{ss}(t) = 2\sin(t-45°)$。试确定系统参数 $\zeta, \omega_n$。

5-4 试绘制下述传递函数的概略开环幅相曲线，并用奈氏判据判断其稳定性。

(1) $G(s)=\dfrac{K}{(T_1s+1)(T_2s+1)}$  (2) $G(s)=\dfrac{K}{s(Ts+1)}$

(3) $G(s)=\dfrac{K(T_1s+1)}{s(T_2s+1)}$，$T_1<T_2$

(4) $G(s)=\dfrac{K(T_1s+1)}{s^2(T_2s+1)}$，$T_1<T_2$，$T_1>T_2$

5-5 试绘制题 5-4 中各开环系统的 Bode 图。

5-6 已知最小相位系统的对数幅频渐近特性曲线如题 5-6 图所示，试确定系统的开环传递函数。

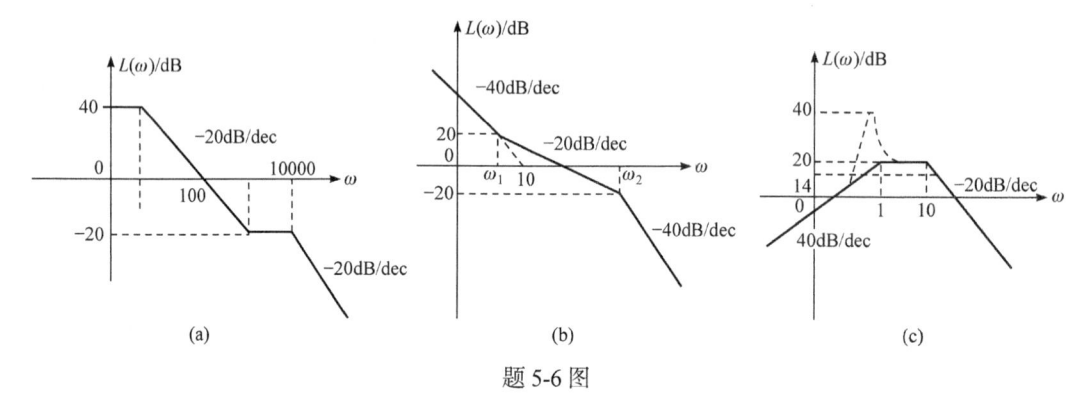

题 5-6 图

5-7 若单位反馈系统的开环传递函数

$$G(s)=\dfrac{K\mathrm{e}^{-0.8s}}{s+1}$$

试确定系统稳定的 $K$ 值范围。

5-8 设单位反馈控制系统的开环传递函数

$$G(s)=\dfrac{as+1}{s^2}$$

试确定相角裕度为 45° 时参数 $a$ 的值。

5-9 设系统的开环幅相频率特性如题 5-9 图所示，写出开环传递函数的形式，判断闭环系统是否稳定。图中，$P$ 为开环传递函数 $s$ 右半平面的极点数，$v$ 为其 $s=0$ 的极点数。

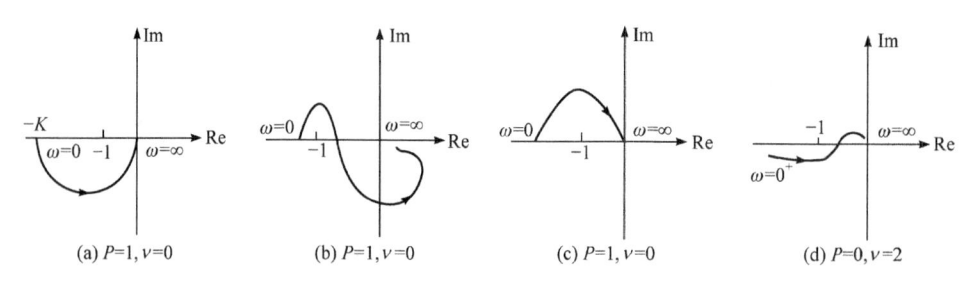

(a) $P=1,v=0$  (b) $P=1,v=0$  (c) $P=1,v=0$  (d) $P=0,v=2$

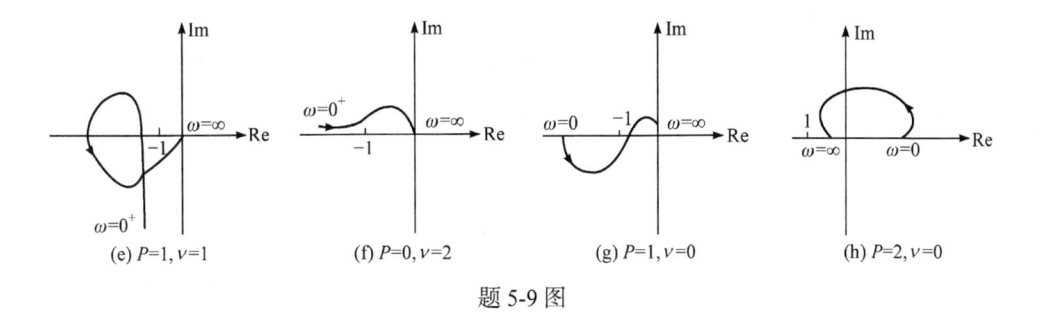

(e) $P=1, v=1$  (f) $P=0, v=2$  (g) $P=1, v=0$  (h) $P=2, v=0$

题 5-9 图

**5-10** 已知单位反馈系统的开环传递函数为

$$G(s)H(s) = \frac{20(s+1)}{s(s^2+2s+10)(s+5)}$$

试绘制开环系统的 Bode 图，并确定系统的幅值裕度和相角裕度。

**5-11** 已知单位反馈系统的开环传递函数为

$$G(s) = \frac{K}{s(s+1)(0.1s+1)}$$

试计算：(1)使得开环系统的幅值裕度 $h$ 为 20dB 的增益 $K$ 值；(2)使得开环系统的相角裕度为 60° 的增益 $K$ 值。

**5-12** 已知单位反馈系统的开环传递函数为

$$G(s) = \frac{K(10s+1)}{s^2(s+1)(0.1s+1)}$$

要求作出系统的 Bode 草图，并用奈氏判据确定性系统稳定的增益 $K$ 值。

**5-13** 控制系统的方块图如题 5-13 图所示，试根据该系统反应 4rad/s 速度信号时的稳态误差等于 30° 的要求确定控制器的增益 $K$，并计算该系统的 $M_r$ 及 $\omega_r$。

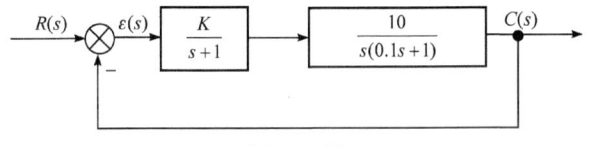

题 5-13 图

**5-14** 单位反馈系统的开环传递函数为

$$G(s) = \frac{7}{s(0.087s+1)}$$

试用频域和时域关系求系统的超调量 $\sigma\%$ 及调整时间 $t_s$。

**5-15** 某单位负反馈控制系统的开环传递函数为 $G(s) = \dfrac{K}{(s+3)}$，若校正装置取为 $G_c(s) = \dfrac{s+a}{s}$，试确定 $a$ 和 $K$ 的合适取值，使得系统阶跃响应的稳态误差为零，超调量约为 5%，调节时间为 1s(按照 2% 准则)。

**5-16** NASA 将使用机器人来建造永久性月球站。机器人手爪的位置控制系统是一个单位负反馈系统，其中 $G(s) = \dfrac{3}{s(s+1)(0.5s+1)}$，试设计一个滞后校正网络 $G_c(s)$，使系统的相角裕度达到 $45°$。

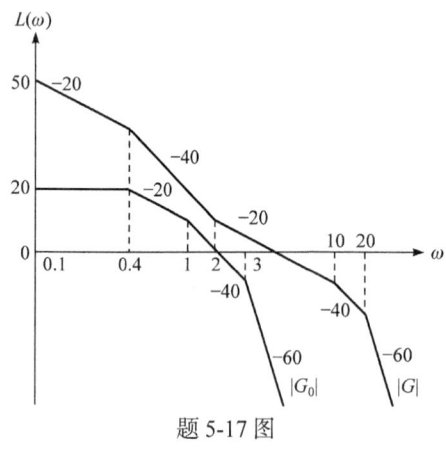

5-17 单位负反馈最小相位系统校正前、后的开环对数幅频特性如题 5-17 图所示。求：

(1) 串联校正装置的传递函数 $G_c(s)$；

(2) 串联校正后，使闭环系统稳定的开环增益 $K$ 的值。

题 5-17 图

5-18 设单位负反馈系统，其开环传递函数为 $G(s) = \dfrac{K}{s(s+1)}$，要求系统在单位斜坡输入信号作用时，稳态误差 $e_{ss} \leq 0.1$，开环系统幅值穿越频率 $\omega_c \geq 4.4\text{rad/s}$，相角裕度 $\gamma \geq 45°$，幅值裕度 $20\lg h \geq 10\text{dB}$。试设计一个适当的校正装置，以满足所有的性能指标。

5-19 设有单位负反馈系统，其开环传递函数为 $G(s) = \dfrac{8}{s(2s+1)}$，采用滞后-超前校正装置 $G_c(s) = \dfrac{(10s+1)(2s+1)}{(100s+1)(0.2s+1)}$，绘制校正前后系统的对数幅频渐近特性，计算系统校正前后的相角裕度。

# 第 6 章　非线性控制系统

**主要内容**

非线性系统的基本概念；描述函数法；非线性控制系统的描述函数法分析；相平面法；MATLAB 非线性系统设计与分析。

**学习目标**

(1) 能够指出实际工程中存在的非线性环节，并分析其可能的影响；进一步理解第 2 章小偏差线性化法的使用条件。

(2) 理解描述函数的物理含义和应用限制条件。

(3) 能够应用描述函数法分析非线性系统的稳定性，判断是否存在自激振荡，并计算自激振荡参数。

(4) 了解相平面法的基本概念和应用相平面法分析非线性系统的一般步骤。

本书前面各章讨论的均为线性系统。但严格来说，任何一个实际控制系统，其元器件都或多或少地带有非线性特性，所以理想的线性系统实际上是不存在的。也就是说，实际的控制系统都是非线性系统。许多系统能视为线性系统来分析，有两方面的原因：一是大多数实际系统的非线性因素不明显，可以近似看成线性系统；二是某些系统的非线性特性虽然比较明显，但是某一特定范围内或在某些条件下，可以对系统进行线性化处理，作为线性系统来分析。但是，当系统的非线性因素较明显且不能应用线性化方法来处理时，如饱和特性、继电特性等，就必须采用非线性系统理论来分析。本章将主要讨论关于非线性系统的基本概念以及非线性系统的基本分析方法。

## 6.1　非线性系统概述

若一个控制系统包含一个或一个以上具有非线性特性的元件或环节，则此系统即为非线性系统。

线性系统的重要特征是可以应用线性叠加原理。由于描述非线性系统的数学模型为非线性微分方程，因此叠加原理不能应用，故能否应用叠加原理是两类系统的本质区别。

### 6.1.1　非线性系统的特征

1. 稳定性和响应形式

线性系统的稳定性和响应形式只取决于系统本身的结构和参数，与输入信号及初始状态无关。而非线性系统则不然，其稳定性和响应形式不仅与系统的结构和参数有关，还与系统输入信号的类型及初始条件有关。对于同一结构和参数的非线性系统，初始状态位于某一较小数值的区域内时系统稳定，但是在较大初始值时系统可能不稳定，有时可能相反。所以，对于非线性系统来说，不能笼统地讲系统是否稳定，而应该在明确了系统的初始状态及相对于哪个平衡状态后再分析系统稳定性。非线性控制的响应过程则可能会出现在某一初始条件下为单调衰减，而在另一初始条件下为衰减振荡的情况。

2. 自激振荡

在没有外界周期性输入信号作用时，线性系统只有在临界稳定的情况下才能产生周期运动。事实上，一旦系统参数发生微小的变化，周期运动将无法维持，所以线性系统在无外界周期变化信号作用时所具有的周期运动不是自激振荡。而对于非线性系统，在没有外界周期变化信号的作用时，系统完全有可能产生具有固定振幅和频率的稳定周期运动，这个周期运动是物理上可以实现并可以保持的，通常称为自激振荡，简称自振。如果非线性系统中存在自振，则该周期振荡的频率和幅值不受扰动和初始条件的影响。

自激振荡是非线性系统特有的性质，研究自振的产生条件及抑制，确定自振的频率和周期，是非线性系统分析的重要内容。

3. 频率响应

稳定线性系统的频率响应，即正弦信号作用下的稳态输出是与输入同频率的正弦信号，其幅值和相位均为输入正弦信号频率 $\omega$ 的函数。而非线性系统的频率响应除了含有与输入同频率的正弦信号分量(基频分量)外，还含有关于频率 $\omega$ 的高次谐波分量，使输出波形发生非线性畸变。若系统含有多值非线性环节，输出的高次谐波分量的幅值还有可能发生跃变。

在非线性系统的分析和控制中，还会产生一些其他与线性系统明显不同的现象，在此不再赘述。

### 6.1.2 典型非线性特性

控制系统中，若控制装置或元件的输入输出之间的静特性曲线，不是一条直线，则称此元件具有非线性特性。如果这些非线性特性不能采用线性化的方法来处理，称这类非线性为本质非线性。为简化问题的分析，通常将这些本质非线性特性用简单的折线来代替，称为典型非线性特性。

常见的非线性特性按其物理性能及特性形状可分为饱和特性、死区特性、滞环特性和继电器特性等。

1. 饱和特性

典型的饱和非线性特性如图 6-1 所示，其数学表达

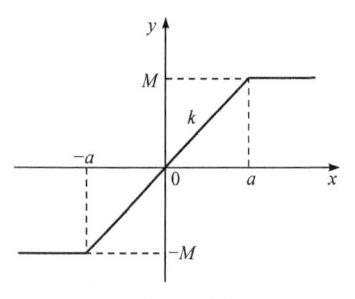

图 6-1 饱和非线性特性

式为

$$y = \begin{cases} M, & x > a \\ kx, & |x| \leq a \\ -M, & x < -a \end{cases} \quad (6\text{-}1)$$

式中，$a$ 为线性区宽度；$k$ 为线性区斜率。

饱和特性的特点是，输入信号超过某一范围后，输出不再随输入的变化而变化，而是保持在某一常值上。当输入信号较小而工作在线性区时，可视为线性元件。但当输入信号较大而工作在饱和区时，就必须作为非线性元件来处理。

饱和特性在控制系统中是普遍存在的，几乎所有的放大器都存在饱和现象。由于采用了铁磁材料，在电动机、变压器中存在有磁饱和。系统中加入的各种限幅装置也属于饱和非线性特性。

2. 死区特性

典型的死区非线性特性如图 6-2 所示，其数学表达式为

$$y = \begin{cases} 0, & |x| \leq a \\ k(x-a), & x > a \\ k(x+a), & x < -a \end{cases} \quad (6\text{-}2)$$

死区非线性特性主要是由测量元件、执行元件等对小信号不灵敏所导致的。其特点是当输入信号在零值附近的某一小范围内时，系统没有输出；只有当信号大于此范围时才有输出，并且与输入成线性关系。死区又称不灵敏区，死区内虽有输入信号，但其输出为 0。

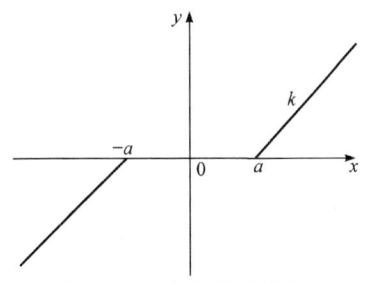

图 6-2 死区非线性特性

实际工程中很多测量机构和元件都存在死区，例如，例 1-2 仓库大门自动控制系统中作为执行器件的电动机，由于轴上存在静摩擦，电枢电压必须超过某一数值时，电动机才可能转动；测量放大元件，输入信号在零值附近的某一小范围内时，其输出等于零，只有当输入信号大于此信号范围时才有输出。此外，电器触点的预压力、弹簧的预紧力、各种电路的阈值等均属于死区非线性特性。

3. 滞环(间隙)特性

典型的滞环非线性特性如图 6-3 所示。

滞环特性的特点是，当输入信号小于间隙 $a$ 时，输出为零。只有当 $x > a$ 后，输出随输入线性变化。当输入反向时，其输出则保持在方向发生变化前的输出值上，直到输入反向变化 $2a$ 后，输出才线性变化。

在各种传动机构中，由于加工精度及运动部位的动作需要，总会存在一些间隙，如齿轮传动系统，为了保证转动灵活不至于卡死，必须留有少量的间隙。在齿轮转动中，由于齿隙的存在，当主动轮方向改变时从动轮保持原位不动，直到间隙消除后才改变转

图 6-3 滞环非线性特性

动方向。此外,铁磁元件的磁滞、液压传动中的油隙等均属于间隙非线性特性。

4. 继电器特性

典型继电器特性如图 6-4 所示。由于继电器的吸合电压与释放电压不等,使其特性中包含了死区、滞环及饱和特性。

(1) 若 $a=0$,称这种特性为理想继电器特性,如图 6-5(a)所示;
(2) 若 $m=1$,称为死区继电器特性,如图 6-5(b)所示;
(3) 若 $m=-1$,称为滞环继电器特性,如图 6-5(c)所示。

实际系统中有许多元器件具有继电器特性,如检测电平时的射极耦合触发器或由运放组成的电平检测器等比较电路。控制系统中的各种开关元件均具有这类特性。

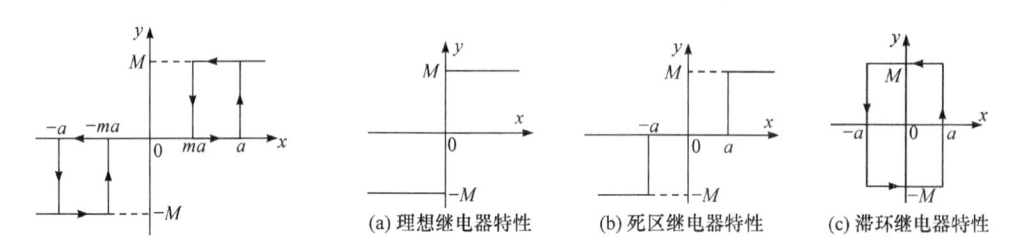

图 6-4 典型继电器特性

图 6-5 几种常见的继电器特性

(a) 理想继电器特性
(b) 死区继电器特性
(c) 滞环继电器特性

### 6.1.3 非线性系统的分析和设计方法

由于非线性系统形式多样,受数学工具限制,一般情况下难以求得非线性微分方程的解析解,只能采用工程上适用的近似方法。本章重点介绍以下两种方法。

(1) 描述函数法。

描述函数法是基于频域分析法和非线性特性谐波线性化的一种图解分析法。该方法对于满足结构要求的一类非线性系统,通过谐波线性化,将非线性特性近似表示为复变增益环节,然后推广应用频率法,分析非线性系统的稳定性或自激振荡。

(2) 相平面法。

相平面法是推广应用时域分析法的一种图解分析方法。该方法通过在相平面上绘制相轨迹曲线,可以求出非线性微分方程在不同初始条件下的解。相平面法仅适用于一阶和二阶系统。

## 6.2 描述函数法

描述函数法是达尼尔(P J Daniel)于 1940 年首先提出的,其基本思想是:当系统满足一定的假设条件时,系统中非线性环节在正弦信号作用下的输出可用一次谐波分量(即基波)来近似,由此导出非线性环节的近似等效频率特性,即描述函数。这时非线性系统就近似等效为一个线性系统,并可应用线性系统理论中的频率法对系统进行频域分析。

描述函数法主要用来分析在无外作用的情况下，非线性系统的稳定性和自振荡问题，并且不受系统阶次的限制，一般都能给出比较满意的结果，因而获得了广泛的应用。但是由于描述函数对系统结构、非线性环节的特性和线性部分的性能都有一定的要求，其本身也是一种近似的分析方法，因此该方法的应用有一定的限制条件。另外，描述函数法只能用来研究系统的频率响应特性，不能给出时间响应的确切信息。

### 6.2.1 描述函数的基本概念

#### 1. 描述函数法的应用条件

应用描述函数法分析非线性系统时，要求元件和系统必须满足以下条件：

(1) 非线性系统的结构图可以简化成只有一个非线性环节 $N(A)$ 和一个线性部分 $G(s)$ 串联的闭环结构，如图 6-6 所示。

(2) 非线性环节的输入输出静特性曲线是奇对称的，即 $y(x) = -y(-x)$，以保证非线性元件在正弦信号作用下的输出不包含直流分量。

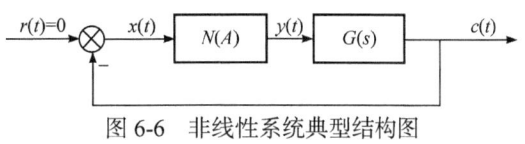

图 6-6 非线性系统典型结构图

(3) 系统的线性部分 $G(s)$ 具有较好的低通滤波特性。这样，非线性环节正弦输入下的输出中，本来幅值相对不大的那些高次谐波分量将被大大削弱。因此，可以近似地认为在闭环通道内只有基波分量在流通，此时应用描述函数法所得的分析结果才比较准确。对于实际的非线性系统来说，由于 $G(s)$ 通常具有低通滤波特性，因此这个条件是满足的，且线性部分的阶次越高，其低通滤波特性越好。

#### 2. 描述函数的定义

设非线性环节的输入信号为正弦信号 $x(t) = A\sin\omega t$，则其输出 $y(t)$ 一般为周期性非正弦信号，可以展开为傅里叶级数：

$$y(t) = A_0 + \sum_{n=0}^{\infty}(A_n \cos n\omega t + B_n \sin n\omega t) \quad (6\text{-}3)$$

式中，$A_0$ 为直流分量；$A_n$、$B_n$ 为傅里叶系数，用式(6-4)~式(6-6)描述：

$$A_0 = \frac{1}{\pi}\int_0^{2\pi} y(t)\mathrm{d}(\omega t) \quad (6\text{-}4)$$

$$A_n = \frac{1}{\pi}\int_0^{2\pi} y(t)\cos n\omega t\mathrm{d}(\omega t) \quad (6\text{-}5)$$

$$B_n = \frac{1}{\pi}\int_0^{2\pi} y(t)\sin n\omega t\mathrm{d}(\omega t) \quad (6\text{-}6)$$

若非线性特性是奇对称的，则有 $A_0 = 0$。

由于在傅里叶级数中 $n$ 越大，谐波分量的频率越高，$A_n$、$B_n$ 越小。此时若系统线性部分 $G(s)$ 具有良好的低通滤波特性，则高次谐波分量又进一步被充分衰减，故可近似认为非线性环节的稳态输出只含有基波分量，即

$$y(t) \approx y_1(t) = A_1 \cos\omega t + B_1 \sin\omega t = Y_1 \sin(\omega t + \varphi_1) \tag{6-7}$$

式中，

$$A_1 = \frac{1}{\pi}\int_0^{2\pi} y(t)\cos\omega t\,\mathrm{d}(\omega t) \tag{6-8}$$

$$B_1 = \frac{1}{\pi}\int_0^{2\pi} y(t)\sin\omega t\,\mathrm{d}(\omega t) \tag{6-9}$$

$$Y_1 = \sqrt{A_1^2 + B_1^2} \tag{6-10}$$

$$\varphi_1 = \arctan\frac{A_1}{B_1} \tag{6-11}$$

类似于线性系统中频率特性的定义，把非线性元件稳态输出的基波分量与输入正弦信号的复数比定义为非线性环节的描述函数，用 $N(A)$ 来表示，即

$$N(A) = \frac{Y_1}{A}\mathrm{e}^{\mathrm{j}\varphi_1} = \frac{\sqrt{A_1^2 + B_1^2}}{A}\angle\arctan\frac{A_1}{B_1} = \frac{B_1}{A} + \mathrm{j}\frac{A_1}{A} \tag{6-12}$$

由非线性环节描述函数的定义可以得到如下结论。

(1) 描述函数类似于线性系统中的频率特性，利用描述函数的概念便可以把一个非线性元件近似地视为一个线性元件，因此又称为谐波线性化。这样，线性系统的频率法便可以推广到非线性系统中去。

(2) 描述函数表达了非线性元件对基波正弦量的传递能力。一般来说，它是输入正弦信号幅值和频率的函数。但对绝大多数实际的非线性元件，由于它们不包含储能元件，它们的输出与输入正弦信号的频率无关。所以常见非线性环节的描述函数仅是输入正弦信号幅值 $A$ 的函数，用 $N(A)$ 来表示。

### 6.2.2 典型非线性特性的描述函数

典型非线性特性的描述函数可以从定义式(6-12)出发求得，一般步骤如下。

(1) 由非线性静特性曲线画出正弦信号输入下的输出波形，并写出输出波形 $y(t)$ 的数学表达式；

(2) 利用傅里叶级数求出 $y(t)$ 的基波分量；

(3) 将求得的基波分量代入定义式(6-12)，即得 $N(A)$。

#### 1. 饱和特性的描述函数

饱和特性的输入输出关系及其输入输出波形如图 6-7 所示。当输入正弦信号的幅值 $A \geqslant a$ 时，由于饱和的作用，其输出波形为一削顶的正弦波，其数学表达式为

$$y(t) = \begin{cases} kA\sin\omega t, & 0 \leqslant \omega t < \alpha \\ ka, & \alpha \leqslant \omega t \leqslant (\pi - \alpha) \\ kA\sin\omega t, & (\pi - \alpha) < \omega t \leqslant \pi \end{cases} \tag{6-13}$$

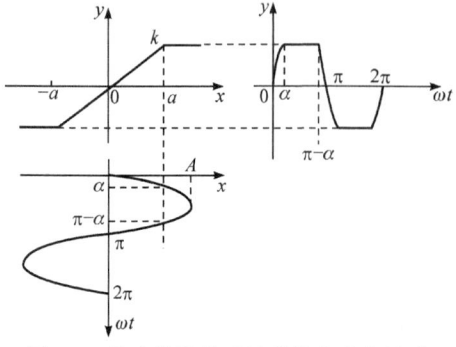

图 6-7 饱和特性关系及其输入输出波形

式中，$\alpha = \arcsin\dfrac{a}{A}$。

由式(6-4)~式(6-6)并考虑到饱和非线性特性为单值奇对称，有 $A_0 = 0$。

$$\begin{aligned}
A_1 &= \frac{1}{\pi}\int_0^{2\pi} y(t)\cos\omega t\,\mathrm{d}(\omega t) = \frac{1}{\pi}\int_{-\pi}^{\pi} y(t)\cos\omega t\,\mathrm{d}(\omega t) \\
&= \frac{1}{\pi}\left[\int_{-\pi}^0 y(t)\cos\omega t\,\mathrm{d}(\omega t) + \int_0^{\pi} y(t)\cos\omega t\,\mathrm{d}(\omega t)\right] \\
&= \frac{1}{\pi}\left[\int_0^{\pi} y(-t)\cos(-\omega t)\,\mathrm{d}(\omega t) + \int_0^{\pi} y(t)\cos\omega t\,\mathrm{d}(\omega t)\right] \\
&= \frac{1}{\pi}\left[\int_0^{\pi} -y(t)\cos\omega t\,\mathrm{d}(\omega t) + \int_0^{\pi} y(t)\cos\omega t\,\mathrm{d}(\omega t)\right] = 0
\end{aligned}$$

$$\begin{aligned}
B_1 &= \frac{1}{\pi}\int_0^{2\pi} y(t)\sin\omega t\,\mathrm{d}(\omega t) = \frac{1}{\pi}\int_{-\pi}^{\pi} y(t)\sin\omega t\,\mathrm{d}(\omega t) \\
&= \frac{1}{\pi}\left[\int_{-\pi}^0 y(t)\sin\omega t\,\mathrm{d}(\omega t) + \int_0^{\pi} y(t)\sin\omega t\,\mathrm{d}(\omega t)\right] \\
&= \frac{1}{\pi}\left[\int_0^{\pi} y(-t)\sin(-\omega t)\,\mathrm{d}(\omega t) + \int_0^{\pi} y(t)\sin\omega t\,\mathrm{d}(\omega t)\right] = \frac{2}{\pi}\int_0^{\pi} y(t)\sin\omega t\,\mathrm{d}(\omega t) \\
&= \frac{2}{\pi}\left[\int_0^{\alpha} kA\sin^2\omega t\,\mathrm{d}(\omega t) + \int_{\alpha}^{\pi-\alpha} ka\sin\omega t\,\mathrm{d}(\omega t) + \int_{\pi-\alpha}^{\pi} kA\sin^2\omega t\,\mathrm{d}(\omega t)\right] \\
&= \frac{2k}{\pi}\left[\int_0^{\alpha} A\frac{1-\cos 2\omega t}{2}\,\mathrm{d}(\omega t) + \int_{\alpha}^{\pi-\alpha} a\sin\omega t\,\mathrm{d}(\omega t) + \int_{\pi-\alpha}^{\pi} A\frac{1-\cos 2\omega t}{2}\,\mathrm{d}(\omega t)\right] \\
&= \frac{2kA}{\pi}\left(\frac{1}{2}\omega t\Big|_0^{\alpha} - \frac{1}{4}\sin 2\omega t\Big|_0^{\alpha} - \frac{a}{A}\cos\omega t\Big|_{\alpha}^{\pi-\alpha} + \frac{1}{2}\omega t\Big|_{\pi-\alpha}^{\pi} - \frac{1}{4}\sin 2\omega t\Big|_{\pi-\alpha}^{\pi}\right) \\
&= \frac{2kA}{\pi}\left(\alpha + \frac{a}{A}\cos\alpha\right) = \frac{2kA}{\pi}\left[\arcsin\frac{a}{A} + \frac{a}{A}\sqrt{1-\left(\frac{a}{A}\right)^2}\right]
\end{aligned}$$

由式(6-12)可得饱和特性的描述函数为

$$\begin{aligned}
N(A) &= \frac{B_1}{A} \\
&= \frac{2k}{\pi}\left[\arcsin\frac{a}{A} + \frac{a}{A}\sqrt{1-\left(\frac{a}{A}\right)^2}\right], \quad A \geqslant a
\end{aligned}$$

(6-14)

### 2. 死区特性的描述函数

死区特性的输入输出关系及其输入输出波形如图 6-8 所示。当输入正弦信号的幅值 $A < a$ 时，输出为 0；$A \geqslant a$ 时，输出波形为正弦波的上半部分，其数学表达式为

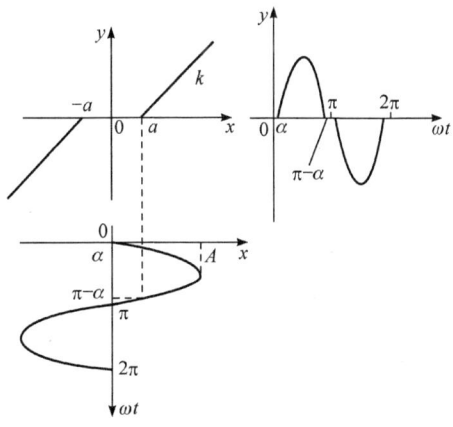

图 6-8 死区特性的输入输出关系及其输入输出波形

$$y(t) = \begin{cases} 0, & 0 \leq \omega t \leq \alpha \\ k(A\sin\omega t - a), & \alpha < \omega t \leq (\pi - \alpha) \\ 0, & (\pi - \alpha) < \omega t \leq \pi \end{cases} \quad (6\text{-}15)$$

式中，$\alpha = \arcsin\dfrac{a}{A}$。

由于死区特性也是单值奇对称，由式(6-4)～式(6-6)得 $A_0 = 0$，$A_1 = 0$。

$$\begin{aligned}
B_1 &= \frac{2}{\pi}\int_0^\pi y(t)\sin\omega t\,\mathrm{d}(\omega t) = \frac{4}{\pi}\int_0^{\pi/2} y(t)\sin\omega t\,\mathrm{d}(\omega t) \\
&= \frac{4}{\pi}\int_\alpha^{\pi/2} k(A\sin\omega t - a)\sin\omega t\,\mathrm{d}(\omega t) \\
&= \frac{4k}{\pi}\left[\int_\alpha^{\pi/2} A\sin^2\omega t\,\mathrm{d}(\omega t) - \int_\alpha^{\pi/2} a\sin\omega t\,\mathrm{d}(\omega t)\right] \\
&= \frac{4k}{\pi}\left[\frac{A}{2}\int_\alpha^{\pi/2}(1-\cos 2\omega t)\mathrm{d}(\omega t) - a\int_\alpha^{\pi/2}\sin\omega t\,\mathrm{d}(\omega t)\right] \\
&= \frac{4k}{\pi}\left(\frac{A}{2}\omega t\Big|_\alpha^{\pi/2} - \frac{A}{4}\sin 2\omega t\Big|_\alpha^{\pi/2} + a\cos\omega t\Big|_\alpha^{\pi/2}\right) \\
&= \frac{4k}{\pi}\left[\frac{A\pi}{4} - \frac{A\alpha}{2} - \frac{a}{2}\cos\alpha\right] = \frac{2kA}{\pi}\left[\frac{\pi}{2} - \arcsin\frac{a}{A} - \frac{a}{A}\sqrt{1-\left(\frac{a}{A}\right)^2}\right]
\end{aligned}$$

由式(6-12)可得死区特性的描述函数为

$$N(A) = \frac{2k}{\pi}\left[\frac{\pi}{2} - \arcsin\frac{a}{A} - \frac{a}{A}\sqrt{1-\left(\frac{a}{A}\right)^2}\right], \quad A \geq a \quad (6\text{-}16)$$

3. 滞环特性的描述函数

滞环特性的输入输出关系及其输入输出波形如图 6-9 所示。由图可见，$y(t)$ 相对于 $x(t)$ 有时间滞后，其数学表达式为

$$y(t) = \begin{cases} k(A\sin\omega t - a), & 0 \leq \omega t \leq \pi/2 \\ k(A - a), & \pi/2 < \omega t \leq (\pi - \alpha) \\ k(A\sin\omega t + a), & (\pi - \alpha) < \omega t \leq \pi \end{cases}$$

(6-17)

式中，$\alpha = \pi - \arcsin\left(1 - \dfrac{2a}{A}\right)$。

滞环特性为非单值奇对称，它在正弦信号作用下的输出特性 $y(t)$ 为非奇非偶函数，但仍为 $180°$ 镜对称函数，故式(6-17)仅列出了 $0 \sim \pi$ 区间的表达式。由式(6-4)得 $A_0 = 0$。

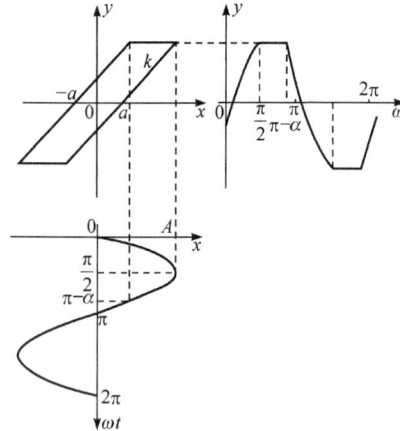

图 6-9 滞环特性及其输入输出波形

$$A_1 = \frac{1}{\pi}\int_0^{2\pi} y(t)\cos\omega t \mathrm{d}(\omega t)$$

$$= \frac{2}{\pi}\left[\int_0^{\pi/2} k(A\sin\omega t - a)\cos\omega t \mathrm{d}(\omega t) + \int_{\pi/2}^{\pi-\alpha} k(A-a)\cos\omega t \mathrm{d}(\omega t) \right.$$
$$\left. + \int_{\pi-\alpha}^{\pi} k(A\sin\omega t + a)\cos\omega t \mathrm{d}(\omega t)\right]$$

$$= \frac{4ka}{\pi}\left(\frac{a}{A}-1\right)$$

$$B_1 = \frac{2}{\pi}\left[\int_0^{\pi/2} k(A\sin\omega t - a)\sin\omega t \mathrm{d}(\omega t) + \int_{\pi/2}^{\pi-\alpha} k(A-a)\sin\omega t \mathrm{d}(\omega t) \right.$$
$$\left. + \int_{\pi-\alpha}^{\pi} k(A\sin\omega t + a)\sin\omega t \mathrm{d}(\omega t)\right]$$

$$= \frac{kA}{\pi}\left[\frac{\pi}{2} + \arcsin\left(1-\frac{2a}{A}\right) + 2\left(1-\frac{2a}{A}\right)\sqrt{\frac{a}{A}\left(1-\frac{a}{A}\right)}\right]$$

由式(6-12)可得滞环特性的描述函数为

$$N(A) = \frac{B_1 + \mathrm{j}A_1}{A}$$
$$= \frac{k}{\pi}\left[\frac{\pi}{2} + \arcsin\left(1-\frac{2a}{A}\right) + 2\left(1-\frac{2a}{A}\right)\sqrt{\frac{a}{A}\left(1-\frac{a}{A}\right)}\right] + \mathrm{j}\frac{4ka}{\pi A}\left(\frac{a}{A}-1\right), \quad A \geqslant a \tag{6-18}$$

由式(6-18)可见，滞环特性的描述函数是 $A$ 的复函数，因 $A > a$，所以其虚部为负，这说明滞环特性会造成相位滞后。

4. 继电器特性的描述函数

继电器特性的输入输出关系及其输入输出波形如图 6-10 所示。其数学表达式为

$$y(t) = \begin{cases} 0, & 0 \leqslant \omega t < \alpha_1 \\ M, & \alpha_1 \leqslant \omega t \leqslant \alpha_2 \\ 0, & \alpha_2 < \omega t \leqslant \pi \end{cases} \tag{6-19}$$

式中，$\alpha_1 = \arcsin\frac{a}{A}$；$\alpha_2 = \arcsin\frac{ma}{A}$。

继电器特性的输出 $y(t)$ 为非奇非偶函数，但其正负半周对称。由式(6-4)得 $A_0 = 0$。

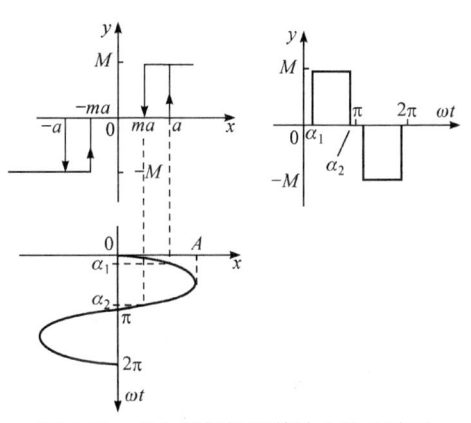

图 6-10 继电器特性及其输入输出波形

$$A_1 = \frac{1}{\pi}\int_0^{2\pi} y(t)\cos\omega t \mathrm{d}(\omega t) = \frac{2}{\pi}\int_0^{\pi} y(t)\cos\omega t \mathrm{d}(\omega t) = \frac{2}{\pi}\int_{\alpha_1}^{\alpha_2} M\cos\omega t \mathrm{d}(\omega t)$$
$$= \frac{2M}{\pi}(\sin\alpha_2 - \sin\alpha_1) = \frac{2Ma}{\pi A}(m-1)$$

$$B_1 = \frac{2}{\pi}\int_{\alpha_1}^{\alpha_2} M\sin\omega t\,\mathrm{d}(\omega t) = \frac{2M}{\pi}(-\cos\alpha_2 + \cos\alpha_1) = \frac{2M}{\pi}\left[\sqrt{1-\left(\frac{ma}{A}\right)^2} + \sqrt{1-\left(\frac{a}{A}\right)^2}\right]$$

由式(6-12)可得继电器非线性的描述函数为

$$N(A) = \frac{2M}{\pi A}\left[\sqrt{1-\left(\frac{ma}{A}\right)^2} + \sqrt{1-\left(\frac{a}{A}\right)^2}\right] + \mathrm{j}\frac{2Ma}{\pi A^2}(m-1), \quad A \geqslant a \tag{6-20}$$

理想继电器特性的描述函数为

$$N(A) = \frac{4M}{\pi A} \tag{6-21}$$

表 6-1 列出了一些典型非线性特性及其描述函数，以供查用。

**表 6-1　典型非线性特性及其描述函数**

| 非线性类型 | 静特性曲线 | 描述函数 $N(A)$ | 负倒特性曲线 $-1/N(A)$ |
|---|---|---|---|
| 理想继电器特性 | | $\dfrac{4M}{\pi A}$ | |
| 死区继电器特性 | | $\dfrac{4M}{\pi A}\sqrt{1-\left(\dfrac{a}{A}\right)^2}, \quad A \geqslant a$ | |
| 滞环继电器特性 | | $\dfrac{4M}{\pi A}\sqrt{1-\left(\dfrac{a}{A}\right)^2} - \mathrm{j}\dfrac{4Ma}{\pi A^2}, \quad A \geqslant a$ | |
| 死区加滞环继电器特性 | | $\dfrac{2M}{\pi A}\left[\sqrt{1-\left(\dfrac{ma}{A}\right)^2} + \sqrt{1-\left(\dfrac{a}{A}\right)^2}\right]$ $+\mathrm{j}\dfrac{2Ma}{\pi A^2}(m-1), \quad A \geqslant a$ | |

续表

| 非线性类型 | 静特性曲线 | 描述函数 $N(A)$ | 负倒特性曲线 $-1/N(A)$ |
|---|---|---|---|
| 饱和特性 | | $\dfrac{2k}{\pi}\left[\arcsin\dfrac{a}{A}+\dfrac{a}{A}\sqrt{1-\left(\dfrac{a}{A}\right)^2}\right]$, $A \geqslant a$ | |
| 死区特性 | | $\dfrac{2k}{\pi}\left[\dfrac{\pi}{2}-\arcsin\dfrac{a}{A}-\dfrac{a}{A}\sqrt{1-\left(\dfrac{a}{A}\right)^2}\right]$, $A \geqslant a$ | |
| 滞环特性 | | $\dfrac{k}{\pi}\left[\dfrac{\pi}{2}+\arcsin\left(1-\dfrac{2a}{A}\right)\right.$ $\left.+2\left(1-\dfrac{2a}{A}\right)\sqrt{\dfrac{a}{A}\left(1-\dfrac{a}{A}\right)}\right]$ $+\mathrm{j}\dfrac{4ka}{\pi A}\left(\dfrac{a}{A}-1\right)$, $A \geqslant a$ | |
| 死区加饱和特性 | | $\dfrac{2k}{\pi}\left[\arcsin\dfrac{a}{A}-\arcsin\dfrac{\Delta}{A}\right.$ $\left.+\dfrac{a}{A}\sqrt{1-\left(\dfrac{a}{A}\right)^2}-\dfrac{\Delta}{A}\sqrt{1-\left(\dfrac{\Delta}{A}\right)^2}\right]$, $A \geqslant a$ | |

## 6.2.3 非线性系统的简化

非线性系统的描述函数分析是建立在图 6-6 所示的典型结构基础上。当系统由多个非线性环节和多个线性环节组合而成时，在一些情况下，可通过等效变换使系统简化为典型结构形式。

等效变换的原则是在 $r(t)=0$ 条件下，根据非线性特性的串、并联，简化非线性部分为一个等效非线性环节，再保持等效非线性环节的输入输出关系不变，简化线性部分为一个等效线性环节。

(1) 非线性特性的并联。若两个非线性环节输入相同，输出相加、减，如图 6-11 所示，有两种简化方法。一是先将两个非线性特性相加再求总的描述函数 $N(A)$；二是分别求得两个非线性环节的描述函数 $N_1(A)$ 和 $N_2(A)$，则有 $N(A)=N_1(A)+N_2(A)$。简化后的非线性特性并联结构图如图 6-12 所示。

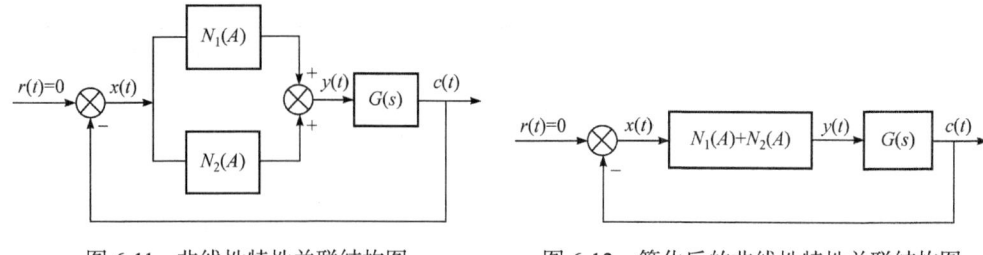

图 6-11 非线性特性并联结构图　　　图 6-12 简化后的非线性特性并联结构图

(2) 非线性特性的串联。若两个非线性环节串联，可采用图解法简化。以图 6-13 所示死区特性和带死区的继电特性串联简化为例。

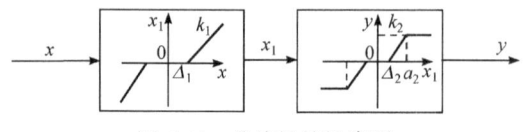

图 6-13 非线性特性串联

通常，先将两个非线性特性按图 6-14(a)、(b)形式放置，再按输出端非线性特性的变化端点 $\Delta_2$ 和 $a_2$ 确定输入 $x$ 的对应点 $\Delta$ 和 $a$，获得等效非线性特性如图 6-14(c)所示，最后确定等效非线性的参数。由 $\Delta_2 = k_1(\Delta - \Delta_1)$，得

$$\Delta = \Delta_1 + \frac{\Delta_2}{k_1} \tag{6-22}$$

由 $a_2 = k_1(a - \Delta_1)$ 得

$$a = \frac{a_2}{k_1} + \Delta_1 \tag{6-23}$$

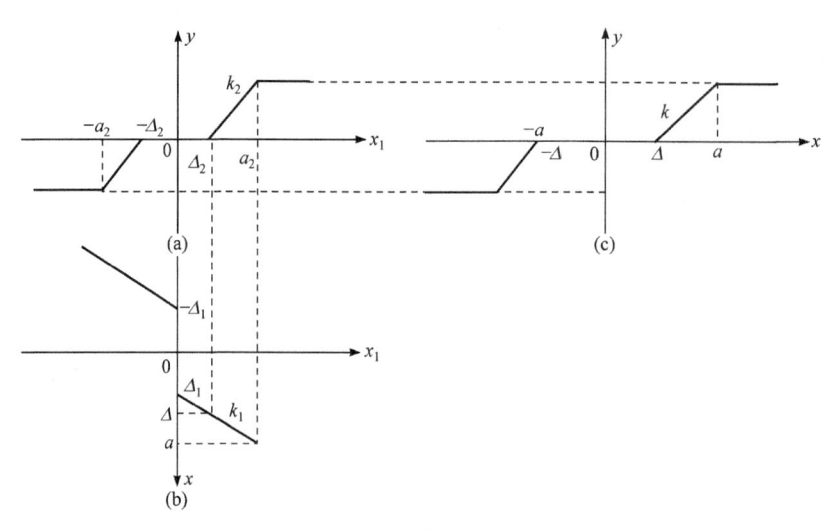

图 6-14 非线性特性串联简化的图解方法

当 $|x| \leqslant \Delta$ 时，由 $y(x_1)$ 特性知，$y(x) = 0$；当 $|x| \geqslant a$ 时，由 $y(x_1)$ 也可知，$y(x) =$

$k_2(a_2 - \Delta_2)$；当 $\Delta < |x| < a$ 时，$y(x_1)$ 位于线性区，$y(x)$ 也呈线性，设斜率为 $k$，即

$$y(x) = k(x - \Delta) = k_2(x_1 - \Delta_2)$$

特殊地，当 $x = a$ 时，$x_1 = a_2$，由于 $x_1 = \Delta_2 + k_1(a - \Delta)$，得 $x_1 - \Delta_2 = k_1(a - \Delta)$，故 $y(x) = k(x - \Delta) = k_2(x_1 - \Delta_2) = k_2 k_1(a - \Delta)$，因此 $k = k_1 k_2$。

应该指出，两个非线性环节的串联，等效特性还取决于其前后次序。调换次序则等效非线性特性也不同。描述函数需按等效非线性环节的特性计算。多个非线性特性串联，可按上述两个非线性环节串联简化方法，依由前向后顺序逐一加以简化。

(3) 系统只有一个非线性环节，如图 6-15 所示，线性部分可直接简化为如图 6-16 所示的结构图。

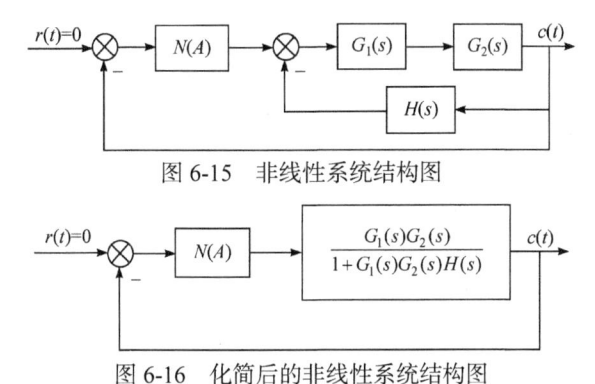

图 6-15 非线性系统结构图

图 6-16 化简后的非线性系统结构图

(4) 线性部分包围非线性部分。如图 6-17(a)所示的非线性系统，可得到如图 6-17(b)所示的简化结构图。

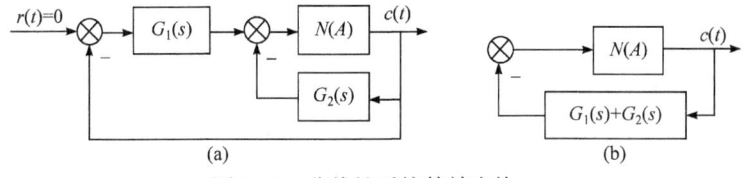

图 6-17 非线性系统等效变换一

(5) 非线性部分局部包围线性部分。如图 6-18(a)所示的非线性系统，按等效变换原则，先得到如图 6-18(b)所示的简化结构图，进一步简化便可得到如图 6-18(c)所示的结构图。

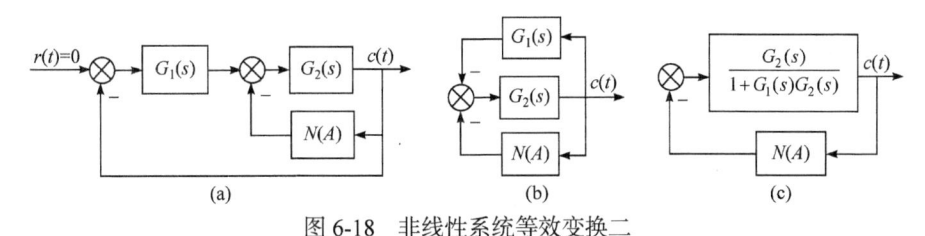

图 6-18 非线性系统等效变换二

## 6.3 非线性系统的描述函数法分析

一个非线性环节的描述函数只表示了该环节在正弦输入信号下，其输出的一次谐波

分量与输入正弦信号间的关系，因而它不可能像线性系统中的频率特性那样全面地表征系统的性能，只能近似地用于分析非线性系统的稳定性和自激振荡。

### 6.3.1 非线性系统的稳定性分析

假设非线性元件和系统满足描述函数法所要求的应用条件，则非线性环节可以用描述函数 $N(A)$ 来表示，而线性部分可用传递函数 $G(s)$ 或频率特性 $G(j\omega)$ 表示，如图 6-19 所示。

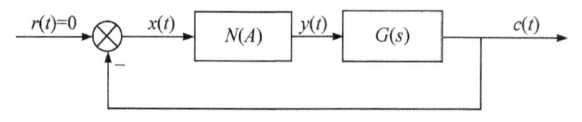

图 6-19 非线性系统典型结构图

由结构图可以得到线性化后的闭环系统的频率特性为

$$\Phi(j\omega) = \frac{C(j\omega)}{R(j\omega)} = \frac{N(A)G(j\omega)}{1+N(A)G(j\omega)} \tag{6-24}$$

而闭环系统的特征方程为

$$1+N(A)G(j\omega) = 0 \tag{6-25}$$

或

$$G(j\omega) = -\frac{1}{N(A)} \tag{6-26}$$

式中，$-1/N(A)$ 称为非线性特性的负倒描述函数。对比在线性系统分析中，应用奈氏判据，当满足 $G(j\omega) = -1$ 时，系统是临界稳定的，即系统是等幅振荡状态。显然，式(6-26) 中的 $-1/N(A)$ 相当于线性系统中的 $(-1, j0)$ 点。区别在于，线性系统的临界状态是 $(-1, j0)$ 点，而非线性系统的临界状态是 $-1/N(A)$ 曲线。表 6-1 给出了常见非线性特性的负倒特性曲线，其中箭头方向表示幅值 $A$ 增大的方向。

综上所述，利用奈氏判据可以得到非线性系统的稳定性判别方法：首先求出非线性环节的描述函数 $N(A)$，然后在极坐标图上分别画出线性部分的 $G(j\omega)$ 曲线和非线性部分的 $-1/N(A)$ 曲线，并假设 $G(s)$ 的极点均在 $s$ 左半平面，则

(1) 若 $G(j\omega)$ 曲线不包围 $-1/N(A)$ 曲线，如图 6-20(a)所示，则非线性系统稳定；

(2) 若 $G(j\omega)$ 曲线包围 $-1/N(A)$ 曲线，如图 6-20(b)所示，则非线性系统不稳定；

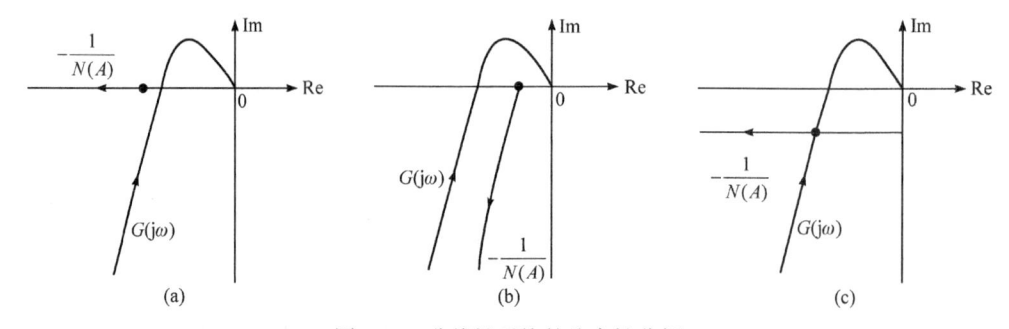

图 6-20 非线性系统的稳定性分析

(3) 若 $G(j\omega)$ 曲线与 $-1/N(A)$ 曲线相交，如图 6-20(c)所示，则在非线性系统中产生周期性振荡，振荡的振幅由 $-1/N(A)$ 曲线在交点处的 $A$ 值决定，而振荡的频率由 $G(j\omega)$ 曲线在交点处的频率 $\omega$ 决定。

### 6.3.2 自振荡分析

若 $G(j\omega)$ 曲线与 $-1/N(A)$ 曲线相交，在交点处非线性系统会产生等幅振荡。但这个等幅振荡能否稳定地存在呢？如果系统受到扰动作用偏离了原来的周期运动状态，当扰动消失后，系统能够重新收敛于原来的等幅振荡状态，称为稳定的自振荡；反之，称为不稳定的自振荡。判断自振荡的稳定性可以从上述定义出发，采用扰动分析的方法。以图 6-21 为例，曲线 $G(j\omega)$ 与 $-1/N(A)$ 有 $M_1$ 和 $M_2$ 两个交点。对于 $M_1$ 点，若受到干扰使振幅 $A$ 增大，则工作点将由 $M_1$ 点移至 $a$ 点。由于此时 $a$ 点不被 $G(j\omega)$ 曲线包围，系统稳定，振荡衰减，振幅 $A$ 自动减小，工作点将沿 $-1/N(A)$ 曲线又回到 $M_1$ 点。由此可见，$M_1$ 点是稳定的工作点，可以形成自振荡。用同样的方法对 $M_2$ 点的工作状态进行分析，可以得到 $M_2$ 点不是稳定的工作点，不能形成自振荡。

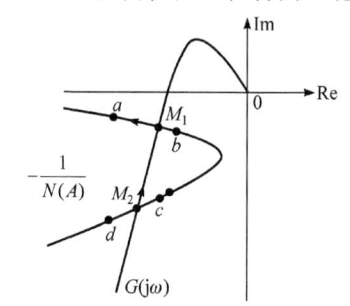

图 6-21 存在周期运动的非线性系统

综合上述分析过程，归结出判断稳定自振点的简便方法如下。

在复平面上，将被 $G(j\omega)$ 曲线所包围的区域视为不稳定区域，而不被 $G(j\omega)$ 曲线所包围的区域视为稳定区域。当交点处的 $-1/N(A)$ 曲线沿着振幅 $A$ 增大的方向由不稳定区进入稳定区时，则该交点为稳定的周期运动。反之，若 $-1/N(A)$ 曲线沿着振幅 $A$ 增大的方向在交点处由稳定区进入不稳定区时，则该交点为不稳定的周期运动。若为稳定的振荡点，可确定其振幅和频率。

**【例 6-1】** 具有理想继电器特性的非线性系统如图 6-22 所示，试分析系统是否产生自振荡。若产生自振荡，求出振幅和振动频率。

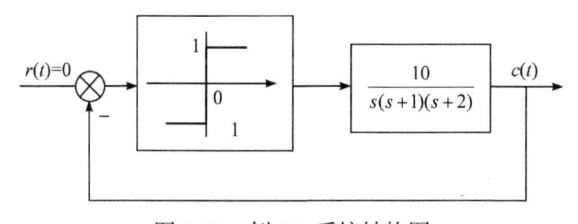

图 6-22 例 6-1 系统结构图

**解** 理想继电器特性的描述函数为

$$N(A) = \frac{4M}{\pi A} = \frac{4}{\pi A}, \quad -\frac{1}{N(A)} = -\frac{\pi A}{4}$$

当 $A=0$ 时，$-1/N(A)=0$；当 $A=\infty$ 时，$-1/N(A)=-\infty$，因此 $-1/N(A)$ 曲线就是整个负实轴。又由线性部分的传递函数 $G(s)$ 可得

$$G(j\omega) = \frac{10}{j\omega(1+j\omega)(2+j\omega)} = \frac{10\left[-3\omega - j(2-\omega^2)\right]}{\omega(1+\omega^2)(4+\omega^2)}$$

在 Nyquist 图上绘制的给定系统线性部分频率响应 $G(j\omega)$ 与 $-1/N(A)$ 曲线，如图 6-23 所示。

由图 6-23 可知，两曲线有一个交点，且该点处的 $-1/N(A)$ 曲线沿着振幅 $A$ 增大的方向由不稳定区进入稳定区，会产生稳定的周期运动，该交点是自振点。

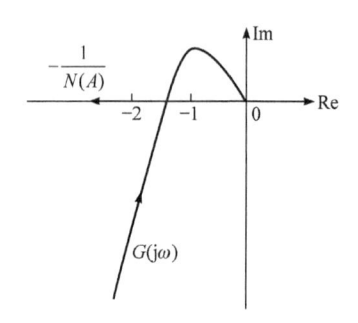

求 $G(j\omega)$ 与 $-1/N(A)$ 曲线的交点。

图 6-23 例 6-1 系统的 $G(j\omega)$ 曲线与负倒描述函数

$\text{Im}[G(j\omega)] = 0$，得 $2-\omega^2 = 0$，故交点处的频率 $\omega = \sqrt{2}\text{rad/s}$。将 $\omega = \sqrt{2}\text{rad/s}$ 代入 $\text{Re}[G(j\omega)]$ 中，得 $\text{Re}[G(j\omega)] \approx -1.66$。所以

$$-\frac{1}{N(A)} = -\frac{\pi A}{4} = -1.66$$

由此求得自振荡的振幅 $A = 2.1$，而振荡频率 $\omega = 1.414\text{rad/s}$。

【**例 6-2**】 非线性系统如图 6-24 所示，试用描述函数法分析周期运动的稳定性，并确定系统输出信号振荡的振幅和频率。

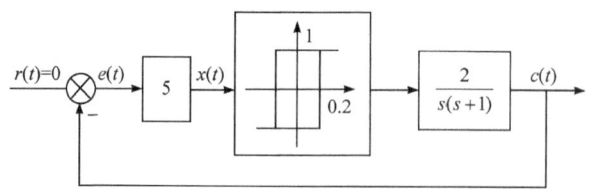

图 6-24 例 6-2 非线性系统结构图

**解** 将系统结构图等效变换为图 6-25 所示。

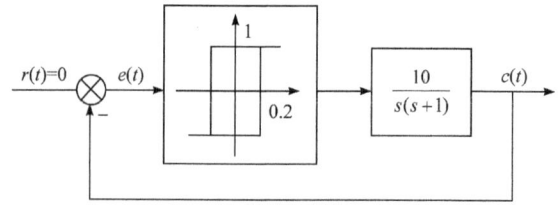

图 6-25 简化后的系统结构图

由结构图知，非线性特性是滞环继电器特性，其参数 $M=1$，$a=0.2$，描述函数为

$$N(A) = \frac{2M}{\pi A}\left[\sqrt{1-\left(\frac{ma}{A}\right)^2} + \sqrt{1-\left(\frac{a}{A}\right)^2}\right] + j\frac{2Ma}{\pi A^2}(m-1)$$

$$= \frac{2}{\pi A}\left[\sqrt{1-\left(\frac{-0.2}{A}\right)^2} + \sqrt{1-\left(\frac{0.2}{A}\right)^2}\right] - j\frac{4\times 0.2}{\pi A^2}$$

$$= \frac{4}{\pi A}\sqrt{1-\left(\frac{0.2}{A}\right)^2} - j\frac{0.8}{\pi A^2}, \quad A \geqslant a = 0.2$$

负倒描述函数为

$$-\frac{1}{N(A)} = \frac{-1}{\dfrac{4}{\pi A}\sqrt{1-\left(\dfrac{0.2}{A}\right)^2} - j\dfrac{0.8}{\pi A^2}} = -\frac{\pi\sqrt{A^2-0.04}}{4} - j\frac{\pi}{20}$$

虚部为 $-j0.157$，$A$ 从 $0 \to \infty$ 变化时，$-1/N(A)$ 实部的变化范围为 $0 \to -\infty$。$-1/N(A)$ 曲线是一条虚部为 $-j0.157$ 且平行于负实轴的直线。

由线性部分的传递函数得其频率特性：

$$G(j\omega) = \frac{10}{j\omega(j\omega+1)} = -\frac{10}{1+\omega^2} - \frac{j10}{\omega(1+\omega^2)}$$

起点 $G(j0) = \infty\angle-90°$；终点 $G(j\infty) = 0\angle-180°$。因此，开环频率特性的相频范围为 $-90°\sim-180°$。画出 $-1/N(A)$ 曲线与 $G(j\omega)$ 曲线如图 6-26 所示。

由图可知，交点处的 $-1/N(A)$ 曲线是由不稳定区进入稳定区，存在着稳定的周期运动，该交点是自振点。

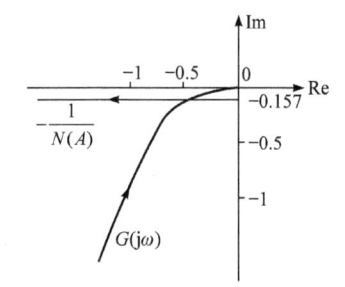

图 6-26 系统的 $G(j\omega)$ 曲线与负倒描述函数

令 $-1/N(A)$ 与 $G(j\omega)$ 的实部、虚部分别相等，得

$$\frac{10}{\omega^2+1} = \frac{\pi\sqrt{A^2-0.04}}{4}, \quad \frac{10}{\omega(\omega^2+1)} = \frac{\pi}{20} = 0.157$$

两式联立求解得：$\omega = 3.91\text{rad/s}$，$A = 0.806$。

由图 6-24 知，$r(t) = 0$ 时，有 $c(t) = -e(t) = \dfrac{1}{5}x(t)$，所以 $c(t)$ 的振幅为 $\dfrac{0.806}{5} = 0.161$，振荡频率为 $\omega = 3.91\text{rad/s}$。

## 6.4　相平面法

相平面法是庞加莱(J H Poincare)于 1985 年首次提出，它是一种求解二阶微分方程的图解法。相平面法又是一种时域分析法，它不仅能分析系统的稳定性和自振荡，而且能给出系统运动轨迹的清晰图像。这种方法一般适用于系统的线性部分为一阶或二阶的情况。

### 6.4.1　相平面法的基本概念

设二阶系统可用常微分方程描述为

$$\ddot{x} + f(x, \dot{x}) = 0$$

式中，$f(x,\dot{x})$ 为 $x(t)$ 和 $\dot{x}(t)$ 的线性或非线性函数。该系统的时间响应一般可以用两种方法来表示：一种是分别用 $x(t)$ 和 $\dot{x}(t)$ 与 $t$ 的关系图来表示；另一种是在 $x(t)$ 和 $\dot{x}(t)$ 中消去 $t$，把 $t$ 作为参变量，用 $x(t)$ 和 $\dot{x}(t)$ 的关系图来表示。用 $x$ 和 $\dot{x}$ 分别作为横坐标和纵坐标的直角坐标平面称为相平面。该系统在每一时刻的运动状态都对应相平面上的一个点，称为相点。当时间 $t$ 变化时，该点在 $x-\dot{x}$ 平面上便描绘出一条表征系统状态变化过程的轨迹，称为相轨迹。在相平面上，由不同初始条件对应的一簇相轨迹构成的图形，称为相平面图。所以，只要能绘出相平面图，通过对相平面图的分析，就可以完全确定系统的稳定性、静态和动态性能，这种分析方法称为相平面法。

### 6.4.2 相平面图的绘制

#### 1. 解析法

解析法一般适用于系统的微分方程比较简单或可以分段线性化的方程。这时应用解析法求出相轨迹的解，然后绘制出相轨迹。

#### 2. 等倾线法

等倾线法是求取相轨迹的一种图解方法，不需求解微分方程。对于求解困难的非线性微分方程，图解方法显得尤为实用。等倾线法的基本思想是先确定相轨迹的等倾线，进而绘制出相轨迹的切线方向场，然后从初始条件出发，沿方向场逐步绘制相轨迹。

由式(6-26)得相轨迹微分方程

$$\frac{\mathrm{d}\dot{x}}{\mathrm{d}x} = -\frac{f(x,\dot{x})}{\dot{x}} \tag{6-27}$$

该方程给出了相轨迹在相平面上任一点 $(x,\dot{x})$ 处切线的斜率。取相轨迹切线的斜率为某一常数 $\alpha$，得等倾线方程

$$\dot{x} = -\frac{f(x,\dot{x})}{\alpha} \tag{6-28}$$

由该方程可在相平面上做一条曲线，称为等倾线。当相轨迹经过该等倾线上任一点时，其切线的斜率都相等，均为 $\alpha$。取 $\alpha$ 为若干不同的常数，即可在相平面上绘制出若干条等倾线，在等倾线上各点处作斜率为 $\alpha$ 的短直线，并以箭头表示切线方向，则构成相轨迹的切线方向场。

### 6.4.3 奇点和奇线

#### 1. 奇点

以微分方程 $\ddot{x} + f(x,\dot{x}) = 0$ 表示的二阶系统为例，其相轨迹上每一点切线的斜率为 $\mathrm{d}\dot{x}/\mathrm{d}x = -f(x,\dot{x})/\dot{x}$，若在某点处 $f(x,\dot{x})$ 和 $\dot{x}$ 同时为零，即有 $\mathrm{d}\dot{x}/\mathrm{d}x = 0/0$ 的不定形式，则称该点为相平面的奇点。由奇点定义知，奇点一定位于相平面的横轴上。在奇点处，$\dot{x}=0$，$\ddot{x}=-f(x,\dot{x})=0$，系统运动的速度和加速度同时为零。对于二阶系统来说，系统在奇点处不再发生运动，处于平衡状态，故相平面的奇点也称为平衡点。

二阶系统特征根在 $s$ 平面上的分布，决定了系统自由运动的形式，因而可由此划分线性二阶系统奇点(0,0)的类型。

(1) 焦点。特征根为共轭复根。当特征根为一对具有负实部的共轭复根时，奇点为稳定焦点；当特征根为一对具有正实部的共轭复根时，奇点为不稳定焦点。

(2) 节点。特征根为同号实根。当特征根为两个负实根时，奇点为稳定节点；当特征根为两个正实根时，奇点为不稳定节点。

(3) 鞍点。当特征根一个为正实根，一个为负实根时，奇点为鞍点。

(4) 中心点。当特征根为一对共轭纯虚根时，奇点为中心点。

2. 奇线

奇线是相平面图中具有不同性质的相轨迹的分界线。通常见到的奇线有两种：分隔线和极限环。

相平面图上孤立的封闭相轨迹，而其附近的相轨迹都趋向或发散于这个封闭的相轨迹，这样的相轨迹曲线称为极限环。在描述函数中所讨论的非线性系统的自振荡状态，反映在相平面图上，就是一个极限环。根据极限环的稳定性，极限环又分为三类。

(1) 稳定的极限环。环内的相轨迹和环外的相轨迹都向极限环逼近，如图 6-27(a)所示。

(2) 不稳定的极限环。环内的相轨迹和环外的相轨迹都逐渐远离极限环，如图 6-27(b)所示。

(3) 半稳定的极限环。要么环内的相轨迹向极限环逼近，环外的远离而去；要么环外的相轨迹向极限环逼近，环内的远离而去，如图 6-27(c)、(d)所示。

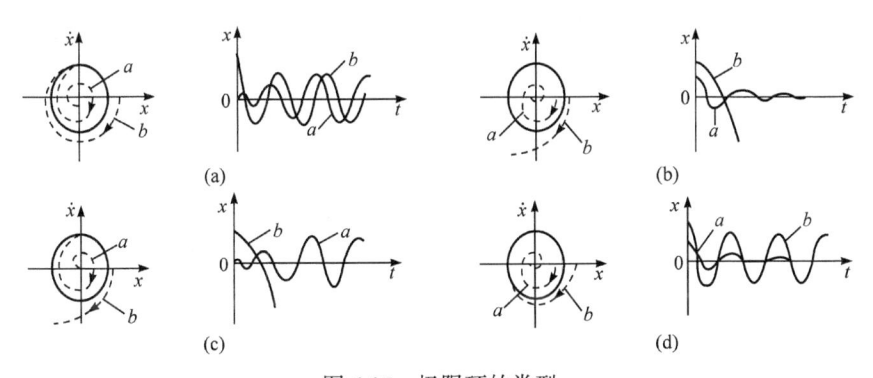

图 6-27 极限环的类型

### 6.4.4 非线性系统的相平面法分析

在非线性系统中，虽然所包含的非线性特性有所不同，但大多数非线性系统都可以通过几个分段的线性系统来近似，这时整个相平面相应地划分成若干个区域，每个区域对应一个线性工作状态。利用相平面法分析非线性系统的一般步骤如下。

(1) 将非线性特性用分段线性特性表示，写出相应分段的数学表达式；

(2) 在相平面上选择合适的坐标，一般常用误差信号 $e$ 及其导数 $\dot{e}$ 分别作为横坐标与纵坐标，然后根据非线性特性将相平面划分成若干区域，使非线性特性在每个区域内都呈线性特性；

(3) 确定每个区域的奇点类型和在相平面上的位置。在一些情况下，奇点与输入信号的形式及大小有关；

(4) 在各个区域内分别画出各自的相轨迹；

(5) 将相邻区域的相轨迹，根据在相邻两区分界线上的点对于相邻两区具有相同工作状态的原则连接起来，便得到整个非线性系统的相轨迹；

(6) 根据相轨迹分析二阶非线性系统的动态和稳态特性。

## 6.5 MATLAB 非线性系统设计与分析

### 6.5.1 MATLAB 函数指令

MATLAB 中典型非线性特性的负倒描述函数曲线绘图函数为 plot( )，其调用格式如下：

$$\text{plot(real(z), imag(z))}$$

命令中 $z$ 为复数变量时，MATLAB 把复数的实部作为横坐标，虚部作为纵坐标进行绘图。

**【例 6-3】** 已知非线性系统结构图如图 6-28 所示，试分析系统的稳定性。

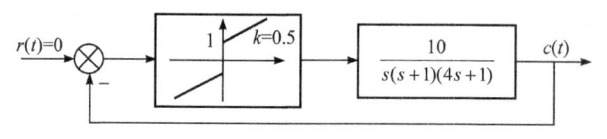

图 6-28 非线性系统结构图

**解** MATLAB 程序如下：

```
MATLAB Program 6-1
G=zpk([],[0 -1 -0.25],2.5);
A=0:0.01:1000;
k=0.5;
M=1;
NA1=-1./(k+(4.*M./(pi.*A)));
x=real(NA1);
y=imag(NA1);
plot(x,y)
hold on;
w=0.001:0.01:100;
nyquist(G,w)
axis([-12 0.5 -1.5 1.5])
```

图 6-29 中 $G(j\omega)$ 曲线包围 $-1/N(A)$ 曲线，可知该非线性系统不稳定。

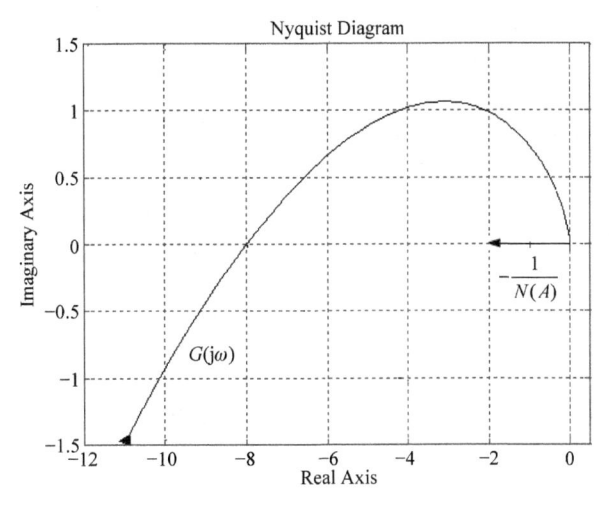

图 6-29 例 6-3 系统稳定性分析

## 6.5.2 应用 Simulink 进行仿真

MATLAB 中的可视化仿真工具 Simulink 提供了一些常用的非线性仿真模块，如图 6-30 中给出的四种。利用这些模块可以方便地对非线性系统进行仿真研究。

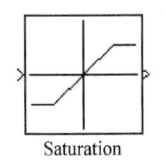

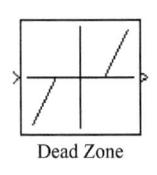

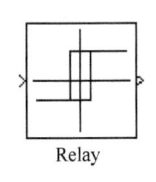

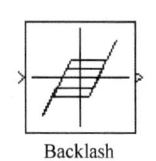

图 6-30 常用非线性仿真模块

【例 6-4】 对图 2-28(b)所示系统，设 $K_3=1$，$K=K_1K_2/k_b=1$，$T_m=1$，考虑电机存在死区非线性特性，系统等效结构图如图 6-31 所示，利用 Simulink 绘制系统的单位阶跃响应曲线。

**解** 在 Simulink 环境下搭建仿真框图，如图 6-32 所示。

图 6-31 非线性系统结构图

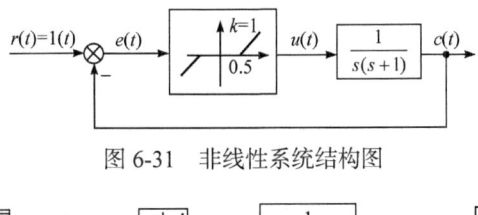

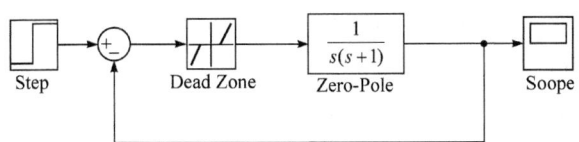

图 6-32 Simulink 仿真框图

对系统死区模块进行参数设置，"Start of dead zone"设置为-0.5，"End of dead zone"

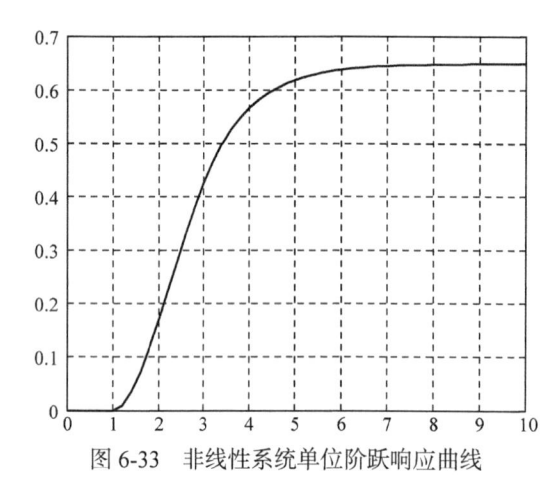

图 6-33 非线性系统单位阶跃响应曲线

设置为 0。运行后可得非线性系统的单位阶跃响应曲线如图 6-33 所示。

从图 6-33 仿真结果可以看出,系统开始响应阶跃输入信号的时刻推迟,这是因为死区特性会将死区内的输入"忽略",使系统响应变慢。

[评注] 该例中被控对象简化为二阶对象,在存在死区特性时,系统始终是稳定的。可以思考一下,如果被控对象的微分方程如式(2-18a),且系统中存在继电非线性特性,那么系统是否可能产生自振?如何避免。

## 6.6 例题精解

【例 6-5】 设含饱和特性的控制系统如图 6-34 所示,试分析:
(1) 当 $K=15$ 时,判断自振荡的性质,求出自振点振幅 $A_0$ 与频率 $\omega_0$;
(2) 欲使系统不出现自振荡,确定 $K$ 的临界值。

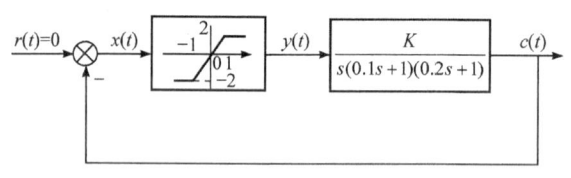

图 6-34 例 6-5 系统结构图

**解** (1) 饱和特性的描述函数为

$$N(A) = \frac{2k}{\pi}\left[\arcsin\frac{a}{A} + \frac{a}{A}\sqrt{1-\left(\frac{a}{A}\right)^2}\right], \quad A \geqslant a$$

在此,$a=1$,$k=2$。于是有

$$N(A) = \frac{4}{\pi}\left[\arcsin\frac{1}{A} + \frac{1}{A}\sqrt{1-\left(\frac{1}{A}\right)^2}\right], \quad A \geqslant 1$$

当 $A=1$ 时,$N(A)=2$,即 $-1/N(A)$ 在 $(-1/2, \text{j}0)$ 点;随着 $A \to \infty$,$-1/N(A)$ 曲线为 $(-\infty, -1/2)$ 的负实轴段。

线性部分的频率特性为

$$G(\text{j}\omega) = \frac{15}{\text{j}\omega(1+\text{j}0.1\omega)(1+\text{j}0.2\omega)} = \frac{15\left[-0.3\omega - \text{j}(1-0.02\omega^2)\right]}{\omega(1+0.05\omega^2+0.0004\omega^4)}$$

在 Nyquist 图上绘制的给定系统线性部分频率响应 $G(j\omega)$ 与饱和特性负倒描述函数 $-1/N(A)$ 曲线如图 6-35 所示。

由图 6-35 可知，$G(j\omega)$ 曲线与 $-1/N(A)$ 曲线相交于 $b_2$ 点，该交点处的 $-1/N(A)$ 曲线沿着振幅 $A$ 增大的方向由不稳定区进入稳定区时，可知 $b_2$ 点为稳定的自振点。在 $b_2$ 点，$\text{Im}[G(j\omega)] = 0$，得 $\omega = \sqrt{50}\text{rad/s}$。将 $\omega = \sqrt{50}\text{rad/s}$ 代入 $\text{Re}[G(j\omega)]$ 中，得 $b_2 = -1$，即 $-1/N(A) = -1$。所以有

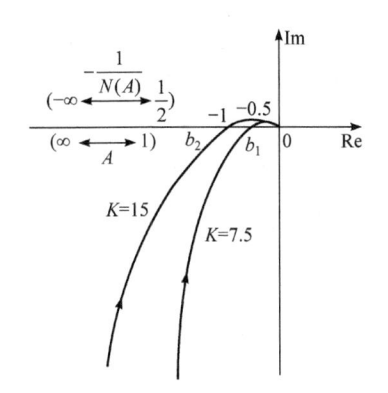

图 6-35 例 6-5 系统的 $G(j\omega)$ 曲线与负倒描述函数

$$N(A) = \frac{4}{\pi}\left[\arcsin\frac{1}{A} + \frac{1}{A}\sqrt{1-\left(\frac{1}{A}\right)^2}\right] = 1$$

用近似法求解，得 $A \approx 2.5$。

当 $K = 15$ 时，该系统自振荡的振幅 $A_0 = 2.5$，振荡频率 $\omega_0 = 7.07\text{rad/s}$。

(2) 若要系统不产生自振荡，可减小线性部分的放大系数 $K$。由图 6-35 可知，本系统的 $-1/N(A)$ 曲线位于 $(-\infty, -1/2)$ 区段，当 $G(j\omega)$ 曲线与 $-1/N(A)$ 曲线的交点为 $(-1/2, j0)$ 时，即 $b_1$ 点，表明系统中出现自振荡的临界状态。故使给定系统不产生自振荡的开环增益最大值或临界值 $K$，可根据 $\text{Re}[G(j\omega)] = -0.5$ 计算，即

$$\left.\frac{K_c}{j\omega(1+j0.1\omega)(1+j0.2\omega)}\right|_{\omega=\sqrt{50}} = -\frac{1}{2}$$

得 $K_c = 7.5$。

**【例 6-6】** 设某非线性系统的结构图如图 6-36 所示，其中线性部分的传递函数为

$$G(s) = \frac{K}{s(5s+1)(10s+1)}$$

试确定系统的稳定性，并求出极限环振荡的幅值 $A = 1/\pi$ 时的放大系数 $K$ 与振荡频率 $\omega$ 的数值。

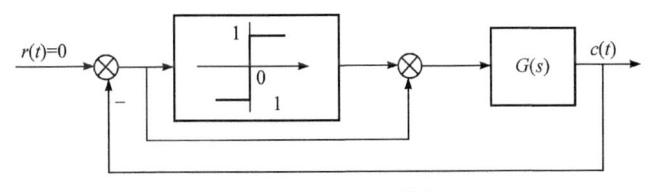

图 6-36 例 6-6 系统结构图

**解** 非线性部分由一个增益为 1 的线性环节和一个继电器特性并联而成。

非线性特性的描述函数为 $N(A) = \dfrac{4}{\pi A} + 1$，其负倒描述函数为：$-\dfrac{1}{N(A)} = \dfrac{\pi A}{\pi A + 4}$。

$-1/N(A)$ 在负实轴上，当 $A \to \infty$ 时，$-1/N(A) \to -1$，即 $-1/N(A)$ 为负实轴上 $[-1,0]$ 段。

系统线性部分的频率特性为

$$G(\mathrm{j}\omega) = \frac{K}{\mathrm{j}\omega(\mathrm{j}5\omega+1)(\mathrm{j}10\omega+1)} = \frac{-15K}{(1+25\omega^2)(1+100\omega^2)} + \mathrm{j}\frac{K(1-50\omega^2)}{\omega(1+25\omega^2)(1+100\omega^2)}$$

令 $\mathrm{Im}[G(\mathrm{j}\omega)] = \dfrac{K(1-50\omega^2)}{\omega(1+25\omega^2)(1+100\omega^2)} = 0$，得 $\omega = 0.14\mathrm{rad/s}$，则 $G(\mathrm{j}\omega)$ 与负实轴的交点

$$\mathrm{Re}[G(\mathrm{j}\omega)]\Big|_{\omega=0.14} = \frac{-15K}{(1+25\omega^2)(1+100\omega^2)}\Big|_{\omega=0.14} = -\frac{10}{3}K$$

概略画出线性部分的幅相特性曲线 $G(\mathrm{j}\omega)$ 和 $-1/N(A)$ 曲线，如图 6-37 所示。

由图 6-37 可见，当 $K > 0.3$ 时，$G(\mathrm{j}\omega)$ 包围 $-1/N(A)$ 曲线，则系统不稳定；当 $K < 0.3$ 时，$G(\mathrm{j}\omega)$ 和 $-1/N(A)$ 曲线相交，且沿振幅 $A$ 增加的方向 $-1/N(A)$ 是由不稳定区域进入稳定区域，该交点是稳定的周期运动，是自振点。故当极限环振荡的幅值 $A = 1/\pi$ 时，有

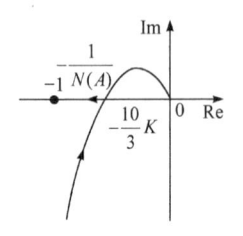

图 6-37 例 6-6 系统的 $G(\mathrm{j}\omega)$ 曲线与负倒描述函数

$$-\frac{1}{N(A)} = -\frac{\pi A}{\pi A + 4} = -\frac{1}{5}, \quad -\frac{10K}{3} = -\frac{1}{5}$$

从而可得 $K = 0.06$。

当极限环振荡的幅值 $A = 1/\pi$ 时的放大系数 $K = 0.06$、振荡频率 $\omega = 0.14\mathrm{rad/s}$。

# 本 章 小 结

实际系统大多为非线性，若为本质非线性，则不能近似为线性系统进行分析。本章介绍两种非线性系统分析的常见方法——描述函数法和相平面法。

(1) 描述函数是线性系统频率特性在非线性系统中的推广，描述函数法是一种工程近似方法，主要用于分析非线性系统的稳定性和自激振荡。

(2) 描述函数法有三个使用限制条件：①非线性系统的结构图可以简化成只有一个非线性环节和一个线性部分串联的闭环结构；②非线性环节的输入输出静特性曲线是奇对称的；③系统的线性部分具有较好的低通滤波特性；分析的准确度取决于系统线性部分的低通滤波性能。

(3) 相平面法是仅用于研究一、二阶非线性系统的图解方法，但相平面法的概念可以扩展到高阶系统。

# 习 题

6-1 将题 6-1 图所示非线性系统简化成环节串联的典型结构图形式，并写出线性部

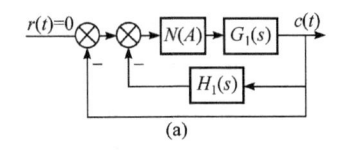

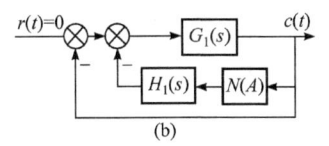

题 6-1 图　系统结构图

分的传递函数。

**6-2** 非线性系统 $G(j\omega)$ 和 $-1/N(A)$ 曲线，如题 6-2 图所示，试判断该系统有几个点是稳定的自激振荡点，并说明理由。

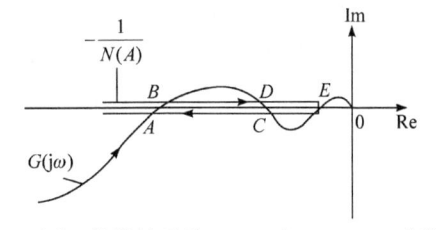

**6-3** 设 3 个非线性系统均为典型结构形式，其非线性环节一样，线性部分分别为

题 6-2 图　非线性系统 $G(j\omega)$ 和 $-1/N(A)$ 曲线图

(1) $G(s) = \dfrac{1}{s(0.1s+1)}$　　　(2) $G(s) = \dfrac{2}{s(s+1)}$

(3) $G(s) = \dfrac{2(1.5s+1)}{s(s+1)(0.1s+1)}$

用描述函数法分析时，哪个系统分析的准确度高？

**6-4** 判断题 6-4 图中各非线性系统是否稳定，非线性环节的负倒描述函数 $-1/N(A)$ 曲线与具有最小相位性质的 $G(j\omega)$ 曲线的交点是否为稳定的自振点？

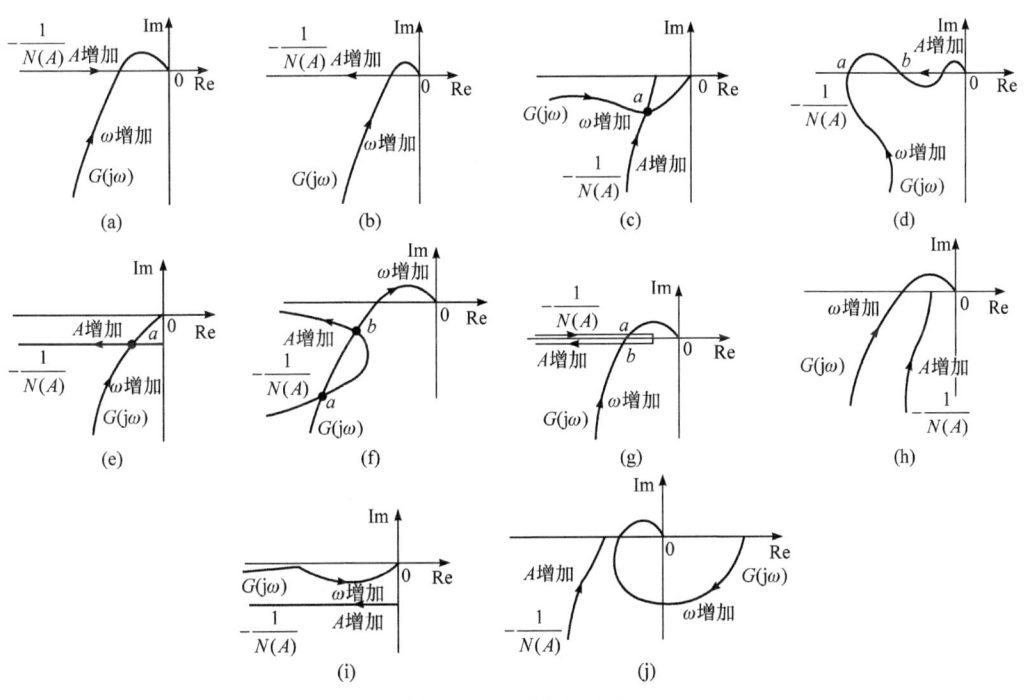

题 6-4 图　非线性系统

6-5 已知非线性系统的结构，如题 6-5 图所示，图中的非线性环节的描述函数 $N(A) = (A+6)/(A+2)$，$A>0$，试用描述函数法确定：

(1) 使非线性系统稳定、不稳定以及产生周期运动时，线性部分的 $K$ 值范围；

(2) 判断周期运动的稳定性，并计算周期运动的振幅和频率。

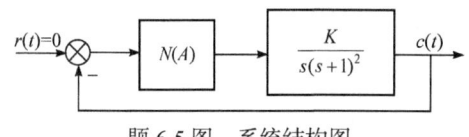

题 6-5 图　系统结构图

6-6 具有非线性环节的控制系统，如题 6-6 图所示，试用描述函数法分析周期运动的稳定性，并确定自振荡的振幅和频率。

6-7 试用描述函数法说明题 6-7 图所示系统必然存在自振，并确定输出信号 $c(t)$ 的自振振幅和频率。

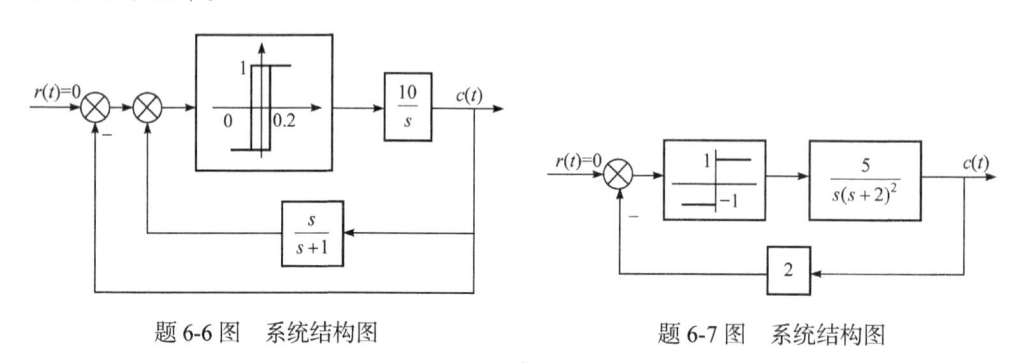

题 6-6 图　系统结构图

题 6-7 图　系统结构图

6-8 一继电器控制系统结构，如题 6-8 图所示，试分析系统是否产生自振荡。若产生自振荡，求出振幅和振动频率。

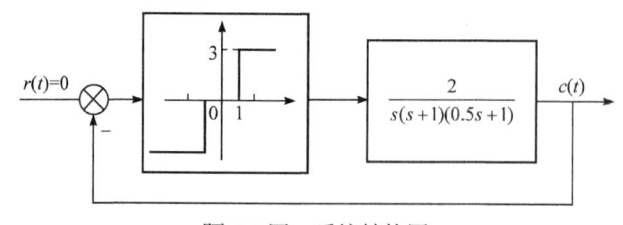

题 6-8 图　系统结构图

6-9 线性二阶系统的微分方程为

$$\ddot{x} + 2\zeta\omega_n\dot{x} + \omega_n^2 x = 0$$

式中，$\zeta = 0.15$；$\omega_n = 1$；$x(0) = 0$；$\dot{x}(0) = 0$。试用等倾线法绘制系统的相轨迹。

6-10 试确定下列系统的奇点的位置和类型。

(1) $\ddot{x} + \dot{x}^2 + x = 0$　　　　(2) $\ddot{x} - (0.5 - 3\dot{x}^2)\dot{x} + x + x^2 = 0$

6-11 含有理想继电器特性的非线性系统框图如题 6-11 图所示。输入 $r(t) = 1(t)$，试绘制其相轨迹。

6-12 非线性系统结构，如题 6-12 图所示。系统开始是静止的，输入信号 $r(t) = 4 \times 1(t)$，确定奇点位置和类型，画出该系统的相平面图，并分析系统的运动特点。

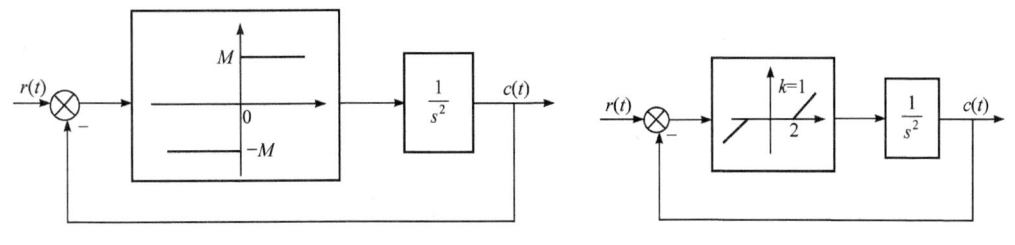

题 6-11 图 理想继电器的非线性系统结构图

题 6-12 图 系统结构图

**6-13** 已知具有理想继电特性的非线性系统，如题 6-13 图所示。试用相平面法分析：
(1) 当 $T_d = 0$ 时，系统的运动状态；
(2) 当 $T_d = 0.5$ 时，系统的运动状态，并说明比例微分控制对改善系统性能的作用；
(3) 当 $T_d = 2$ 时，系统的运动特点。

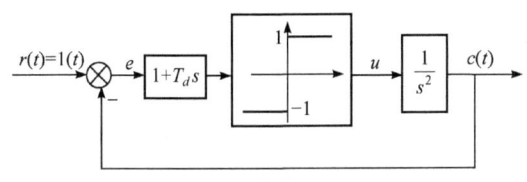

题 6-13 图 系统结构图

**6-14** 含有饱和特性的非线性系统结构，如题 6-14 图所示。图中 $T=1$，$K=4$，$e_0 = M = 0.2$，系统初始状态为零。试用相平面法分析系统在输入 $r(t) = R \cdot 1(t)$ 时的阶跃响应。

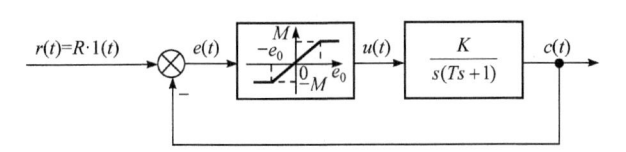

题 6-14 图 含饱和环节的非线性系统结构图

# 第 7 章 离散控制系统

**主要内容**

离散控制系统的基本概念；信号采样和保持的数学描述；z 变换理论；脉冲传递函数；离散控制系统的稳定性、动态性能和稳态误差分析；离散系统的校正以及 MATLAB 离散控制系统分析与设计。

**学习目标**

(1) 能够理解采样、复现过程的物理含义和局限性，并进行数学抽象；能建立和简化离散系统的数学模型。

(2) 能利用 z 变换、z 反变换及其定理，求解线性常系数差分方程和离散系统的响应。

(3) 能根据 s 平面与 z 平面的对应关系，判别离散系统的稳定性、分析影响稳定性的因素；由闭环极点分布分析动态响应的形式，并对动态性能进行初步评价；会计算离散系统的稳态误差，能够分析影响稳态误差的因素。

(4) 能根据最少拍系统的设计原则及要求，设计出合理的数字控制器；能够离散化 PID 调节器，知晓编程思路。

随着脉冲和数字信号技术、数字式元器件、数字计算机，特别是微处理器的迅速发展和广泛应用，数字控制器在许多场合已经逐步取代了模拟控制器。数字控制器只在离散时间点上采集、接收、处理和输出数据，这就有必要研究离散信号的分析方法，以及讨论离散系统的分析和校正方法。

线性离散系统与连续系统相比，虽然在本质上有所不同，但其分析和设计方法存在很大程度的相似性。由于离散控制系统中出现了在离散时间点取值的脉冲序列信号，因而有关连续控制系统的理论不能直接用来分析离散控制系统。通常，利用 z 变换法将脉冲序列信号变换到 z 域中加以分析处理。在 z 变换理论基础上，连续控制系统中的许多概念和方法，都可以推广应用于线性离散控制系统。

## 7.1 离散系统概述

在控制系统中，如果所有信号都是时间变量的连续函数，换句话说，这些信号在全部时间上都是已知的，则这样的系统称为连续时间系统，简称连续系统；如果控制系统中有一处或几处信号是一串脉冲或数码，即这些信号仅定义在离散时间上，则这样的系统称为离散时间系统，简称离散系统。通常，把系统中的离散信号是脉冲序列形式的离散系统，称为采样控制系统或脉冲控制系统；而把离散信号是数字序列形式的离散系统，称为数字控制系统或计算机控制系统。

目前，离散系统的最广泛应用形式是以数字计算机，特别是以微型计算机为控制器的数字控制系统。也就是说，数字控制系统是一种以数字计算机为控制器去控制具有连续工作状态的被控对象的闭环控制系统。因此，数字控制系统包括工作于离散状态下的数字计算机和工作于连续状态下的被控对象两大部分。由于数字控制系统具有一系列的优越性，所以在军事、航空及工业过程控制中，得到了广泛应用。

图 7-1 是小口径高炮高精度数字伺服系统原理图。现代的高炮伺服系统，已由数字系统模式取代了原来模拟系统的模式，使系统获得了高速、高精度、无超调的特性，其性能大大超过了原有的高炮伺服系统。如美国多管火炮反导系统"密集阵"、"守门员"等，均采用了数字伺服系统。

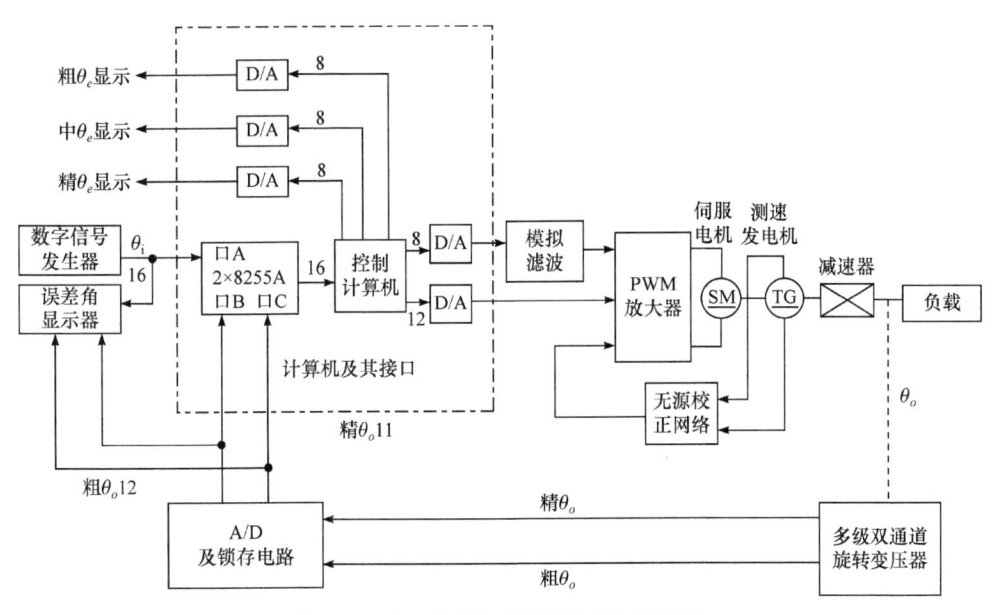

图 7-1　小口径高炮高精度数字伺服系统

图 7-1 中的系统采用 MCS-96 系列单片机作为数字控制器，并结合 PWM(脉宽调制)直流伺服系统形成数字控制系统，具有低速性能好、稳态精度高、快速响应性好、抗干扰能力强等特点。整个系统主要由控制计算机、被控对象和位置反馈三部分组成。控制计算机以 16 位单片机 MCS-96 为主体，按最小系统原则设计，具有 3 个输入接口和 5 个输出接口。

数字信号发生器给出的 16 位数字输入信号 $\theta_i$ 经两片 8255A 的口 A 进入控制计算机，系统输出角 $\theta_o$(模拟量)经 110XFS1/32 多极双通道旋转变压器和 2×12XSZ741 A/D 变换器及其锁存电路完成绝对式轴角编码的任务，将输出角模拟量 $\theta_o$ 转换成二进制数码粗、精各 12 位，该数码经锁存后，取粗 12 位、精 11 位由 8255A 的口 B 和口 C 进入控制计算机。经计算机软件运算，将粗、精合并，得到 16 位数字量的系统输出角 $\theta_o$。

控制计算机的 5 个输出接口分别为主控输出口、前馈输出口和 3 个误差角 $\theta_e = \theta_i - \theta_o$ 显示口。主控输出口由 12 位 D/A 转换芯片 DAC1210 等组成，其中包含与系统误差角 $\theta_e$ 及其一阶差分 $\Delta\theta_e$ 成正比的信号，同时也包含与系统输入角 $\theta_i$ 的一阶差分 $\Delta\theta_i$ 成正比的复合控制信号,从而构成系统的模拟量主控信号,通过 PWM 放大器,驱动伺服电机,带动减速器与小口径高炮,使其输出转角 $\theta_o$ 跟踪数字指令 $\theta_i$。

前馈输出口由 8 位 D/A 转换芯片 DAC0832 等组成,可将与系统输入角的二阶差分 $\Delta^2\theta_i$ 成正比并经数字滤波器滤波后的数字前馈信号转换为相应的模拟信号,再经模拟滤波器滤波后加入 PWM 放大器,作为系统控制量的组成部分作用于系统,主要用来提高系统的控制精度。

误差角显示口主要用于系统运行时的实时观测。粗 $\theta_e$ 显示口由 8 位 D/A 转换芯片 DAC0832 等组成,可将数字粗 $\theta_e$ 量转换为模拟粗 $\theta_e$ 量,接入显示器,以实时观测系统误差值。中 $\theta_e$ 和精 $\theta_e$ 显示口也分别由 8 位 D/A 转换芯片 DAC0832 等组成,将数字误差量转换为模拟误差量,以显示不同误差范围下的误差角 $\theta_e$。

PWM 放大器(包括前置放大器)、伺服电机 ZK-21G、减速器、负载(小口径高炮)、测速发电机 45CY003,以及速度和加速度无源反馈校正网络,构成了闭环连续被控对象。

上述表明,计算机作为系统的控制器,其输入和输出只能是二进制编码的数字信号,即在时间上和幅值上都离散的信号,而系统中被控对象和测量元件的输入和输出是连续信号,所以在计算机控制系统中,需要应用 A/D 和 D/A 转换器,以实现两种信号的转换。计算机控制系统的典型原理,如图 7-2 所示。

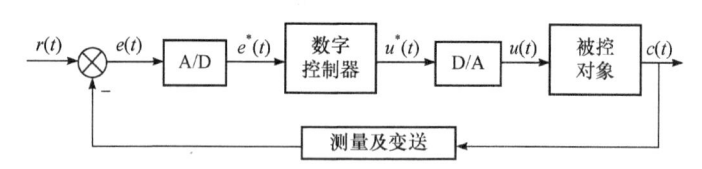

图 7-2 计算机控制系统典型原理图

数字计算机运算速度快、精度高、逻辑功能强、通用性好、价格低,在自动控制领域中被广泛采用。数字控制系统较之相应的连续系统具有以下特点。

(1) 在数字控制器中,由软件实现的控制规律易于改变、控制灵活;
(2) 数字信号的传递可以有效地抑制噪声,从而提高系统的抗干扰能力;
(3) 采用高精度的数字测量元件和数字控制元件,可以提高系统的测量和控制精度;
(4) 可用一台计算机分时控制若干个系统,提高了设备的利用率,经济性好。同时,也为生产的网络化、智能化控制和管理奠定基础。

## 7.2 信号的采样与保持

把连续信号变换为脉冲信号,需要使用采样器;为了控制连续式元部件,又需要使用保持器将脉冲信号变换为连续信号。因此,为了定量研究离散系统,必须对信号的采样过程和保持过程用数学的方法加以描述。

### 7.2.1 采样过程

信号采样是将连续信号变成脉冲序列的过程,实现采样的装置称为采样开关或采样器。在采样的多种方式中,最简单又最普遍的是采样间隔相等的周期采样。以下讨论的均是周期采样的情况。

所谓周期采样,就是采样开关按一定的时间间隔开闭。该时间间隔称为采样周期,通常用 $T$ 表示。

在理想的采样过程中,连续信号经采样开关的周期性采样后,得到的每个采样脉冲的强度等于连续信号在采样时刻的幅值。因此,理想采样开关可以视为一个脉冲调制器,采样过程可以视为一个单位脉冲序列 $\delta_T(t)$ 被输入信号 $e(t)$ 进行幅值调制的过程,理想采样过程如图 7-3 所示。其中,单位脉冲序列 $\delta_T(t) = \sum_{k=-\infty}^{\infty} \delta(t-kT)$ 为载波信号,$e(t)$ 为调制信号。

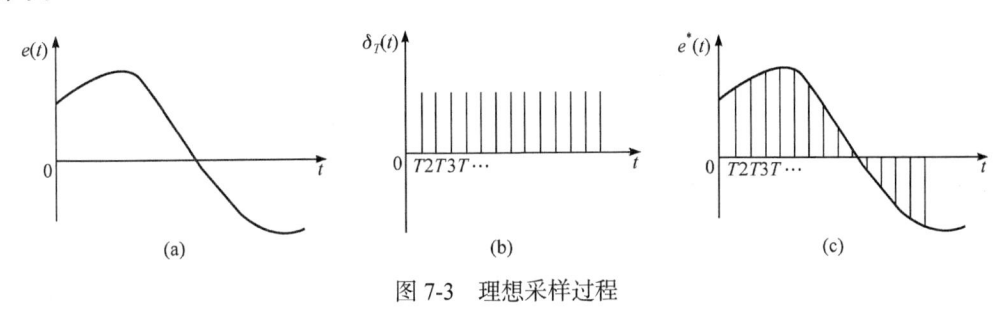

图 7-3 理想采样过程

当 $t \geq 0$ 时,输出信号可表示为

$$e^*(t) = e(t)\delta_T(t) = e(t)\sum_{k=0}^{\infty} \delta(t-kT) \tag{7-1}$$

式(7-1)为理想采样过程的数学表达式。

对于实际采样过程,将连续信号 $e(t)$ 加到采样开关的输入端,若采样开关每隔周期 $T$ 闭合一次,每次闭合时间为 $\tau$,则在采样开关的输出端得到脉宽为 $\tau$ 的调幅脉冲序列 $e^*(t)$。实际采样过程如图 7-4 所示。

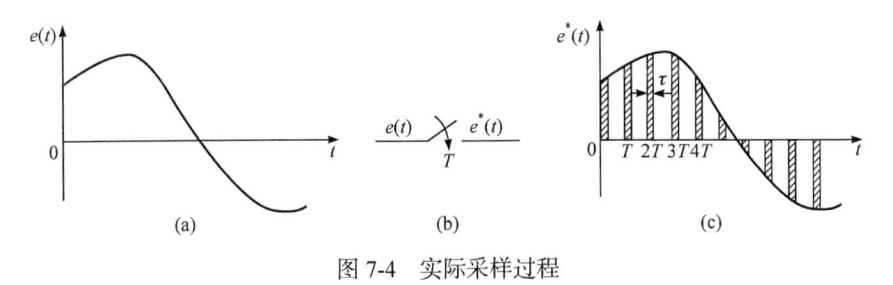

图 7-4 实际采样过程

由于采样开关闭合时间 $\tau$ 很小,远远小于采样周期 $T$,故 $e(t)$ 在 $\tau$ 时间内变化甚微,可近似认为该时间内采样值不变。所以 $e^*(t)$ 可近似为一串宽度为 $\tau$,高度为 $e(kT)$ 的矩形脉冲序列,即

$$e^*(t) = \sum_{k=0}^{\infty} e(kT)\left[1(t-kT) - 1(t-kT-\tau)\right] \tag{7-2}$$

式中，$[1(t-kT)-1(t-kT-\tau)]$ 为两个单位阶跃函数之差，表示在 $kT$ 时刻，一个高度为 1，宽度为 $\tau$ 的矩形脉冲。当 $\tau \to 0$ 时，该矩形窄脉冲可用 $nT$ 时刻的一个冲量为 $\tau$ 的 $\delta$ 函数来近似表示为

$$1(t-kT)-1(t-kT-\tau) = \tau\delta(t-kT) \tag{7-3}$$

将式(7-3)代入式(7-2)，可得

$$e^*(t) = \tau\sum_{k=0}^{\infty} e(kT)\delta(t-kT) \tag{7-4}$$

由式(7-4)可以看出，实际采样信号 $e^*(t)$ 的每个脉冲的强度，正比于脉宽 $\tau$。若使系统总的增益在采样前后保持不变，需在采样开关后增加一个增益为 $(1/\tau)$ 的放大器。然而当采样开关后的系统中使用保持器时，可不考虑脉宽 $\tau$ 对系统增益的影响。此时采样信号可直接按理想采样开关输出的信号来处理。由于大多数的离散控制系统，特别是数字控制系统均属于这种情况，因此，通常将采样开关看作理想采样开关，而采样信号 $e^*(t)$ 可用式(7-1)来描述。

考虑到 $\delta$ 函数的特点，式(7-1)也可写为

$$e^*(t) = e(t)\sum_{k=0}^{\infty}\delta(t-kT) = \sum_{k=0}^{\infty} e(kT)\delta(t-kT) \tag{7-5}$$

### 7.2.2 采样定理

连续信号 $e(t)$ 经采样后变为采样信号 $e^*(t)$，研究采样信号 $e^*(t)$ 所含的信息是否等于被采样的连续信号 $e(t)$ 所含的全部信息，需要采用频谱分析的方法。所谓频谱，实质是一个时间函数所含不同频率谐波的分布情况。

因为单位脉冲序列 $\delta_T(t)$ 是一个周期函数，可以展开为傅里叶级数，并写成复数形式，即

$$\delta_T(t) = \sum_{k=-\infty}^{+\infty} C_k e^{jk\omega_s t} \tag{7-6}$$

式中，$\omega_s = 2\pi/T$ 为采样角频率；$T$ 为采样周期；$C_k$ 是傅里叶系数，即

$$C_k = \frac{1}{T}\int_{-T/2}^{T/2} \delta_T(t) e^{-jk\omega_s t} dt \tag{7-7}$$

由于在 $\left[-\dfrac{T}{2}, \dfrac{T}{2}\right]$ 区间中，只在 $t=0$ 时 $\delta_T(t)$ 才有非零值，且 $e^{-jk\omega_s t}\big|_{t=0} = 1$，则

$$C_k = \frac{1}{T}\int_{0^-}^{0^+} \delta_T(t) dt = \frac{1}{T} \tag{7-8}$$

故有

$$\delta_T(t) = \frac{1}{T}\sum_{k=-\infty}^{+\infty} e^{jk\omega_s t} \tag{7-9}$$

由式(7-1)可得采样信号为

$$e^*(t) = e(t)\delta_T(t) = e(t)\frac{1}{T}\sum_{k=-\infty}^{+\infty}e^{jk\omega_s t} = \frac{1}{T}\sum_{k=-\infty}^{+\infty}e(t)e^{jk\omega_s t} \tag{7-10}$$

式(7-10)两边各进行拉普拉斯变换，得

$$E^*(s) = \frac{1}{T}\sum_{k=-\infty}^{+\infty}E(s-jk\omega_s) \tag{7-11}$$

因为 $E(s) = L[e(t)]$，令 $s = j\omega$，则 $E(j\omega)$ 为 $e(t)$ 的频谱，$|E(j\omega)|$ 为 $e(t)$ 的幅频谱。在研究信号的频谱特性时，通常只需讨论其幅频谱，因此也常简称幅频谱为信号的频谱。一般说来，$e(t)$ 的频谱 $|E(j\omega)|$ 是单一的连续频谱，其谐波分量中的最高频率 $\omega_{max}$ 是无限大的，如图 7-5(a)所示。但因为当 $\omega$ 较大时，$|E(j\omega)|$ 很小，故常可近似认为 $\omega_{max}$ 是有限值，即 $e(t)$ 的频谱 $|E(j\omega)|$ 可近似如图 7-5(b)所示。

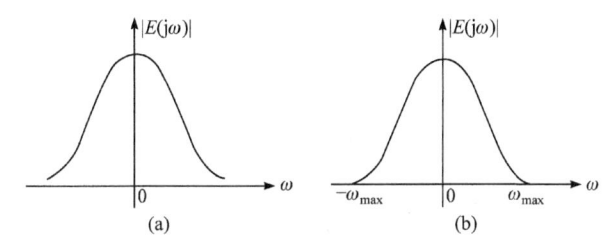

图 7-5 连续信号 $e(t)$ 的频谱

$|E^*(j\omega)|$ 为采样信号 $e^*(t)$ 的频谱，由式(7-11)可得

$$E^*(j\omega) = \frac{1}{T}\sum_{k=-\infty}^{+\infty}E(j\omega - jk\omega_s) = \frac{1}{T}\sum_{k=-\infty}^{+\infty}E[j(\omega - k\omega_s)] \tag{7-12}$$

可见，采样后的信号频谱由无数条频谱叠加而成，每一条频谱曲线是采样前信号 $e(t)$ 的频谱 $|E(j\omega)|$ 平移 $k\omega_s$、幅值下降 $1/T$ 倍的结果。而且

$$E^*(j\omega) = \cdots + \frac{1}{T}E(j\omega + j\omega_s) + \frac{1}{T}E(j\omega) + \frac{1}{T}E(j\omega - j\omega_s) + \cdots$$

令 $\omega = \omega + \omega_s$ 代入式(7-12)，展开得

$$E^*(j\omega + j\omega_s) = \cdots + \frac{1}{T}E(j\omega + j\omega_s) + \frac{1}{T}E(j\omega) + \frac{1}{T}E(j\omega - j\omega_s) + \cdots = E^*(j\omega) \tag{7-13}$$

故 $E^*(j\omega)$ 是以 $\omega_s$ 为周期的周期函数，其幅频谱 $|E^*(j\omega)|$ 也是以 $\omega_s$ 为周期的周期函数。采样信号 $e^*(t)$ 的频谱如图 7-6 所示。

特别地，当 $k = 0$ 时，$|E^*(j\omega)|$ 的频谱分量 $\frac{1}{T}|E(j\omega)|$ 称为主频谱，它是连续信号 $e(t)$ 频谱 $|E(j\omega)|$ 的 $1/T$ 倍。

从图 7-6(a)可以看出，当 $\omega_s/2 \geqslant \omega_{max}$ 时，各个频谱分量不重叠，通过滤波可以滤除 $|E^*(j\omega)|$ 中高于 $\omega_{max}$ 的频谱分量，剩余频谱分量与 $|E(j\omega)|$ 形态相同，即可从采样信号 $e^*(t)$ 中复现出原来的连续信号 $e(t)$；否则，如图 7-6(b)所示，$|E^*(j\omega)|$ 中各个频谱波形互

(a) 采样频率高

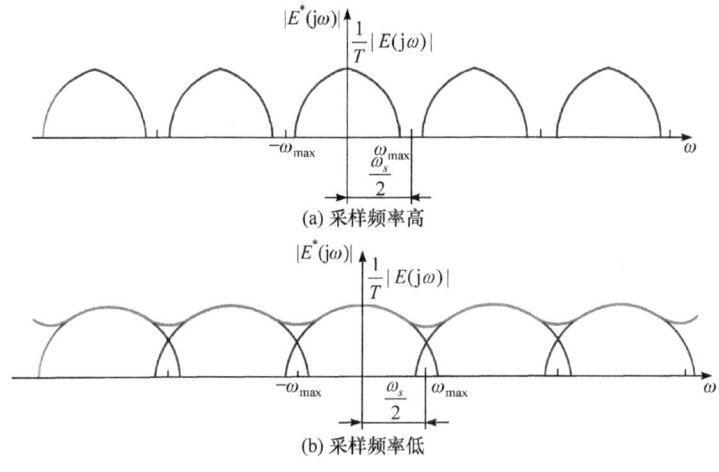

(b) 采样频率低

图 7-6 采样信号 $e^*(t)$ 的频谱

相搭接，无法通过滤波得到 $|E(j\omega)|$，也就无法从 $e^*(t)$ 中复现出 $e(t)$。

由以上分析可以得到如下的采样定理。

从采样信号 $e^*(t)$ 中完全复现被采样的连续信号 $e(t)$ 的条件是采样频率 $\omega_s$ 必须大于或等于连续信号 $e(t)$ 频谱中所含最高谐波频率 $\omega_{max}$ 的 2 倍，即

$$\omega_s \geqslant 2\omega_{max} \tag{7-14}$$

采样定理是 1928 年由美国电信工程师奈奎斯特首先提出来的，因此称为奈奎斯特采样定理。1933 年由苏联工程师科捷利尼科夫首次用公式严格地表述这一定理，因此在苏联文献中称为科捷利尼科夫采样定理。1948 年信息论的创始人香农对这一定理加以明确地说明并正式作为定理引用，因此在许多文献中又称为香农采样定理。

### 7.2.3 零阶保持器

信号保持是将离散时间信号转换成连续时间信号的转换过程，完成信号保持的装置称为保持器。从数学意义上讲，其任务是解决各采样时刻之间的插值问题。由图 7-6 可知，当采样信号的频谱中各频谱分量互不重叠时，可以用一个具有图 7-7 所示幅频特性的理想低通滤波器无畸变地复现连续信号的频谱。然而，这样的理想低通滤波器在实际中是无法实现的。工程中最常用、最简单的低通滤波器是零阶保持器。

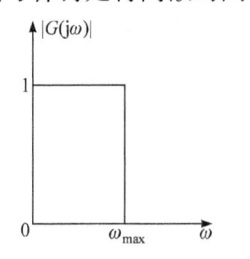

图 7-7 理想低通滤波器的幅频特性

零阶保持器将采样信号在每个采样时刻的采样值 $e(kT)$，一直保持到下一个采样时刻，从而使采样信号 $e^*(t)$ 变成阶梯序列信号 $e_h(t)$，如图 7-8 所示。因为这种保持器的输出信号 $e_h(t)$ 在每一个采样周期内的值为常数，其对时间 $t$ 的导数为零，所以称之为零阶保持器。

(a) 保持器　　　(b) 零阶保持器输出特性

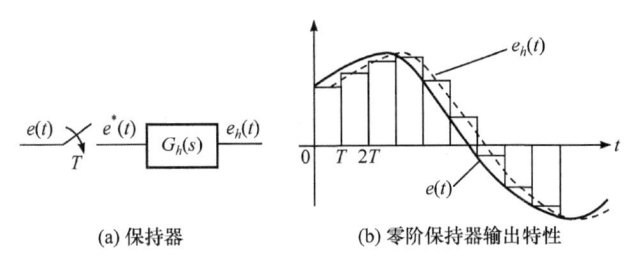

图 7-8　零阶保持器

对于采样信号 $e^*(t) = \sum\limits_{k=0}^{\infty} e(kT)\delta(t-kT)$，其拉普拉斯变换为

$$E^*(s) = L\left[e^*(t)\right] = \sum_{k=0}^{\infty} e(kT) \times 1 \times e^{-kTs}$$

采样信号 $e^*(t)$ 经过零阶保持器后得到的阶梯序列信号为

$$e_h(t) = \sum_{k=0}^{\infty} e(kT)\left[1(t-kT) - 1(t-(k+1)T)\right] \tag{7-15}$$

其拉普拉斯变换为

$$\begin{aligned} E_h(s) = L\left[e_h(t)\right] &= \sum_{k=0}^{\infty} e(kT)\left[\frac{1}{s}e^{-kTs} - \frac{1}{s}e^{-(k+1)Ts}\right] \\ &= \sum_{k=0}^{\infty} e(kT)e^{-kTs}\left(\frac{1-e^{-Ts}}{s}\right) = \left(\frac{1-e^{-Ts}}{s}\right)\sum_{k=0}^{\infty} e(kT)e^{-kTs} \end{aligned} \tag{7-16}$$

由图 7-8 可得零阶保持器的传递函数为

$$G_h(s) = \frac{E_h(s)}{E^*(s)} = \frac{1-e^{-Ts}}{s} \tag{7-17}$$

令 $s = j\omega$，得到零阶保持器的频率特性为

$$G_h(j\omega) = \frac{1-e^{-j\omega T}}{j\omega} = \frac{e^{-j\omega T/2}(e^{j\omega T/2} - e^{-j\omega T/2})}{j\omega} = T\frac{\sin(\omega T/2)}{\omega T/2}e^{-j\omega T/2} \tag{7-18}$$

式中，$T$ 为采样周期，$\omega_s = 2\pi/T$ 为采样角频率。

零阶保持器的幅频特性为

$$\left|G_h(j\omega)\right| = T\frac{\sin(\omega T/2)}{\omega T/2} \tag{7-19}$$

零阶保持器的相频特性为

$$\varphi_h(\omega) = -\frac{\omega T}{2} \tag{7-20}$$

可见，当 $\omega \to 0$ 时，$\left|G_h(j0)\right| = \lim\limits_{\omega \to 0} T\frac{\sin(\omega T/2)}{\omega T/2} = T$，$\varphi_h(0) = 0°$；当 $\omega = \omega_s$ 时，$\left|G_h(j\omega)\right| = T\frac{\sin\pi}{\pi} = 0$，而 $\varphi_h(\omega_s) = -180°$。

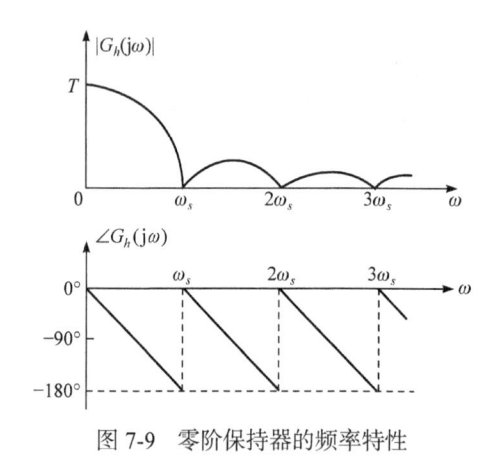

零阶保持器的频率特性如图 7-9 所示。从幅频特性看，零阶保持器是具有低通滤波器，但不是理想的低通滤波器。零阶保持器除了允许采样信号的主频分量通过外，还允许部分高频分量通过。因此，零阶保持器复现出的连续信号 $e_h(t)$ 与原信号 $e(t)$ 是有差别的。然而，由于离散控制系统的连续部分也具有低通滤波特性，可将通过零阶保持器的绝大部分高频频谱滤掉，而且零阶保持器结构简单，因此，在实际中得到了广泛的应用。但应注意到，从相频特性看，零阶保持器产生正比于频率的相位滞后。所以零阶保持器的引入，将造成系统稳定性下降。

图 7-9 零阶保持器的频率特性

## 7.3  z 变换

线性连续控制系统可采用线性微分方程来描述，用拉普拉斯变换分析它的动态性能及稳态性能。而对于线性离散系统，则可以采用线性差分方程来描述，用 z 变换来分析它的动态性能和稳态性能。z 变换是研究离散系统的主要数学工具，它是由拉普拉斯变换引导出来的，实际上是离散信号的拉普拉斯变换。

### 7.3.1  z 变换的定义

设连续时间信号 $e(t)$ 可进行拉普拉斯变换，其象函数为 $E(s)$。考虑到 $t<0$ 时，$e(t)=0$，则 $e(t)$ 经过周期为 $T$ 的等周期采样后，得到离散时间信号

$$e^*(t) = \sum_{k=0}^{\infty} e(kT)\delta(t-kT) \tag{7-21}$$

对式(7-21)进行拉普拉斯变换，可得

$$E^*(s) = L\left[e^*(t)\right] = \sum_{k=0}^{\infty} e(kT)\mathrm{e}^{-kTs} \tag{7-22}$$

式(7-22)含有 $s$ 的超越函数 $\mathrm{e}^{-kTs}$，不便于离散控制系统的分析与计算。可令

$$z = \mathrm{e}^{Ts} \tag{7-23}$$

则有

$$E(z) = \sum_{k=0}^{\infty} e(kT)z^{-k} \tag{7-24}$$

需要指出的是，$E(z)$ 是 $e^*(t)$ 的 z 变换，它只考虑了采样时刻的信号值 $e(kT)$。同时，对一个连续信号 $e(t)$ 而言，由于在采样时刻 $e(t)$ 的值就是 $e(kT)$，所以也称 $E(z)$ 是 $e(t)$ 的 z 变换，即

$$E(z) = Z\left[e(t)\right] = Z\left[e^*(t)\right] = \sum_{k=0}^{\infty} e(kT)z^{-k} \tag{7-25}$$

## 7.3.2 z 变换的求法

求取离散函数的 z 变换有多种方法，下面只介绍常用的 3 种方法。

**1. 级数求和法**

由 z 变换的定义，将式(7-24)展开得

$$E(z) = \sum_{k=0}^{\infty} e(kT)z^{-k} = e(0) + e(T)z^{-1} + e(2T)z^{-2} + \cdots + e(kT)z^{-k} + \cdots \tag{7-26}$$

式(7-26)是级数形式的离散信号 $e^*(t)$ 的 z 变换表达式。只要知道 $e(t)$ 在各个采样时刻的数值，即可求得其 z 变换。这种级数形式的 z 变换表达式是开放形式的，有无穷多项，通常不易写成闭合形式。

**【例 7-1】** 求单位阶跃函数 $e(t) = 1(t)$ 的 z 变换。

**解** 单位阶跃函数 $1(t)$ 在所有采样时刻上的采样值均为 1，即 $e(kT) = 1$，$k = 0, 1, 2, \cdots$，根据式(7-26)求得

$$E(z) = \sum_{k=0}^{\infty} 1(kT)z^{-k} = 1 + z^{-1} + z^{-2} + \cdots + z^{-k} + \cdots$$

这是一个等比级数，首项 $a_1 = 1$，公比 $q = z^{-1}$，通项 $a_n = a_1 q^{n-1} = z^{-n+1}$，前 n 项和

$$S_n = \frac{a_1 - a_n q}{1 - q} = \frac{1 - z^{-n}}{1 - z^{-1}}$$

若 $|z| > 1$，这个无穷级数的和为

$$E(z) = \lim_{n \to \infty} S_n = \lim_{n \to \infty} \frac{1 - z^{-n}}{1 - z^{-1}} = \frac{1}{1 - z^{-1}} = \frac{z}{z - 1}$$

**【例 7-2】** 求 $e(t) = e^{-at}(a > 0)$ 的 z 变换。

**解** $E(z) = \sum_{k=0}^{\infty} e^{-akT} \cdot z^{-k} = 1 + e^{-aT}z^{-1} + e^{-2aT}z^{-2} + \cdots = 1 + (e^{aT}z)^{-1} + (e^{aT}z)^{-2} + \cdots$

当公比 $|e^{-aT}z^{-1}| < 1$ 时，即 $|e^{aT}z| > 1$，级数收敛可写成

$$E(z) = \frac{1}{1 - e^{-aT}z^{-1}} = \frac{z}{z - e^{-aT}}$$

**2. 部分分式法**

连续信号 $e(t)$ 的拉普拉斯变换 $E(s)$ 通常是 s 的有理分式，将其展开成部分分式和的形式为

$$E(s) = \sum_{i=1}^{n} \frac{A_i}{s - s_i} \tag{7-27}$$

式中，$s_i$ 为 $E(s)$ 的极点。对于式(7-27)中的每个分量 $E(s) = \frac{A_i}{s - s_i}$，其拉普拉斯反变换为 $e_i(t) = A_i e^{s_i t}$。对于 $e_i(t) = A_i e^{s_i t}$，其 z 变换 $E_i(z) = \frac{A_i z}{z - e^{s_i T}}$。由此 $E(s)$ 的 z 变换为

$$E(z) = Z\left[L^{-1}[E(s)]\right] = Z[e(t)] = \sum_{i=1}^{n} \frac{A_i z}{z - e^{s_i T}} \tag{7-28}$$

**【例 7-3】** 已知连续时间函数 $e(t)$ 的拉普拉斯变换为 $E(s) = \dfrac{a}{s(s+a)}$，试求其 $z$ 变换。

**解** 对 $E(s)$ 进行部分分式展开得

$$E(s) = \frac{a}{s(s+a)} = \frac{1}{s} - \frac{1}{s+a}$$

对上式逐项求取拉普拉斯反变换，得 $e(t) = 1(t) - e^{-at}$。

由例 7-1 和例 7-2 可知 $Z[1(t)] = \dfrac{z}{z-1}$，$Z[e^{-at}] = \dfrac{z}{z - e^{-aT}}$

所以

$$E(z) = \frac{z}{z-1} - \frac{z}{z - e^{-aT}} = \frac{z(1 - e^{-aT})}{z^2 - (1 + e^{-aT})z + e^{-aT}}$$

**3. 留数计算法**

若已知连续信号 $e(t)$ 的拉普拉斯变换 $E(s)$ 及其全部极点 $s_i$，则 $e(t)$ 的 $z$ 变换为

$$E(z) = \sum_{i=1}^{n} \text{Res}\left[E(s_i) \frac{z}{z - e^{s_i T}}\right] = \sum_{i=1}^{n} R_i \tag{7-29}$$

其中，$R_i = \text{Res}\left[E(s_i)\dfrac{z}{z - e^{s_i T}}\right]$ 为 $E(s)\dfrac{z}{z - e^{sT}}$ 在 $s = s_i$ 时的留数。

当 $E(s)$ 具有一阶极点 $s = s_i$ 时，$E(s)\dfrac{z}{z - e^{sT}}$ 在 $s = s_i$ 时的留数为

$$R_i = \lim_{s \to s_i}(s - s_i)\left[E(s)\frac{z}{z - e^{sT}}\right] \tag{7-30}$$

当 $E(s)$ 在 $q$ 阶重极点 $s = s_i$ 时，$E(s)\dfrac{z}{z - e^{sT}}$ 在 $s = s_i$ 时的留数为

$$R_i = \frac{1}{(q-1)!}\lim_{s \to s_i}\frac{d^{q-1}}{ds^{q-1}}\left[(s - s_i)^q E(s)\frac{z}{z - e^{sT}}\right] \tag{7-31}$$

**【例 7-4】** 已知 $e(t) = t(t \geq 0)$，求 $e(t)$ 的 $z$ 变换。

**解** $e(t)$ 的拉普拉斯变换为 $E(s) = \dfrac{1}{s^2}$，$s = 0$ 为 $E(s)$ 的二阶极点，所以 $E(s)$ 在 $s = 0$ 处的留数为

$$R = \frac{1}{(2-1)!}\lim_{s \to 0}\frac{d}{ds}\left[s^2 \frac{1}{s^2} \frac{z}{z - e^{sT}}\right] = \lim_{s \to 0}\left[\frac{zTe^{sT}}{(z - e^{sT})^2}\right] = \frac{zT}{(z-1)^2}$$

由式(7-29)可得

$$E(z) = R = \frac{zT}{(z-1)^2}$$

常用函数的 z 变换及相应的拉普拉斯变换列入附表 1 中，以备查用。

### 7.3.3 z 变换的基本定理

1. 线性定理

若 $E_1(z) = Z[e_1(t)]$，$E_2(z) = Z[e_2(t)]$，且 $a$ 和 $b$ 为常数，则

$$Z[ae_1(t) \pm be_2(t)] = aE_1(z) \pm bE_2(z) \tag{7-32}$$

2. 滞后定理

设 $Z[e(t)] = E(z)$，且 $t < 0$ 时 $e(t) = 0$，若 $e(t)$ 延迟 $nT$ 后得 $e(t-nT)$，则有

$$Z[e(t-nT)] = z^{-n}E(z) \tag{7-33}$$

式(7-33)说明，原函数 $e(t)$ 在时域中延迟 $n$ 个采样周期 $T$ 后，其 $z$ 变换为原函数 $e(t)$ 的 $z$ 变换 $E(z)$ 乘以算子 $z^{-n}$。因此，可将 $z^{-n}$ 算子看作一个延迟环节，它把采样信号 $e(kT)$ 延迟了 $n$ 个采样周期 $T$。

3. 超前定理

设 $Z[e(t)] = E(z)$，则有

$$Z[e(t+nT)] = z^n \left[ E(z) - \sum_{k=0}^{n-1} e(kT)z^{-k} \right] \tag{7-34}$$

特别地，若满足 $k = 0, 1, \cdots, n-1$ 时，$e(kT) = 0$，则有

$$Z[e(t+nT)] = z^n E(z) \tag{7-35}$$

4. 复位移定理

若 $Z[e(t)] = E(z)$，则有

$$Z[\mathrm{e}^{\pm at}e(t)] = E(z\mathrm{e}^{\mp aT}) \tag{7-36}$$

5. 初值定理

若 $Z[e(t)] = E(z)$，且 $\lim\limits_{z \to \infty} E(z)$ 存在，则

$$e(0) = \lim_{z \to \infty} E(z) \tag{7-37}$$

6. 终值定理

若 $Z[e(t)] = E(z)$，且 $E(z)$ 在以原点为圆心的单位圆上和圆外均无极点，则有

$$e(\infty) = \lim_{n \to \infty} e(nT) = \lim_{z \to 1}(z-1)E(z) \tag{7-38}$$

7. 卷积定理

若 $E_1(z) = Z[e_1(t)]$，$E_2(z) = Z[e_2(t)]$，则有

$$E_1(z) \cdot E_2(z) = Z\left[\sum_{k=0}^{\infty} e_1(nT)e_2[(k-n)T]\right] \tag{7-39}$$

### 7.3.4 z反变换

根据 $E(z)$ 求 $e^*(t)$ 或 $e(kT)$ 的过程称为 z 反变换,记作 $Z^{-1}[E(z)]$。z 反变换是 z 变换的逆运算。下面介绍求 z 反变换的 3 种常用方法。

**1. 幂级数法**

利用长除法将函数的 z 变换表达式展开成按 $z^{-k}$ 降幂排列的幂级数,然后由 z 变换的定义求出原函数的脉冲序列。

$E(z)$ 的一般形式为

$$E(z) = \frac{b_0 z^m + b_1 z^{m-1} + \cdots + b_m}{a_0 z^n + a_1 z^{n-1} + \cdots + a_n}, \quad n \geqslant m \tag{7-40}$$

用 $E(z)$ 的分母去除分子,可以求出按 $z^{-k}$ 降幂排列的级数展开式:

$$E(z) = c_0 + c_1 z^{-1} + c_2 z^{-2} + \cdots + c_k z^{-k} + \cdots = \sum_{k=0}^{\infty} c_k z^{-k} \tag{7-41}$$

如果所得到的无穷幂级数是收敛的,则按 z 变换定义可知,式(7-41)中的系数 $c_k(k=0,1,2,\cdots)$ 就是采样脉冲序列 $e^*(t)$ 的脉冲强度 $e(kT)$。因此,可根据式(7-41)直接写出 $e^*(t)$ 的脉冲序列表达式:

$$e^*(t) = \sum_{k=0}^{\infty} c_k \delta(t - kT) \tag{7-42}$$

**2. 部分分式法**

部分分式法主要是将 $E(z)$ 展开成若干个 z 变换表中具有的简单分式的形式,然后通过查 z 变换表得到相应的 $e^*(t)$ 或 $e(kT)$。考虑到 z 变换表中,所有的 $E(z)$ 在其分子上都有因子 z,因此应先将 $E(z)$ 除以 z,然后将 $E(z)/z$ 展开为部分分式,最后将所得结果的每一项都乘以 z,即得便于查表的 $E(z)$ 的展开式。

设函数 $E(z)$ 只有 n 个单极点 $z_1, z_2, \cdots, z_n$,则 $E(z)/z$ 的部分分式展开式为

$$\frac{E(z)}{z} = \sum_{i=1}^{n} \frac{A_i}{z - z_i} \tag{7-43}$$

式中,$A_i$ 为待定系数(或称极点 $z_i$ 处的留数)。

式(7-43)两端乘以 z,得到 $E(z)$ 的部分分式之和

$$E(z) = \sum_{i=1}^{n} \frac{A_i z}{z - z_i} \tag{7-44}$$

逐项查表求出 $A_i z/(z-z_i)$ 的 $z$ 反变换，然后写出

$$e(kT) = Z^{-1}\left[\sum_{i=1}^{n} \frac{A_i z}{z-z_i}\right] \tag{7-45}$$

则脉冲序列 $e^*(t)$ 为

$$e^*(t) = \sum_{k=0}^{\infty}\left[Z^{-1}\sum_{i=1}^{n} \frac{A_i z}{z-z_i}\right]\delta(t-kT) \tag{7-46}$$

【例 7-5】 已知 $E(z) = \dfrac{10z}{z^2-3z+2}$，试用部分分式法求 $z$ 反变换。

**解** 对 $E(z)/z$ 进行部分分式展开得

$$\frac{E(z)}{z} = \frac{10}{z^2-3z+2} = \frac{10}{(z-1)(z-2)} = \frac{-10}{z-1} + \frac{10}{z-2}$$

则

$$E(z) = \frac{-10z}{z-1} + \frac{10z}{z-2}$$

查 $z$ 变换表得 $Z^{-1}\left[\dfrac{z}{z-1}\right] = 1$，$Z^{-1}\left[\dfrac{z}{z-2}\right] = 2^k$，则

$$e(kT) = 10(-1+2^k), \quad k = 0,1,2,\cdots$$

或者

$$e^*(t) = \sum_{k=0}^{\infty} 10(-1+2^k)\delta(t-kT) = 0 + 10\delta(t-T) + 30\delta(t-2T) + 70\delta(t-3T) + \cdots$$

**3. 留数法**

根据 $z$ 变换定义，有

$$E(z) = \sum_{k=0}^{\infty} e(kT)z^{-k} = e(0) + e(T)z^{-1} + e(2T)z^{-2} + \cdots + e(kT)z^{-k} + \cdots$$

用 $z^{k-1}$ 乘上式两边得

$$E(z)z^{k-1} = e(0)z^{k-1} + e(T)z^{k-2} + e(2T)z^{k-3} + \cdots + e[(k-1)T] + e(kT)z^{-1} + e[(k+1)T]z^{-2} + \cdots$$

由复变函数理论可知

$$e(kT) = \frac{1}{2\pi j}\oint_C E(z)z^{k-1}\mathrm{d}z = \sum_{i=1}^{n}\mathrm{Res}\left[E(z_i)z_i^{k-1}\right] = \sum_{i=1}^{n} R_i \tag{7-47}$$

式中，$R_i = \mathrm{Res}\left[E(z_i)z_i^{k-1}\right]$ 为 $E(z)z^{k-1}$ 在 $z = z_i$ 处的留数。

若 $z = z_i$ 为 $E(z)$ 的一阶极点，则有

$$R_i = \lim_{z \to z_i}(z-z_i)\left[E(z)z^{k-1}\right] \tag{7-48}$$

若 $z = z_i$ 为 $E(z)$ 的 $q$ 阶极点，则有

$$R_i = \frac{1}{(q-1)!}\lim_{z \to z_i}\frac{d^{q-1}}{dz^{q-1}}\left[(z-z_i)^q E(z) z^{k-1}\right] \tag{7-49}$$

**【例 7-6】** 求 $E(z) = \dfrac{z}{(z-a)(z-1)^2}$ 的 $z$ 反变换。

**解** $E(z)$ 具有一阶极点 $z = a$，二阶极点 $z = 1$，对应于一阶极点，留数

$$R_1 = \lim_{z \to a}(z-a)\left[E(z) z^{k-1}\right] = \lim_{z \to a}\left[\frac{z}{(z-1)^2} \cdot z^{k-1}\right] = \frac{a^k}{(a-1)^2}$$

对应于二阶极点 $z = 1$，留数

$$R_2 = \frac{1}{(2-1)!}\lim_{z \to 1}\frac{d}{dz}\left[\frac{z}{z-a} z^{k-1}\right] = \frac{k}{1-a} - \frac{1}{(1-a)^2}$$

由式(7-47)可得

$$e(kT) = R_1 + R_2 = \frac{a^k}{(a-1)^2} + \frac{k}{1-a} - \frac{1}{(1-a)^2}, \quad k = 0, 1, 2, \cdots$$

最后，求出 $E(z)$ 的 $z$ 反变换为

$$e^*(t) = \sum_{k=0}^{\infty}\left[\frac{a^k}{(a-1)^2} + \frac{k}{1-a} - \frac{1}{(1-a)^2}\right] \cdot \delta(t-kT)$$

上面列举了求取 $z$ 反变换的 3 种常用方法。其中幂级数法最简单，但由幂级数法得到的 $z$ 反变换为开式而非闭式。部分分式法和留数计算法得到的均为闭式。

## 7.4 离散系统的数学模型

为了研究离散系统的性能，需要建立离散系统的数学模型。离散系统有差分方程、脉冲传递函数和离散状态空间表达式 3 种数学模型，本节只介绍前两种。

### 7.4.1 线性常系数差分方程

设离散控制系统的输入脉冲序列为 $r(kT)$，输出序列为 $c(kT)$，则系统的输入输出关系可写为

$$c(kT) = f\left[r(kT)\right] \tag{7-50}$$

若式(7-50)其满足叠加定理，则称该系统为线性离散系统，否则为非线性离散系统。

输入与输出关系不随时间而改变的线性离散系统称为线性定常离散系统，本章主要讨论线性定常离散系统。线性定常离散系统输入与输出关系可以用线性定常差分方程来描述。

1. 差分方程

对于一般的线性定常离散系统，在 $k$ 时刻的输出信号 $c(k)$ 不但与 $k$ 时刻的输入 $r(k)$

有关，而且还与 $k$ 时刻以前的输入 $r(k-1), r(k-2), \cdots$ 及输出 $c(k-1), c(k-2), \cdots$ 有关，这种关系可以用下列 $n$ 阶后向差分方程来描述。

$$c(k)+a_1c(k-1)+a_2c(k-2)+\cdots+a_nc(k-n)=b_0r(k)+b_1r(k-1)+\cdots+b_mr(k-m) \quad (7\text{-}51)$$

式(7-51)还可以写成递推的形式：

$$c(k)=\sum_{j=0}^{m}b_jr(k-j)-\sum_{i=1}^{n}a_ic(k-i) \quad (7\text{-}52)$$

式中，$a_i(i=1,2,\cdots,n)$ 和 $b_j(j=1,2,\cdots,m)$ 为常数，$m \leqslant n$。

式(7-52)实际上是一个迭代求解公式，特别适合于用迭代算法在计算机上求解。从这一点上来看，离散系统用计算机分析计算求解，比连续系统方便得多。

式(7-51)称为 $n$ 阶线性常系数差分方程，同样道理，离散系统也可以用 $n$ 阶前向差分方程来描述，即

$$\begin{aligned}&c(k+n)+a_1c(k+n-1)+\cdots+a_{n-1}c(k+1)+a_nc(k)\\&=b_0r(k+m)+b_1r(k+m-1)+\cdots+b_{m-1}r(k+1)+b_mr(k)\end{aligned} \quad (7\text{-}53)$$

式(7-53)也可写成递推的形式：

$$c(k+n)=\sum_{j=0}^{m}b_jr(k+m-j)-\sum_{i=1}^{n}a_ic(k+n-i) \quad (7\text{-}54)$$

线性常系数差分方程是离散系统的数学模型。它与连续系统一样，满足叠加原理和具有时不变特性，这为分析和设计系统提供了很大的方便。

**2. 差分方程的求解**

常系数线性差分方程的求解方法有经典法、迭代法和 $z$ 变换法。与微分方程的经典解法类似，差分方程的经典解法也要求出齐次方程的通解和非齐次方程的一个特解，非常不便。这里仅介绍工程上常用的后两种解法。

(1) 迭代法。

若已知差分方程(7-52)或方程(7-54)，并且给定输出序列的初值，则可以利用递推关系，一步一步地算出输出序列。

**【例7-7】** 已知后向差分方程为 $c(k)=5c(k-1)-6c(k-2)+r(k)$，其中，$r(k)=1(k)=1$，$k \geqslant 0$，初始条件为 $c(0)=0, c(1)=1$。试用迭代法求输出序列 $c(k), k=0,1,2,\cdots$。

**解** 据初始条件及递推关系，得

$$\begin{aligned}c(0)&=0\\c(1)&=1\\c(2)&=r(2)+5c(1)-6c(0)=6\\c(3)&=r(3)+5c(2)-6c(1)=25\\c(4)&=r(4)+5c(3)-6c(2)=90\\&\cdots\end{aligned}$$

(2) $z$ 变换法。

若已知线性离散控制系统的差分方程描述，可根据 $z$ 变换的超前定理和滞后定理，

对差分方程两端进行 z 变换。再根据初始条件和给定输入信号的 z 变换 R(z)，求出系统输出的 z 变换表达式 C(z)。对 C(z) 进行 z 反变换可求得系统的输出序列 c(k)。

**【例 7-8】** 已知描述某离散控制系统的差分方程为 $c(k+2)+3c(k+1)+2c(k)=0$，且 $c(0)=0$, $c(1)=1$，求差分方程的解。

**解** 利用 z 变换的超前定理对差分方程两边求 z 变换，得

$$[z^2C(z)-z^2c(0)-zc(1)]+[3zC(z)-3zc(0)]+2C(z)=0$$

由于 $c(0)=0$, $c(1)=1$，上式可整理为

$$z^2C(z)+3zC(z)+2C(z)=z$$

输出的 z 变换表达式为

$$C(z)=\frac{z}{z^2+3z+2}=\frac{z}{(z+1)(z+2)}=\frac{z}{z+1}-\frac{z}{z+2}$$

对上式进行 z 反变换，可得输出序列为

$$c(k)=(-1)^k-(-2)^k, \quad k=0,1,2,\cdots$$

差分方程的解，可以提供线性定常离散系统在给定输入序列作用下的输出序列响应特性，但不便于研究系统参数变化对离散系统性能的影响。因此，需要研究线性定常离散系统的另一种数学模型——脉冲传递函数。

### 7.4.2 脉冲传递函数

线性连续系统中，将初始条件为零时，系统输出信号的拉普拉斯变换与输入信号的拉普拉斯变换之比定义为传递函数。对于线性离散系统，可类似定义一种脉冲传递函数。

**1. 脉冲传递函数的定义**

设开环离散控制系统如图 7-10 所示。当初始条件为零时，系统输出信号的 z 变换与输入信号的 z 变换之比，定义为离散控制系统的脉冲传递函数，或称 z 传递函数。

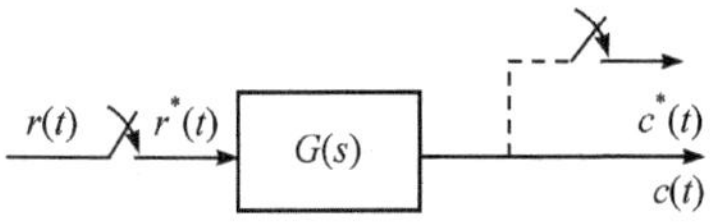

图 7-10 所示系统的开环脉冲传递函数为

图 7-10 开环离散控制系统

$$G(z)=\frac{Z[c^*(t)]}{Z[r^*(t)]}=\frac{C(z)}{R(z)} \tag{7-55}$$

所谓零初始条件，是指当 $t<0$ 时，输入脉冲序列的各采样值 $r(-T)$, $r(-2T),\cdots$ 以及输出信号的各采样值 $c(-T)$, $c(-2T),\cdots$ 均为 0。

由式(7-55)可以求得线性离散控制系统的输出采样信号为

$$c^*(t)=Z^{-1}[C(z)]=Z^{-1}[G(z)R(z)] \tag{7-56}$$

实际上，多数离散控制系统的输出都是连续信号 $c(t)$，而不是离散的采样信号 $c^*(t)$。在此情况下，可以在系统的输出端虚设一个理想采样开关，如图 7-10 所示，它与输入采样开关同步工作，而且采样周期相同。必须指出的是，在这种情况下，虚设的采样开关是不

存在的，它只表明脉冲传递函数所能描述的仅是输出连续信号$c(t)$的采样信号$c^*(t)$。

对于线性连续系统，当其输入为单位脉冲函数时，即$r(t)=\delta(t)$，其输出为单位脉冲响应$g(t)$。对于如图7-10所示的开环离散控制系统，设其输入的采样信号为

$$r^*(t)=\sum_{k=0}^{\infty}r(kT)\delta(t-kT)$$

根据叠加原理，系统的输出响应为

$$c(t)=r(0)g(t)+r(T)g(t-T)+\cdots+r(kT)g(t-kT)+\cdots=\sum_{k=0}^{\infty}r(kT)g(t-kT)$$

当$t=nT(n=0,1,2,\cdots)$时，可得

$$c(nT)=\sum_{k=0}^{\infty}r(kT)g[(n-k)T] \tag{7-57}$$

由单位脉冲函数的特点可知，当$t<0$时，$g(t)=0$。所以当$k>n$时，式(7-57)中的$g[(n-k)T]=0$。因此，式(7-57)可进一步写为

$$c(nT)=\sum_{k=0}^{n}r(kT)g[(n-k)T] \tag{7-58}$$

式(7-58)说明，系统的输出序列$c(nT)$是输入序列$r(kT)$和系统的单位脉冲响应序列$g(nT)$的卷积。根据$z$变换的卷积定理可得

$$C(z)=G(z)R(z)=R(z)G(z)$$

式中，$G(z)=Z\left[g^*(t)\right]=\sum_{n=0}^{\infty}g(nT)z^{-n}$为单位脉冲响应的采样信号$g^*(t)$的$z$变换。又由于在各采样时刻$g(t)=g^*(t)$，对应式(7-55)可以得到脉冲传递函数的求法为

$$G(z)=Z\left[g^*(t)\right]=Z[g(t)] \tag{7-59}$$

由第3章内容可知，$g(t)=L^{-1}[G(s)]$，所以式(7-59)可进一步写为

$$G(z)=Z\{L^{-1}[G(s)]\} \tag{7-60}$$

式(7-60)通常可以简记为

$$G(z)=Z[G(s)] \tag{7-61}$$

需要强调的是，$G(s)$表示某一线性系统本身的传递函数，而$G(z)$表示线性系统与采样开关两者结合体的脉冲传递函数，即描述了两者组合体的动态特性。同时还应特别注意$G(z)\neq G(s)|_{s=z}$。

【例7-9】 对于如图7-10所示的开环离散控制系统，若$G(s)=\dfrac{a}{s(s+a)}$，求系统的脉冲传递函数$G(z)$。

**解** 对$G(s)$进行部分分式展开得

$$G(s)=\frac{1}{s}-\frac{1}{s+a}$$

所以
$$g(t) = L^{-1}[G(s)] = 1 - e^{-at}$$

系统的脉冲传递函数为
$$G(z) = Z[g(t)] = \frac{z}{z-1} - \frac{z}{z-e^{-aT}} = \frac{z(1-e^{-aT})}{(z-1)(z-e^{-aT})}$$

由于拉普拉斯变换和 $z$ 变换均为线性变换，所以 $G(s)$、$g(t)$ 与 $G(z)$ 之间存在一一对应关系，故也可以由 $G(s)$ 直接查表求得 $G(z)$。

2. 开环离散系统的脉冲传递函数

当开环离散系统由多个环节串联组成时，其脉冲传递函数可根据采样开关的数目和位置的不同而得到不同的结果。

(1) 串联环节之间有采样开关。

若开环离散系统的两个串联环节之间有采样开关分隔，如图 7-11 所示。

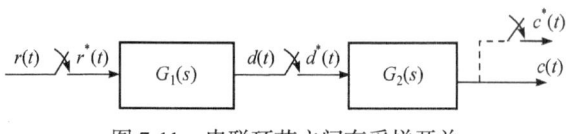

图 7-11 串联环节之间有采样开关

根据脉冲传递函数定义，可得
$$D(z) = G_1(z)R(z), \quad C(z) = G_2(z)D(z)$$

式中，$D(z) = Z[d^*(t)]$，$C(z) = Z[c^*(t)]$，$R(z) = Z[r^*(t)]$，而 $G_1(z) = Z[G_1(s)]$，$G_2(z) = Z[G_2(s)]$。于是有
$$C(z) = G_1(z)G_2(z)R(z)$$

所以该系统的脉冲传递函数为
$$G(z) = \frac{C(z)}{R(z)} = G_1(z)G_2(z) \tag{7-62}$$

式(7-62)说明，有采样开关分隔的两个线性环节串联时，其脉冲传递函数等于这两个环节各自的脉冲传递函数之积。这一结论可推广到有采样开关分隔的 $n$ 个线性环节相串联的情况。

(2) 串联环节之间没有采样开关。

若开环离散系统的两个串联环节之间没有采样开关分隔，如图 7-12 所示。

图 7-12 串联环节之间没有采样开关

当 $G(s) = G_1(s)G_2(s)$ 时，由式(7-61)可得系统的脉冲传递函数为
$$G(z) = Z[G_1(s)G_2(s)] = G_1G_2(z) \tag{7-63}$$

式(7-63)说明，两个串联的线性环节间没有采样开关分隔时，其脉冲传递函数等于这两个环节的传递函数乘积所相应的 $z$ 变换。这一结论可推广到 $n$ 个串联的线性环节间均没有采样开关分隔的情况。

比较式(7-62)和式(7-63)可知，$G_1G_2(z) \neq G_1(z)G_2(z)$。

【例7-10】 已知开环离散系统如图7-11和图7-12所示，其中，$G_1(s) = \dfrac{1}{s}$，$G_2(s) = \dfrac{a}{s+a}$，输入信号 $r(t) = 1(t)$，试求系统的脉冲传递函数 $G(z)$。

**解** 输入 $r(t) = 1(t)$ 的 $z$ 变换：$R(z) = \dfrac{z}{z-1}$。

若系统如图7-11所示，两个串联环节之间有采样开关，由公式(7-62)可知，系统的脉冲传递函数为

$$G(z) = G_1(z)G_2(z) = \frac{z}{z-1} \cdot \frac{az}{z-e^{-aT}} = \frac{az^2}{(z-1)(z-e^{-aT})}$$

若系统如图7-12所示，两个串联环节之间没有采样开关，由公式(7-63)可知，系统的脉冲传递函数为

$$G(z) = Z[G_1(s)G_2(s)] = Z\left[\frac{a}{s(s+a)}\right] = Z\left[\frac{1}{s} - \frac{1}{s+a}\right]$$

$$= \frac{z}{z-1} - \frac{z}{z-e^{-aT}} = \frac{z(1-e^{-aT})}{(z-1)(z-e^{-aT})}$$

(3) 包含零阶保持器的开环离散系统。

包含零阶保持器的开环离散系统如图7-13所示，零阶保持器的传递函数为 $G_h(s) = \dfrac{1-e^{-Ts}}{s}$，与之串联的另一环节的传递函数为 $G_0(s)$。两串联环节之间无采样开关分隔。

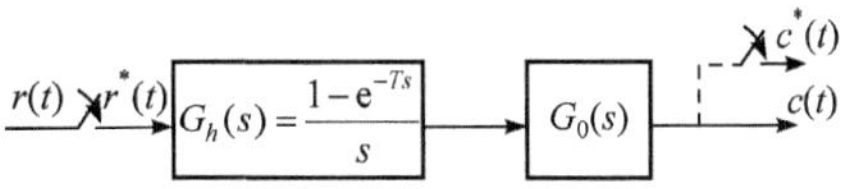

图7-13 包含零阶保持器的开环离散系统

因为 

$$G_h(s)G_0(s) = \frac{1-e^{-Ts}}{s}G_0(s) = (1-e^{-Ts})\frac{G_0(s)}{s}$$

$$= \frac{G_0(s)}{s} - e^{-Ts}\frac{G_0(s)}{s} = G_1(s) - G_2(s) = G_1(s) - e^{-Ts}G_1(s)$$

且 $e^{-Ts}$ 是一个延迟环节，所以 $G_2(s)$ 所对应的原函数比 $G_1(s)$ 所对应的原函数延迟了一个采样周期 $T$，根据拉普拉斯变换的延迟定理和 $z$ 变换的滞后定理，由式(7-63)可得

$$G(z) = Z[G_h(s)G_0(s)] = Z[G_1(s) - e^{-Ts}G_1(s)] = Z[G_1(s)] - Z[e^{-Ts}G_1(s)]$$

$$= G_1(z) - G_1(z)z^{-1} = (1-z^{-1})G_1(z)$$

所以，如图7-13所示含有零阶保持器的开环离散系统的脉冲传递函数为

$$G(z) = (1-z^{-1})Z\left[\frac{G_0(s)}{s}\right] \tag{7-64}$$

【例7-11】 已知离散系统如图7-13所示，设 $G_0(s) = \dfrac{1}{s(s+1)}$，$T = 1\text{s}$，求开环系统的脉冲传递函数 $G(z)$。

**解** 因为
$$\frac{G_0(s)}{s} = \frac{1}{s^2(s+1)} = \frac{1}{s^2} - \frac{1}{s} + \frac{1}{s+1}$$

则
$$Z\left[\frac{G_0(s)}{s}\right] = \frac{z}{(z-1)^2} - \frac{z}{z-1} + \frac{z}{z-e^{-T}}$$

开环系统的脉冲传递函数为

$$G(z) = \frac{z-1}{z}\left[\frac{Tz}{(z-1)^2} - \frac{z}{z-1} + \frac{z}{z-e^{-T}}\right]$$

$$= \frac{T}{z-1} - 1 + \frac{z-1}{z-e^{-T}} = \frac{(T+1-z)(z-e^{-T}) + (z-1)^2}{(z-1)(z-e^{-T})} \tag{7-65}$$

当 $T = 1s$ 时

$$G(z) = \frac{0.367z + 0.266}{z^2 - 1.367z + 0.367}$$

对该例作进一步分析，当系统中不带零阶保持器时，可求得系统的脉冲传递函数为

$$G(z) = \frac{z(1-e^{-T})}{(z-1)(z-e^{-T})} \tag{7-66}$$

比较式(7-65)和式(7-66)，两式的分母相同，分子不相同。可见，加入零阶保持器不影响离散控制系统的极点，只影响其零点。

**3. 离散系统的闭环脉冲传递函数**

在离散控制系统中，由于采样开关在闭环系统中可以有多种配置的可能性，因此对于离散控制系统而言，会有多种闭环结构形式，这就使得闭环离散控制系统的脉冲传递函数没有一般的计算公式，只能根据系统的实际结构具体分析。

图 7-14 所示为一种常见的闭环离散控制系统结构图，为求取在输入信号 $r(t)$ 作用下的系统闭环脉冲传递函数，可列出下列关系式

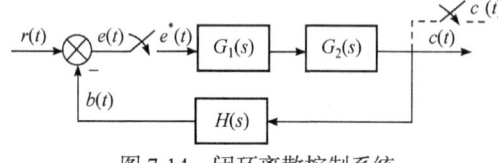

图 7-14 闭环离散控制系统

$$C(s) = G_1(s)G_2(s)E^*(s), \quad B(s) = H(s)C(s), \quad E(s) = R(s) - B(s)$$

由上列各式求得

$$E(s) = R(s) - G_1(s)G_2(s)H(s)E^*(s) \tag{7-67}$$

对式(7-67)取 $z$ 变换，可得

$$E(z) = R(z) - G_1G_2H(z) \cdot E(z)$$

化简得

$$E(z) = \frac{1}{1 + G_1G_2H(z)} R(z) \tag{7-68}$$

又因为系统输出

$$C(z) = G_1G_2(z) \cdot E(z)$$

将式(7-68)代入上式得

$$C(z) = \frac{G_1G_2(z)}{1+G_1G_2H(z)} R(z)$$

给定输入作用下离散控制系统的闭环脉冲传递函数为

$$\Phi(z) = \frac{C(z)}{R(z)} = \frac{G_1G_2(z)}{1+G_1G_2H(z)} \tag{7-69}$$

给定输入作用下离散控制系统的闭环误差脉冲传递函数为

$$\Phi_e(z) = \frac{E(z)}{R(z)} = \frac{1}{1+G_1G_2H(z)} \tag{7-70}$$

令闭环脉冲传递函数的分母为零,可得闭环离散系统的特征方程$1+G_1G_2H(z) = 0$。

对于一个闭环离散控制系统,其反馈采样信号的 z 变换 $B(z)$ 与误差采样信号的 z 变换 $E(z)$ 之比,称为闭环离散控制系统的开环脉冲传递函数 $G(z)$。对于如图 7-14 所示的闭环离散控制系统,其开环脉冲传递函数为

$$G(z) = \frac{B(z)}{E(z)} = G_1G_2H(z) \tag{7-71}$$

线性离散系统的结构多种多样,并不是每个系统都能写出其闭环脉冲传递函数。如果系统的偏差信号不是以离散信号的形式输入到前向通道,则一般写不出闭环脉冲传递函数,只能写出输出信号的 z 变换表达式。

【例 7-12】 设闭环离散系统如图 7-15 所示,试求其闭环脉冲传递函数。

**解** 由结构图可得

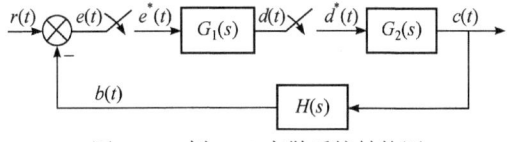

图 7-15 例 7-12 离散系统结构图

$$D(s) = G_1(s)E^*(s)$$
$$C(s) = G_2(s)D^*(s)$$
$$E(s) = R(s) - H(s)C(s) = R(s) - H(s)G_2(s)D^*(s)$$

对上列各式取 z 变换,可得

$$D(z) = G_1(z)E(z)$$
$$C(z) = G_2(z)D(z)$$
$$E(z) = R(z) - HG_2(z)D(z)$$

式中,$HG_2(z) = Z[H(s)G_2(s)]$。消去中间变量,整理得

$$C(z) = \frac{G_2(z)G_1(z)R(z)}{1+G_1(z)HG_2(z)}$$

系统的闭环脉冲传递函数为

$$\Phi(z) = \frac{C(z)}{R(z)} = \frac{G_1(z)G_2(z)}{1+G_1(z)HG_2(z)}$$

【例 7-13】 对图 2-28(b)所示系统，设 $K_3=1$，$K=K_1K_2/k_b=5$，$T_m=0.2$，其采样控制系统如图 7-16 所示，采样周期 $T=1\text{s}$，试求系统的闭环脉冲传递函数。

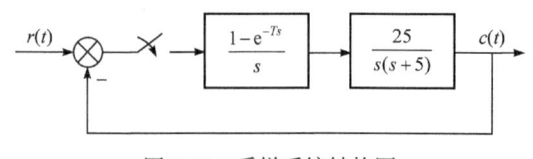

图 7-16 采样系统结构图

**解** 开环脉冲传递函数为

$$G(z) = Z\left[\frac{25(1-\mathrm{e}^{-Ts})}{s^2(s+5)}\right] = 25(1-z^{-1})Z\left[\frac{1}{s^2(s+5)}\right]$$

$$Z\left[\frac{1}{s^2(s+5)}\right] = Z\left[\frac{1}{5s^2} - \frac{1}{25s} + \frac{1}{25(s+5)}\right] = \frac{Tz}{5(z-1)^2} - \frac{z}{25(z-1)} + \frac{z}{25(z-\mathrm{e}^{-5T})}$$

因此

$$G(z) = \frac{25T}{5(z-1)} - \frac{25}{25} + \frac{25(z-1)}{25(z-\mathrm{e}^{-5T})} = \frac{25}{25}\frac{(5T-1+\mathrm{e}^{-5T})z + (1-\mathrm{e}^{-5T} - 5T\mathrm{e}^{-5T})}{(z-1)(z-\mathrm{e}^{-5T})}$$

$$= \frac{(4+\mathrm{e}^{-5})z + (1-6\mathrm{e}^{-5})}{(z-1)(z-\mathrm{e}^{-5})}$$

闭环脉冲传递函数为

$$\Phi(z) = \frac{G(z)}{1+G(z)} = \frac{(4+\mathrm{e}^{-5})z + 1 - 6\mathrm{e}^{-5}}{z^2 + 3z + 1 - 5\mathrm{e}^{-5}}$$

【例 7-14】 设闭环离散系统如图 7-17 所示，试求其闭环脉冲传递函数。

**解** 由结构图可得

$$E(s) = R(s) - H(s)C^*(s)$$

$$C(s) = G(s)E(s) = G(s)R(s) - G(s)H(s)C^*(s)$$

图 7-17 例 7-14 离散系统结构图

对上式取 z 变换，有

$$C(z) = GR(z) - GH(z)C(z)$$

则

$$C(z) = \frac{GR(z)}{1+GH(z)}$$

经上述分析，可以得出该系统的闭环脉冲传递函数不存在，只能求出 $C(z)$。

## 7.5 离散系统的时域分析

与连续系统一样，离散系统的时域分析也包括 3 项内容：动态性能分析、稳定性分析和稳态误差计算。并且这三大性能指标的定义与连续系统是一样的，其分析方法也与连续系统类似，学习时应注意与连续系统对照。

根据第 3 章连续系统的时域分析可知，线性系统的稳定性和动态性能均取决于系统的极点在 s 平面的分布情况。由于连续系统的传递函数是有理函数，分析极点的分布有较简单的代数判据。而对于线性离散系统，其拉普拉斯变换式中含有 $\mathrm{e}^{-kTs}$ 项，因此分析

采样系统在 $s$ 平面上的极点分布，就不像连续系统那么简单。当经过 $z$ 变换之后，消掉了超越函数 $e^{-kTs}$，使系统变量之间变成简单的有理多项式关系。因此只要弄清 $s$ 平面与 $z$ 平面的对应关系，就可将连续系统时域分析方法推广到离散系统。

### 7.5.1 $s$ 平面与 $z$ 平面的映射关系

在 $z$ 变换定义中已经确定了 $z$ 和 $s$ 变量之间关系如下：
$$z = e^{Ts}$$
式中，$s$ 是复变量，显然 $z$ 也是复变量。

设 $s = \sigma + j\omega$ 为 $s$ 平面上的任意一点，则
$$z = e^{Ts} = e^{(\sigma+j\omega)T} = e^{T\sigma} \cdot e^{j\omega T}$$
写成极坐标形式为
$$z = |z|e^{j\angle z} = |z|e^{j\theta} \tag{7-72}$$
式中，$|z| = e^{\sigma T}$，$\theta = \angle z = \omega T$，也就是说 $s$ 的实部只影响 $z$ 的模，$s$ 的虚部只影响 $z$ 的相角。

设复变量 $s$ 在 $s$ 平面上沿虚轴取值，即 $s = j\omega$，对应的 $z = e^{j\omega T}$，它是 $z$ 平面上幅值为 1 的单位向量，其相角为 $\omega T$，随 $\omega$ 而变化。当 $\omega$ 从 $-\dfrac{\pi}{T} \to +\dfrac{\pi}{T}$ 连续变化时，$z = e^{j\omega T}$ 的相角由 $-\pi$ 变化到 $\pi$。因此 $s$ 平面上的虚轴在 $z$ 平面上的映射是以原点为圆心的单位圆。

当复变量 $s$ 位于 $s$ 平面虚轴左侧时，$\sigma < 0$，则 $|z| < 1$，此时 $s$ 在 $z$ 平面上的映射点位于以原点为圆心的单位圆内；若 $s$ 位于 $s$ 平面虚轴右侧时，$\sigma > 0$，则 $|z| > 1$，此时 $s$ 在 $z$ 平面上的映射点位于以原点为圆心的单位圆外。可见，$s$ 平面左半部在 $z$ 平面上的映射为以原点为圆心的单位圆的内部区域。$s$ 平面与 $z$ 平面的映射关系如图 7-18 所示。

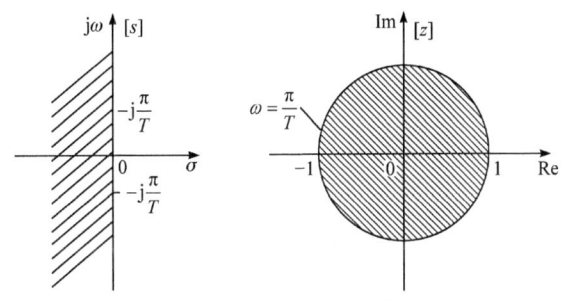

图 7-18 $s$ 平面与 $z$ 平面的映射关系

### 7.5.2 离散系统的动态性能分析

与连续系统相似，离散系统的结构和参数，决定了系统闭环零极点的分布，而闭环脉冲传递函数的极点在 $z$ 平面上单位圆内的分布，对系统的动态性能具有重要影响。

设离散控制系统的闭环脉冲传递函数为
$$\Phi(z) = \frac{M(z)}{D(z)} = \frac{b_0 z^m + b_1 z^{m-1} + \cdots + b_{m-1} z + b_m}{a_0 z^n + a_1 z^{n-1} + \cdots + a_{n-1} z + a_n} = \frac{b_0}{a_0} \frac{\prod\limits_{i=1}^{m}(z - z_i)}{\prod\limits_{j=1}^{n}(z - p_j)} \tag{7-73}$$

式中，$z_i(i=1,2,\cdots,m)$，$p_j(j=1,2,\cdots,n)$ 分别为 $\Phi(z)$ 的零点和极点，且 $n \geq m$。

为了讨论方便，假设系统的 $n$ 个闭环极点互不相同。则在零初始条件下，当输入 $r(t)=1(t)$ 时，系统输出的 $z$ 变换为

$$C(z) = \Phi(z)R(z) = \frac{M(z)}{D(z)} \cdot \frac{z}{z-1}$$

将 $C(z)/z$ 进行部分分式展开，得

$$\frac{C(z)}{z} = \frac{c_0}{z-1} + \sum_{j=1}^{n} \frac{c_j}{z - p_j}$$

式中系数

$$c_0 = \frac{M(z)}{(z-1)D(z)}(z-1)\bigg|_{z=1} = \frac{M(1)}{D(1)}$$

$$c_j = \frac{M(z)}{(z-1)D(z)}(z-p_j)\bigg|_{z=p_j}$$

于是

$$C(z) = \frac{M(1)}{D(1)} \cdot \frac{z}{z-1} + \sum_{j=1}^{n} \frac{c_j z}{z - p_j} \tag{7-74}$$

求 $z$ 反变换，得

$$c(kT) = \frac{M(1)}{D(1)} + \sum_{j=1}^{n} c_j p_j^k, \quad k=0,1,2,\cdots \tag{7-75}$$

则系统的单位阶跃响应为

$$c^*(t) = \sum_{k=0}^{\infty} c(kT)\delta(t - kT) \tag{7-76}$$

式(7-75)中，等号右端第一项为 $c^*(t)$ 的稳态分量，若其值为 1，则单位反馈离散系统在单位阶跃输入作用下的稳态误差为零；第二项为 $c^*(t)$ 的暂态分量，其中，$c_j p_j^k$ 随着 $k$ 的增大收敛还是发散，是否存在振荡，完全取决于极点 $p_j$ 在 $z$ 平面上的位置。下面分几种情况进行讨论。

1. 正实轴上闭环极点

当 $0 < p_j < 1$ 时，极点位于单位圆内的正实轴上，对应的暂态响应 $c_j p_j^k$ 为单调衰减的脉冲序列，且 $p_j$ 越靠近原点，其值越小，收敛越快。

当 $p_j = 1$ 时，极点位于单位圆上的正实轴上，对应的暂态响应 $c_j p_j^k = c_j$ 为一常数，是一串等幅脉冲序列。

当 $p_j > 1$ 时，极点位于单位圆外的正实轴上，对应的暂态响应 $c_j p_j^k$ 为单调发散的脉冲序列，且 $p_j$ 值越大，发散越快。

## 2. 负实轴上闭环极点

当 $-1 < p_j < 0$ 时，极点位于单位圆内的负实轴上，且当 $k$ 为偶数时，对应的暂态响应 $c_j p_j^k$ 为正值；当 $k$ 为奇数时，$c_j p_j^k$ 为负值，所以该暂态分量为正、负交替的收敛脉冲序列，或称衰减振荡。$p_j$ 离原点越近，收敛越快。振荡周期包括两个采样周期 $T$，故振荡周期为 $2T$。振荡角频率为 $\pi/T$。

当 $p_j = -1$ 时，极点位于单位圆上的负实轴上，对应的暂态响应 $c_j p_j^k = (-1)^k c_j$ 为正、负交替的等幅脉冲序列。

当 $p_j < -1$ 时，极点位于单位圆外的负实轴上，对应的暂态响应 $c_j p_j^k$ 为正、负交替的发散脉冲序列。

闭环实极点分布与相应暂态响应形式的关系，如图 7-19 所示。由图可得如下结论。

(1) 若闭环实数极点位于 $z$ 右半平面，则输出暂态响应形式为单向正脉冲序列。实极点位于单位圆内，脉冲序列收敛，且实极点越接近原点，收敛越快；实极点位于单位圆上，脉冲序列等幅变化；实极点位于单位圆外，脉冲序列发散。

(2) 若闭环实数极点位于 $z$ 左半平面，则输出暂态响应形式为双向交替脉冲序列。实极点位于单位圆内，双向脉冲序列收敛；实极点位于单位圆上，双向脉冲序列等幅变化；实极点位于单位圆外，双向脉冲序列发散。

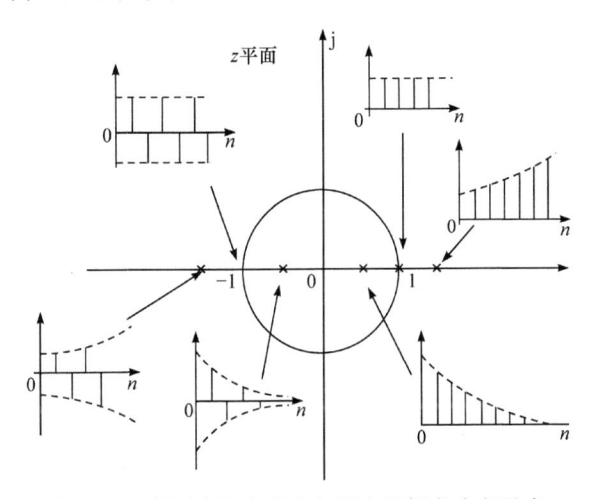

图 7-19 闭环实极点分布与相应的暂态响应形式

## 3. $z$ 平面上的闭环共轭复数极点

设 $p_j$、$p_{j+1}$ 为一对共轭复数极点，可表示为

$$p_j, \quad p_{j+1} = p_j, \quad \overline{p_j} = |p_j| e^{\pm j\theta_j} \tag{7-77}$$

式中，$\theta_j$ 为共轭复极点 $p_j$ 的相角，由式(7-75)可知，这一对共轭复极点所对应的暂态分量为

$$c_j p_j^k + c_{j+1} p_{j+1}^k = c_j p_j^k + \overline{c_j}\,\overline{p_j^k} \tag{7-78}$$

式中，由于 $\Phi(z)$ 的系数均为实数，所以 $c_j$、$c_{j+1}$ 也必为共轭。令

$$c_j = |c_j| e^{j\varphi_j}, \quad \overline{c_j} = |c_j| e^{-j\varphi_j} \tag{7-79}$$

将式(7-77)和式(7-79)代入式(7-78)，可得

$$\begin{aligned} c_j p_j^k + c_{j+1} p_{j+1}^k &= |c_j| e^{j\varphi_j} |p_j|^k e^{jk\theta_j} + |c_j| e^{-j\varphi_j} |p_j|^k e^{-jk\theta_j} \\ &= |c_j||p_j|^k [e^{j(k\theta_j+\varphi_j)} + e^{-j(k\theta_j+\varphi_j)}] \\ &= 2|c_j||p_j|^k \cos(k\theta_j + \varphi_j) \end{aligned} \tag{7-80}$$

所以，共轭极点所对应的暂态分量是以余弦规律振荡。

当 $|p_j|<1$ 时，闭环复数极点位于单位圆内，对应的暂态响应是按余弦衰减振荡的脉冲序列，且 $|p_j|$ 越小，即复极点越靠近原点，振荡收敛得越快。

当 $|p_j|=1$ 时，闭环复数极点位于单位圆周上，对应的暂态响应是按余弦等幅振荡的脉冲序列。

当 $|p_j|>1$ 时，闭环复数极点位于单位圆外，对应的暂态响应是按余弦发散振荡的脉冲序列。

闭环共轭复数极点分布与相应暂态响应形式的关系，如图 7-20 所示。由图可见，位于 z 平面上单位圆内的共轭复数极点，对应输出暂态响应形式为振荡收敛脉冲序列，但复极点位于左平面单位圆内所对应的振荡频率，要高于右半单位圆内的情况。

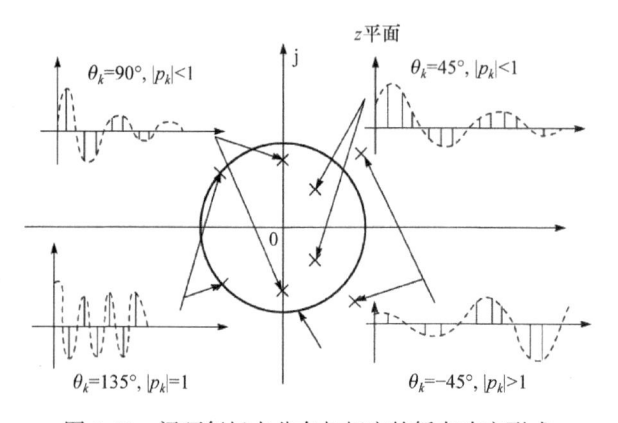

图 7-20 闭环复极点分布与相应的暂态响应形式

综上分析，闭环脉冲传递函数极点均在单位圆内，对应的暂态响应均为收敛的，故系统是稳定的。当闭环极点位于单位圆上或单位圆外，对应的暂态响应均不收敛，产生持续等幅脉冲或发散脉冲，故系统不稳定。为了使离散系统具有较满意的动态过程，极点应尽量避免在左半圆内，尤其不要靠近负实轴，以免产生较强烈的振荡。闭环极点最好分布在单位圆的右半部，尤为理想的是分布在靠近原点的地方。对于实数极点，希望

其在单位圆内的正实轴上，且越靠近原点越好，此时对应的暂态响应是单调衰减的，并且衰减速度快；对于共轭复数极点，希望其在单位圆的右半圆内，靠近实轴，且靠近原点，此时对应的暂态响应是衰减振荡，振荡频率较低，衰减速度较快。

### 7.5.3 离散系统的稳定性分析

**1. 稳定的充要条件**

由闭环极点的分布与动态性能的关系，可得到离散控制系统稳定的充分必要条件是系统的闭环极点均分布在 $z$ 平面上以原点为圆心的单位圆内。

只要有一个闭环极点分布在 $z$ 平面上以原点为圆心的单位圆外，则离散控制系统不稳定。

当有闭环极点分布在 $z$ 平面上以原点为圆心的单位圆上，而其他闭环极点分布在单位圆内时，系统处于临界稳定状态。

**2. 劳斯判据**

由第 3 章的内容可知，劳斯判据是判断线性连续系统的一种简便的代数判据。然而，对于离散控制系统，其稳定边界是 $z$ 平面上以原点为圆心的单位圆，而不是虚轴，因而不能直接应用劳斯判据。为此，需要采用一种双线性变换的方法，将 $z$ 平面上以原点为圆心的单位圆映射为新坐标系的虚轴，而单位圆内部分映射为新坐标系的左半平面，圆外部分映射为新坐标系的右半平面。这种双线性变换的方法称为 $w$ 变换，即令

$$z = \frac{w+1}{w-1} \tag{7-81}$$

则有

$$w = \frac{z+1}{z-1} \tag{7-82}$$

若 $z = x + jy$ 是定义在 $z$ 平面上的复数，$w = u + jv$ 是定义在 $w$ 平面上的复数，则

$$w = u + jv = \frac{x+1+jy}{x-1+jy} = \frac{x^2+y^2-1}{(x-1)^2+y^2} - j\frac{2y}{(x-1)^2+y^2} \tag{7-83}$$

当 $u = 0$ 时，即 $w$ 在 $w$ 平面虚轴上取值时，则 $x^2 + y^2 - 1 = 0$，即 $x^2 + y^2 = 1$，映射为 $z$ 平面上以原点为圆心的单位圆。

当 $u < 0$ 时，即 $w$ 在 $w$ 平面虚轴左侧取值时，则 $x^2 + y^2 - 1 < 0$，即 $x^2 + y^2 < 1$，映射为 $z$ 平面上以原点为圆心的单位圆内部分。

当 $u > 0$ 时，即 $w$ 在 $w$ 平面虚轴右侧取值时，则 $x^2 + y^2 - 1 > 0$，即 $x^2 + y^2 > 1$，映射为 $z$ 平面上以原点为圆心的单位圆外部分。

$z$ 平面和 $w$ 平面的映射关系如图 7-21 所示。

由此可知，离散控制系统在 $z$ 平面上的稳定条件可转化为经过 $w$ 变换后的特征方程

$$P(w) = D(z)\Big|_{z=\frac{w+1}{w-1}} = 0 \tag{7-84}$$

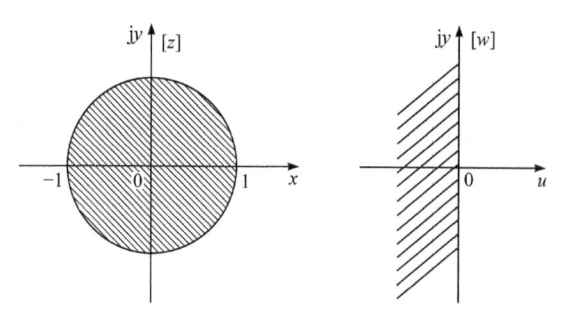

图 7-21  z 平面和 w 平面的映射关系

的所有特征根，均分布于 w 平面的左半平面。

这种情况正好与在 s 平面上应用劳斯判据的情况一样，因此可根据 w 域中的特征方程的系数，直接应用劳斯判据分析离散控制系统的稳定性。

【例 7-15】 设离散控制系统的特征方程为 $z^3 - 1.5z^2 - 0.25z + 0.4 = 0$，试应用劳斯判据分析该系统的稳定性，并指明分布在单位圆外部的闭环极点的个数。

**解** 将 $z = \dfrac{w+1}{w-1}$ 代入特征方程，得变换后的 w 域特征方程为

$$0.35w^3 - 0.55w^2 - 5.95w - 1.85 = 0$$

因为特征方程各项系数的符号不全相同，所以不满足系统稳定的必要条件，因此系统不稳定。

该不稳定系统在单位圆外部的闭环极点个数，可以通过计算劳斯表第一列各元素的符号变化次数来确定。

列写劳斯表

$$\begin{array}{lll} w^3 & 0.35 & -5.95 \\ w^2 & -0.55 & -1.85 \\ w^1 & -7.13 & 0 \\ w^0 & -1.85 & \end{array}$$

由于劳斯表第一列元素的符号变化 1 次，故系统有 1 个闭环极点位于 z 平面的单位圆外。

【例 7-16】 图 2-28(b)所示系统，设 $K_3 = 1$，$K = K_1 K_2 / k_b$，$T_m = 1$，其采样控制系统如图 7-22 所示，若采样周期分别为 $T = 1\text{s}$、$T = 0.5\text{s}$，试在两种情况下确定使系统稳定的 K 取值范围。

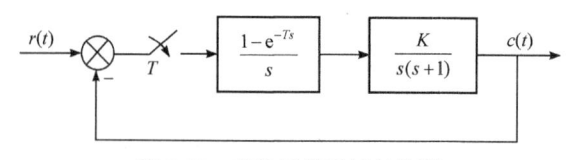

图 7-22  离散反馈系统结构图

**解** 系统为典型结构，且为单位反馈系统，则系统的开环脉冲传递函数为

$$G(z) = \frac{z-1}{z} Z\left[\frac{K}{s^2(s+1)}\right] = K\frac{(\mathrm{e}^{-T}+T-1)z+(1-\mathrm{e}^{-T}-T\mathrm{e}^{-T})}{(z-1)(z-\mathrm{e}^{-T})}$$

该离散系统的特征方程为 $D(z)=1+G(z)=0$。

(1) 当 $T=1\mathrm{s}$ 时，有

$$D(z) = z^2 + (0.368K-1.368)z + (0.264K+0.368) = 0$$

将 $z=\dfrac{w+1}{w-1}$ 代入特征方程，得变换后的 $w$ 域特征方程为

$$0.632Kw^2 + (1.264-0.528K)w + (2.736-0.104K) = 0$$

列写劳斯表

| | | |
|---|---|---|
| $w^2$ | $0.632K$ | $2.736-0.104K$ |
| $w^1$ | $1.264-0.528K$ | $0$ |
| $w^0$ | $2.736-0.104K$ | |

欲使系统稳定，必须保证劳斯表中第一列各元素具有相同的符号，即必须有

$$\begin{cases} 0.632K > 0 \\ 1.264 - 0.528K > 0 \\ 2.736 - 0.104K > 0 \end{cases}$$

得

$$0 < K < 2.4$$

根据系统稳定的条件，系统稳定的 $K$ 取值范围是 $0<K<2.4$。

(2) 当 $T=0.5\mathrm{s}$ 时，$w$ 域特征方程为

$$0.197Kw^2 + (0.786-0.18K)w + (3.214-0.017K) = 0$$

根据劳斯判据，易得系统稳定的 $K$ 取值范围是 $0<K<4.37$。

从该例题可以得出如下结论。

(1) 若该系统无采样与保持过程，即系统为二阶连续系统，只要 $K>0$，系统总是稳定的。但加采样开关后，系统变为二阶离散系统，随着 $K$ 的不断增加，系统会变得不稳定。这说明采样开关的引入会使系统的稳定性变差。

(2) 采样周期越长，系统的信息损失越多，对离散系统的稳定性及动态性能越不利，甚至可使系统失去稳定。如果提高采样频率，采样造成的信息损失越少，离散系统更接近于相应的连续系统，可改善离散系统的稳定程度。但过高的采样频率会增加计算机负担。

### 7.5.4 离散系统的稳态误差

离散系统的稳态误差是离散系统分析和设计的一个重要指标，是指离散控制系统的误差脉冲序列的终值，即

$$e(\infty) = \lim_{t\to\infty} e^*(t) = \lim_{n\to\infty} e(nT) \tag{7-85}$$

由于离散控制系统的脉冲传递函数与采样开关的位置有关，没有统一的公式可用，

故采用终值定理计算稳态误差。若由系统的结构和参数可确定其误差脉冲序列 $e^*(t)$ 的 $z$ 变换 $E(z)$ 时,只要系统的特征根全部严格位于 $z$ 平面上以原点为圆心的单位圆内,即若离散系统是稳定的,则可用 $z$ 变换的终值定理求出离散控制系统的稳态误差为

$$e(\infty) = \lim_{t \to \infty} e^*(t) = \lim_{n \to \infty} e(nT) = \lim_{z \to 1}(z-1)E(z) \tag{7-86}$$

对于如图 7-23 所示的典型结构的闭环离散控制系统,可知其系统误差脉冲传递函数为

$$\Phi_e(z) = \frac{E(z)}{R(z)} = \frac{1}{1 + GH(z)}$$

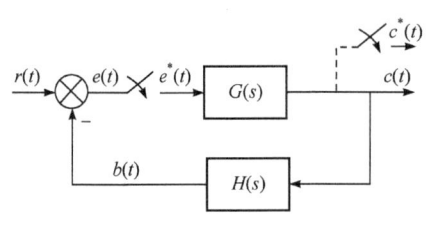

图 7-23 典型结构的闭环离散控制系统

则系统在给定输入作用下的误差脉冲序列 $e^*(t)$ 的 $z$ 变换表达式为

$$E(z) = \frac{1}{1 + GH(z)} R(z)$$

根据 $z$ 变换的终值定理,系统的稳态误差为

$$e(\infty) = \lim_{z \to 1}(z-1)E(z) = \lim_{z \to 1}(z-1)\frac{R(z)}{1 + GH(z)} \tag{7-87}$$

对于离散控制系统,也可通过分析其型别与静态误差系数来求解其稳态误差。设离散控制系统的开环脉冲传递函数为

$$G_k(z) = GH(z) = \frac{K_g \prod_{i=1}^{m}(z - z_i)}{(z-1)^v \prod_{j=1}^{n-v}(z - p_j)} \tag{7-88}$$

式中,$K_g$ 为系统的开环根轨迹增益;$z_i(i=1,2,\cdots,m)$ 为系统的开环零点;$p_j(j=1,2,\cdots,n-v)$ 为系统的开环极点;$v$ 为系统在 $z=1$ 处的开环极点数,也称为离散控制系统的型别。$v=0,1,2$ 时,分别称离散控制系统为 0 型、Ⅰ型和Ⅱ型系统。

由式(7-87)可得,系统在给定输入作用下的稳态误差为

$$e(\infty) = \lim_{z \to 1}(z-1) \cdot \frac{1}{1 + G_k(z)} R(z) \tag{7-89}$$

**1. 单位阶跃输入时的稳态误差**

当系统输入为单位阶跃信号 $r(t) = 1(t)$ 时,其 $z$ 变换为 $R(z) = \dfrac{z}{z-1}$,则

$$e(\infty) = \lim_{z \to 1}(z-1)\frac{1}{1 + G_k(z)} \cdot \frac{z}{z-1} = \frac{1}{1 + \lim_{z \to 1} G_k(z)}$$

定义离散控制系统的静态位置误差系数为

$$K_p = \lim_{z \to 1} G_k(z) \tag{7-90}$$

则系统的稳态误差可表示为

$$e(\infty) = \frac{1}{1+K_p} \tag{7-91}$$

对于 0 型系统，$K_p = \lim\limits_{z \to 1} \dfrac{K_g \prod\limits_{i=1}^{m}(1-z_i)}{\prod\limits_{j=1}^{n}(1-p_j)}$，$e(\infty) = \dfrac{1}{1+K_p}$，为一常数。

对于 Ⅰ 型及 Ⅰ 型以上的系统，$K_p = \infty$，$e(\infty) = 0$。

2. 单位斜坡输入时的稳态误差

当系统输入为单位斜坡信号 $r(t) = t$ 时，其 z 变换为 $R(z) = \dfrac{Tz}{(z-1)^2}$，则

$$e(\infty) = \lim_{z \to 1}(z-1) \cdot \frac{1}{1+G_k(z)} \frac{Tz}{(z-1)^2} = \frac{Tz}{\lim\limits_{z \to 1}(z-1)[1+G_k(z)]} = \frac{T}{\lim\limits_{z \to 1}(z-1)G_k(z)}$$

定义离散控制系统的静态速度误差系数为

$$K_v = \lim_{z \to 1}(z-1)G_k(z) \tag{7-92}$$

则系统的稳态误差可表示为

$$e(\infty) = \frac{T}{K_v} \tag{7-93}$$

对于 0 型系统，$K_v = 0$，$e(\infty) = \infty$；对于 Ⅰ 型系统，$K_v$ 为一常数，$e(\infty) = \dfrac{T}{K_v}$；对于 Ⅱ 型及 Ⅱ 型以上的系统，$K_v = \infty$，$e(\infty) = 0$。

3. 单位加速度输入时的稳态误差

当系统输入为单位加速度输入信号 $r(t) = \dfrac{1}{2}t^2$ 时，其 z 变换为 $R(z) = \dfrac{T^2 z(z+1)}{2(z-1)^3}$，则

$$e(\infty) = \lim_{z \to 1}(z-1) \cdot \frac{1}{1+G_k(z)} \frac{T^2 z(z+1)}{2(z-1)^3} = \lim_{z \to 1} \frac{T^2 z(z+1)}{2\left[(z-1)^2 + (z-1)^2 G_k(z)\right]}$$

$$= \frac{T^2}{\lim\limits_{z \to 1}(z-1)^2 G_k(z)}$$

定义离散控制系统的静态加速度误差系数为

$$K_a = \lim_{z \to 1}(z-1)^2 G(z) \tag{7-94}$$

则系统的稳态误差可表示为

$$e(\infty) = \frac{T^2}{K_a} \tag{7-95}$$

对于 0 型及 I 型系统，$K_a = 0$，$e(\infty) = \infty$；对于 II 型系统，$K_a$ 为一常数，$e(\infty) = \dfrac{T^2}{K_a}$；对于 III 型及 III 型以上的系统，$K_a = \infty$，$e(\infty) = 0$。

不同型别离散控制系统的稳态误差见表 7-1。

表 7-1 不同型别离散控制系统的稳态误差

| 系统型别 | 输入信号 | | |
| --- | --- | --- | --- |
| | 位置误差 $r(t) = 1(t)$ | 速度误差 $r(t) = t$ | 加速度误差 $r(t) = t^2/2$ |
| 0 型 | $1/(1 + K_p)$ | $\infty$ | $\infty$ |
| I 型 | 0 | $T/K_v$ | $\infty$ |
| II 型 | 0 | 0 | $T^2/K_a$ |

通过以上分析可知，离散控制系统的稳态误差除了与输入信号的形式有关外，还直接取决于系统的开环脉冲传递函数 $G_k(z)$ 中在 $z = 1$ 处的极点个数，即取决于系统的型别 $\nu$。$\nu$ 反映了离散控制系统的无差度，通常称 $\nu = 0$ 的系统为有差系统，$\nu = 1$ 的系统为一阶无差系统，$\nu = 2$ 的系统为二阶无差系统。

此外，离散控制系统的稳态误差还与采样周期 $T$ 有关。由式(7-93)和式(7-95)可知，$T$ 越大，系统的稳态误差越大。

【例 7-17】 图 2-28(b)所示系统，设 $K_3 = 1$，$K_1 K_2 / k_b = K/a$，$T_m = 1/a$，其采样控制系统如图 7-24 所示，已知系统的输入为 $r(t) = 1(t)$，试求系统的稳态误差。

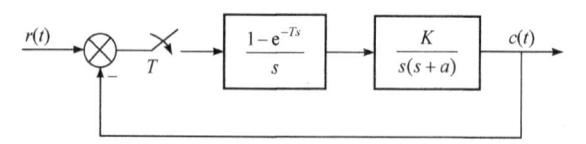

图 7-24 离散反馈系统结构图

**解** 系统为典型结构，且为单位反馈系统，则系统的开环脉冲传递函数为

$$G(z) = \dfrac{z-1}{z} Z\left[\dfrac{K}{s^2(s+a)}\right] = K \dfrac{z-1}{z} Z\left[\dfrac{1}{s^2(s+a)}\right]$$

$$= K \dfrac{z-1}{z} Z\left[\dfrac{1}{as^2} - \dfrac{1}{a^2 s} + \dfrac{1}{a^2(s+a)}\right]$$

$$= K \dfrac{z-1}{z} \left[\dfrac{Tz}{a(z-1)^2} - \dfrac{z}{a^2(z-1)} + \dfrac{z}{a^2(z - e^{-aT})}\right]$$

$$= K \dfrac{(aT - 1 + e^{-aT})z + (1 - e^{-aT} - aTe^{-aT})}{a^2(z-1)(z - e^{-aT})}$$

可见，系统为 I 型，其静态速度误差系数为

$$K_v = \lim_{z \to 1}(z-1)G(z) = \lim_{z \to 1}(z-1)K\frac{(aT-1+e^{-aT})z+(1-e^{-aT}-aTe^{-aT})}{a^2(z-1)(z-e^{-aT})}$$

$$= \lim_{z \to 1} K\frac{T(1-e^{-aT})}{a(z-e^{-aT})} = \frac{TK}{a}$$

系统的稳态误差为 $e(\infty) = \dfrac{T}{K_v} = \dfrac{a}{K}$。

## 7.6 离散系统的数字校正

### 7.6.1 最少拍系统及其设计

通常把采样过程中的一个采样周期称为一拍。所谓最少拍系统，是指在典型输入信号的作用下，经过最少采样周期，系统的误差采样信号减少到零的离散控制系统。因此，最少拍系统又称为最快响应系统。

具有数字控制器的离散控制系统如图 7-25 所示，图中 $D(z)$ 为数字控制器的脉冲传递函数，$G(s)$ 为连续部分传递函数，一般包括保持器和被控对象两部分，称为广义对象的传递函数。

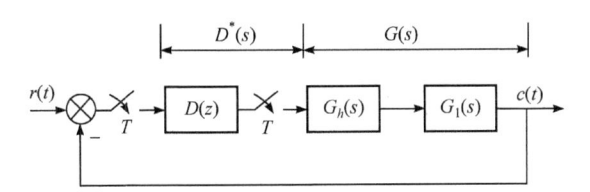

图 7-25 具有数字控制器的离散控制系统

由于 $G(z) = Z[G(s)]$，则系统的闭环脉冲传递函数为

$$\Phi(z) = \frac{C(z)}{R(z)} = \frac{D(z)G(z)}{1+D(z)G(z)} \tag{7-96}$$

误差脉冲传递函数为

$$\Phi_e(z) = \frac{E(z)}{R(z)} = \frac{1}{1+D(z)G(z)} \tag{7-97}$$

因而由式(7-96)和式(7-97)可以分别求出数字控制器的脉冲传递函数为

$$D(z) = \frac{\Phi(z)}{G(z)[1-\Phi(z)]} \tag{7-98}$$

或

$$D(z) = \frac{1-\Phi_e(z)}{G(z)\Phi_e(z)} \tag{7-99}$$

比较式(7-98)与式(7-99)，得

$$\Phi_e(z) = 1 - \Phi(z) \tag{7-100}$$

最少拍系统的设计是针对典型输入作用进行的。当典型输入信号 $r(t)$ 分别为单位阶跃信号 $1(t)$、单位斜坡信号 $t$ 和单位加速度信号 $\frac{1}{2}t^2$ 时,其 $z$ 变换 $R(z)$ 分别为 $\frac{1}{1-z^{-1}}$、$\frac{Tz^{-1}}{(1-z^{-1})^2}$、$\frac{T^2z^{-1}(1+z^{-1})}{2(1-z^{-1})^3}$。由此可得典型输入信号 $z$ 变换的一般形式为

$$R(z) = \frac{A(z)}{(1-z^{-1})^\nu} \tag{7-101}$$

式中,$A(z)$ 是不包含 $(1-z^{-1})$ 因子的 $z^{-1}$ 多项式;$\nu$ 为 $R(z)$ 中 $(1-z^{-1})$ 的幂次。对于单位阶跃信号 $1(t)$,$\nu=1$;对于单位斜坡信号 $t$,$\nu=2$;对于单位加速度信号 $\frac{1}{2}t^2$,$\nu=3$。

最少拍系统的设计原则是:若系统广义被控对象 $G(z)$ 无延迟且在 $z$ 平面单位圆上及单位圆外无零极点,要求选择闭环脉冲传递函数 $\Phi(z)$,使系统在典型输入信号作用下,经最少采样周期后其误差采样信号为零,达到完全跟踪的目的,从而确定所需要的数字控制器的脉冲传递函数 $D(z)$。

根据此设计原则,需要求出稳态误差 $e(\infty)$ 的表达式。由于误差信号 $e(t)$ 的 $z$ 变换为

$$E(z) = \Phi_e(z)R(z) = \frac{\Phi_e(z)A(z)}{(1-z^{-1})^\nu} \tag{7-102}$$

根据 $z$ 变换的终值定理,离散系统的稳态误差为

$$e(\infty) = \lim_{z \to 1}(z-1)E(z) = \lim_{z \to 1}(z-1)\Phi_e(z)\frac{A(z)}{(1-z^{-1})^\nu} \tag{7-103}$$

为了实现系统无稳态误差,$\Phi_e(z)$ 中应当包含 $(1-z^{-1})^\nu$ 的因子。因此设

$$\Phi_e(z) = (1-z^{-1})^\nu F(z) \tag{7-104}$$

由式(7-100)可得

$$\Phi(z) = 1 - \Phi_e(z) = 1 - (1-z^{-1})^\nu F(z) \tag{7-105}$$

为了使求出的 $D(z)$ 形式简单、阶数最低,可取 $F(z)=1$。此时,$\Phi(z)$ 的全部极点均位于 $z$ 平面的原点,由离散控制系统闭环极点分布与其动态过程之间的关系可知,系统的暂态过程可在最少拍内完成。因此设

$$\Phi_e(z) = (1-z^{-1})^\nu \tag{7-106}$$

$$\Phi(z) = 1 - (1-z^{-1})^\nu \tag{7-107}$$

式(7-106)和式(7-107)是无稳态误差的最少拍离散控制系统的误差脉冲传递函数和闭环脉冲传递函数。

以最少拍系统在单位阶跃输入信号作用下为例,分析数字控制器脉冲传递函数的确定方法。

当 $r(t)=1(t)$ 时,$R(z)=\frac{1}{1-z^{-1}}$,则 $\nu=1$,$A(z)=1$,所以

$$\Phi_e(z) = 1-z^{-1}, \quad \Phi(z) = z^{-1}$$

由式(7-99)可求出数字控制器脉冲传递函数

$$D(z) = \frac{1-\Phi_e(z)}{G(z)\Phi_e(z)} = \frac{z^{-1}}{(1-z^{-1})G(z)}$$

输出变量 z 变换表达式为

$$C(z) = \Phi(z)R(z) = z^{-1}\frac{1}{1-z^{-1}} = z^{-1} + z^{-2} + z^{-3} + \cdots + z^{-n} + \cdots$$

而由式(7-102)可知

$$E(z) = R(z) \cdot \Phi_e(z) = \frac{1}{1-z^{-1}} \cdot (1-z^{-1}) = 1$$

这表明：$e(0)=1$，$e(T)=e(2T)=\cdots=0$，最少拍系统经过一拍便可完全跟踪输入，使误差为零。图 7-26 为最少拍系统的单位阶跃响应序列，这样的离散控制系统称为一拍系统，其调节时间 $t_s = T$。

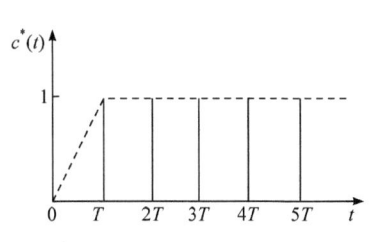

图 7-26 最少拍系统的单位阶跃响应序列

### 7.6.2 数字 PID 控制器的实现

在计算机控制系统中，校正环节是由计算机控制算法实现的。对校正装置的数学模型离散化，可以得到相应的数字控制算法。PID 控制算法简单，结构灵活，技术成熟，可靠性高，在线性连续控制系统中得到了广泛的应用。在计算机控制系统中常使用数字 PID 控制器。下面介绍数字 PID 控制器的基本结构与算法。

在连续控制系统中，PID 控制器的传递函数为

$$D(s) = \frac{U(s)}{E(s)} = K_P + K_I \frac{1}{s} + K_D s \tag{7-108}$$

相应的微分方程描述为

$$u(t) = K_P e(t) + K_I \int e(t)\mathrm{d}t + K_D \frac{\mathrm{d}e(t)}{\mathrm{d}t} \tag{7-109}$$

式中，$K_P$ 为比例系数；$K_I$ 为积分系数；$K_D$ 为微分系数；$u(t)$ 为 PID 控制器的输出信号；$e(t)$ 为系统的误差信号。

**1. 数字 PID 算法的位置型**

在计算机控制系统中，只能根据采样时刻的误差计算控制器的输出，故式(7-109)中的积分项和微分项不能直接准确计算，只能用数值计算的方法逼近。将式(7-109)离散化，可得数字 PID 控制算法的表达式为

$$\begin{aligned}u(k) &= K_P e(k) + TK_I \sum_{j=0}^{k} e(j) + \frac{K_D}{T}\left[e(k) - e(k-1)\right] \\ &= K_p e(k) + K_i \sum_{j=0}^{k} e(j) + K_d \left[e(k) - e(k-1)\right]\end{aligned} \tag{7-110}$$

式中，$k$ 为采样序列号 ($k=0,1,2,\cdots$)；$T$ 为采样周期；$u(k)$ 为采样时刻 PID 控制器的输出；$e(k)$ 为第 $k$ 个采样时刻系统的误差；$e(k-1)$ 为第 $(k-1)$ 个采样时刻系统的误差；

$K_p = K_P$；$K_i = TK_I$；$K_d = \dfrac{K_D}{T}$；$K_p$、$K_i$、$K_d$ 分别为数字 PID 控制器的比例系数、积分系数、微分系数。

对式(7-110)两边求 z 变换，可得数字 PID 控制器的脉冲传递函数 $D(z)$ 为

$$D(z) = \frac{U(z)}{E(z)} = K_p + \frac{K_i}{1-z^{-1}} + K_d(1-z^{-1})$$
$$= \frac{K_p(1-z^{-1}) + K_i + K_d(1-z^{-1})^2}{1-z^{-1}} \quad (7\text{-}111)$$

位置型 PID 控制器的输出为全量输出。

### 2. 数字 PID 算法的增量型

增量型 PID 控制器的输出是控制量每一步的增量 $\Delta u(k)$。由式(7-110)得

$$u(k-1) = K_p e(k-1) + K_i \sum_{j=0}^{k-1} e(j) + K_d [e(k-1) - e(k-2)] \quad (7\text{-}112)$$

由式(7-110)减去式(7-112)，得

$$\Delta u(k) = u(k) - u(k-1)$$
$$= K_p e(k) + K_i \sum_{j=0}^{k} e(j) + K_d [e(k) - e(k-1)] - K_p e(k-1) - K_i \sum_{j=0}^{k-1} e(j)$$
$$- K_d [e(k-1) - e(k-2)] \quad (7\text{-}113)$$
$$= K_p [e(k) - e(k-1)] + K_i e(k) + K_d [e(k) - 2e(k-1) + e(k-2)]$$
$$= (K_p + K_i + K_d) e(k) - (K_p + 2K_d) e(k-1) + K_d e(k-2)$$

将此增量式作简单运算，得到增量算法表达式为

$$u(k) = u(k-1) + \Delta u(k)$$
$$= u(k-1) + (K_p + K_i + K_d) e(k) - (K_p + 2K_d) e(k-1) + K_d e(k-2) \quad (7\text{-}114)$$

对式(7-114)两边求 z 变换，可得数字 PID 控制器增量型的脉冲传递函数 $D(z)$ 为

$$D(z) = \frac{U(z)}{E(z)} = \frac{(K_p + K_i + K_d) - (K_p + 2K_d) z^{-1} + K_d z^{-2}}{1-z^{-1}} \quad (7\text{-}115)$$

由式(7-114)可知，增量型 PID 控制算法只需保持现时刻以前三个时刻的误差采样值。增量型算法的优点是在自动和手动切换时，影响较小。由于增量型算法无累加项，在消除系统误差时，使发生的饱和现象得到改善。通常数字 PID 控制系统的采样周期选择得比较小，被控对象相对于采样周期而言具有较大的时间常数，故数字 PID 参数整定可以按模拟 PID 参数整定的方法进行。

## 7.7　MATLAB 离散系统分析与设计

用 MATLAB 可以实现连续系统离散化、离散系统的离散输出响应和连续输出响应，以及离散系统设计等，其输出结果非常形象直观，有助于加深对离散系统分析和设计方

法的理解。下面介绍 MATLAB 在离散控制系统中的具体应用。

1. z 变换和 z 反变换

在 MATLAB 中，可以采用符号运算工具箱(Symbolic Math Toolbox)进行 z 变换和 z 反变换，可用函数 "ztrans" 和 "iztrans" 来实现。

z 变换的调用格式为　　　　　　F=ztrans(f)

z 反变换的调用格式为　　　　　　f=iztrans(F)

**【例 7-18】**　求 $e(t)=e^{-at}$ 的 z 变换。

**解**　MATLAB 程序如下：

```
MATLAB Program 7-1
syms a t
F=ztrans(exp(-a*t))
```

结果显示：

```
F = z/(z - 1/exp(a))
```

这与例 7-2 的求解结果相一致。

**【例 7-19】**　已知 $E(z)=\dfrac{10z}{z^2-3z+2}$，试求 z 反变换。

**解**　MATLAB 程序如下：

```
MATLAB Program 7-2
syms z
f=iztrans((10*z)/(z^2-3*z+2))
```

结果显示：

```
f = 10*2^n - 10
```

这与例 7-5 的求解结果相一致。

2. 连续系统的离散化

在设计系统时，为方便分析、求解问题，需要在连续系统与离散系统模型间进行转换。连续系统转换为离散系统的函数为 c2d( )，其函数调用格式为

$$sysd=c2d(sysc,T,'method')$$

式中，输入变量中 sysc 为要转换的连续系统模型；T 为采样周期；method 为具体的离散化方法，其类型如下：

(1) zoh 为对输入信号加零阶保持器，该类型为缺省默认方式；

(2) foh 为对输入信号加一阶保持器；

(3) tustin 为双线性变换；

(4) prewarp 为带频率预畸的双线性变换；

(5) matched 为零极点匹配法(仅用于 SISO 系统)。

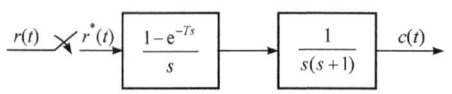

图 7-27 例 7-20 系统结构图

【例 7-20】 离散控制系统如图 7-27 所示,求开环脉冲传递函数。采样周期 $T=1\text{s}$。

**解** MATLAB 程序如下:

```
MATLAB Program 7-3
num=[1];
den=[1,1,0];
sysc=tf(num,den);
T=1;
sysd=c2d(sysc,T,'zoh')
```

结果显示:

```
Transfer function:
  0.3679 z + 0.2642
  ---------------------------
  z^2 - 1.368 z + 0.3679
Sampling time: 1
```

这与例 7-11 的求解结果相一致。

3. 离散系统的动态响应

连续系统进行动态性能分析通常用典型信号作用下系统的响应来衡量,在离散系统中同样可用该方法实现系统的动态性能分析。其中单位阶跃响应可采用函数 step( ),单位脉冲响应可采用函数 impulse( ),任意输入响应可采用函数 lsim( ),但具体调用方式与连续系统相应函数的调用方式不同:单位阶跃响应函数 step(sysd,t),单位脉冲响应可采用函数 impulse(sysd,t),任意输入响应可采用函数 lsim(sysd,u)。

其中,时间向量 $t=[t_i:T:t_f]$。式中,$T$ 为采样周期;$t_i$、$t_f$ 分别为起始于终止时刻,且均须为 $T$ 的整数倍。

【例 7-21】 离散控制系统如图 7-28 所示,已知系统的采样周期 $T=1\text{s}$,试用 MATLAB 语句求解系统的单位阶跃响应序列。

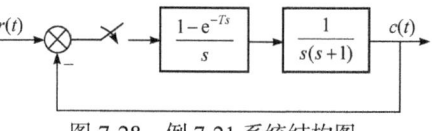

图 7-28 例 7-21 系统结构图

**解** MATLAB 程序如下:

```
MATLAB Program 7-4
num=[1];
den=conv([1,0],[1,1]);
sysc=tf(num,den);
sysd=c2d(sysc,1,'zoh');
sys=feedback(sysd,1);
T=[0:1:25];
step(sys,T)
```

系统的单位阶跃响应如图 7-29 所示。

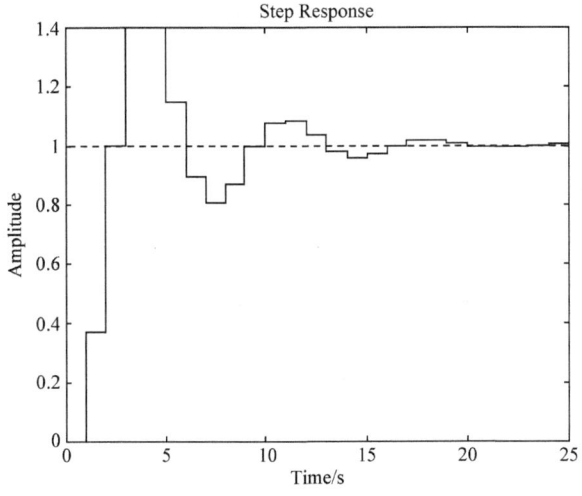

图 7-29 例 7-21 系统的单位阶跃响应

## 7.8 例 题 精 解

【**例 7-22**】 已知离散系统结构图如图 7-30 所示，试求出开环、闭环脉冲传递函数。

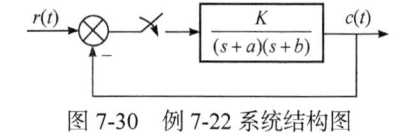

图 7-30 例 7-22 系统结构图

**解** 开环脉冲传递函数为

$$G(z) = Z\left[\frac{K}{(s+a)(s+b)}\right] = \frac{K}{a-b}Z\left[\frac{1}{s+b} - \frac{1}{s+a}\right]$$

$$= \frac{K}{a-b}\left[\frac{z}{z-e^{-bT}} - \frac{z}{z-e^{-aT}}\right] = \frac{K}{a-b} \cdot \frac{z(e^{-bT} - e^{-aT})}{z^2 - (e^{-bT} + e^{-aT})z + e^{-(a+b)T}}$$

闭环脉冲传递函数为

$$\Phi(z) = \frac{C(z)}{R(z)} = \frac{\dfrac{K}{a-b}(e^{-bT} - e^{-aT})z}{z^2 + \left[\dfrac{K}{a-b}(e^{-bT} - e^{-aT}) - e^{-bT} - e^{-aT}\right]z + e^{-(a+b)T}}$$

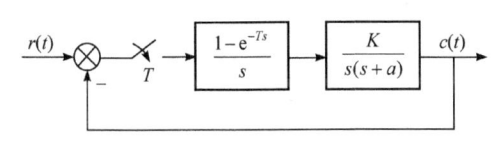

【**例 7-23**】 已知离散系统结构图如图 7-31 所示，设采样周期 $T=1\text{s}$，试求系统的开环、闭环脉冲传递函数和误差脉冲传递函数。

图 7-31 例 7-23 系统结构图

**解** 开环脉冲传递函数为

$$G(z) = Z\left[\frac{K(1-e^{-Ts})}{s^2(s+a)}\right] = K(1-z^{-1})Z\left[\frac{1}{s^2(s+a)}\right]$$

$$Z\left[\frac{1}{s^2(s+a)}\right] = Z\left[\frac{1}{as^2} - \frac{1}{a^2s} + \frac{1}{a^2(s+a)}\right] = \frac{Tz}{a(z-1)^2} - \frac{z}{a^2(z-1)} + \frac{z}{a^2(z-e^{-aT})}$$

因此

$$G(z) = \frac{KT}{a(z-1)} - \frac{K}{a^2} + \frac{K(z-1)}{a^2(z-e^{-aT})} = \frac{K}{a^2}\frac{(aT-1+e^{-aT})z+(1-e^{-aT}-aTe^{-aT})}{(z-1)(z-e^{-aT})}$$

$$= \frac{K}{a^2}\frac{(a-1+e^{-a})z+(1-e^{-a}-ae^{-a})}{(z-1)(z-e^{-a})}$$

闭环脉冲传递函数为

$$\Phi(z) = \frac{G(z)}{1+G(z)} = \frac{K\left[(a-1+e^{-a})z+1-(a+1)e^{-a}\right]}{a^2z^2+\left[K(a-1)-a^2+(K-a^2)e^{-a}\right]z+K+(a^2-Ka-K)e^{-a}}$$

误差脉冲传递函数为

$$\Phi_e(z) = \frac{E(z)}{R(z)} = \frac{1}{1+G(z)}$$

$$= \frac{a^2(z-1)(z-e^{-a})}{a^2z^2+\left[K(a-1)-a^2+(K-a^2)e^{-a}\right]z+K+(a^2-Ka-K)e^{-a}}$$

【例 7-24】 离散控制系统结构图如图 7-32 所示，设采样周期 $T=1\text{s}$，试求系统的闭环脉冲传递函数。

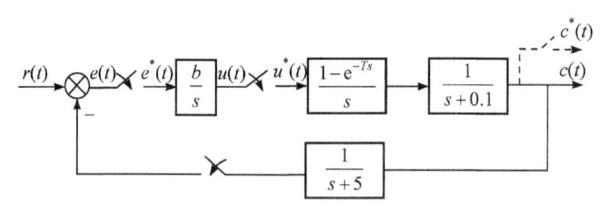

图 7-32 例 7-24 系统结构图

**解** 根据系统结构图有

$$E(z) = R(z) - Z\left[\frac{1-e^{-Ts}}{s}\frac{1}{s+0.1}\frac{1}{s+5}\right]U(z)$$

$$= R(z) - (1-z^{-1})Z\left[\frac{1}{s(s+0.1)(s+5)}\right]U(z)$$

$$U(z) = Z\left[\frac{b}{s}\right]E(z) = \frac{bz}{z-1}E(z)$$

$$C(z) = Z\left[\frac{1-e^{-Ts}}{s}\frac{1}{s+0.1}\right]U(z) = (1-z^{-1})Z\left[\frac{1}{s(s+0.1)}\right]U(z)$$

消去中间变量得

$$\Phi(z) = \frac{C(z)}{R(z)} = \frac{\dfrac{bz}{z-1}(1-z^{-1})Z\left[\dfrac{1}{s(s+0.1)}\right]}{1+\dfrac{bz}{z-1}(1-z^{-1})Z\left[\dfrac{1}{s(s+0.1)(s+5)}\right]}$$

$$Z\left[\frac{1}{s(s+0.1)}\right] = Z\left[\frac{10}{s} - \frac{10}{s+0.1}\right] = \frac{10z}{z-1} - \frac{10z}{z-0.905} = \frac{0.95z}{(z-1)(z-0.905)}$$

$$Z\left[\frac{1}{s(s+0.1)(s+5)}\right] = Z\left[\frac{2}{s} - \frac{2.041}{z+0.1} + \frac{0.041}{s+5}\right] = \frac{2z}{z-1} - \frac{2.041z}{z-0.905} + \frac{0.041}{z-0.007}$$

$$= \frac{(0.153z + 0.035)z}{(z-1)(z-0.905)(z-0.007)}$$

系统闭环脉冲传递函数为

$$\Phi(z) = \frac{\dfrac{bz}{z-1}\dfrac{z-1}{z}\dfrac{0.95z}{(z-1)(z-0.905)}}{1 + \dfrac{bz}{z-1}\dfrac{z-1}{z}\dfrac{(0.153z+0.035)z}{(z-1)(z-0.905)(z-0.007)}}$$

$$= \frac{0.95bz(z-0.007)}{(z-1)(z-0.905)(z-0.007) + bz(0.153z+0.035)}$$

【例 7-25】 离散系统如图 7-33 所示，试证明闭环系统稳定时 $K$ 与 $T$ 必满足：$0 < T < \ln\dfrac{K+1}{K-1}$。

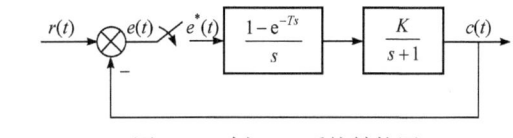

图 7-33 例 7-25 系统结构图

**解** 系统开环脉冲传递函数为

$$G(z) = (1-z^{-1})Z\left[\frac{K}{s(s+1)}\right] = (1-z^{-1})Z\left[\frac{K}{s} - \frac{K}{s+1}\right]$$

$$= \frac{z-1}{z}\left[\frac{Kz}{z-1} - \frac{Kz}{z-e^{-T}}\right] = \frac{K(1-e^{-T})}{z-e^{-T}}$$

闭环脉冲传递函数为

$$\Phi(z) = \frac{G(z)}{1+G(z)} = \frac{K - Ke^{-T}}{z - e^{-T} + K - Ke^{-T}}$$

系统稳定则其极点位于 $z$ 平面单位圆内，即 $|z| = \left|Ke^{-T} + e^{-T} - K\right| < 1$，可导出 $0 < T < \ln\dfrac{K+1}{K-1}$。

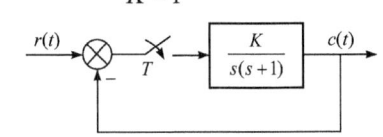

图 7-34 例 7-26 系统结构图

【例 7-26】 离散控制系统如图 7-34 所示，要求在 $r(t) = t$ 作用下的稳态误差 $e(\infty) = 0.25T$，试确定放大系数 $K$ 及系统稳定时 $T$ 的取值范围。

**解** 系统开环脉冲传递函数为

$$G(z) = Z\left[\frac{K}{s(s+1)}\right] = KZ\left[\frac{1}{s} - \frac{1}{s+1}\right] = K\left[\frac{z}{z-1} - \frac{z}{z-e^{-T}}\right] = \frac{Kz(1-e^{-T})}{(z-1)(z-e^{-T})}$$

速度误差系数

$$K_v = \lim_{z \to 1}(z-1)G(z) = \lim_{z \to 1}(z-1)\frac{Kz(1-e^{-T})}{(z-1)(z-e^{-T})} = K$$

故系统的稳态误差为

$$e(\infty) = \frac{T}{K_v} = \frac{T}{K} = 0.25T$$

得 $K = 4$。

系统特征方程为 $(z-1)(z-e^{-T}) + 4z(1-e^{-T}) = 0$，即 $z^2 + (3-5e^{-T})z + e^{-T} = 0$。将 $z = \frac{w+1}{w-1}$ 代入特征方程，得变换后的 $w$ 域特征方程为

$$4(1-e^{-T})w^2 + 2(1-e^{-T})w + 6e^{-T} - 2 = 0$$

列写劳斯表

$$\begin{array}{ll} w^2 & 4(1-e^{-T}) \quad 6e^{-T}-2 \\ w^1 & 2(1-e^{-T}) \quad 0 \\ w^0 & 6e^{-T}-2 \end{array}$$

系统若要稳定，则劳斯表得第一列系数必须全部为正值，即有

$$\begin{cases} 1 - e^{-T} > 0 \\ 6e^{-T} - 2 > 0 \end{cases}$$

由此得出当 $0 < T < \ln 3$ 时，该系统是稳定的。

【例 7-27】 已知离散系统如图 7-35 所示，其中 $K=1$，$T=0.1\text{s}$，$r(t) = 1(t) + t$，试用静态误差系数法计算系统的稳态误差。

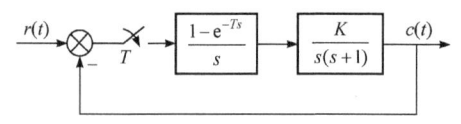

图 7-35 例 7-27 系统结构图

**解** 系统开环脉冲传递函数为

$$G(z) = (1-z^{-1})Z\left[\frac{K}{s^2(s+1)}\right] = (1-z^{-1})Z\left[\frac{K}{s^2} - \frac{K}{s} + \frac{K}{s+1}\right]$$

$$= K(1-z^{-1})\left[\frac{Tz}{(z-1)^2} - \frac{z}{z-1} + \frac{z}{z-e^{-T}}\right]$$

$$= \frac{0.005(z+0.9)}{(z-1)(z-0.905)}$$

位置误差系数

$$K_p = \lim_{z \to 1} G(z) = \lim_{z \to 1} \frac{0.005(z+0.9)}{(z-1)(z-0.905)} = \infty$$

速度误差系数

$$K_v = \lim_{z \to 1}(z-1)G(z) = \lim_{z \to 1}(z-1)\frac{0.005(z+0.9)}{(z-1)(z-0.905)} = 0.1$$

故系统的稳态误差为

$$e(\infty) = \frac{1}{1+K_p} + \frac{T}{K_v} = 0 + 1 = 1$$

**【例 7-28】** 离散控制系统结构图如图 7-36 所示，其中 $T=1\text{s}$，$r(t)=1(t)+2t$，试按无静差最少拍系统设计数字控制器。

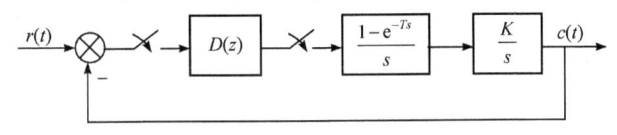

图 7-36 例 7-28 系统结构图

**解** 因为 $r(t)=1(t)+2t$，则 $R(z)=\dfrac{z}{z-1}+\dfrac{2Tz}{(z-1)^2}$。

要使系统无静差，无差型号为 Ⅱ 型，故取 $v=2$。

广义对象脉冲传递函数为

$$G(z)=Z\left[\frac{1-\mathrm{e}^{-Ts}}{s}\cdot\frac{K}{s}\right]=(1-z^{-1})Z\left[\frac{K}{s^2}\right]=(1-z^{-1})\frac{KTz}{(1-z)^2}=\frac{K}{1-z}$$

选取  $\Phi_e(z)=(1-z^{-1})^2$

则  $\Phi(z)=1-\Phi_e(z)=2z^{-1}-z^{-2}$

故得  $D(z)=\dfrac{\Phi(z)}{G(z)\Phi_e(z)}=\dfrac{2z^{-1}-z^{-2}}{\dfrac{K}{z-1}(1-z^{-1})^2}=\dfrac{2-z^{-1}}{K(1-z^{-1})}$

# 本 章 小 结

随着计算机技术的发展，自动控制系统采用数字控制已经相当常见。本章介绍离散控制系统的分析和设计方法。

(1) 离散控制系统包含将连续信号变成离散信号的采样器和将离散信号恢复成连续信号的保持器(复现滤波器)。为了使离散信号不失真地保留原有连续信号的全部信息，采样频率必须满足香农采样定理。采样器和保持器的数学描述是分析离散控制系统的基础，工程上常用零阶保持器复现信号，但应注意零阶保持器不是理想的低通滤波器。

(2) $z$ 变换是分析离散控制系统的数学工具，其作用相当于连续系统中的拉氏变换。差分方程和脉冲传递函数是线性离散控制系统的数学模型，相当于连续系统中的微分方程和传递函数。注意不是所有离散系统都能得到脉冲传递函数，有些只能得到输出信号的 $z$ 变换表达式。

(3) $z$ 平面与 $s$ 平面有一个映射关系，根据这个关系，与连续系统对应，可以得到离散控制系统的稳定条件和动态性能的分析方法。离散控制系统稳定的充分必要条件是系统的极点全部位于 $z$ 平面的单位圆内，可以经过双线性变换，利用劳斯判据判断离散系统的稳定性。可以通过分析闭环零极点在 $z$ 平面上的分布得到系统响应的形式，并分析动态性能。

(4) 与连续系统类似，离散控制系统的稳态误差通常由 $z$ 变换的终值定理来计算；对于三种典型输入信号，也可根据系统型别和静态误差系数分析系统的稳态性能。

(5) 在典型输入信号作用下，可采用最少拍系统设计，在有限拍内结束响应过程，且在采样点上无稳态误差。但这种系统对不同输入信号的适应性较差，对参数的变化也比较敏感。PID 调节器可以直接离散化，对应差分方程，方便初学者在实际系统中编程测试。

## 习　题

7-1　已知采样器的采样周期为 $T$，连续信号为

(1) $e(t) = te^{-at}$ 　　　(2) $e(t) = e^{-at}\sin\omega t$

求采样后的离散输出信号 $e^*(t)$ 及其拉普拉斯变换 $E^*(s)$。

7-2　求下列函数的 $z$ 变换。

(1) $e(t) = 1 - e^{-at}$ 　　　(2) $e(t) = t\sin\omega t$

(3) $G(s) = \dfrac{k}{s(s+a)^2}$ 　　　(4) $G(s) = \dfrac{s+1}{s^2}$

7-3　求下列函数的 $z$ 反变换。

(1) $E(z) = \dfrac{z}{(z-1)(z+0.5)^2}$ 　　　(2) $E(z) = \dfrac{z}{(z+1)(3z+0.5)}$

7-4　试确定下列函数的终值。

(1) $E(z) = \dfrac{Tz^{-1}}{1-z^{-1}}$ 　　　(2) $E(z) = \dfrac{z^2}{(z-0.8)(z-0.1)}$

7-5　试用 $z$ 变换法求解差分方程。

(1) $c(k+2) + 4c(k+1) + 3c(k) = 2k$，　$c(0) = c(1) = 0$

(2) $c(k+2) + 5c(k+1) + 6c(k) = \cos(k\pi/2)$，　$c(0) = c(1) = 0$

7-6　离散控制系统，如题 7-6 图所示，图中所有采样器是同步的。试求：

(1) 各系统输出信号的 $z$ 变换 $C(z)$；

(2) 判断能否写出该系统的闭环脉冲传递函数？若能，则写出相应的闭环脉冲传递函数 $\Phi(z)$。

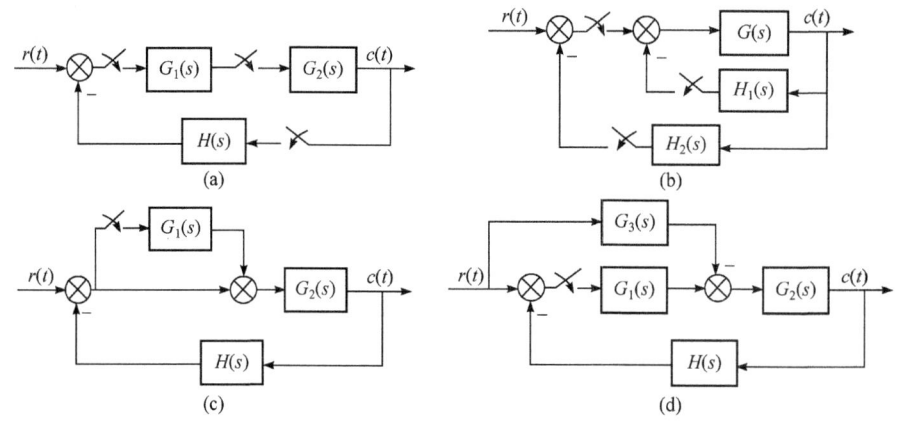

题 7-6 图

**7-7** 设有单位反馈误差采样的离散系统，连续部分传递函数 $G(s)=\dfrac{1}{s^2(s+5)}$，输入 $r(t)=1(t)$，采样周期 $T=1\text{s}$。试求：

(1) 输出 $z$ 变换 $C(z)$；

(2) 采样瞬时的输出响应 $c^*(t)$；

(3) 输出响应的终值 $c(\infty)$。

**7-8** 已知离散系统结构，如题 7-8 图所示，设采样周期 $T=1\text{s}$，$a=2$，应用劳斯判据使系统稳定的临界 $K$ 值。

**7-9** 设离散控制系统，如题 7-9 图所示，$G_h(s)$ 为零阶保持器，采样周期 $T=1\text{s}$，开环传递函数 $G_0(s)=\dfrac{K}{s(0.2s+1)}$，试求：

(1) 当 $K=5$ 时，分析系统的稳定性；

(2) 确定使系统稳定的 $K$ 的取值范围；

(3) 说明 $T$ 减小时，对使系统稳定的 $K$ 值范围有何影响？

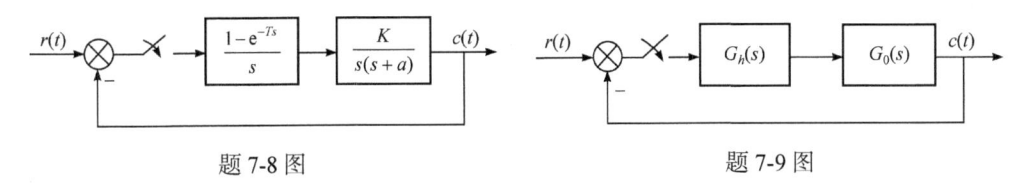

题 7-8 图    题 7-9 图

**7-10** 设离散控制系统，如题 7-9 图所示，其中，$G_h(s)$ 为零阶保持器，$G_0(s)=\dfrac{K\mathrm{e}^{-0.5s}}{s}$，采样周期 $T=0.25\text{s}$，$r(t)=2+t$。欲使稳态误差 $e(\infty)<0.5$，试求 $K$ 值。

**7-11** 离散控制系统结构，如题 7-11 图所示，设采样周期 $T=0.1\text{s}$，试求：

(1) 系统的闭环脉冲传递函数；

(2) 确定使系统稳定的 $K$ 值范围。当 $K=1$ 时，求系统在单位阶跃信号作用下的稳态误差。

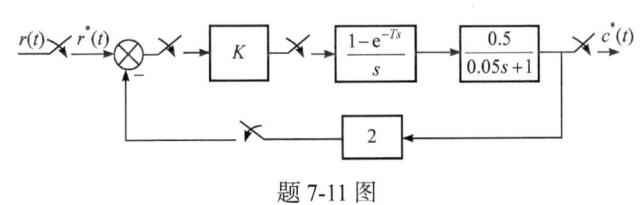

题 7-11 图

**7-12** 离散控制系统结构，如题 7-12 图所示，设采样周期 $T=0.1\text{s}$。试确定在输入信号 $r(t)=t$ 作用下系统稳态误差 $e(\infty)=0.05$ 时的 $K$ 值。

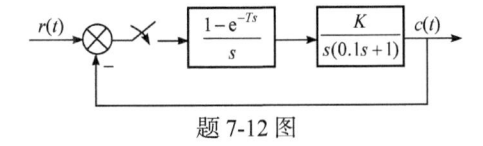

题 7-12 图

**7-13** 离散控制系统结构，如题 7-13 图所示，设采样周期 $T=1\text{s}$，$r(t)=1(t)$，试求：

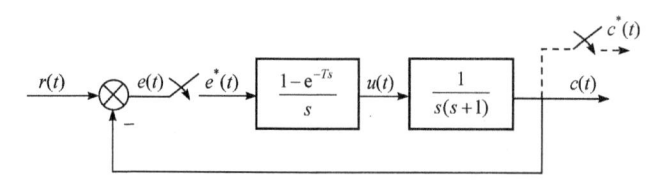

$$r(t) \xrightarrow{} \bigotimes_{-} \xrightarrow{e(t)} \diagup \xrightarrow{e^*(t)} \boxed{\frac{1-e^{-Ts}}{s}} \xrightarrow{u(t)} \boxed{\frac{1}{s(s+1)}} \xrightarrow{c(t)}$$

题 7-13 图

(1) 系统脉冲传递函数；

(2) 系统的输出响应 $c^*(t)$（算至 $n=5$）；

(3) 画出 $c^*(t)$、$e^*(t)$ 及 $u(t)$ 的响应曲线。

**7-14** 已知离散控制系统结构，如题 7-14 图所示，设采样周期 $T=1\text{s}$，要求设计 $D(z)$ 对 $r(t)=t$ 的输出响应是无稳态误差的最少拍系统。

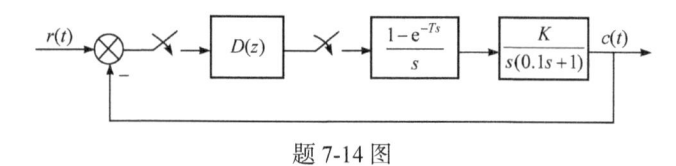

题 7-14 图

# 附录　拉普拉斯变换

拉普拉斯变换是工程数学中常用的一种积分变换。拉氏变换是一个线性变换，可将一个有参数实数 $t(t \geqslant 0)$ 的函数转换为一个参数为复数 $s$ 的函数。在自动控制领域中，采用这一方法，能将线性系统的动态数学模型(通常用线性微分方程描述)方便地转换为系统的传递函数。而经典自动控制理论正是以传递函数为基础而建立的，因此，拉普拉斯变换是自动控制领域中不可缺少的运算工具。

1. 拉普拉斯变换的定义

设函数 $f(t)$，当 $t \geqslant 0$ 时有定义，而且积分

$$\int_0^\infty f(t) e^{-st} dt, \quad s = \sigma + j\omega \text{ 为复变量}$$

在 $s$ 的某一域内收敛，则由此积分所确定的函数可写成

$$F(s) = \int_0^\infty f(t) e^{-st} dt \tag{1}$$

称式(1)为函数 $f(t)$ 的拉普拉斯变换式，记为

$$F(s) = L[f(t)]$$

式中，$F(s)$ 称为 $f(t)$ 的拉普拉斯变换的象函数，$f(t)$ 称为 $F(s)$ 的象原函数。

拉普拉斯变换与其反变换存在一一对应的关系，若已知象函数 $F(s)$，就可以唯一地确定其象原函数 $f(t)$。

若 $F(s)$ 为 $f(t)$ 的拉普拉斯变换，$L[f(t)] = F(s)$，则

$$f(t) = \frac{1}{2\pi j} \int_{\sigma - j\infty}^{\sigma + j\infty} F(s) e^{st} ds, \quad t \geqslant 0 \tag{2}$$

称式(2)为 $F(s)$ 的拉普拉斯反变换，记为

$$f(t) = L^{-1}[F(s)]$$

当然，不需要每次都按拉普拉斯变换的定义去计算，可以利用拉式变换表方便地得到给定函数 $f(t)$ 的拉式变换。为查阅方便，现将一些常用函数的拉氏变换列于附表 1。为了便于比较，表中还同时列出了对应的 $z$ 变换。

附表 1　常用函数的拉氏变换与 $z$ 变换对照表

| 序号 | 时间函数 $f(t)$ | 拉氏变换 $F(s)$ | $z$ 变换 $F(z)$ |
|---|---|---|---|
| 1 | $\delta(t)$ | 1 | 1 |
| 2 | $\delta(t - kT)$ | $e^{-kTs}$ | $z^{-k}$ |
| 3 | $1(t)$ | $\dfrac{1}{s}$ | $\dfrac{z}{z-1}$ |
| 4 | $t$ | $\dfrac{1}{s^2}$ | $\dfrac{zT}{(z-1)^2}$ |

续表

| 序号 | 时间函数 $f(t)$ | 拉氏变换 $F(s)$ | $z$ 变换 $F(z)$ |
|---|---|---|---|
| 5 | $\dfrac{1}{2}t^2$ | $\dfrac{1}{s^3}$ | $\dfrac{T^2z(z+1)}{2(z-1)^3}$ |
| 6 | $e^{-at}$ | $\dfrac{1}{s+a}$ | $\dfrac{z}{z-e^{-aT}}$ |
| 7 | $te^{-at}$ | $\dfrac{1}{(s+a)^2}$ | $\dfrac{Tze^{-aT}}{(z-e^{-aT})^2}$ |
| 8 | $1-e^{-at}$ | $\dfrac{a}{s(s+a)}$ | $\dfrac{(1-e^{-aT})z}{(z-1)(z-e^{-aT})}$ |
| 9 | $a^{t/T}$ | $\dfrac{1}{s-(1/T)\ln a}$ | $\dfrac{z}{z-a}$ |
| 10 | $\sin\omega t$ | $\dfrac{\omega}{s^2+\omega^2}$ | $\dfrac{z\sin\omega T}{z^2-2z\cos\omega T+1}$ |
| 11 | $\cos\omega t$ | $\dfrac{s}{s^2+\omega^2}$ | $\dfrac{z(z-\cos\omega T)}{z^2-2z\cos\omega T+1}$ |
| 12 | $e^{-at}\sin\omega t$ | $\dfrac{\omega}{(s+a)^2+\omega^2}$ | $\dfrac{ze^{-aT}\sin\omega T}{z^2-2ze^{-aT}\cos\omega T+e^{-2aT}}$ |
| 13 | $e^{-at}\cos\omega t$ | $\dfrac{s+a}{(s+a)^2+\omega^2}$ | $\dfrac{z^2-ze^{-aT}\cos\omega T}{z^2-2ze^{-aT}\cos\omega T+e^{-2aT}}$ |

2. 拉普拉斯变换的性质和定理

(1) 线性性质。

若 $L[f_1(t)]=F_1(s)$，$L[f_2(t)]=F_2(s)$，$a$、$b$ 是常数，则

$$L[af_1(t)+bf_2(t)]=aF_1(s)+bF_2(s) \tag{3}$$

该性质表明，各函数线性组合的拉普拉斯变换等于各个函数拉普拉斯变换的线性组合。对于象函数，有

$$L^{-1}[aF_1(s)+bF_2(s)]=af_1(t)+bf_2(t) \tag{4}$$

(2) 微分定理。

若 $L[f(t)]=F(s)$，则

$$L\left[\frac{\mathrm{d}f(t)}{\mathrm{d}t}\right]=sF(s)-f(0) \tag{5}$$

该定理表明，函数 $f(t)$ 求导后的拉普拉斯变换等于 $f(t)$ 的象函数 $F(s)$ 乘以复变量 $s$，再减去这个时间函数的初值。

**推论** 若 $L[f(t)]=F(s)$，则

$$L\left[\frac{\mathrm{d}^n f(t)}{\mathrm{d}t^n}\right]=s^n F(s)-s^{n-1}f(0)-s^{n-2}f'(0)-\cdots-f^{(n-1)}(0) \tag{6}$$

特别当 $$f(0)=f'(0)=\cdots f^{(n-1)}(0)=0$$

有
$$L\left[\frac{\mathrm{d}^n f(t)}{\mathrm{d}t^n}\right] = s^n F(s) \tag{7}$$

可见，应用微分定理可以将函数 $f(t)$ 的求导运算转化为代数运算。因此，对线性常微分方程求拉普拉斯变换，可使微分方程化为代数方程，从而大大简化求解过程。

(3) 积分定理。

若 $L[f(t)] = F(s)$，则

$$L\left[\int f(t)\mathrm{d}t\right] = \frac{1}{s}F(s) + \frac{1}{s}\int f(0)\mathrm{d}t \tag{8}$$

该定理表明，$f(t)$ 积分后的拉普拉斯变换等于 $f(t)$ 的象函数 $F(s)$ 除以复变量 $s$，再加上 $f(t)$ 的积分在 $t=0$ 时的值除以 $s$。

(4) 延迟性质。

若 $L[f(t)] = F(s)$，则

$$L[f(t-\tau)] = \mathrm{e}^{-\tau s} F(s), \quad \tau \geqslant 0 \tag{9}$$

该性质表明，时间函数 $f(t)$ 在时间轴上平移 $\tau$，其象函数等于 $f(t)$ 的象函数 $F(s)$ 乘以指数因子 $\mathrm{e}^{-\tau s}$。

(5) 复位移性质。

若 $L[f(t)] = F(s)$，则

$$L\left[\mathrm{e}^{at} f(t)\right] = F(s-a) \tag{10}$$

该性质表明，原函数 $f(t)$ 乘以指数函数 $\mathrm{e}^{at}$，其象函数等于 $f(t)$ 的象函数 $F(s)$ 在复数域平移 $a$，其中 $a$ 为实常数，可取正、负值。

(6) 初值定理。

若 $f(t)$ 和 $\dfrac{\mathrm{d}f(t)}{\mathrm{d}t}$ 均可以进行拉普拉斯变换，且 $\lim\limits_{s \to \infty} sF(s)$ 存在，则

$$f(0) = \lim_{s \to \infty} sF(s) \tag{11}$$

该定理表明，时间函数 $f(t)$ 在 $t=0$ 时的值，可以通过复数域中 $sF(s)$ 取 $s \to \infty$ 的极限而获得，它建立了原函数 $f(t)$ 在坐标原点的值与象函数 $sF(s)$ 在无限远点的值之间的关系。由于对 $sF(s)$ 的极点位置不加限制，因此，对于正弦函数，初值定理是成立的。

(7) 终值定理。

若 $f(t)$ 和 $\dfrac{\mathrm{d}f(t)}{\mathrm{d}t}$ 均可以进行拉普拉斯变换，且 $\lim\limits_{t \to \infty} f(t)$ 存在，则

$$f(\infty) = \lim_{s \to 0} sF(s) \tag{12}$$

该定理表明，$f(t)$ 的稳态值与 $sF(s)$ 在 $s=0$ 点附近的状态之间的关系。显然，只有当且仅当 $\lim\limits_{t \to \infty} f(t)$ 存在时，才能应用终值定理。所以该定理只能适用于象函数 $sF(s)$ 在复平面右平面和虚轴上没有极点的情况。否则，$f(t)$ 将分别包含振荡的或按指数规律增长的时间函数，因此 $\lim\limits_{t \to \infty} f(t)$ 将不存在。如果 $f(t)$ 是正弦函数 $\sin\omega t$，$sF(s)$ 将有位于虚轴上的

极点 $s = \pm j\omega$，因此 $\lim_{t\to\infty} f(t)$ 不存在，所以终值定理不适用于这类函数。

(8) 卷积定理。

若 $L[f_1(t)] = F_1(s)$，$L[f_2(t)] = F_2(s)$，则

$$L[f_1(t) \cdot f_2(t)] = F_1(s)F_2(s) \tag{13}$$

该定理表明，两个函数卷积的拉普拉斯变换等于这两个函数拉普拉斯变换的乘积。

### 3. 拉普拉斯反变换

利用式(2)给出的反演积分，可以求得拉普拉斯反变换。但是，计算反演积分相当复杂，因此在控制工程中一般不采用这种方法求函数的拉普拉斯反变换。

求拉普拉斯反变换的简便方法是利用拉普拉斯变换表，但这时的象函数必须是在表中能立即辨认的形式，而大多数情况下，工程上讨论的函数不能在表中直接查到。通常的做法是把它展开成部分分式，或利用拉普拉斯变换的性质和定理，把 $F(s)$ 写成 $s$ 的简单函数的组合形式，然后通过拉普拉斯变换表，查出简单函数的拉普拉斯反变换。

应用部分分式展开法之前，要对 $F(s)$ 的分母多项式进行因式分解为一些简单函数之和，逐一查出各自对应的反变换函数，即得所求的原函数。

(1) 只包含不同极点的 $F(s)$ 的部分分式展开。

设 $F(s)$ 为一般形式的有理分式

$$F(s) = \frac{M(s)}{N(s)} = \frac{b_0 s^m + b_1 s^{m-1} + \cdots + b_{m-1} s + b_m}{s^n + a_1 s^{n-1} + \cdots + a_{n-1} s + a_n}$$

式中，$a_1, a_2, \cdots, a_n$ 及 $b_1, b_2, \cdots, b_m$ 均为实数，$m < n$。

首先将 $F(s)$ 的分母多项式 $N(s)$ 进行因式分解，即写成

$$N(s) = (s - p_1)(s - p_2) \cdots (s - p_n)$$

式中，$p_1, p_2, \cdots, p_n$ 或为实数或为复数。若为复数，必有其共轭复根，即复根成对。若 $F(s)$ 只包含不同的极点，则可以展开成下列简单部分分式之和：

$$F(s) = \frac{A_1}{s - p_1} + \frac{A_2}{s - p_2} + \cdots + \frac{A_n}{s - p_n} \tag{14}$$

式中，$A_k (k=1,2,\cdots,n)$ 为待定常数，称为极点 $s = p_k$ 处的留数。一般 $A_k$ 可由式(15)求得

$$A_k = \lim_{s \to p_k}(s - p_k) F(s) \tag{15}$$

**【例1】** 求 $F(s) = \dfrac{4s+2}{(s+1)(s+2)}$ 的拉普拉斯反变换。

**解** 对 $F(s)$ 进行部分分式展开，得

$$F(s) = \frac{A_1}{s+1} + \frac{A_2}{s+2}$$

式中，$A_1 = \lim\limits_{s \to -1}(s+1)\dfrac{4s+2}{(s+1)(s+2)} = -2$，$A_2 = \lim\limits_{s \to -2}(s+2)\dfrac{4s+2}{(s+1)(s+2)} = 6$

即
$$F(s) = \frac{-2}{s+1} + \frac{6}{s+2}$$

查拉氏变换表，得原函数为
$$f(t) = -2\mathrm{e}^{-t} + 6\mathrm{e}^{-2t}$$

(2) 包含多重极点时 $F(s)$ 的部分分式展开。

设 $F(s)$ 的极点 $p_1$ 为 $r$ 重根，其余极点为单根，则
$$F(s) = \frac{M(s)}{N(s)} = \frac{M(s)}{(s-p_1)^r(s-p_{r+1})(s-p_{r+2})\cdots(s-p_n)}$$

式中，$M(s)$ 的阶次低于 $N(s)$ 的阶次。

$F(s)$ 可展开成
$$F(s) = \frac{A_{1r}}{(s-p_1)^r} + \frac{A_{1(r-1)}}{(s-p_1)^{r-1}} + \cdots + \frac{A_{11}}{s-p_1} + \frac{A_{r+1}}{s-p_{r+1}} + \cdots + \frac{A_n}{s-p_n} \tag{16}$$

式中，$A_{1k}(k=1,2,\cdots,r)$ 为重根项对应的留数，可由下列各式确定：
$$A_{1r} = \lim_{s \to p_1}(s-p_1)^r F(s)$$
$$A_{1(r-1)} = \lim_{s \to p_1}\frac{\mathrm{d}}{\mathrm{d}s}\left[(s-p_1)^r F(s)\right]$$
$$\vdots$$
$$A_{11} = \frac{1}{(r-1)!}\lim_{s \to p_1}\frac{\mathrm{d}^{r-1}}{\mathrm{d}s^{r-1}}\left[(s-p_1)^r F(s)\right]$$

将以上常数代入 $F(s)$ 式，取反变换即可求得 $f(t)$。

4. 拉氏变换在求解常微分方程中的应用

**【例 2】** 求方程 $y'' + 2y' - 3y = \mathrm{e}^{-t}$ 满足初始条件 $y(0) = 0$，$y'(0) = 1$ 的解。

**解** 对方程两端取拉氏变换，并考虑初始条件，则
$$s^2 Y(s) - 1 + 2sY(s) - 3Y(s) = \frac{1}{s+1}$$

整理后解出 $Y(s)$，得
$$Y(s) = \frac{s+2}{(s+1)(s-1)(s+3)}$$

上式是所求函数的拉氏变换，取其反变换就可以得出所求函数 $y(t)$。

求 $Y(s)$ 的反变换，将其进行部分分式展开，得
$$Y(s) = \frac{s+2}{(s+1)(s-1)(s+3)} = \frac{-1/4}{s+1} + \frac{3/8}{s-1} + \frac{-1/8}{s+3}$$

取拉式反变换，得
$$y(t) = -\frac{1}{4}\mathrm{e}^{-t} + \frac{3}{8}\mathrm{e}^t - \frac{1}{8}\mathrm{e}^{-3t} = \frac{1}{8}(3\mathrm{e}^t - 2\mathrm{e}^{-t} - \mathrm{e}^{-3t})$$

## 参 考 文 献

毕效辉, 于春梅, 2014. 自动控制原理[M]. 北京: 科学出版社.

程鹏, 邱红专, 王艳东, 2004. 自动控制原理学习辅导与习题解答[M]. 北京: 高等教育出版社.

DORF R C, BISHOP R H, 2011. 现代控制系统[M]. 11版. 谢红卫, 孙志强, 宫二玲, 等译. 北京: 电子工业出版社.

胡寿松, 2019. 自动控制原理[M]. 7版. 北京: 科学出版社.

黄家英, 2010. 自动控制原理(上册) [M]. 2版. 北京: 高等教育出版社.

李素玲, 刘丽娜, 2022. 自动控制理论[M]. 北京: 机械工业出版社.

刘明俊, 2004. 自动控制原理学习要点与习题解析[M]. 长沙: 国防科技大学出版社.

刘小河, 2014. 自动控制原理[M]. 北京: 高等教育出版社.

卢京潮, 2013. 自动控制原理[M]. 北京: 清华大学出版社.

OGATA K, 2017. 现代控制工程[M]. 5版. 卢柏安, 佟明安, 译. 北京: 电子工业出版社.

史忠科, 卢京潮, 2000. 自动控制原理常见题型解析及模拟题[M]. 西安: 西北工业大学出版社.

孙晓波, 李双全, 王海英, 2011. 自动控制原理[M]. 北京: 科学出版社.

王划一, 杨西侠, 2018. 自动控制原理[M]. 3版. 北京: 国防工业出版社.

WANG L P, 2023. PID控制系统设计——使用MATLAB和Simulink的仿真与分析[M]. 于春梅, 王顺利, 译. 北京: 清华大学出版社.

王雪松, 常俊林, 杨春雨, 2022. 自动控制原理[M]. 北京: 机械工业出版社.

吴麒, 王诗宓, 2006. 自动控制原理(下) [M]. 2版. 北京: 科学出版社.

夏德铃, 翁贻方, 2007. 自动控制原理[M]. 3版. 北京: 机械工业出版社.

谢克明, 王柏林, 2009. 自动控制原理[M]. 2版. 北京: 电子工业出版社.

鄢景华, 2009. 自动控制原理[M]. 2版. 哈尔滨: 哈尔滨工业大学出版社.

张爱民, 2006. 自动控制原理[M]. 北京: 清华大学出版社.